全国普通高等中医药院校药学类专业第三轮规划教材

高等数学

（供药学、中药学、中医学、针灸推拿学、管理科学、生物科学及其他专业用）

主　编　陈瑞祥

副主编　（以姓氏笔画为序）

尹立群　刘　芳　刘建国　宋乃琪　林　薇　胡灵芝　黄　翔　崔红新

编　者　（以姓氏笔画为序）

于　芳（北京中医药大学）　　　　尹立群（天津中医药大学）

刘　芳（北京中医药大学）　　　　刘　欣（河北中医药大学）

刘建国（江西中医药大学）　　　　刘焱南（黑龙江中医药大学）

关红阳（辽宁中医药大学）　　　　宋乃琪（北京中医药大学）

陈瑞祥（北京中医药大学）　　　　林　薇（成都中医药大学）

郝小枝（云南中医药大学）　　　　胡灵芝（陕西中医药大学）

姜丽爽（北京中医药大学）　　　　黄　翔（安徽中医药大学）

崔红新（河南中医药大学）　　　　傅　爽（山东中医药大学）

中国健康传媒集团

中国医药科技出版社

内 容 提 要

本教材是"全国普通高等中医药院校药学类专业第三轮规划教材"之一，系根据医科类本科基础课程数学的教学基本要求编写而成。全书分为九章，包括函数与极限、导数与微分、导数的应用、不定积分、定积分及其应用、微分方程、多元函数微分学、多元函数积分学、无穷级数。本教材注重体现学科特色、时代特色和行业特色；文字叙述注重简洁性和透彻性；概念引入注重思想性和易懂性；知识体系注重系统性和严谨性；例题解析注重方法性和典型性。每章后有重点小结和习题，并配有习题答案解析。本教材为书网融合教材，即纸质教材有机融合电子教材、教学配套资源（PPT、微课、视频、图片等）、题库系统、数字化教学服务（在线教学、在线作业、在线考试）。

本教材主要供全国普通高等中医药院校药学、中药学、中医学、针灸推拿学、管理科学、生物科学及其他专业教学使用，也可作为医药工作者学习高等数学的参考书。

图书在版编目（CIP）数据

高等数学/陈瑞祥主编. —北京：中国医药科技出版社，2023.12

全国普通高等中医药院校药学类专业第三轮规划教材

ISBN 978 – 7 – 5214 – 3946 – 5

Ⅰ. ①高⋯　Ⅱ. ①陈⋯　Ⅲ. ①高等数学 – 中医学院 – 教材　Ⅳ. ①O13

中国国家版本馆 CIP 数据核字（2023）第 114466 号

美术编辑　陈君杞

版式设计　友全图文

出版　**中国健康传媒集团** | 中国医药科技出版社

地址　北京市海淀区文慧园北路甲 22 号

邮编　100082

电话　发行：010 – 62227427　邮购：010 – 62236938

网址　www. cmstp. com

规格　889mm×1194mm $^1/_{16}$

印张　14 $^1/_2$

字数　414 千字

版次　2024 年 1 月第 1 版

印次　2024 年 1 月第 1 次印刷

印刷　河北环京美印刷有限公司

经销　全国各地新华书店

书号　ISBN 978 – 7 – 5214 – 3946 – 5

定价　45.00 元

获取新书信息、投稿、为图书纠错，请扫码联系我们。

出版说明

"全国普通高等中医药院校药学类专业第二轮规划教材"于2018年8月由中国医药科技出版社出版并面向全国发行，自出版以来得到了各院校的广泛好评。为了更好地贯彻落实《中共中央 国务院关于促进中医药传承创新发展的意见》和全国中医药大会、新时代全国高等学校本科教育工作会议精神，落实国务院办公厅印发的《关于加快中医药特色发展的若干政策措施》《国务院办公厅关于加快医学教育创新发展的指导意见》《教育部 国家卫生健康委 国家中医药管理局关于深化医教协同进一步推动中医药教育改革与高质量发展的实施意见》等文件精神，培养传承中医药文化，具备行业优势的复合型、创新型高等中医药院校药学类专业人才，在教育部、国家药品监督管理局的领导下，中国医药科技出版社组织修订编写"全国普通高等中医药院校药学类专业第三轮规划教材"。

本轮教材吸取了目前高等中医药教育发展成果，体现了药学类学科的新进展、新方法、新标准；结合党的二十大会议精神、融入课程思政元素，旨在适应学科发展和药品监管等新要求，进一步提升教材质量，更好地满足教学需求。通过走访主要院校，对2018年出版的第二轮教材广泛征求意见，针对性地制订了第三轮规划教材的修订方案。

第三轮规划教材具有以下主要特点。

1.立德树人，融入课程思政

把立德树人的根本任务贯穿、落实到教材建设全过程的各方面、各环节。教材内容编写突出医药专业学生内涵培养，从救死扶伤的道术、心中有爱的仁术、知识扎实的学术、本领过硬的技术、方法科学的艺术等角度出发与中医药知识、技能传授有机融合。在体现中医药理论、技能的过程中，时刻牢记医德高尚、医术精湛的人民健康守护者的新时代培养目标。

2.精准定位，对接社会需求

立足于高层次药学人才的培养目标定位教材。教材的深度和广度紧扣教学大纲的要求和岗位对人才的需求，结合医学教育发展"大国计、大民生、大学科、大专业"的新定位，在保留中医药特色的基础上，进一步优化学科知识结构体系，注意各学科有机衔接、避免不必要的交叉重复问题。力求教材内容在保证学生满足岗位胜任力的基础上，能够续接研究生教育，使之更加适应中医药人才培养目标和社会需求。

3.内容优化，适应行业发展

教材内容适应行业发展要求，体现医药行业对药学人才在实践能力、沟通交流能力、服务意识和敬业精神等方面的要求；与相关部门制定的职业技能鉴定规范和国家执业药师资格考试有效衔接；体现研究生入学考试的有关新精神、新动向和新要求；注重吸纳行业发展的新知识、新技术、新方法，体现学科发展前沿，并适当拓展知识面，为学生后续发展奠定必要的基础。

4.创新模式，提升学生能力

在不影响教材主体内容的基础上保留第二轮教材中的"学习目标""知识链接""目标检测"模块，去掉"知识拓展"模块。进一步优化各模块内容，培养学生理论联系实践的实际操作能力、创新思维能力和综合分析能力；增强教材的可读性和实用性，培养学生学习的自觉性和主动性。

5.丰富资源，优化增值服务内容

搭建与教材配套的中国医药科技出版社在线学习平台"医药大学堂"（数字教材、教学课件、图片、视频、动画及练习题等），实现教学信息发布、师生答疑交流、学生在线测试、教学资源拓展等功能，促进学生自主学习。

本套教材的修订编写得到了教育部、国家药品监督管理局相关领导、专家的大力支持和指导，得到了全国各中医药院校、部分医院科研机构和部分医药企业领导、专家和教师的积极支持和参与，谨此表示衷心的感谢！希望以教材建设为核心，为高等医药院校搭建长期的教学交流平台，对医药人才培养和教育教学改革产生积极的推动作用。同时，精品教材的建设工作漫长而艰巨，希望各院校师生在使用过程中，及时提出宝贵意见和建议，以便不断修订完善，更好地为药学教育事业发展和保障人民用药安全有效服务！

数字化教材编委会

前言 PREFACE

　　本教材是"全国普通高等中医药院校药学类专业第三轮规划教材"之一,系根据医科类本科基础课程数学的教学基本要求编写而成。

　　数学是研究数量关系与空间形式的一门学科,形成了庞大的理论体系。数学是科学语言,在描述自然规律和社会规律中是非常有力的工具;数学是思维科学,在人类理性思维和智力发展中具有非常重要的作用。随着时代的发展,数学在中医药领域的应用不断深入且更加广泛。

　　高等数学是普通高等中医药院校的重要基础课。本教材注重体现学科特色、时代特色和行业特色,文字叙述注重简洁性和透彻性,概念引入注重思想性和易懂性,知识体系注重系统性和严谨性,例题解析注重方法性和典型性。本教材对于数学概念和命题,注重从"象""数""理""用"四个方面加以系统阐述。每章后有重点小结和习题,并配有习题答案解析。

　　参加本教材编写的人员均长期从事高等数学教学工作,具有丰富的教学经验。编写分工如下:第一章由刘建国编写,第二章由陈瑞祥编写,第三章由崔红新编写,第四章由胡灵芝、关红阳编写,第五章由林薇、傅爽编写,第六章由尹立群编写,第七章由刘芳编写,第八章由宋乃琪编写,第九章由黄翔编写,最后由陈瑞祥负责全书统稿及修正。其他老师负责编写习题和答案。

　　本教材主要供全国普通高等中医药院校药学、中药学、中医学、针灸推拿学、管理科学、生物科学及其他专业教学使用,也可作为医药工作者学习高等数学的参考书。

　　本书的编写得到了各参编院校的大力支持,同时参考借鉴了许多相关教材和资料,在此一并表示衷心感谢。由于编者水平所限,书中难免有疏漏和不足之处,恳请广大师生和读者给予指正。

编　者

2023 年 9 月

CONTENTS **目录**

第一章　函数与极限

学习目标

知识目标

1. **掌握**　单侧极限；极限的运算法则；两个重要极限；无穷小的比较；间断点的分类。
2. **熟悉**　函数的概念及性质；极限的概念及性质；函数连续与间断的概念。
3. **了解**　极限存在的两个判别准则；闭区间上连续函数的性质。

能力目标　熟练掌握函数极限求解的各种方法，会计算函数的极限。

函数是微积分学的重要研究内容，是用于表达变量间复杂关系的基本数学工具。极限描述了当某个变量变化时，相关的另一个变量的变化趋势。极限概念是微积分中最基本的概念，微积分中的重要概念如导数、定积分都需要用极限来表述。函数和极限是后面章节的基础。

第一节　函　数

PPT

一、函数的概念

1. 常量与变量　一个量在研究过程中始终保持同一数值，这样的量称为**常量**（constant）。比如在匀速运动中，物体运动的速度就是一个常量。一个量在研究过程中数值是不断变化的，这样的量称为**变量**（variable）。变量或者常量都不是绝对的，要依据具体过程和具体条件来判断。比如儿童的身高在一天中可近似看作常量，但在一年中，该儿童的身高则应视为变量。通常用 A、B、C 等字母表示常量，用 x、y、z 等字母表示变量。

2. 区间与邻域　数轴上介于两个定点之间的所有点组成的集合称为**区间**（interval），这两个定点称为区间的端点。常用的区间如下（以下 a、b 都是实数，且 $a<b$）：

（1）开区间 $(a,b)=\{x\mid a<x<b\}$；

（2）闭区间 $[a,b]=\{x\mid a\leqslant x\leqslant b\}$；

（3）半开半闭区间 $[a,b)=\{x\mid a\leqslant x<b\}$，或 $(a,b]=\{x\mid a<x\leqslant b\}$。

若区间的两个端点都是有限的实数，称为**有限区间**。数 $b-a$ 称为区间的**长度**。若区间端点中至少有一个不是有限实数，则称为**无限区间**，比如：

$$(a,+\infty)=\{x\mid x>a\},(-\infty,b]=\{x\mid x\leqslant b\}$$

全体实数的集合 R 通常记作区间 $(-\infty,+\infty)$。

设 x_0 与 δ 为两个实数，且 $\delta>0$，称开区间 $(x_0-\delta,x_0+\delta)$ 为点 x_0 的 δ **邻域**（neighbourhood），记为 $U(x_0,\delta)$（图 1-1），即

$$U(x_0,\delta)=\{x\mid |x-x_0|<\delta\}$$

其中，x_0 称为该邻域的**中心**，δ 称为该邻域的**半径**。点 x_0 的 δ 邻域去掉中心 x_0 后，称为点 x_0 的**去心 δ 邻域**（或空心邻域），记作 $\overset{\circ}{U}(x_0,\delta)$，即

$$\mathring{U}(x_0,\delta) = \{x \mid 0 < |x - x_0| < \delta\}$$

邻域是后续章节经常用到的概念。

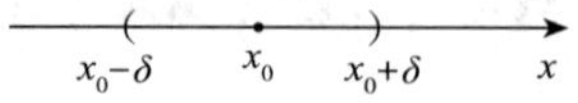

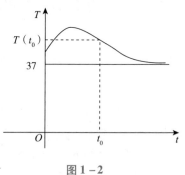

图 1-1

3. 函数的概念

定义 1.1 设 x 与 y 是同一过程中的两个变量，D 是给定的数集。如果对于每个 $x \in D$，按照一定的对应法则 f，变量 y 总有唯一确定的值与之对应，则称变量 y 是变量 x 的**函数**（function），记作

$$y = f(x), \quad x \in D$$

变量 x 称为**自变量**（independent variable），变量 y 称为**因变量**（dependent variable）。D 称为函数的**定义域**（domain），而因变量 y 的所有值组成的集合称为函数的**值域**（range），记为 $W = \{y \mid y = f(x), x \in D\}$。

函数 $f(x)$ 在每一点 $x_0 \in D$ 处唯一确定的值称为函数在 x_0 处的**函数值**（functional value），记为 $y_0 = f(x_0)$ 或 $y_0 = y \big|_{x = x_0}$。

函数的表示法通常有公式法（解析式法）、图像法和表格法。

例1 出生后 $1 \sim 6$ 个月内正常婴儿的体重近似满足 $y = 3 + 0.6x$，其中，x 表示婴儿的月龄，y 表示婴儿的体重（kg），该函数的定义域为 $[1,6]$。

例2 监护仪自动记录了某患者一段时间内体温 T 的变化曲线，患者体温 T 是时间 t 的函数 $T = T(t)$，如图 1-2 所示。这是用图像法表示的函数关系。对于健康人而言，体温一般保持在 $T = 37℃$，在图形中是一条平行于 t 轴的直线。

例3 某地区 2001—2010 年的胃癌发病率，如表 1-1 所示。发病率 y 是年份 t 的函数，这是用表格法表示的函数关系。

图 1-2

表 1-1　某地区 2001—2010 年的胃癌发病率

t（年份）	2001	2001	2003	2004	2005	2006	2007	2008	2009	2010
y（发病率,‰）	4.74	3.52	3.36	2.82	3.03	3.08	2.57	1.58	1.69	2.05

4. 分段函数

在经济、生物、医药学及工程技术等领域中，经常碰到自变量在定义域的不同范围内取值时，对应法则需要用不同的表达式来表示，称为**分段函数**（piecewise function）。

例4 设 $x \in R$，取不超过 x 的最大整数称为 x 的**取整函数**（integer ceiling function），记为 $f(x) = [x]$。比如：$[\pi] = 3, [\sqrt{3}] = 1, \left[\frac{2}{5}\right] = 0, \left[-\frac{2}{5}\right] = -1$。取整函数的定义域是 $(-\infty, +\infty)$，值域是整数集 Z，这是一个分段函数，如图 1-3 所示。

例5 在生理学研究中，血液中胰岛素浓度 $c(t)$（单位/ml）随时间 $t(\min)$ 变化的经验公式为

$$c(t) = \begin{cases} t(10 - t), & 0 \le t \le 5 \\ 25e^{-k(t-5)}, & t > 5 \end{cases}$$

其中，$k > 0$。这是一个分段函数（图 1-4）。在 $t = 5$ 的左右两侧，函数 $c(t)$ 有不同的表达式，这种点称为分段函数的**分段点**（或**分界点**）。

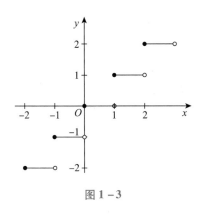

图 1 - 3

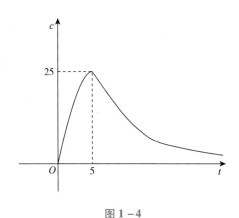

图 1 - 4

二、反函数

定义 1. 2 设函数 $y = f(x)$ 的定义域为数集 D，值域为数集 W，若对每一个 $y \in W$，都有唯一的 $x \in D$ 满足关系 $f(x) = y$，将此 x 值作为取定的 y 值的对应值，得到一个定义在 W 上的新函数，称为 $y = f(x)$ 的**反函数**（inverse function）。记作 $x = f^{-1}(y)$。

相对于反函数 $x = f^{-1}(y)$ 来说，$y = f(x)$ 称为**直接函数**或**原函数**（primitive function）。显然，反函数的定义域是直接函数的值域 W，它的值域是直接函数的定义域 D。

在反函数 $x = f^{-1}(y)$ 中，字母 y 表示自变量，x 表示因变量，和习惯不符。因此，经常互换反函数中的字母 x、y，用 $y = f^{-1}(x)$ 来表示反函数。比如，对于函数 $y = f(x) = 2x + 3$，可得 $x = f^{-1}(y) = \dfrac{y-3}{2}$，反函数写为 $y = f^{-1}(x) = \dfrac{x-3}{2}$。

一般来说，函数 $y = f(x)$ 与其反函数 $y = f^{-1}(x)$ 的图形在同一坐标系中关于直线 $y = x$ 对称（图 1 - 5）。

反函数存在性的充分条件：若函数 $y = f(x)$ 在某个定义区间 I 上单调（增加或减少），则必有反函数。

例 6 正弦函数 $y = \sin x$ 的定义域为 $(-\infty, +\infty)$，值域为 $[-1, 1]$。对于任一 $y \in [-1, 1]$，在 $(-\infty, +\infty)$ 内有无穷多个 x 值满足 $\sin x = y$，因而 $y = \sin x$ 在 $(-\infty, +\infty)$ 内不存在反函数。但如果把正弦函数 $y = \sin x$ 的定义域限制在它的单调区间 $\left[-\dfrac{\pi}{2}, \dfrac{\pi}{2}\right]$（常称此区间为正弦函数的**单调主值区间**）上，则必定存在反函数，称为**反正弦函数**，记作 $y = arc\sin x$。反正弦函数的定义域是 $[-1, 1]$，值域是 $\left[-\dfrac{\pi}{2}, \dfrac{\pi}{2}\right]$（图 1 - 6）。

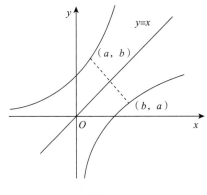

图 1 - 5

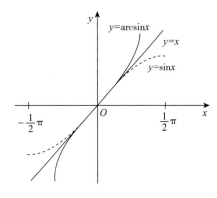

图 1 - 6

类似地，把定义在区间 $[0,\pi]$ 上余弦函数 $y = \cos x$ 的反函数，称为**反余弦函数**，记作 $y = \arccos x$，其定义域是 $[-1,1]$，值域是 $[0,\pi]$；定义在区间 $\left(-\dfrac{\pi}{2}, \dfrac{\pi}{2}\right)$ 内的正切函数 $y = \tan x$ 的反函数，称为**反正切函数**，记作 $y = \arctan x$，其定义域是 $(-\infty, +\infty)$，值域是 $\left(-\dfrac{\pi}{2}, \dfrac{\pi}{2}\right)$；定义在区间 $(0,\pi)$ 内的余切函数 $y = \cot x$ 的反函数，称为**反余切函数**，记作 $y = \operatorname{arccot} x$，其定义域是 $(-\infty, +\infty)$，值域是 $(0,\pi)$。

函数 $y = \arcsin x$、$y = \arccos x$、$y = \arctan x$、$y = \operatorname{arccot} x$ 统称为**反三角函数**（inverse trigonometric function）。

三、函数的性质

函数的性质主要包括有界性、单调性、奇偶性及周期性。

1. 函数的有界性　设函数 $f(x)$ 的定义域为 D，数集 $X \subset D$。如果存在 $M > 0$，对任一 $x \in X$，都有

$$|f(x)| \leqslant M$$

则称函数 $f(x)$ 在 X 上**有界**（bounded），$f(x)$ 是 X 上的**有界函数**（bounded function）。如果这样的正数 M 不存在，就称 $f(x)$ 在 X 上**无界**（unbounded），也说 $f(x)$ 是 X 上的**无界函数**（unbounded function）。

比如对任一 $x \in (-\infty, +\infty)$，都有 $|\sin x| \leqslant 1$（存在正数 $M = 1$），因此，正弦函数 $y = \sin x$ 在整个定义域 $(-\infty, +\infty)$ 上有界，或者说 $y = \sin x$ 是其定义域上的有界函数；同理可知，余弦函数 $y = \cos x$ 以及反三角函数 $\arcsin x$、$\arccos x$、$\arctan x$、$\operatorname{arccot} x$ 都是各自定义域上的有界函数；而函数 $f(x) = \dfrac{1}{x}$ 在开区间 $(0,1)$ 内是无界的，因为不存在这样的正数 M，使 $\left|\dfrac{1}{x}\right| \leqslant M$ 对于 $(0,1)$ 内的一切 x 都成立。但 $f(x) = \dfrac{1}{x}$ 在区间 $[1, +\infty)$ 内是有界的，因为可取 $M = 1$ 使不等式 $\left|\dfrac{1}{x}\right| \leqslant 1$ 对于区间 $[1, +\infty)$ 中的任意 x 都成立。

2. 函数的单调性　设函数 $f(x)$ 在区间 I 内有定义，对于 I 内任意两点 x_1、x_2，不妨设 $x_1 < x_2$，恒有

$$f(x_1) < f(x_2) \text{ 或 } f(x_1) > f(x_2)$$

则称函数 $f(x)$ 在区间 I 内**单调增加**或**单调减少**。

单调增加与单调减少的函数统称为**单调函数**（monotone function），使得函数单调的定义区间称为函数的**单调区间**（monotonic interval）。

比如，函数 $f(x) = x^3$ 在整个定义域 $(-\infty, +\infty)$ 上单调；函数 $f(x) = x^2$ 在定义区间 $[0, +\infty)$ 上单调增加，在定义区间 $(-\infty, 0]$ 上单调减少。区间 $[0, +\infty)$ 与 $(-\infty, 0]$ 是函数 $f(x) = x^2$ 的单调区间。

3. 函数的奇偶性　设函数 $f(x)$ 的定义域 D 关于原点对称。若对于任一 $x \in D$，都有

$$f(-x) = f(x)$$

成立，则称 $f(x)$ 为**偶函数**（even function）。偶函数的图形关于 y 轴对称。若对于任一 $x \in D$，都有

$$f(-x) = -f(x)$$

成立，则称 $f(x)$ 为**奇函数**（odd function）。奇函数的图形关于坐标原点 O 对称。

比如，$f(x) = \sin x$ 在定义域内是奇函数，$f(x) = \cos x$ 在定义域内是偶函数。

4. 函数的周期性　设函数 $f(x)$ 的定义域为 D，如果存在常数 $T \neq 0$，使得对于任一 $x \in D$，且 $x + T \in D$，恒有

$$f(x + T) = f(x)$$

成立，则称 $f(x)$ 是**周期函数**（periodic function）。T 称为 $f(x)$ 的**周期**。通常所说的周期是指函数的**最小正周期**（minimal positive period）。

比如，函数 $\sin x$、$\cos x$ 都是周期函数，周期都为 2π；函数 $\tan x$、$\cot x$ 的周期都为 π。

四、基本初等函数

幂函数、指数函数、对数函数、三角函数及反三角函数这五类函数统称为**基本初等函数**（basic elementary function），图形及主要性质见表 1-2。

表 1-2　五类基本初等函数的图形及性质

函数	定义域	图形	性质
幂函数 $y = x^{\mu}$ （μ 是常数）	随 μ 的不同而不同，但在 $(0, +\infty)$ 内都有定义		过 $(1,1)$ 点； 在 $[0, +\infty)$ 内，当 $\mu > 0$ 时单调增加，当 $\mu < 0$ 时单调减少
指数函数 $y = a^x$（$a > 0$ 且 $a \neq 1$）	$(-\infty, +\infty)$		图像在 x 轴上方； 过 $(0,1)$ 点； 当 $0 < a < 1$ 时为减函数； 当 $a > 1$ 时为增函数
对数函数 $y = \log_a x$ （$a > 0$ 且 $a \neq 1$）	$(0, +\infty)$		图像在 y 轴右侧； 过点 $(1,0)$； 当 $0 < a < 1$ 时，为减函数； 当 $a > 1$ 时，为增函数
正弦函数 $y = \sin x$	$(-\infty, +\infty)$		以 2π 为周期； 奇函数； 有界函数； $|\sin x| \leqslant 1$
余弦函数 $y = \cos x$	$(-\infty, +\infty)$		以 2π 为周期； 偶函数； 有界函数； $|\cos x| \leqslant 1$
正切函数 $y = \tan x$	$x \neq k\pi + \dfrac{\pi}{2}$ （$k = 0, \pm 1, \pm 2, \cdots$）		以 π 为周期； 奇函数； 在 $\left(-\dfrac{\pi}{2}, \dfrac{\pi}{2}\right)$ 内为增函数

续表

函数	定义域	图形	性质
余切函数 $y = \cot x$	$x \neq k\pi$ $(k = 0, \pm 1, \pm 2, \cdots)$		以 π 为周期； 奇函数； 在 $(0, \pi)$ 内为减函数
反正弦函数 $y = \arcsin x$	$[-1, 1]$		单调增加； 奇函数； 有界函数； 值域为 $\left[-\dfrac{\pi}{2}, \dfrac{\pi}{2}\right]$
反余弦函数 $y = \arccos x$	$[-1, 1]$		单调减少； 有界函数； 值域为 $[0, \pi]$
反正切函数 $y = \arctan x$	$(-\infty, +\infty)$		单调增加； 奇函数； 有界函数； 值域为 $\left(-\dfrac{\pi}{2}, \dfrac{\pi}{2}\right)$； 直线 $y = -\dfrac{\pi}{2}$ 及 $y = \dfrac{\pi}{2}$ 为其两条水平渐近线
反余切函数 $y = \text{arccot} x$	$(-\infty, +\infty)$		单调减少； 有界函数； 值域为 $(0, \pi)$； 直线 $y = 0$ 及 $y = \pi$ 为其两条水平渐近线

五、复合函数

函数 $y = \sin\sqrt{x}$，可以看成 $y = \sin u$、$u = \sqrt{x}$ 经过代入运算所得到的复合函数。

定义 1.3 设 y 是 u 的函数 $y = f(u)$，u 是 x 的函数 $u = \varphi(x)$，若 x 在 $u = \varphi(x)$ 的定义域上取值时，所对应的 u 值使 $y = f(u)$ 有定义，则称 $y = f[\varphi(x)]$ 是 x 的**复合函数**（compound function），其中，u 称为**中间变量**（intermediate variable）。

例 7 分别求由函数 $y = u^3$ 与 $u = \tan x$ 构成的复合函数以及由函数 $y = \tan u$ 与 $u = x^3$ 构成的复合函数。

解 （1）由函数 $y = u^3$ 与 $u = \tan x$ 构成的复合函数是 $y = \tan^3 x$。

（2）由函数 $y = \tan u$ 与 $u = x^3$ 构成的复合函数是 $y = \tan(x^3)$。

求由多个简单函数生成的复合函数，只需将各中间变量依次替换或代入。

例 8 求由 $y = \sqrt[3]{u}$、$u = \cos v$、$v = \dfrac{x}{2}$ 构成的复合函数。

解　将中间变量 u、v 依次代入，可得复合函数 $y = \sqrt[3]{\cos\dfrac{x}{2}}$。

在后面学习微分学与积分学内容时，有时需要弄明白函数的复合关系，这就需要对复合函数做出恰当的分解。

例 9　试分解复合函数 $y = \mathrm{e}^{\sin\frac{1}{x}}$。

解　显然，该复合函数可看作由 $y = \mathrm{e}^u$、$u = \sin v$ 及 $v = \dfrac{1}{x}$ 复合而成。

复合函数分解后，每一层中的函数应为基本初等函数或由有限个基本初等函数经过四则运算而成。

例 10　试分解复合函数 $y = \ln\left[\tan(x^2 + \arcsin x)\right]$。

解　该复合函数可看作由 $y = \ln u$、$u = \tan v$、$v = x^2 + \arcsin x$ 复合而成。

六、初等函数

由常数及五类基本初等函数经过有限次的四则运算与有限次的复合步骤所构成的可以用一个解析式表示的函数，称为**初等函数**（elementary function）。如正割函数 $\sec x = \dfrac{1}{\cos x}$、余割函数 $\csc x = \dfrac{1}{\sin x}$，多项式函数 $f(x) = a_0 x^n + a_1 x^{n-1} + \cdots + a_{n-1} x + a_n$（其中 a_0、a_1、$\cdots$、a_n 是常数，且 $a_0 \neq 0$），以及有理函数 $f(x) = \dfrac{a_0 x^n + a_1 x^{n-1} + \cdots + a_{n-1} x + a_n}{b_0 x^m + b_1 x^{m-1} + \cdots + b_{m-1} x + b_m}$ 都是初等函数。分段函数不是初等函数。

PPT

▷ 第二节　极　限

函数关系描述了因变量与自变量之间的相互依赖关系，极限是用于研究变量的变化趋势的基本方法。

一、数列的极限

极限概念是因求某些实际问题的精确解而产生的。例如，我国古代数学家刘徽（公元 3 世纪）为求圆的面积而创立的"割圆术"，就是早期极限思想的体现。

为得到圆的面积，利用内接正多边形的面积去逼近圆的面积（图 1-7）。首先作内接正 6 边形，其面积记为 A_1；再作内接正 12 边形，其面积记为 A_2；然后作内接正 24 边形，其面积记为 A_3；依次下去，每次边数加倍。一般地，把内接正 $6 \times 2^{n-1}$ 边形的面积记为 A_n（n 为正整数）。这样，就得到一系列内接正多边形的面积

$$A_1,\ A_2,\ A_3,\ \cdots,\ A_n,\ \cdots$$

它们构成一个数列，记作 $\{A_n\}$。显然，边数 n 越大，内接正多边形的面积就越接近圆的面积，从而以 A_n 作为圆面积的近似值也就越精确。但无论 n 取多大，只要 n 是确定的，A_n 终究只是多边形的面积而不是圆的面积。可以设想，当 n 无限增大（记为 $n \to \infty$，读作 n 趋于无穷大）时，即内接正多边形的边数无限增加时，内接正多边形无限接近于圆，同时 A_n 也无限接近于某一确定的数值，这个确定的数值就是圆的面积，称为这个数列 $\{A_n\}$ 当 $n \to \infty$ 时的极限。

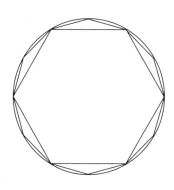
图 1-7

下面给出数列极限的描述性定义：

定义 1.4 对于数列 $\{x_n\}$，如果当 n 无限增大时，x_n 无限接近于某一常数 a，则称常数 a 为数列 $\{x_n\}$ 的**极限**（limit），或称数列 $\{x_n\}$ **收敛**（convergence）于 a，记作

$$\lim_{n\to\infty} x_n = a \quad \text{或} \quad x_n \to a\,(n\to\infty)$$

读作"当 n 趋于无穷大时，x_n 的极限等于 a 或 x_n 趋于 a"。如果这样的常数 a 不存在，就说数列 $\{x_n\}$ 没有极限，或称数列 $\{x_n\}$ **发散**（divergent）。

比如，当 $n\to\infty$ 时，$\dfrac{1}{n}$ 无限接近于常数 0，所以 0 是数列 $\left\{\dfrac{1}{n}\right\}$ 的极限，或说数列 $\left\{\dfrac{1}{n}\right\}$ 收敛于 0，即 $\lim\limits_{n\to\infty}\dfrac{1}{n}=0$；当 $n\to\infty$ 时，$\dfrac{n+(-1)^{n-1}}{n}$ 无限接近于常数 1，所以 1 是数列 $\left\{\dfrac{n+(-1)^{n-1}}{n}\right\}$ 的极限，即 $\lim\limits_{n\to\infty}\dfrac{n+(-1)^{n-1}}{n}=1$；但对于数列 $\{(-1)^n\}$ 而言，则找不到一个确定的常数，使得当 n 无限增大时，$(-1)^n$ 能够与该常数无限接近，故数列 $\{(-1)^n\}$ 不存在极限，或称数列 $\{(-1)^n\}$ 发散；同样，数列 $\{2^n\}$ 也发散。

这个定义只是极限的一个描述性定义，并不是精确定义（或分析定义），无法求得某数列的极限，上面几个简单的数列都是借助对其几何（或图像）上的观察来推知该数列的极限。

对于数列 $\{a_n\}$，其极限为 a，即当 n 无限增大时，a_n 无限接近于 a。那么，如何度量 a_n 与 a 无限接近呢？

一般地，两个数之间的接近程度可以用这两个数之差的绝对值 $|b-a|$ 来度量，并且 $|b-a|$ 越小，表示 a 与 b 越接近。

例如数列 $\left\{\dfrac{(-1)^{n-1}}{n}\right\}$，当 n 无限增大时，通过观察我们发现，$a_n=\dfrac{(-1)^{n-1}}{n}$ 无限接近 0。下面通过距离来描述数列 $\{a_n\}$ **无限接近** 0。

由于

$$|a_n-0|=\left|\frac{(-1)^{n-1}}{n}\right|=\frac{1}{n}$$

当 n 越来越大时，$\dfrac{1}{n}$ 越来越小，从而 a_n 越来越接近于 0。当 n 无限增大时，a_n 无限接近于 0。

例如，给定 $\dfrac{1}{100}$，要使 $\dfrac{1}{n}<\dfrac{1}{100}$，只要 $n>100$ 即可。也就是说，从第 101 项开始都能使

$$|a_n-0|<\frac{1}{100}$$

成立。

给定 $\dfrac{1}{10000}$，要使 $\dfrac{1}{n}<\dfrac{1}{10000}$，只要 $n>10000$ 即可。也就是说，从第 10001 项开始都能使

$$|a_n-0|<\frac{1}{10000}$$

成立。

一般地，不论给定的正数 ε 多么的小，总存在一个正整数 N，使得当 $n>N$ 时，不等式

$$|a_n-a|<\varepsilon$$

都成立。这就是数列 $a_n=\dfrac{(-1)^{n-1}}{n}$ 当 $n\to\infty$ 时极限的实质。

根据这一特点，得到数列极限的精确定义：

定义 1.5 设 $\{a_n\}$ 是一数列，a 是一常数。如果对任意给定的正数 ε，总存在正整数 N，使得当 $n > N$ 时，不等式

$$|a_n - a| < \varepsilon$$

都成立，则称 a 是数列 $\{a_n\}$ 的**极限**，或称数列 $\{a_n\}$ 收敛于 a，记作 $\lim\limits_{n \to \infty} a_n = a$。

反之，如果数列 $\{a_n\}$ 的极限不存在，则称数列 $\{a_n\}$ **发散**。

在上面的定义中，ε 可以任意给定，不等式 $|a_n - a| < \varepsilon$ 描述了 a_n 与 a 无限接近的程度。此外，N 与 ε 有关，随着 ε 的给定而变化。$n > N$ 表示了从 $N+1$ 项开始满足不等式 $|a_n - a| < \varepsilon$。

对数列 $\{a_n\}$ 的极限为 a，也可以略写为：

$$\lim_{n \to \infty} a_n = a \Leftrightarrow \forall \varepsilon > 0, \exists N > 0, 当 n > N 时, 有 |x_n - a| < \varepsilon$$

数列 $\{a_n\}$ 的极限为 a 的**几何解释**：

将常数 a 与数列 $\{a_n\}$ 所有的项在数轴上用对应的点表示出来，从 $N+1$ 项开始，数列 $\{a_n\}$ 对应的点都落在开区间 $(a-\varepsilon, a+\varepsilon)$ 内，而只有有限个（至多只有 N 个）在此区间以外（图 1-8）。

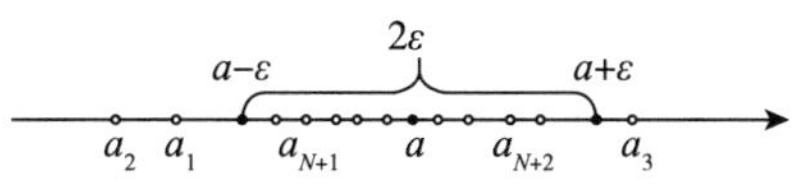

图 1-8

例 11 证明数列极限 $\lim\limits_{n \to \infty} \dfrac{(-1)^{n-1}}{n} = 0$。

证 由于

$$|a_n - a| = \left| \frac{(-1)^{n-1}}{n} - 0 \right| = \frac{1}{n}$$

对 $\forall \varepsilon > 0$，要使

$$\left| \frac{(-1)^{n-1}}{n} - 0 \right| < \varepsilon$$

即 $\dfrac{1}{n} < \varepsilon$，$n > \dfrac{1}{\varepsilon}$。取 $N = \left[\dfrac{1}{\varepsilon}\right]$，当 $n > N$ 时，有 $\left| \dfrac{(-1)^{n-1}}{n} - 0 \right| < \varepsilon$。由极限的定义知

$$\lim_{n \to \infty} \frac{(-1)^{n-1}}{n} = 0$$

例 12 证明数列极限 $\lim\limits_{n \to \infty} \dfrac{1}{2^n} = 0$。

证 由于

$$|a_n - a| = \left| \frac{1}{2^n} - 0 \right| = \frac{1}{2^n}$$

对 $\forall \varepsilon > 0$（设 $\varepsilon < 1$），要使

$$\left| \frac{1}{2^n} - 0 \right| < \varepsilon$$

即 $\dfrac{1}{2^n} < \varepsilon$，取对数得 $n > \dfrac{-\ln\varepsilon}{\ln 2}$。取 $N = \left[\dfrac{-\ln\varepsilon}{\ln 2}\right]$，当 $n > N$ 时，有 $\left| \dfrac{1}{2^n} - 0 \right| < \varepsilon$。由极限的定义知

$$\lim_{n \to \infty} \frac{1}{2^n} = 0$$

注 只要找到一个正整数 N 就可以，没有必要去寻找最小的 N。

二、函数的极限

实际上，数列 $\{x_n\}$ 可以看作定义在正整数集 (N^+) 上的特殊函数 $x_n = f(n)(n \in N^+)$，所以数列的极限可看作函数极限的特殊情形，即当自变量 n 取正整数而且无限增大（即 $n \to \infty$）时函数 $x_n = f(n)$ 的极限。而对于函数 $y = f(x)$，自变量的变化过程通常分为以下两种情形：①自变量 x 的绝对值 $|x|$ 无限增大或趋于无穷大（记作 $x \to \infty$）；②自变量 x 任意接近有限值 x_0 或趋于有限值 x_0（记作 $x \to x_0$）。

1. 自变量趋于无穷大时函数的极限　类似于数列极限，同样可给出函数极限的描述性定义。

定义 1.6　当自变量 x 的绝对值 $|x|$ 无限增大时，若函数 $y = f(x)$ 无限地趋近于某一常数 A，则称常数 A 为函数 $f(x)$ 当 x 趋于无穷大时的**极限**。记作

$$\lim_{x \to \infty} f(x) = A \text{ 或 } f(x) \to A(x \to \infty)$$

如果这样的常数不存在，称 $x \to \infty$ 时 $f(x)$ 没有极限（或称极限 $\lim\limits_{x \to \infty} f(x)$ 不存在）。

比如，从图 1-9 可以看出，函数 $f(x) = \dfrac{1}{x}$ 当 $x \to \infty$ 时无限趋近于常数 0，所以有 $\lim\limits_{x \to \infty} \dfrac{1}{x} = 0$；从图 1-10 可以看出，函数 $f(x) = \dfrac{\sin x}{x}$ 当 $x \to \infty$ 时无限趋近于常数 0，所以有 $\lim\limits_{x \to \infty} \dfrac{\sin x}{x} = 0$。

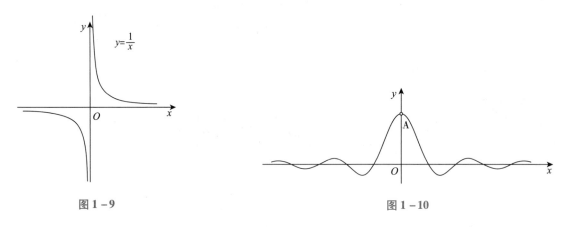

图 1-9　　　　　　　　　　　　　　　图 1-10

类比于数列极限的定义，可得当 $x \to \infty$ 时函数 $f(x)$ 的极限的精确定义：

定义 1.7　设 $f(x)$ 当 $|x|$ 大于某一正数时有定义，如果存在常数 A，对任意给定的正数 ε，总存在正数 X，使得当 $|x| > X$ 时，不等式

$$|f(x) - A| < \varepsilon$$

都成立，则称 A 是函数 $f(x)$ 在 $x \to \infty$ 时的极限，记作

$$\lim_{x \to \infty} f(x) = A$$

对定义 1.7 的简单叙述：

$$\lim_{x \to \infty} f(x) = A \Leftrightarrow \forall \varepsilon > 0, \exists X > 0, \text{当} |x| > X \text{时}, \text{有} |f(x) - A| < \varepsilon$$

例 13　证明 $\lim\limits_{x \to \infty} \dfrac{\sin x}{x} = 0$。

证　由于

$$|f(x) - A| = \left| \frac{\sin x}{x} - 0 \right| = \left| \frac{\sin x}{x} \right| \leqslant \frac{1}{|x|}$$

$\forall \varepsilon > 0$，要使

$$|f(x) - A| < \varepsilon$$

即$\dfrac{1}{|x|}<\varepsilon,|x|>\dfrac{1}{\varepsilon}$。取$X=\dfrac{1}{\varepsilon}$，当$|x|>X$时，有$|f(x)-A|<\varepsilon$，由极限的定义知

$$\lim_{x\to\infty}\dfrac{\sin x}{x}=0$$

从几何上看，$\lim\limits_{x\to\infty}f(x)=A$表示当$|x|>X$时，曲线$y=f(x)$位于直线$y=A-\varepsilon$和$y=A+\varepsilon$之间（图 1-11）。

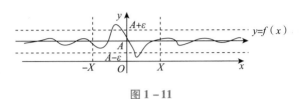

图 1-11

这时，称直线$y=A$为曲线$y=f(x)$的**水平渐近线**。

例如$\lim\limits_{x\to\infty}\dfrac{\sin x}{x}=0$，则$y=0$是曲线$y=\dfrac{\sin x}{x}$的水平渐近线。

若自变量x取正值而且无限增大（在几何上，表现为自变量沿着x轴的正向远离坐标原点），我们记作$x\to+\infty$；若自变量x取负值而其绝对值无限增大（在几何上，表现为自变量沿着x轴的负向远离坐标原点），我们记作$x\to-\infty$。类似地，可以给出当$x\to+\infty$或$x\to-\infty$时函数极限的定义：

$$\lim_{x\to+\infty}f(x)=A\Leftrightarrow\forall\varepsilon>0,\exists X>0,当x>X时,有|f(x)-A|<\varepsilon$$
$$\lim_{x\to-\infty}f(x)=A\Leftrightarrow\forall\varepsilon>0,\exists X>0,当x<-X时,有|f(x)-A|<\varepsilon$$

比如，显然有$\lim\limits_{x\to+\infty}\arctan x=\dfrac{\pi}{2}$，$\lim\limits_{x\to-\infty}\arctan x=-\dfrac{\pi}{2}$，$\lim\limits_{x\to-\infty}e^x=0$（表 1-2）。

结合定义 1.7，函数$f(x)$在$x\to\infty$时的极限存在的充分必要条件是：

$$\lim_{x\to\infty}f(x)=A\Leftrightarrow\lim_{x\to-\infty}f(x)=\lim_{x\to+\infty}f(x)=A$$

2. 自变量趋于有限值时函数的极限

定义 1.8 设函数$f(x)$在x_0点的某去心邻域内有定义（在x_0处可以没有定义），当自变量x以任意方式无限地接近于x_0时，若函数$f(x)$无限接近于某一常数A，则称A是函数$f(x)$当x趋于x_0时的**极限**。记为

$$\lim_{x\to x_0}f(x)=A \text{ 或 } f(x)\to A(x\to x_0)$$

如果这样的常数不存在，那么称$x\to x_0$时$f(x)$没有极限（或称极限$\lim\limits_{x\to x_0}f(x)$不存在）。

比如，$\lim\limits_{x\to1}\dfrac{x^2-1}{x-1}=2$。

对于简单的函数，我们可以在几何上进行观察从而推知它的极限。比如，$\lim\limits_{x\to1}(2x-1)=1$，$\lim\limits_{x\to0}(2x-1)=-1$，$\lim\limits_{x\to2}\sqrt{x}=\sqrt{2}$，$\lim\limits_{x\to x_0}\sin x=\sin x_0$，$\lim\limits_{x\to1}\ln x=0$ 等，这些结果今后可直接使用。

另外，我们不加证明地指出：**一切基本初等函数在其定义区间内某一点的极限值等于它在这一点的函数值**。即：若$f(x)$是基本初等函数，其定义区间为D，那么对于任一$x_0\in D$，必有

$$\lim_{x\to x_0}f(x)=f(x_0)$$

在定义 1.8 中，函数$f(x)$的函数值无限接近于某个确定的常数A，表示$|f(x)-A|$能任意小，因此，同样可以通过$|f(x)-A|<\varepsilon$表示。而$x\to x_0$可以表示为$0<|x-x_0|<\delta(\delta>0)$，$\delta$体现了$x$接近$x_0$的程度。由此得到函数$f(x)$在$x\to x_0$时函数极限的精确定义：

定义 1.9 函数$f(x)$在x_0的某个去心邻域内有定义。对于任意给定的正数ε，总存在正数δ，当x

满足不等式 $0 < |x - x_0| < \delta$ 时，函数 $f(x)$ 满足不等式

$$|f(x) - A| < \varepsilon$$

称 A 为函数 $f(x)$ 在 $x \to x_0$ 时的极限。记作

$$\lim_{x \to x_0} f(x) = A \text{ 或 } f(x) \to A (x \to x_0)$$

定义 1.9 简单表述为：

$$\lim_{x \to x_0} f(x) = A \Leftrightarrow \forall \varepsilon > 0, \exists \delta > 0, \text{当 } 0 < |x - x_0| < \delta \text{ 时，有 } |f(x) - A| < \varepsilon$$

函数 $f(x)$ 在 $x \to x_0$ 时极限为 A 的几何解释：

对 $\forall \varepsilon > 0$，当 $x \in \overset{\circ}{U}(x_0, \delta)$ 时，曲线 $y = f(x)$ 位于直线 $y = A - \varepsilon$ 和 $y = A + \varepsilon$ 之间，如图 1 – 12 所示。

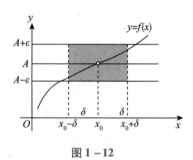

图 1 – 12

例 14 证明 $\lim_{x \to x_0} C = C$，C 为常数。

证 由于

$$|f(x) - A| = |C - C| = 0$$

对 $\forall \varepsilon > 0$，对 $\forall \delta > 0$，当 $0 < |x - x_0| < \delta$ 时，都有 $|f(x) - A| < \varepsilon$，故

$$\lim_{x \to x_0} C = C$$

例 15 证明 $\lim_{x \to 1} \dfrac{x^2 - 1}{x - 1} = 2$。

证 由于

$$|f(x) - A| = \left| \frac{x^2 - 1}{x - 1} - 2 \right| = |x - 1|$$

对 $\forall \varepsilon > 0$，要使 $|f(x) - A| < \varepsilon$，即 $|x - 1| < \varepsilon$。取 $\delta = \varepsilon$，当 $0 < |x - x_0| < \delta$ 时，都有 $|f(x) - A| < \varepsilon$，故

$$\lim_{x \to 1} \frac{x^2 - 1}{x - 1} = 2$$

3. 单侧极限 在实际应用中，我们有时仅需要考虑 x 从 x_0 的左侧趋于 x_0（记作 $x \to x_0^-$）的情形，或 x 仅从 x_0 的右侧趋于 x_0（记作 $x \to x_0^+$）的情形。

定义 1.10 如果当 x 从 x_0 的左侧趋于 x_0 时，函数 $f(x)$ 无限趋近于常数 A，则称常数 A 为函数 $f(x)$ 在 x_0 点的**左极限**（left – hand limit），记为

$$\lim_{x \to x_0^-} f(x) = A \quad \text{或} \quad f(x_0^-) = A$$

在定义 1.9 中，若把空心邻域 $0 < |x - x_0| < \delta$ 改为 $x_0 - \delta < x < x_0$，可得左极限的精确定义。

类似地，如果当 x 从 x_0 的右侧趋于 x_0 时，函数 $f(x)$ 无限趋近于常数 A，则称常数 A 为函数 $f(x)$ 在 x_0 点的**右极限**（right – hand limit），记为

$$\lim_{x \to x_0^+} f(x) = A \quad \text{或} \quad f(x_0^+) = A$$

在定义 1.9 中，若把空心邻域 $0 < |x - x_0| < \delta$ 改为 $x_0 < x < x_0 + \delta$，可得右极限的精确定义。

左极限与右极限统称为**单侧极限**。容易看出：**函数 $f(x)$ 当 $x \to x_0$ 时极限存在的充分必要条件为函数在 x_0 点的左、右极限都存在且相等**，即

$$\lim_{x \to x_0} f(x) = A \Leftrightarrow \lim_{x \to x_0^-} f(x) = \lim_{x \to x_0^+} f(x) = A$$

通常分段函数在分段点处的极限需要考虑单侧极限。

例 16 设函数 $f(x) = \dfrac{|x|}{x}$，说明 $\lim_{x \to 0} f(x)$ 不存在。

解 该函数为

$$f(x) = \begin{cases} 1, & x > 0 \\ -1, & x < 0 \end{cases}$$

在分段点 $x = 0$ 的左、右两侧，函数的表达式不同，因而需要考虑单侧极限。因为

$$\lim_{x \to 0^-} f(x) = \lim_{x \to 0^-} \frac{|x|}{x} = \lim_{x \to 0^-} (-1) = -1$$

$$\lim_{x \to 0^+} f(x) = \lim_{x \to 0^+} \frac{|x|}{x} = \lim_{x \to 0^+} 1 = 1$$

所以 $\lim\limits_{x \to 0} \dfrac{|x|}{x}$ 的极限不存在。

例 17 设 $f(x) = \begin{cases} x+1, & -\infty < x < 0 \\ x^2, & 0 \leqslant x \leqslant 1 \\ 1, & x > 1 \end{cases}$ ，求 $\lim\limits_{x \to 0} f(x)$、$\lim\limits_{x \to 1} f(x)$ 及 $\lim\limits_{x \to -1} f(x)$。

解 （1）因函数在 $x = 0$ 点左、右两侧的表达式不同，需要考虑单侧极限。因为

$$\lim_{x \to 0^-} f(x) - \lim_{x \to 0^-} (x+1) = 1, \lim_{x \to 0^+} f(x) - \lim_{x \to 0^+} x^2 = 0$$

$\lim\limits_{x \to 0^-} f(x) \neq \lim\limits_{x \to 0^+} f(x)$，故 $\lim\limits_{x \to 0} f(x)$ 不存在。

（2）因函数在 $x = 1$ 点左、右两侧的表达式不同，需要考虑单侧极限。因为

$$\lim_{x \to 1^-} f(x) = \lim_{x \to 1^-} x^2 = 1, \lim_{x \to 1^+} f(x) = \lim_{x \to 1^+} 1 = 1$$

$\lim\limits_{x \to 1^-} f(x) = \lim\limits_{x \to 1^+} f(x) = 1$，故 $\lim\limits_{x \to 1} f(x) = 1$。

（3）$\lim\limits_{x \to -1} f(x) = \lim\limits_{x \to -1} (x+1) = 0$。

4. 极限的性质 以下不加证明地列出无穷小的性质：

性质 1（唯一性） 若 $\lim\limits_{x \to x_0} f(x) = A$，则极限值是唯一的。

性质 2（局部有界性） 若 $\lim\limits_{x \to x_0} f(x) = A$，则存在常数 $M > 0$ 及 $\delta > 0$，当 $0 < |x - x_0| < \delta$ 时，有 $|f(x)| \leqslant M$。

性质 3（保号性） 若 $\lim\limits_{x \to x_0} f(x) = A$，且 $A > 0$（或 $A < 0$），则存在 $\delta > 0$，当 $0 < |x - x_0| < \delta$ 时，有 $f(x) > 0$（或 $f(x) < 0$）。

证明略。以上对于自变量的任一变化过程都成立。

三、无穷小与无穷大

1. 无穷小

定义 1.11 若 $\lim\limits_{x \to x_0} f(x) = 0$，则称函数 $f(x)$ 为 $x \to x_0$ 时的无穷小量，简称**无穷小**（infinitesimals）。

定义中的极限过程 $x \to x_0$，可换为 $x \to x_0^+$，$x \to x_0^-$，$x \to \infty$，$x \to -\infty$，$x \to +\infty$。当然，函数 $f(x)$ 也可换为数列 x_n，此时，极限过程则相应换为 $n \to \infty$。

无穷小量是以零为极限的函数或变量，提到无穷小量时要指明自变量的变化过程。比如，函数 $\sin x$ 是 $x \to 0$ 时的无穷小（但当 $x \to \dfrac{\pi}{2}$ 时，$\sin x$ 不是无穷小）；函数 $\dfrac{1}{x}$ 是 $x \to \infty$ 时的无穷小；数列 $\dfrac{1}{2^n}$ 是 $n \to \infty$ 时的无穷小。

按照无穷小的定义，任意非零常数，无论其绝对值多小，都不是无穷小，但常数零可以看作特殊的无穷小。

2. 无穷小与函数极限的关系

定理 1.1 在自变量的同一变化过程（$x \to x_0$ 或 $x \to \infty$ 等）中，函数 $f(x)$ 的极限等于 A 的充分必要条件是 $f(x) = A + \alpha(x)$，其中 $\alpha(x)$ 是同一变化过程中的无穷小。证明略。

3. 无穷小的性质 以下不加证明地列出无穷小的性质：

性质 4 有限个无穷小的和仍为无穷小。

性质 5 有限个无穷小的乘积仍为无穷小。

性质 6 有界函数与无穷小的乘积仍为无穷小。

因为常数也是有界函数，所以常数与无穷小的乘积为无穷小。

例 18 证明 $\lim\limits_{x \to 0}\left(x\sin\dfrac{1}{x}\right) = 0$。

解 因为 $\sin\dfrac{1}{x}$ 在 $x = 0$ 的任一去心邻域内有界，而 $\lim\limits_{x \to 0}x = 0$，根据性质 6，函数 $x\sin\dfrac{1}{x}$ 是 $x \to 0$ 时的无穷小。

4. 无穷大 与无穷小量相对的概念是无穷大量。

定义 1.12 如果在自变量的某一变化过程（$x \to x_0$ 或 $x \to \infty$ 等）中，函数 $f(x)$ 的绝对值 $|f(x)|$ 无限增大，则称函数 $f(x)$ 为该变化过程中的无穷大量，简称**无穷大**（infinity）。记作 $\lim\limits_{x \to x_0}f(x) = \infty$ 或 $f(x) \to \infty$（$x \to x_0$）。

如果在定义 1.12 中把"$|f(x)|$ 无限增大"改为"$f(x)$ 无限增大"（或"$-f(x)$ 无限增大"），则相应地称为"**正无穷大**"（或"**负无穷大**"），记作 $\lim\limits_{x \to x_0}f(x) = +\infty$（或 $\lim\limits_{x \to x_0}f(x) = -\infty$）。

比如 $\lim\limits_{x \to \infty}x^2 = +\infty$，$\lim\limits_{x \to +\infty}\mathrm{e}^x = +\infty$，$\lim\limits_{x \to 0^+}\dfrac{1}{x} = +\infty$，$\lim\limits_{x \to 0^-}\dfrac{1}{x} = -\infty$。

注意，无穷大是变量，不是数，任何常数无论其绝对值多大，都不是无穷大；其次，如果函数 $f(x)$ 是某一变化过程（例如 $x \to x_0$）中的无穷大，虽然在形式上记作 $\lim\limits_{x \to x_0}f(x) = \infty$，但实际上，此时函数 $f(x)$ 的极限是不存在的。

5. 无穷大与无穷小的关系

定理 1.2 在自变量的同一变化过程中，如果 $f(x)$ 是无穷大，则 $\dfrac{1}{f(x)}$ 为无穷小；反之，如果 $f(x)$ 是无穷小，且 $f(x) \neq 0$，则 $\dfrac{1}{f(x)}$ 为无穷大。证明略。

比如，由于 $\lim\limits_{x \to 0}\sin x = 0$，且 $x \to 0$ 时 $\sin x \neq 0$，根据定理 1.2，可知 $\lim\limits_{x \to 0}\dfrac{1}{\sin x} = \infty$。

▷ 第三节 极限的运算

PPT

一、极限的运算法则

1. 极限的四则运算法则 极限的定义并未给出极限的求解方法。下面，我们建立极限的四则运算法则，计算一些简单函数的极限。引入记号"lim"，表明结论对于六种形式的极限，即 $\lim\limits_{x \to x_0}f(x)$、$\lim\limits_{x \to x_0^-}f(x)$、$\lim\limits_{x \to x_0^+}f(x)$、$\lim\limits_{x \to \infty}f(x)$、$\lim\limits_{x \to +\infty}f(x)$ 以及 $\lim\limits_{x \to -\infty}f(x)$ 中的任意一种形式都成立。

定理 1.3 假设 $\lim f(x) = A$，$\lim g(x) = B$，则 $\lim[f(x) \pm g(x)]$、$\lim[f(x) \cdot g(x)]$ 以及 $\lim\dfrac{f(x)}{g(x)}$

$(g(x)\neq 0)$都存在，且有

(1) $\lim[f(x)\pm g(x)]=\lim f(x)\pm\lim g(x)=A\pm B$；

(2) $\lim[f(x)\cdot g(x)]=\lim f(x)\cdot\lim g(x)=A\cdot B$；

(3) $\lim\dfrac{f(x)}{g(x)}=\dfrac{\lim f(x)}{\lim g(x)}=\dfrac{A}{B}$ $(B\neq 0)$。

我们只给出法则（1）的详细证明，另外两个法则的证明留给学生思考。

因为

$$\lim f(x)=A,\lim g(x)=B$$

由无穷小量与函数极限的关系（第二节定理1.1），可得

$$f(x)=A+\alpha,g(x)=B+\beta$$

其中，α、β都是上述同一极限过程中的无穷小。于是有

$$f(x)\pm g(x)=(A+\alpha)\pm(B+\beta)=(A\pm B)+(\alpha\pm\beta)$$

由无穷小的性质3，可得$\alpha\pm\beta$也是无穷小。再由第二节定理1.1，得

$$\lim[f(x)\pm g(x)]=A\pm B=\lim f(x)\pm\lim g(x)$$

将该定理中的函数换为数列，便可得数列极限的四则运算法则。

法则（1）与（2）可以推广到有限多个函数，也成立。法则（2）有两个重要推论：

推论1 若$\lim f(x)$存在，C为常数，则有$\lim[Cf(x)]=C\lim f(x)$。

推论2 若$\lim f(x)$存在，n为正整数，则有$\lim[f(x)]^n=[\lim f(x)]^n$。

例19 求$\lim\limits_{x\to-1}(3x^2-2x+1)$。

解 根据函数极限的四则运算法则（1）、推论1及推论2，易得

$$\lim\limits_{x\to-1}(3x^2-2x+1)=\lim\limits_{x\to-1}3x^2-\lim\limits_{x\to-1}2x+\lim\limits_{x\to-1}1$$
$$=3(\lim\limits_{x\to-1}x)^2-2\lim\limits_{x\to-1}x+1=3\cdot(-1)^2-2\cdot(-1)+1=6$$

一般地，对于多项式函数$f(x)=a_0x^n+a_1x^{n-1}+\cdots+a_{n-1}x+a_n$（其中$a_0,a_1,\cdots,a_n$均为常数，且$a_0\neq 0$），根据极限的四则运算法则（1）、推论1及推论2，可得

$$\lim\limits_{x\to x_0}f(x)=a_0(\lim\limits_{x\to x_0}x)^n+a_1(\lim\limits_{x\to x_0}x)^{n-1}+\cdots+a_{n-1}\lim\limits_{x\to x_0}x+a_n$$
$$=a_0x_0^n+a_1x_0^{n-1}+\cdots+a_{n-1}x_0+a_n=f(x_0)$$

例20 求$\lim\limits_{x\to2}\dfrac{x^3-1}{x^2-3x+5}$。

解 按照极限法则（3）可得

$$\lim\limits_{x\to2}\dfrac{x^3-1}{x^2-3x+5}=\dfrac{\lim\limits_{x\to2}(x^3-1)}{\lim\limits_{x\to2}(x^2-3x+5)}=\dfrac{2^3-1}{2^2-3\cdot2+5}=\dfrac{7}{3}$$

例21 求$\lim\limits_{x\to1}\dfrac{x^2-1}{x^2+2x-3}$。

解 观察到当$x\to1$时，分母的极限是零［这时，商的极限法则（3）失效］，但注意到分子的极限也是零。而分子与分母有公因式$x-1$。极限过程是$x\to1$，但$x\neq1$，从而$x-1\neq0$，可先约去这个不为零的公因式$(x-1)$后，再求极限：

$$\lim\limits_{x\to1}\dfrac{x^2-1}{x^2+2x-3}=\lim\limits_{x\to1}\dfrac{(x-1)(x+1)}{(x-1)(x+3)}=\lim\limits_{x\to1}\dfrac{x+1}{x+3}=\dfrac{2}{4}=\dfrac{1}{2}$$

例22 求$\lim\limits_{x\to1}\dfrac{4x-1}{x^2+2x-3}$。

解 当 $x \to 1$ 时，分母的极限是零（这时，商的极限法则失效），但分子的极限不是零。因此，先求出该函数倒数的极限：

$$\lim_{x \to 1} \frac{x^2 + 2x - 3}{4x - 1} = \frac{\lim_{x \to 1}(x^2 + 2x - 3)}{\lim_{x \to 1}(4x - 1)} = \frac{0}{3} = 0$$

再据第二节定理 1.2（无穷大与无穷小的关系）可得

$$\lim_{x \to 1} \frac{4x - 1}{x^2 + 2x - 3} = \infty$$

例 23 求 $\lim\limits_{x \to \infty} \dfrac{2x^3 - 5x + 1}{7x^3 + 2x^2 - 3}$。

解 当 $x \to \infty$ 时，分子、分母的极限都不存在，商的极限法则失效。我们用分子与分母的最高幂次项 x^3 去除分子及分母，得

$$\lim_{x \to \infty} \frac{2x^3 - 5x + 1}{7x^3 + 2x^2 - 3} = \lim_{x \to \infty} \frac{2 - \dfrac{5}{x^2} + \dfrac{1}{x^3}}{7 + \dfrac{2}{x} - \dfrac{3}{x^3}} = \frac{\lim_{x \to \infty}\left(2 - \dfrac{5}{x^2} + \dfrac{1}{x^3}\right)}{\lim_{x \to \infty}\left(7 + \dfrac{2}{x} - \dfrac{3}{x^3}\right)} = \frac{2}{7}$$

例 24 求 $\lim\limits_{n \to \infty} \dfrac{1 + 2 + \cdots + 2^n}{2^n}$。

解 这是数列求极限问题。先将分子求和，可得

$$\lim_{n \to \infty} \frac{1 + 2 + \cdots + 2^n}{2^n} = \lim_{n \to \infty} \frac{\dfrac{1 - 2^{n+1}}{1 - 2}}{2^n} = \lim_{n \to \infty}\left[-\frac{1}{2^n} + 2\right] = -\lim_{n \to \infty}\frac{1}{2^n} + 2 = -0 + 2 = 2$$

注意，本例不能将所求极限转化为各项极限的和。

2. 复合函数的极限法则

定理 1.4 设函数 $u = \varphi(x)$ 当 $x \to x_0$ 时的极限存在且等于 a，即 $\lim\limits_{x \to x_0} \varphi(x) = a$，又函数 $y = f(u)$ 当 $u \to a$ 时的极限存在，即 $\lim\limits_{u \to a} f(u) = A$，则由 $y = f(u), u = \varphi(x)$ 复合而成的函数 $y = f[\varphi(x)]$ 当 $x \to x_0$ 时的极限存在，且有

$$\lim_{x \to x_0} f[\varphi(x)] = \lim_{u \to a} f(u) = A$$

若 $\lim\limits_{x \to x_0} \varphi(x) = a$ 换为 $\lim\limits_{x \to x_0} \varphi(x) = \infty$，定理仍然成立。

例 25 求 $\lim\limits_{x \to 2} \sqrt{\dfrac{x - 2}{x^2 - 4}}$。

解 这是复合函数求极限问题。设 $u = \dfrac{x - 2}{x^2 - 4}$，由于 $\lim\limits_{x \to 2} u = \lim\limits_{x \to 2} \dfrac{x - 2}{x^2 - 4} = \dfrac{1}{4}$，据定理 1.4，可得

$$\lim_{x \to 2} \sqrt{\frac{x - 2}{x^2 - 4}} = \lim_{u \to \frac{1}{4}} \sqrt{u} = \sqrt{\frac{1}{4}} = \frac{1}{2}$$

例 26 求 $\lim\limits_{x \to 0} \sin\dfrac{1}{x}$。

解 设 $u = \dfrac{1}{x}$，由于 $\lim\limits_{x \to 0} u = \lim\limits_{x \to 0} \dfrac{1}{x} = \infty$，故

$$\lim_{x \to 0} \sin\frac{1}{x} = \lim_{u \to \infty} \sin u$$

当 $u \to \infty$ 时，正弦曲线 $\sin u$ 在 -1 与 1 之间来回摆动，不趋于任何确定的常数（也不趋于无穷大），故极限 $\lim\limits_{x \to 0} \sin\dfrac{1}{x}$ 不存在。函数 $\sin\dfrac{1}{x}$ 的图形如图 1-13 所示。

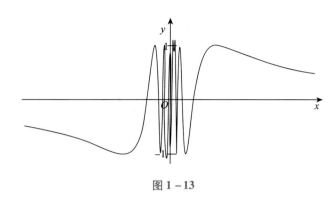

图 1 – 13

二、两个重要极限

下面先介绍判定极限存在的两个准则。作为极限存在准则的应用，在此基础上再讨论两个重要极限。

1. 极限存在的判别准则

准则 I（夹逼准则） 在同一极限过程中，如果函数 $f(x)$、$g(x)$ 及 $h(x)$ 满足关系 $g(x) \leq f(x) \leq h(x)$，且 $\lim g(x) = \lim h(x) = A$，那么 $\lim f(x) = A$。

准则 II（单调有界准则） 单调有界数列必有极限。即：若数列 $\{x_n\}$ 单调并且有界，则 $\{x_n\}$ 一定有极限，即 $\lim_{n \to \infty} x_n$ 存在。

所谓数列有界、单调，可仿照函数类似地定义：

如果存在一个常数 $M > 0$，使得对于任意 n，总有 $|x_n| \leq M$ 成立，则称数列 $\{x_n\}$ **有界**。

如果对于数列 $\{x_n\}$ 中的任意 n，总有 $x_n \leq x_{n+1}$（或 $x_n \geq x_{n+1}$）成立，则称数列 $\{x_n\}$ 单调增加（或单调减少）。单调增加和单调减少的数列统称为**单调数列**（monotone sequence of numbers）。

我们从几何上解释准则 II。如图 1 – 14 所示，从数轴上看，对应于单调数列的点 x_n 只可能向一个方向移动，所以只有两种可能的情形：要么点 x_n 沿数轴移向无穷远（$x_n \to +\infty$ 或 $x_n \to -\infty$）；要么点 x_n 无限接近某一定点 A，也就是数列 $\{x_n\}$ 趋于一个极限值。如果数列不仅仅单调而且有界，因有界数列的点 x_n 都落在数轴上某个区间 $[-M, M]$ 内，那么上述第一种情形就不会发生了，因此这个数列只能趋于一个常数 A（A 就是该数列的极限），并且这个极限的绝对值不超过 M。

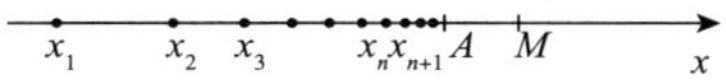

图 1 – 14

2. 重要极限 $\lim_{x \to 0} \dfrac{\sin x}{x} = 1$ 我们利用极限存在的夹逼准则来证明该极限。

当 $0 < x < \dfrac{\pi}{2}$ 时，在单位圆中，$|BD| = \sin x$，$|AC| = \tan x$（图 1 – 15），显然有下列面积关系

$$S_{\triangle OAB} < S_{扇形 OAB} < S_{\triangle OAC}$$

即

$$\frac{1}{2}|OA| \cdot |BD| < \frac{1}{2}|OA|^2 \cdot x < \frac{1}{2}|OA| \cdot |AC|$$

于是有

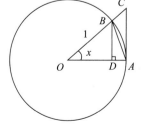

图 1 – 15

$$\frac{1}{2}\sin x < \frac{1}{2}x < \frac{1}{2}\tan x$$

上式两端同除以 $\frac{1}{2}\sin x$，得

$$1 < \frac{x}{\sin x} < \frac{1}{\cos x}$$

从而

$$\cos x < \frac{\sin x}{x} < 1$$

将上式中的 x 以 $-x$ 代替，因为 $\cos(-x) = \cos x$，$\frac{\sin(-x)}{-x} = \frac{\sin x}{x}$，说明上面的不等式对于 $-\frac{\pi}{2} < x < 0$ 也成立。综上，对于 $-\frac{\pi}{2} < x < \frac{\pi}{2}$，恒有

$$\cos x < \frac{\sin x}{x} < 1$$

而 $\lim\limits_{x \to 0}\cos x = 1$ 且 $\lim\limits_{x \to 0}1 = 1$，根据函数极限的夹逼准则（准则Ⅰ），得到 $\lim\limits_{x \to 0}\frac{\sin x}{x} = 1$。

例 27 求 $\lim\limits_{x \to 0}\dfrac{\sin 3x}{x}$。

解 $\lim\limits_{x \to 0}\dfrac{\sin 3x}{x} = \lim\limits_{x \to 0}\dfrac{3\sin 3x}{3x} = 3\lim\limits_{x \to 0}\dfrac{\sin 3x}{3x}$

对于极限 $\lim\limits_{x \to 0}\dfrac{\sin 3x}{3x}$，可以采用变量代换的方法，令 $t = 3x$，则当 $x \to 0$ 时，$t \to 0$，于是

$$\lim\limits_{x \to 0}\frac{\sin 3x}{3x} = \lim\limits_{t \to 0}\frac{\sin t}{t} = 1$$

所以

$$\lim\limits_{x \to 0}\frac{\sin 3x}{x} = 3\lim\limits_{x \to 0}\frac{\sin 3x}{3x} = 3 \cdot 1 = 3$$

熟练后，设置新变量的过程可以略去，而直接写为

$$\lim\limits_{x \to 0}\frac{\sin 3x}{x} = \lim\limits_{x \to 0}\frac{3\sin 3x}{3x} = 3\lim\limits_{x \to 0}\frac{\sin 3x}{3x} = 3 \cdot 1 = 3$$

注意： 重要极限 $\lim\limits_{x \to 0}\dfrac{\sin x}{x} = 1$ 可进一步推广为如下等价形式

$$\lim\limits_{\alpha(x) \to 0}\frac{\sin \alpha(x)}{\alpha(x)} = 1$$

例 28 求 $\lim\limits_{x \to 0}\dfrac{1 - \cos x}{x^2}$。

解 $\lim\limits_{x \to 0}\dfrac{1 - \cos x}{x^2} = \lim\limits_{x \to 0}\dfrac{2\sin^2\frac{x}{2}}{x^2} = \lim\limits_{x \to 0}\dfrac{2\sin^2\frac{x}{2}}{4\left(\frac{x}{2}\right)^2} = \dfrac{1}{2}\lim\limits_{x \to 0}\left(\dfrac{\sin\frac{x}{2}}{\frac{x}{2}}\right)^2$

$$= \frac{1}{2}\left(\lim\limits_{x \to 0}\frac{\sin\frac{x}{2}}{\frac{x}{2}}\right)^2 = \frac{1}{2} \cdot 1^2 = \frac{1}{2}$$

例 29 求 $\lim\limits_{x \to 0}\dfrac{\sin 2x}{\sin 3x}$。

解 $\lim\limits_{x\to 0}\dfrac{\sin 2x}{\sin 3x}=\lim\limits_{x\to 0}\dfrac{\dfrac{2\sin 2x}{2x}}{\dfrac{3\sin 3x}{3x}}$

因为上式分子、分母的极限都存在，且分母的极限不为零，故由商的极限法则得到

$$\lim_{x\to 0}\frac{\sin 2x}{\sin 3x}=\lim_{x\to 0}\frac{\dfrac{2\sin 2x}{2x}}{\dfrac{3\sin 3x}{3x}}=\frac{2\cdot\lim\limits_{x\to 0}\dfrac{\sin 2x}{2x}}{3\cdot\lim\limits_{x\to 0}\dfrac{\sin 3x}{3x}}=\frac{2\cdot 1}{3\cdot 1}=\frac{2}{3}$$

例 30 求 $\lim\limits_{x\to 0}\dfrac{\arcsin x}{x}$。

解 做变量代换，令 $\arcsin x=t$，则 $x=\sin t$，当 $x\to 0$ 时，$t\to 0$，于是有

$$\lim_{x\to 0}\frac{\arcsin x}{x}=\lim_{t\to 0}\frac{t}{\sin t}=\lim_{t\to 0}\frac{1}{\dfrac{\sin t}{t}}=\frac{1}{\lim\limits_{t\to 0}\dfrac{\sin t}{t}}=\frac{1}{1}=1$$

在通过变量代换将函数化为关于新变量 t 的函数时，相应地，极限过程也要同时换为新变量 t 的变化过程。

3. 重要极限 $\lim\limits_{x\to\infty}\left(1+\dfrac{1}{x}\right)^{x}=\mathrm{e}$ 应用复合函数的极限法则，令 $t=\dfrac{1}{x}$，则当 $x\to\infty$ 时，$t\to 0$，我们有

$$\lim_{t\to 0}(1+t)^{\frac{1}{t}}=\mathrm{e},\ \text{或写成}\quad \lim_{x\to 0}(1+x)^{\frac{1}{x}}=\mathrm{e}$$

注意：重要极限 $\lim\limits_{x\to\infty}\left(1+\dfrac{1}{x}\right)^{x}=\mathrm{e}$ 或 $\lim\limits_{x\to 0}(1+x)^{\frac{1}{x}}=\mathrm{e}$ 可进一步推广为如下等价形式：

$$\lim_{\beta(x)\to\infty}\left(1+\frac{1}{\beta(x)}\right)^{\beta(x)}=\mathrm{e}\ \text{或}\ \lim_{\alpha(x)\to 0}\left(1+\frac{1}{\alpha(x)}\right)^{\alpha(x)}=\mathrm{e}$$

例 31 求 $\lim\limits_{x\to\infty}\left(1+\dfrac{1}{x}\right)^{-x}$。

解 $\lim\limits_{x\to\infty}\left(1+\dfrac{1}{x}\right)^{-x}=\lim\limits_{x\to\infty}\left[\left(1+\dfrac{1}{x}\right)^{x}\right]^{-1}=\left[\lim\limits_{x\to\infty}\left(1+\dfrac{1}{x}\right)^{x}\right]^{-1}=\mathrm{e}^{-1}$。

例 32 求 $\lim\limits_{x\to 0}\left(1-\dfrac{x}{5}\right)^{\frac{1}{x}}$。

解 为化成公式的形式，先将所给函数变形：

$$\lim_{x\to 0}\left(1-\frac{x}{5}\right)^{\frac{1}{x}}=\lim_{x\to 0}\left(1+\frac{-x}{5}\right)^{\frac{5}{-x}\cdot\frac{1}{-5}}=\lim_{x\to 0}\left[\left(1+\frac{-x}{5}\right)^{\frac{5}{-x}}\right]^{\frac{-1}{5}}$$

利用复合函数的极限法则，有

$$原式=\lim_{x\to 0}\left[\left(1+\frac{-x}{5}\right)^{\frac{5}{-x}}\right]^{\frac{-1}{5}}=\left[\lim_{x\to 0}\left(1+\frac{-x}{5}\right)^{\frac{5}{-x}}\right]^{\frac{-1}{5}}=\mathrm{e}^{\frac{-1}{5}}$$

例 33 求 $\lim\limits_{x\to\infty}\left(\dfrac{3+x}{2+x}\right)^{2x}$。

解 原式 $=\lim\limits_{x\to\infty}\left(\dfrac{1+\dfrac{3}{x}}{1+\dfrac{2}{x}}\right)^{2x}=\dfrac{\lim\limits_{x\to\infty}\left(1+\dfrac{3}{x}\right)^{2x}}{\lim\limits_{x\to\infty}\left(1+\dfrac{2}{x}\right)^{2x}}$

$$=\frac{\lim\limits_{x\to\infty}\left(1+\dfrac{3}{x}\right)^{\frac{x}{3}\cdot 6}}{\lim\limits_{x\to\infty}\left(1+\dfrac{2}{x}\right)^{\frac{x}{2}\cdot 4}}=\frac{\left[\lim\limits_{x\to\infty}\left(1+\dfrac{3}{x}\right)^{\frac{x}{3}}\right]^{6}}{\left[\lim\limits_{x\to\infty}\left(1+\dfrac{2}{x}\right)^{\frac{x}{2}}\right]^{4}}=\frac{\mathrm{e}^{6}}{\mathrm{e}^{4}}=\mathrm{e}^{2}$$

第二种解法：

$$原式 = \lim_{x\to\infty}\left[\left(1+\frac{1}{2+x}\right)^x\right]^2 = \lim_{x\to\infty}\left\{\left[\left(1+\frac{1}{2+x}\right)^{x+2}\right]^2\cdot\left[1+\frac{1}{2+x}\right]^{-4}\right\}$$

$$= \left[\lim_{x\to\infty}\left(1+\frac{1}{2+x}\right)^{x+2}\right]^2\cdot\lim_{x\to\infty}\left(1+\frac{1}{2+x}\right)^{-4} = e^2\cdot 1 = e^2$$

三、无穷小的比较

我们已知，两个无穷小的和、差、积仍为无穷小。但是，两个无穷小的商却不一定是无穷小。比如当 $x\to0$ 时，$2x$、x^2、$\sin x$ 都是无穷小，而 $\lim_{x\to0}\frac{x^2}{2x}=0$，$\lim_{x\to0}\frac{2x}{x^2}=\infty$，$\lim_{x\to0}\frac{\sin x}{x}=1$。这些不同的极限结果反映了分子与分母趋于零的快慢速度的不同，在 $x\to0$ 的过程中，x^2 比 $2x$ 趋于 0 要快；而 $\sin x$ 与 x 趋于 0 的速度差不多。为了比较不同的无穷小量趋于零的速度，下面引入无穷小阶的概念：

定义 1.13 设 $\alpha=\alpha(x)$，$\beta=\beta(x)$ 是同一极限过程（$x\to x_0$ 或 $x\to\infty$ 等）中的两个无穷小（且 $\alpha\neq0$），那么

（1）若 $\lim\frac{\beta}{\alpha}=0$，则称 β 是比 α **高阶**的无穷小，记作 $\beta=o(\alpha)$；

（2）若 $\lim\frac{\beta}{\alpha}=\infty$，则称 β 是比 α **低阶**的无穷小；

（3）若 $\lim\frac{\beta}{\alpha}=C$（$C\neq0$ 是常数），则称 β 与 α 是**同阶无穷小**；特别地，若 $\lim\frac{\beta}{\alpha}=1$，则称 β 与 α 是**等价无穷小**，记作 $\beta\sim\alpha$。

比如，因为 $\lim_{x\to0}\frac{x^3}{x^2}=0$，所以当 $x\to0$ 时，x^3 是比 x^2 高阶的无穷小，即 $x^3=o(x^2)$ $(x\to0)$；因为 $\lim_{x\to0}\frac{\sin2x}{x}=2$，所以当 $x\to0$ 时，$\sin2x$ 与 x 是同阶无穷小；因为 $\lim_{x\to0}\frac{\sin x}{x}=1$，所以当 $x\to0$ 时，$\sin x$ 与 x 是等价无穷小，即 $\sin x\sim x$ $(x\to0)$；因为 $\lim_{x\to0}\frac{\tan x}{x}=1$，所以同样有 $\tan x\sim x$ $(x\to0)$。

下面列出常用且重要的几个等价无穷小。

当 $x\to0$ 时，$\sin x\sim x,\tan x\sim x,\arcsin x\sim x,\arctan x\sim x,\ln(1+x)\sim x,e^x-1\sim x,1-\cos x\sim\frac{1}{2}x^2$。

定理 1.5（等价无穷小替换定理） 设在自变量 x 的某一变化过程中，α、β、α'、β' 都是无穷小，且 $\alpha\sim\alpha'$，$\beta\sim\beta'$，极限 $\lim\frac{\beta'}{\alpha'}$ 存在，则

$$\lim\frac{\beta}{\alpha}=\lim\frac{\beta'}{\alpha'}$$

证 由 $\alpha\sim\alpha'$，$\beta\sim\beta'$，于是

$$\lim\frac{\beta}{\beta'}=1,\lim\frac{\alpha'}{\alpha}=1$$

故

$$\lim\frac{\beta}{\alpha}=\lim\left(\frac{\beta}{\beta'}\cdot\frac{\beta'}{\alpha'}\cdot\frac{\alpha'}{\alpha}\right)=\lim\frac{\beta}{\beta'}\cdot\lim\frac{\beta'}{\alpha'}\cdot\lim\frac{\alpha'}{\alpha}=\lim\frac{\beta'}{\alpha'}$$

该定理表明，求两个无穷小之比的极限时，分子、分母都可以分别用与之等价的无穷小来代替而简化计算。

例 34　求 $\lim\limits_{x \to 0}\dfrac{\tan 2x}{\sin 3x}$。

解　当 $x \to 0$ 时，$\tan 2x \sim 2x, \sin 3x \sim 3x$，所以

$$\lim_{x \to 0}\frac{\tan 2x}{\sin 3x} = \lim_{x \to 0}\frac{2x}{3x} = \frac{2}{3}$$

例 35　$\lim\limits_{x \to 0}\dfrac{\tan x - \sin x}{x^3}$。

解　$\lim\limits_{x \to 0}\dfrac{\tan x - \sin x}{x^3} = \lim\limits_{x \to 0}\dfrac{\tan x(1 - \cos x)}{x^3} = \lim\limits_{x \to 0}\dfrac{x \cdot \dfrac{1}{2}x^2}{x^3} = \dfrac{1}{2}$。

本题若将分子的代数式中的 $\tan x$ 用 x 替换，$\sin x$ 用 x 替换，则将导致错误结果：

$$\lim_{x \to 0}\frac{\tan x - \sin x}{x^3} = \lim_{x \to 0}\frac{x - x}{x^3} = \lim_{x \to 0}0 = 0$$

原因在于，当 $x \to 0$ 时，$\tan x - \sin x$ 与 $x - x$ 不等价。

◈ 第四节　函数的连续性

PPT

一、函数的连续性与间断点

客观世界中的许多现象，比如温度的变化、植物的生长、河水的流动等，都是连续变化的，这些现象在函数关系上的反映就是函数的连续性。如何将这种直观的现象用数学语言来描述呢？以温度的变化来看，当时间的变动很微小时，温度的变化也很微小；再如植物的生长，当时间的变动很微小时，植物的生长变化也很微小，以至于我们难以观察到其生长变化。这是这些连续性现象共同的特征。为了说明连续性，先给出增量的定义。

1. 函数的增量　设变量 u 从它的一个初值 u_1 变到终值 u_2，其终值与初值的差 $u_2 - u_1$ 称为变量 u 在 u_1 处的**增量**（increment）或**改变量**（change），记作 Δu，即

$$\Delta u = u_2 - u_1$$

记号 Δu 是一个整体，不能看作 Δ 与 u 的乘积。增量 Δu 可以是正的，也可以是负的。

设函数 $y = f(x)$ 在点 x_0 的某一邻域内有定义。当自变量 x 在这个邻域内从 x_0 变到 $x_0 + \Delta x$ 时，即 x 在 x_0 处取得增量 Δx 时，函数 y 相应地从 $f(x_0)$ 变到 $f(x_0 + \Delta x)$，因此，函数 y 在 x_0 处相应于 Δx 的增量为（图1 - 16）。

$$\Delta y = f(x_0 + \Delta x) - f(x_0)$$

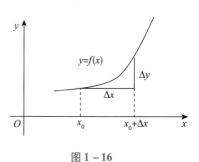

图 1 - 16

用增量的概念，函数连续的特征可表述为：在 x_0 处，如果当自变量的增量 Δx 趋于零时，函数 y 对应的增量 Δy 也趋于零，那么就称函数 $y = f(x)$ 在点 x_0 处是连续的。一般地，有下述定义。

2. 函数连续的定义

定义 1.14　设函数 $y = f(x)$ 在点 x_0 的某一邻域内有定义，如果

$$\lim_{\Delta x \to 0}\Delta y = 0$$

或

$$\lim_{\Delta x \to 0}\left[f(x_0 + \Delta x) - f(x_0)\right] = 0$$

称函数 $y = f(x)$ 在点 x_0 处**连续**（continuous）。

设 $x = x_0 + \Delta x$，则 $\Delta x = x - x_0$，所以 $\Delta x \to 0$ 等价于 $x \to x_0$，此时有

$$\Delta y = f(x_0 + \Delta x) - f(x_0) = f(x) - f(x_0)$$

于是，$\lim\limits_{\Delta x \to 0} \Delta y = 0$ 即为

$$\lim_{\Delta x \to 0}\Delta y = \lim_{x \to x_0}\left[f(x) - f(x_0)\right] = 0$$

上式等价于

$$\lim_{x \to x_0}f(x) = f(x_0)$$

由此得到函数 $y = f(x)$ 在点 x_0 处连续的另一等价定义：

定义 1.15 设函数 $y = f(x)$ 在点 x_0 的某一邻域内有定义，如果极限 $\lim\limits_{x \to x_0}f(x)$ 存在，并且

$$\lim_{x \to x_0}f(x) = f(x_0)$$

称函数 $y = f(x)$ 在点 x_0 处**连续**，称点 x_0 为函数 $y = f(x)$ 的**连续点**（continuous point）。

例 36 讨论函数 $f(x) = \begin{cases} x^2\sin\dfrac{1}{x}, & x \neq 0 \\ 0, & x = 0 \end{cases}$ 在 $x = 0$ 处的连续性。

解 因 $\lim\limits_{x \to 0}x^2\sin\dfrac{1}{x} = 0$，又 $f(0) = 0$，故有 $\lim\limits_{x \to 0}f(x) = f(0)$，满足定义 1.15，故该函数在 $x = 0$ 处连续。

对应于左极限与右极限，我们有左连续与右连续的概念。若 $\lim\limits_{x \to x_0^-}f(x) = f(x_0)$，则称函数 $f(x)$ 在点 x_0 处**左连续**；若 $\lim\limits_{x \to x_0^+}f(x) = f(x_0)$，则称函数 $f(x)$ 在点 x_0 处**右连续**。由函数极限与其单侧极限的关系，易得到下面的结论：

函数 $f(x)$ 在点 x_0 处连续的充分必要条件是 $f(x)$ 在点 x_0 处左连续且右连续。 即

$$\lim_{x \to x_0}f(x) = f(x_0) \Leftrightarrow \lim_{x \to x_0^-}f(x) = f(x_0) \text{ 且 } \lim_{x \to x_0^+}f(x) = f(x_0)$$

例 37 试确定常数 a 的值，使函数 $f(x) = \begin{cases} \cos x, & x < 0 \\ a + x, & x \geqslant 0 \end{cases}$ 在 $x = 0$ 处连续。

解 函数 $f(x)$ 在 $x = 0$ 处连续当且仅当 $\lim\limits_{x \to 0^-}f(x) = f(0) = \lim\limits_{x \to 0^+}f(x)$，而

$$f(0) = a$$
$$\lim_{x \to 0^-}f(x) = \lim_{x \to 0^-}\cos x = 1$$
$$\lim_{x \to 0^+}f(x) = \lim_{x \to 0^+}(a + x) = a$$

可推得 $a = 1$。故 $a = 1$ 时，该函数在 $x = 0$ 处连续。

如果函数 $f(x)$ 在开区间 (a, b) 内的每一点都连续，则称 $f(x)$ 在开区间 (a, b) 内连续；如果函数 $f(x)$ 在开区间 (a, b) 内连续，且在左端点 a 处右连续，右端点 b 处左连续，则称 $f(x)$ 在**闭区间 $[a, b]$ 上连续**。函数在某区间 I 上连续，则称它是该区间 I 上的**连续函数**（continuous function）。连续函数的图像是一条连续而不间断的曲线，称为**连续曲线**（continuous curve）。

比如，多项式函数 $f(x) = a_0 x^n + a_1 x^{n-1} + \cdots + a_{n-1}x + a_n$ 在定义区间 $(-\infty, +\infty)$ 内是连续的，这是因为对于任意的 $x_0 \in (-\infty, +\infty)$，函数都有定义，且满足 $\lim\limits_{x \to x_0}f(x) = f(x_0)$。

类似地分析可知，函数 $y = \sin x$、$y = \cos x$ 在其定义域 $(-\infty, +\infty)$ 内都是连续的。

3. 函数的间断点 由函数 $f(x)$ 在点 x_0 处连续的定义 1.15 可知，如果有下列三种情形之一发生：

（1）在点 x_0 处没有定义，即 $f(x_0)$ 不存在；

（2）在点 x_0 处的极限不存在，即 $\lim\limits_{x \to x_0} f(x)$ 不存在；

（3）$f(x)$ 在 x_0 点有定义且 $\lim\limits_{x \to x_0} f(x)$ 存在，但 $\lim\limits_{x \to x_0} f(x) \neq f(x_0)$；

则函数 $f(x)$ 在点 x_0 处不连续，这时称 $f(x)$ 在点 x_0 处间断。点 x_0 称为 $f(x)$ 的**间断点**（discontinuous point）或**不连续点**。

比如，函数 $y = \tan x$ 在 $x = k\pi + \dfrac{\pi}{2}(k = 0, \pm 1, \pm 2, \cdots)$ 处没有定义，故 $x = k\pi + \dfrac{\pi}{2}$ 都是该函数的间断点；函数 $f(x) = \begin{cases} \sin \dfrac{1}{x}, & x \neq 0 \\ 0, & x = 0 \end{cases}$ 在 $x = 0$ 处虽有定义，但极限 $\lim\limits_{x \to 0} \sin \dfrac{1}{x}$ 不存在，故分段点 $x = 0$ 是该函数的间断点。

间断点可分为两类。设点 x_0 为 $f(x)$ 的间断点，若 x_0 处的左极限与右极限都存在，则称 x_0 点为函数 $f(x)$ 的**第一类间断点**。不是第一类间断点，即左极限与右极限中至少有一个不存在，这样的间断点统称为**第二类间断点**。

进一步地，在第一类间断点中又有两种情形：

（1）左、右极限都存在且相等（这时，极限 $\lim\limits_{x \to x_0} f(x)$ 存在），称为**可去间断点**（removable discontinuity），因为这时可以通过补充函数在该点的定义（若函数在该点无定义）或改变函数在该点的定义，使函数在该点连续；

（2）左、右极限虽然都存在，但不相等，称为**跳跃间断点**（jump discontinuity）。

在第二类间断点中，若左、右极限中至少有一个为 ∞，称为**无穷间断点**（infinite discontinuity）。

例 38 函数 $f(x) = \dfrac{x^2 - 1}{x + 1}$ 在 $x = -1$ 处是否连续？若不连续，试判断间断点的类型。

解 函数 $f(x)$ 如图 1-17 所示。在 $x = -1$ 处没有定义，故 $x = -1$ 是该函数的间断点。由于极限 $\lim\limits_{x \to -1} f(x) = \lim\limits_{x \to -1} \dfrac{x^2 - 1}{x + 1} = \lim\limits_{x \to -1} (x - 1) = -2$ 存在，所以 $x = -1$ 是可去间断点，属于第一类间断点。如果补充函数在 $x = -1$ 处的定义：令 $f(-1) = -2$，即

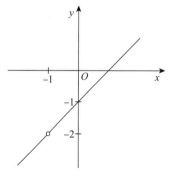

图 1-17

$$f(x) = \begin{cases} \dfrac{x^2 - 1}{x^2 + 1}, & x \neq -1 \\ -2, & x = -1 \end{cases}$$

则函数 $f(x)$ 在点 $x = -1$ 处就连续。

例 39 讨论函数 $f(x) = \begin{cases} -x, & x \leqslant 0 \\ 1 + x, & x > 0 \end{cases}$ 在 $x = 0$ 处的连续性。若间断，说明其类型。

解 因为 $\lim\limits_{x \to 0^-} f(x) = \lim\limits_{x \to 0^-} (-x) = 0$，$\lim\limits_{x \to 0^+} f(x) = \lim\limits_{x \to 0^+} (1 + x) = 1$，所以 $\lim\limits_{x \to 0^-} f(x) \neq \lim\limits_{x \to 0^+} f(x)$，$x = 0$ 为跳跃间断点，属于第一类间断点（图 1-18）。

例 40 函数 $f(x) = \begin{cases} \dfrac{1}{x}, & x > 0 \\ x, & x \leqslant 0 \end{cases}$ 在 $x = 0$ 处是否连续？若不连续，试判断间断点的类型。

解 因为

$$\lim\limits_{x \to 0^-} f(x) = \lim\limits_{x \to 0^-} x = 0, \quad \lim\limits_{x \to 0^+} f(x) = \lim\limits_{x \to 0^+} \dfrac{1}{x} = +\infty$$

所以 $x = 0$ 是函数的无穷间断点，属于第二类间断点（图 1 – 19）。

图 1 – 18   图 1 – 19

二、初等函数的连续性

1. 连续函数的运算性质　根据极限的四则运算法则及连续的定义，可以得到下面的结论：

定理 1.6　若函数 $f(x)$、$g(x)$ 在点 x_0 处连续，则函数 $f(x) \pm g(x)$、$f(x) \cdot g(x)$、$\dfrac{f(x)}{g(x)} [g(x_0) \neq 0]$ 在点 x_0 处也连续。

前面已知 $\sin x$、$\cos x$ 在 $(-\infty, +\infty)$ 内连续，故根据定理 1.6 得到 $\tan x = \dfrac{\sin x}{\cos x}$、$\cot x = \dfrac{\cos x}{\sin x}$、$\sec x = \dfrac{1}{\cos x}$、$\csc x = \dfrac{1}{\sin x}$ 在其定义域内都是连续的。

定理 1.6 的结论对于有限多个函数也成立。

定理 1.7　单调连续的函数必有单调连续的反函数。即，如果函数 $y = f(x)$ 在某定义区间 I_x 上单调增加（或减少）且连续，那么它的反函数 $x = f^{-1}(y)$ 也在对应的区间 $I_y = \{y \mid y = f(x), x \in I_x\}$ 上单调增加（或减少）且连续。

事实上，单调函数必存在反函数。由于函数 $y = f(x)$ 与其反函数的图形关于直线 $y = x$ 对称，因此，如果函数 $y = f(x)$ 的图形是一条连续曲线，那么它的反函数的图形也必定是一条连续曲线。

由于 $y = \sin x$ 在 $\left[-\dfrac{\pi}{2}, \dfrac{\pi}{2}\right]$ 上单调增加且连续，所以它的反函数 $y = \arcsin x$ 在 $[-1, 1]$ 上也单调增加且连续；同理，$y = \arccos x$ 在 $[-1, 1]$ 上单调减少且连续，$y = \arctan x$、$y = \text{arccot} x$ 在 $(-\infty, +\infty)$ 上单调且连续。从而，反三角函数在其定义域内皆连续。

下面给出复合函数的连续性，关于其证明略去。

定理 1.8　设函数 $u = \varphi(x)$ 在点 $x = x_0$ 处连续，而函数 $y = f(u)$ 在点 $u = u_0$ 处连续，这里 $u_0 = \varphi(x_0)$，则复合函数 $y = f[\varphi(x)]$ 在点 $x = x_0$ 处连续。

例 41　讨论函数 $y = \sin \dfrac{1}{x}$ 的连续性。

解　函数 $y = \sin \dfrac{1}{x}$ 可看作由 $y = \sin u$ 及 $u = \dfrac{1}{x}$ 复合而成。而 $u = \dfrac{1}{x}$ 在 $(-\infty, 0) \cup (0, +\infty)$ 内连续，$y = \sin u$ 在 $(-\infty, +\infty)$ 内连续，根据定理 1.8，复合函数 $y = \sin \dfrac{1}{x}$ 在其定义域 $(-\infty, 0) \cup (0, +\infty)$ 内连续。

根据连续的定义 1.15，定理 1.8 的结论可表示为

$$\lim_{x \to x_0} f[\varphi(x)] = f[\varphi(x_0)] = f\left[\lim_{x \to x_0} \varphi(x)\right]$$

上式表明，在求复合函数 $y = f[\varphi(x)]$ 的极限时，如果满足定理 1.8 的条件，那么极限符号 $\lim$ 与函数

符号 f 可以交换顺序。

说明：若将定理 1.8 中的条件 "设函数 $u = \varphi(x)$ 在点 $x = x_0$ 处连续"（即 $\lim\limits_{x \to x_0} \varphi(x) = \varphi(x_0)$）降低为 "设函数 $u = \varphi(x)$ 在点 $x = x_0$ 处的极限存在"（即 $\lim\limits_{x \to x_0} \varphi(x) = u_0$，$u_0$ 可以不等于 $\varphi(x_0)$），仍有相应的结论成立。

例 42　求 $\lim\limits_{x \to 0} \dfrac{\ln(1 + x)}{x}$。

解　$\dfrac{\ln(1 + x)}{x} = \dfrac{1}{x}\ln(1 + x) = \ln(1 + x)^{\frac{1}{x}}$，函数 $y = \ln(1 + x)^{\frac{1}{x}}$ 可以看作是由函数 $y = \ln u$、$u = (1 + x)^{\frac{1}{x}}$ 复合而成的，极限 $\lim\limits_{x \to 0} u = \lim\limits_{x \to 0}(1 + x)^{\frac{1}{x}} = e$ 存在，而 $y = \ln u$ 在相应的点 $u = e$ 处连续，据定理 1.8 的说明，有

$$\lim_{x \to 0} \frac{\ln(1 + x)}{x} = \lim_{x \to 0} \frac{1}{x}\ln(1 + x) = \lim_{x \to 0}\left[\ln(1 + x)^{\frac{1}{x}}\right] = \ln\left[\lim_{x \to 0}(1 + x)^{\frac{1}{x}}\right] = \ln e = 1$$

因此，求复合函数的极限时，可通过直接将极限号与函数号交换位置来求极限。

2. 初等函数的连续性　总结前面的讨论，可得：

定理 1.9　基本初等函数在其定义域内是连续的。

定理 1.10　初等函数在其定义区间内都是连续的。

所谓定义区间，是指包含在定义域内的区间。定理 1.10 关于初等函数连续性的结论同时也提供了一种求极限的方法，即：如果 $f(x)$ 是初等函数，且 x_0 是 $f(x)$ 的定义区间内的点，则有

$$\lim_{x \to x_0} f(x) = f(x_0)$$

例 43　求 $\lim\limits_{x \to 1} \ln\left[\tan\left(\dfrac{\pi}{4}x\right)\right]$。

解　因为 $f(x) = \ln\left[\tan\left(\dfrac{\pi}{4}x\right)\right]$ 为初等函数，在 $x = 1$ 处有定义，所以

$$\lim_{x \to 1} \ln\left[\tan\left(\frac{\pi}{4}x\right)\right] = \ln\left[\tan\left(\frac{\pi}{4} \cdot 1\right)\right] = \ln 1 = 0$$

例 44　求 $\lim\limits_{x \to 0} \dfrac{\sqrt{1 + x^2} - 1}{x}$。

解　注意到初等函数 $f(x) = \dfrac{\sqrt{1 + x^2} - 1}{x}$ 在 $x = 0$ 处没有定义，$x = 0$ 是它的间断点，不能直接应用定理 1.10。故先将函数变形，得

$$\lim_{x \to 0} \frac{\sqrt{1 + x^2} - 1}{x} = \lim_{x \to 0} \frac{(\sqrt{1 + x^2} - 1)(\sqrt{1 + x^2} + 1)}{x(\sqrt{1 + x^2} + 1)}$$

$$= \lim_{x \to 0} \frac{x}{\sqrt{1 + x^2} + 1} = \frac{0}{2} = 0$$

此外，定理 1.10 还给出了寻找初等函数间断点的依据。请读者进一步思考如何求出函数的间断点。

三、闭区间上连续函数的性质

对于在区间 I 上有定义的函数，如果存在点 $x_0 \in I$，使得对于任一 $x \in I$ 都有 $f(x) \leqslant f(x_0)$（$f(x) \geqslant f(x_0)$），则称 $f(x_0)$ 是函数 $f(x)$ 在区间 I 上的**最大值**（**最小值**）。

比如，$y = 1 + \sin x$ 在区间 $[0, \pi]$ 上取得最大值 2，同时取得最小值 1；函数 $y = \tan x$ 在区间 $\left[0, \dfrac{\pi}{2}\right)$ 上

有最小值 0，但无最大值。

定理 1.11（最值定理） 闭区间上的连续函数在该区间上一定取得最大值与最小值。

该定理说明，如果函数 $y = f(x)$ 在闭区间 $[a,b]$ 上连续，则至少存在一点 $\xi_1 \in [a,b]$，使得 $f(\xi_1)$ 为函数 $f(x)$ 在 $[a,b]$ 上的最小值；并且至少存在一点 $\xi_2 \in [a,b]$，使得 $f(\xi_2)$ 为函数 $f(x)$ 在 $[a,b]$ 上的最大值（图 1-20）。

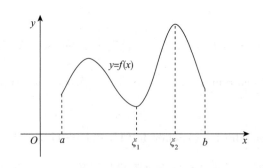

图 1-20

需要注意，定理 1.11 的条件缺一不可。如果将闭区间改为开区间（图 1-21a），或函数在闭区间上有间断点（图 1-21b），那么函数在该区间上不一定取得最大值或最小值。

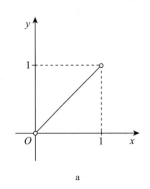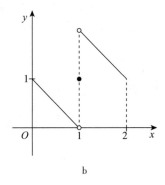

图 1-21

由定理 1.11 容易得到如下推论：

推论 在闭区间上连续的函数一定在该区间上有界。

为了得到函数的介值性，我们先介绍函数零点的概念以及零点定理。

使得 $f(x_0) = 0$ 的 x_0 称为函数 $f(x)$ 的**零点**（zero point）。

定理 1.12（零点定理） 设函数 $f(x)$ 在闭区间 $[a,b]$ 上连续，且 $f(a)$ 与 $f(b)$ 异号 [即 $f(a) \cdot f(b) < 0$]，那么在开区间 (a,b) 内至少有一点 ξ，使

$$f(\xi) = 0 \ (a < \xi < b)$$

即函数 $f(x)$ 在开区间 (a,b) 内至少有一个零点。

从几何上看，定理 1.12 表示，如果连续曲线弧 $y = f(x)$ 的两个端点位于 x 轴的不同侧，那么这段曲线弧与 x 轴至少有一个交点，即方程 $f(x) = 0$ 在 (a,b) 内至少有一个实根（图 1-22）。

由定理 1.12 可以推证下面更一般的结论。

定理 1.13（介值定理） 设函数 $f(x)$ 在闭区间 $[a,b]$ 上连续，且在这区间的两个端点取不同的函数值，$f(a) = A$ 及 $f(b) = B$，且 $A \neq B$。那么，对于 A 与 B 之间的任意一个数 C，在开区间 (a,b) 内至少有一点 ξ，使得

$$f(\xi) = C \ (a < \xi < b)$$

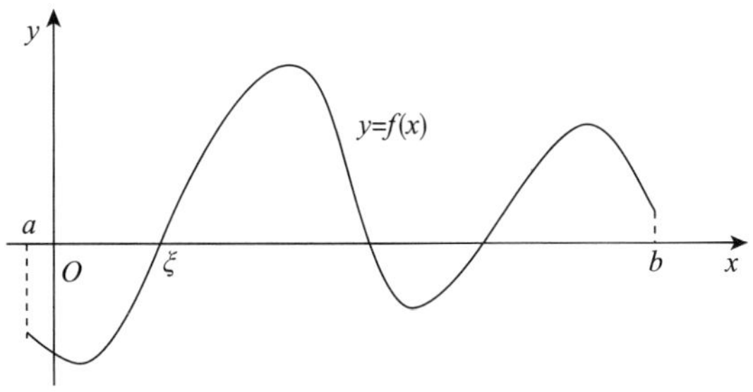

第一章　函数与极限　**27**

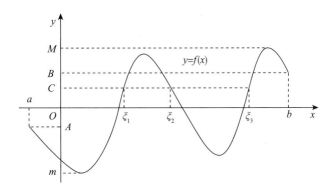

图 1－22

证　设 $\varphi(x) = f(x) - C$，则 $\varphi(x)$ 在闭区间 $[a,b]$ 上连续，且 $\varphi(a) = A - C$ 与 $\varphi(b) = B - C$ 异号。根据零点定理，在开区间 (a,b) 内至少有一点 ξ，使得

$$\varphi(\xi) = 0 (a < \xi < b)$$

而 $\varphi(\xi) = f(\xi) - C$，因此，由上式即得

$$f(\xi) = C (a < \xi < b)$$

从几何上看，定理 1.13 表示，连续曲线弧 $y = f(x)$ 与水平直线 $y = C$ 至少有一个交点（图 1－23）。

图 1－23

结合介值定理与最值定理，可以得到下面的推论：

推论　在闭区间上连续的函数必取得介于最大值与最小值之间的任何值。

例 45　证明方程 $x^5 + 4x = 1$ 至少有一个小于 1 的正根。

证　令 $f(x) = x^5 + 4x - 1$，显然 $f(x)$ 在闭区间 $[0,1]$ 上连续，且

$$f(0) = -1 < 0, \quad f(1) = 4 > 0$$

因此，根据零点定理 1.12，至少存在一点 $\xi \in (0,1)$，使 $f(\xi) = 0$，从而方程 $x^5 + 4x = 1$ 至少有一个小于 1 的正根。

答案解析

一、单项选择题

1. 下列各组函数中，能组成复合函数 $f[\varphi(x)]$ 的是（　　）。

　A. $y = f(u) = \ln u$，$u = \varphi(x) = \sin x - 2$

　B. $y = f(u) = \dfrac{1}{u - u^2}$，$u = \varphi(x) = \sin^2 x + \cos^2 x - 1$

C. $y = f(u) = \sqrt{u}$，$u = \varphi(x) = -x$

D. $y = f(u) = \arccos u$，$u = 5 + x^2$

2. 下列函数中，在指定的变化过程中为无穷小的是（　　）。

A. $e^{\frac{1}{x}}$ 当 $x \to \infty$

B. $e^{\frac{1}{x}}$ 当 $x \to 0$

C. $\dfrac{\sin x}{x}$ 当 $x \to \infty$

D. $\dfrac{\sin x}{x}$ 当 $x \to 0$

3. 当 $x \to 1$ 时，函数 $f(x) = \dfrac{1-x}{1+x}$ 与 $g(x) = 1 - \sqrt{x}$ 的关系是（　　）。

A. $f(x)$ 是比 $g(x)$ 高阶的无穷小

B. $f(x)$ 是比 $g(x)$ 低阶的无穷小

C. $f(x)$ 与 $g(x)$ 是等价无穷小

D. $f(x)$ 与 $g(x)$ 是同阶非等价无穷小

4. 设 $f(x) = \begin{cases} e^x, & x \leq 0 \\ 2x + b, & x > 0 \end{cases}$，若 $\lim\limits_{x \to 0} f(x)$ 存在，则 $b = $（　　）。

A. 0 　　　　　　　B. 1 　　　　　　　C. 2 　　　　　　　D. 3

5. 设 $\lim\limits_{x \to 2} \dfrac{x^2 + ax + b}{x^2 - x - 2} = 2$，则（　　）。

A. $a = 1$，$b = 2$ 　　B. $a = -2$，$b = 8$ 　　C. $a = 2$，$b = 6$ 　　D. $a = 2$，$b = -8$

6. 设 $\lim\limits_{x \to \infty} \left(\dfrac{x^2}{2x+1} - ax - b \right) = 0$，则（　　）。

A. $a = -\dfrac{1}{2}$，$b = -\dfrac{1}{4}$

B. $a = \dfrac{1}{2}$，$b = -\dfrac{1}{4}$

C. $a = -\dfrac{1}{2}$，$b = \dfrac{1}{4}$

D. $a = \dfrac{1}{2}$，$b = \dfrac{1}{4}$

7. $f(x) = \begin{cases} e^{\frac{1}{x}}, & x \neq 0 \\ a, & x = 0 \end{cases}$，则（　　）。

A. 当 $a = 0$ 时，$f(x)$ 在 $x = 0$ 点左连续

B. 当 $a = 1$ 时，$f(x)$ 在 $x = 0$ 点左连续

C. 当 $a = 0$ 时，$f(x)$ 在 $x = 0$ 点右连续

D. 当 $a = 1$ 时，$f(x)$ 在 $x = 0$ 点右连续

8. 设函数 $f(x) = \dfrac{1}{e^{\frac{x}{x-1}} - 1}$，则（　　）。

A. $x = 0$、$x = 1$ 都是 $f(x)$ 的第一类间断点

B. $x = 0$、$x = 1$ 都是 $f(x)$ 的第二类间断点

C. $x = 0$ 是 $f(x)$ 的第一类间断点，$x = 1$ 是 $f(x)$ 的第二类间断点

D. $x = 0$ 是 $f(x)$ 的第二类间断点，$x = 1$ 是 $f(x)$ 的第一类间断点

9. 已知 $\lim\limits_{x \to \infty} \left(\dfrac{x+a}{x-a} \right)^x = 9$，则 $a = $（　　）。

A. 0 　　　　　　　B. ∞ 　　　　　　　C. $\ln 3$ 　　　　　　　D. $2\ln 3$

10. $\lim\limits_{x \to \infty} \left(\dfrac{x-1}{x+1} \right)^x = $（　　）。

A. 0 　　　　　　　B. ∞ 　　　　　　　C. e^{-2} 　　　　　　　D. e^2

二、填空题

1. 设 $f(x) = \begin{cases} 0, & x \leq 0 \\ x, & x > 0 \end{cases}$，$g(x) = \begin{cases} 0, & x \leq 0 \\ -x^2, & x > 0 \end{cases}$，则 $f[g(x)] = $ _____，$g[f(x)] = $ _____。

2. $\lim\limits_{x\to\infty}\dfrac{x^3+2}{x^3}=$ _____ 。

3. $\lim\limits_{x\to\infty}\dfrac{x^2+1}{2x-1}\sin\dfrac{\pi}{x}=$ _____ 。

4. 若 $\lim\limits_{x\to\infty}\left(\dfrac{x+2a}{x-2a}\right)^{\frac{x}{3}}=e^2$，则 $a=$ _____ 。

5. $\lim\limits_{x\to\infty}x\sin\dfrac{2x}{x^2+1}=$ _____ 。

6. $\lim\limits_{x\to0}\dfrac{(1-e^{3x})\arcsin x}{x\ln(1+x)}=$ _____ 。

7. 若 $y=f(x)$ 在点 x_0 连续，则 $\lim\limits_{x\to x_0}[f(x)-f(x_0)]=$ _____ 。

8. 欲使函数 $f(x)=\begin{cases}e^x+a, & x\leqslant1\\ \dfrac{\arctan\pi(x-1)}{x-1}, & x>1\end{cases}$ 在 $x=1$ 处连续，则 $a=$ _____ 。

9. $\lim\limits_{x\to0}(1+3x)^{\frac{1}{x}}=$ _____ 。

10. $\lim\limits_{x\to0}(1+3x)^{\frac{2}{\sin x}}=$ _____ 。

三、计算题

1. 设 $f(x+1)=e^{x^2+2x}-x$，求 $f(x-1)$。

2. 已知函数 $y=f(x)=\begin{cases}\ln x, & 0<x\leqslant1\\ 1+x, & x>1\end{cases}$，求 $f\left(\dfrac{1}{2}\right)$ 及 $f(e)$，并求其定义域及值域。

3. 判断：下列各组函数是否相同？为什么？

（1）$f(x)=x, g(x)=e^{\ln x}$

（2）$f(x)=|x|, u(t)=\sqrt{t^2}$

（3）$f(x)=\sqrt{\dfrac{x+1}{x+2}}, g(x)=\dfrac{\sqrt{x+1}}{\sqrt{x+2}}$

4. 求下列函数的反函数，并给出其反函数的定义域：

（1）$y=\dfrac{1-x}{1+x}$ 　　　　　　　　（2）$y=2\sin3x, x\in\left[-\dfrac{\pi}{6}, \dfrac{\pi}{6}\right]$

（3）$y=1+\log_a(x+2)$ 　　　　　　　（4）$y=\dfrac{e^x}{e^x+1}$

5. 判断下列函数的奇偶性：

（1）$y=\dfrac{a^x+a^{-x}}{2}(a>1)$

（2）$y=x(x+2)(x-2)$

（3）$y=\arcsin x+\arctan x$

6. 将下列复合函数分解为基本初等函数或基本初等函数的和、差、积、商：

（1）$y=\sqrt{\sin^3(x-1)}$ 　　　　　　　（2）$y=3\ln(1+\sqrt{1+x^2})$

（3）$y=e^{-x^2}$ 　　　　　　　　　　　　（4）$y=\arccos\left(\dfrac{x}{a}+1\right)^2$

（5）$y=5^{(x^2+1)^4}$ 　　　　　　　　　　（6）$y=\sin[\tan(x^2+x-1)]$

7. 设 $f(x) = \begin{cases} \sqrt{1-x^2}, & |x| < 1 \\ x^2 + 1, & |x| \geq 1 \end{cases}$，求 $f[f(x)]$。

8. 下列各题中，哪些数列收敛？哪些数列发散？对收敛数列，通过观察 $\{x_n\}$ 的变化趋势确定其极限：

（1）$\left\{ \dfrac{n}{n+1} \right\}$

（2）$\left\{ \dfrac{1}{n^2} \right\}$

（3）$\left\{ \left(\dfrac{2}{3} \right)^n \right\}$

（4）$\{(-1)^n n\}$

9. 通过观察，确定下列函数的极限：

（1）$\lim\limits_{x \to \infty} \dfrac{1}{2x-1}$

（2）$\lim\limits_{x \to +\infty} 2^{-x}$

（3）$\lim\limits_{x \to 0} \tan x$

（4）$\lim\limits_{x \to 0} \arcsin x$

10. 求函数 $f(x) = \dfrac{\sin x}{\sin x}$ 当 $x \to 0$ 时的左、右极限，并说明它当 $x \to 0$ 时的极限是否存在。

11. 设 $f(x) = \begin{cases} 2x, & x < 1 \\ 3x-2, & x > 1 \end{cases}$，求 $\lim\limits_{x \to 0} f(x)$、$\lim\limits_{x \to 1} f(x)$、$\lim\limits_{x \to 2} f(x)$。

12. 通过观察确定，下列函数是否为无穷小：

（1）e^{-x}，当 $x \to -\infty$ 时

（2）$\dfrac{1}{x+1}$，当 $x \to \infty$ 时

（3）$\ln(x-1)$，当 $x \to 2$ 时

（4）$\ln x$，当 $x \to 0^+$ 时

（5）$\tan x$，当 $x \to \dfrac{\pi}{2}$ 时

（6）$\arctan x$，当 $x \to +\infty$ 时

13. 利用无穷小的性质，求下列极限：

（1）$\lim\limits_{x \to 0} x \cos \dfrac{1}{x}$

（2）$\lim\limits_{x \to \infty} \dfrac{\arctan x}{x}$

14. 试举例说明：两个无穷小的商不是无穷小？

15. 说明下列函数在什么变化过程中是无穷大：

（1）$\dfrac{1}{x+1}$

（2）e^{-x}

（3）$\ln x$

（4）$\dfrac{1}{\cos x}$

16. 求下列极限：

（1）$\lim\limits_{x \to 2} \dfrac{x^3+1}{x-3}$

（2）$\lim\limits_{x \to \sqrt{2}} \dfrac{x^2-2}{x^2+1}$

（3）$\lim\limits_{x \to 3} \dfrac{x^3-27}{x-3}$

（4）$\lim\limits_{h \to 0} \dfrac{(x+h)^2-x^2}{2h}$

（5）$\lim\limits_{x \to 0} \dfrac{x^2+3}{2x^2-3x+1}$

（6）$\lim\limits_{x \to \infty} \dfrac{x^3+2x}{5x^4-4x-1}$

（7）$\lim\limits_{x \to \infty} \dfrac{(x-1)(x-3)(x-5)}{(3x-1)^3}$

（8）$\lim\limits_{x \to 1} \left(\dfrac{1}{1-x} - \dfrac{3}{1-x^3} \right)$

（9）$\lim\limits_{n \to \infty} \left(\dfrac{1}{n^2} + \dfrac{2}{n^2} + \cdots + \dfrac{n}{n^2} \right)$

（10）$\lim\limits_{n \to \infty} \left(1 + \dfrac{1}{2} + \dfrac{1}{4} + \cdots + \dfrac{1}{2^n} \right)$

17. 求下列极限：

（1） $\lim\limits_{x\to 1}\dfrac{x^3+x}{(x-1)^2}$

（2） $\lim\limits_{x\to\infty}(2x^2+x+1)$

18. 求下列极限：

（1） $\lim\limits_{x\to 0}\sqrt{x^2-2x+5}$

（2） $\lim\limits_{x\to 0}\dfrac{\sqrt{1-x}-1}{x}$

19. 求下列极限：

（1） $\lim\limits_{x\to 0}\dfrac{\tan\dfrac{x}{2}}{x}$

（2） $\lim\limits_{x\to 0}\dfrac{1-\cos 2x}{x\sin x}$

（3） $\lim\limits_{x\to 0}x\cot x$

（4） $\lim\limits_{x\to 1}\dfrac{\sin(x-1)}{x^2-1}$

（5） $\lim\limits_{x\to 0}\dfrac{\arctan x}{x}$

（6） $\lim\limits_{x\to 0}\ln\dfrac{\sin x}{x}$

（7） $\lim\limits_{x\to 0}\dfrac{\mathrm{e}^x-1}{x}$

（8） $\lim\limits_{x\to 0}(1-3x)^{\frac{1}{x}}$

（9） $\lim\limits_{x\to\infty}\left(\dfrac{1+x}{x}\right)^{2x}$

（10） $\lim\limits_{x\to\infty}\left(1-\dfrac{2}{x}\right)^x$

（11） $\lim\limits_{x\to 0}\left(1+\dfrac{1}{2}\tan x\right)^{\cot x}$

（12） $\lim\limits_{x\to 0}\left(\dfrac{1+x}{1-x}\right)^{\frac{1}{x}}$

20. 当 $x\to 0$ 时，$(1-\cos x)^2$ 与 $\tan^2 x$ 相比，哪一个是高阶无穷小？

21. 证明：当 $x\to 0$ 时，$\sec(2x)-1\sim 2x^2$。

22. 利用等价无穷小的性质，求下列极限：

（1） $\lim\limits_{x\to 0}\dfrac{\tan^3 2x}{\sin^3 3x}$

（2） $\lim\limits_{x\to 0}\dfrac{\sin^2 x+x^2}{1-\cos x}$

（3） $\lim\limits_{x\to 0}\dfrac{\mathrm{e}^{2x}-1}{x}$

（4） $\lim\limits_{x\to 0}\dfrac{\ln(1+x)\cdot\arcsin x}{\tan^2 2x}$

23. 求函数 $f(x)=\dfrac{x+1}{x^2-2x-3}$ 的连续区间，并求极限 $\lim\limits_{x\to -1}f(x)$、$\lim\limits_{x\to 0}f(x)$ 及 $\lim\limits_{x\to 3}f(x)$。

24. 指出下列函数的间断点，并说明间断点的类型。若是可去间断点，则补充或改变函数定义，使它在该点连续：

（1） $f(x)=\dfrac{x-3}{x^2-5x+6}$

（2） $f(x)=\dfrac{x}{\sin x}$

（3） $f(x)=\mathrm{e}^{\frac{1}{x}}$

（4） $f(x)=\begin{cases}x^2-1, & x\leqslant 1\\ x+1, & x>1\end{cases}$

25. 设 $f(x)=\begin{cases}\dfrac{\ln(1-x)}{x}, & x<0\\ a+2x, & x\geqslant 0\end{cases}$，问：$a$ 取何值时，函数 $f(x)$ 在 $x=0$ 处连续？

26. 利用函数的连续性，求下列极限：

（1） $\lim\limits_{t\to -1}\mathrm{e}^{\frac{1}{(t-1)^2}}$

（2） $\lim\limits_{\alpha\to\frac{\pi}{6}}(\sin 3\alpha)^{\frac{1}{5}}$

（3） $\lim\limits_{x\to 0}\ln\left(\dfrac{\sin 2x}{x}\right)$

（4） $\lim\limits_{x\to +\infty}x(\sqrt{1+x^2}-x)$

27. 证明：方程 $x \cdot 2^x = 1$ 至少有一个小于 1 的正根。

28. 证明：方程 $\sin x + x + 1 = 0$ 在开区间 $\left(-\dfrac{\pi}{2}, \dfrac{\pi}{2}\right)$ 内至少有一个根。

书网融合······

思政导航

本章小结

第二章　导数与微分

第一节　导数的概念

PPT

　　在自然科学和社会科学中，导数有着广泛的应用。例如，物理中的速度、加速度、角速度、线密度、电流、功率、温度梯度及放射性元素的衰变等，化学中的扩散速度及反应速度等，生物学中的种群出生率、死亡率及自然增长率等，医药学中的药物在体内分解及吸收速率等，经济学中的边际成本、边际利润及边际需求等，社会学中的信息传播速度等。

一、导数的引入

　　历史上，导数的概念主要起源于力学中的瞬时速度问题以及几何中的切线问题。我们也从这两个问题开始讨论。

　　1. 瞬时速度　我们知道，速度是反映物体运动快慢的物理量，根据中学所学知识，平均速度可定义如下：设质点沿直线运动，其位置函数为 $s = s(t)$，则质点所发生的位移 $\Delta s = s(t_0 + \Delta t) - s(t_0)$ 与所需时间间隔 $\Delta t = t - t_0$ 的比值，称为该时间间隔内的平均速度，记作：

$$\bar{v} = \frac{\Delta s}{\Delta t} = \frac{s(t_0 + \Delta t) - s(t_0)}{\Delta t}$$

　　应当指出，平均速度对质点运动快慢的刻画是非常粗糙的。例如，一辆汽车在 1 小时内行驶了 60 公里，按照上面的定义，该汽车的平均速度为 60 公里/小时。然而，一般来说汽车并非以匀速行驶，在繁华的市区路段可能慢些，在宽阔的郊区公路上可能快些，对这些情况，平均速度不能反映出来。怎样使平均速度公式变得更加细致精确呢？易见，只要将时间间隔 Δt 变小，平均速度公式就能变得更加细致精确。于是，令 $\Delta t \to 0$，便得到质点在时刻 t_0 的瞬时速度的定义式：

$$v(t) = \lim_{\Delta t \to 0} \frac{\Delta s}{\Delta t} = \lim_{\Delta t \to 0} \frac{f(t_0 + \Delta t) - f(t_0)}{\Delta t}$$

　　顺便指出，瞬时速度并非指孤立的一瞬，即 $\Delta t \to 0$，但是 $\Delta t \neq 0$。

　　以上我们得到了瞬时速度的定义式，抛开其物理含义，仅看抽象形式，特点即为：改变量比的极限。如果把该极限叫作导数，那么求瞬时速度的问题就是求导数的问题。

需要强调，以上研究方法的特点是：先求近似式，再取极限得到精确值。这个方法称为"极限方法"。在下面讨论切线斜率以及后面讨论定积分时，都会用到此方法。

2. 切线斜率 如图 2-1 所示，设平面曲线的方程为 $y = f(x)$，$M(x_0, y_0)$ 为曲线上一点，割线 MN 的斜率为

$$k_1 = \tan\beta = \frac{\Delta y}{\Delta x} = \frac{f(x_0 + \Delta x) - f(x_0)}{\Delta x}$$

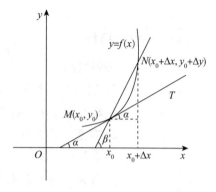

当 $\Delta x \to 0$ 时，点 N 沿曲线无限趋于点 M，割线 MN 无限趋于其极限位置 MT，我们把 MT 称为该曲线在 M 点的切线。易见，当 $\Delta x \to 0$ 时，割线倾角无限趋于切线倾角，即 $\beta \to \alpha$，因此，割线斜率无限趋近于切线斜率，即 $k_1 \to k$，因此

$$k = \tan\alpha = \lim_{\Delta x \to 0} \frac{\Delta y}{\Delta x} = \lim_{\Delta x \to 0} \frac{f(x_0 + \Delta x) - f(x_0)}{\Delta x}$$

以上我们得到了计算切线斜率的公式，抛开其几何含义，仅看

图 2-1

抽象形式，特点仍然是：改变量比的极限。如果把该极限叫作导数，那么求切线斜率的问题就是求导数的问题。

由于自然科学、工程技术及社会科学的许多实际问题都归结为计算"改变量比的极限"，有必要在抽象形式下研究它的性质和计算方法，从而使那些与"改变量比的极限"有关的实际问题都能得到解答。这表明，数学的抽象性使得它能广泛地应用于不同领域，同时，数学的抽象性来自实际，使得它具有强大的生命力。形式上的抽象性和应用上的广泛性是数学的两个显著特点。

二、导数的定义

1. 函数在某点可导的定义

定义 2.1 设函数 $y = f(x)$ 在 x_0 点的某邻域内有定义，当自变量 x 在 x_0 点的改变量为 Δx，且 $x_0 + \Delta x$ 仍在上述邻域内时，函数 y 有相应的改变量为：

$$\Delta y = f(x_0 + \Delta x) - f(x_0)$$

若极限

$$\lim_{\Delta x \to 0} \frac{\Delta y}{\Delta x} = \lim_{\Delta x \to 0} \frac{f(x_0 + \Delta x) - f(x_0)}{\Delta x}$$

存在，则称函数 $y = f(x)$ 在 x_0 点可导，并且把该极限称为函数 $y = f(x)$ 在 x_0 点的**导数**（derivative）（或**微商**（differential quotient）），记作：

$$y'\big|_{x=x_0}, \quad f'(x_0), \quad \frac{\mathrm{d}y}{\mathrm{d}x}\big|_{x=x_0}, \quad \frac{\mathrm{d}f(x)}{\mathrm{d}x}\big|_{x=x_0}$$

若上述极限不存在，则称函数 $y = f(x)$ 在 x_0 点不可导。若上述极限不存在的情形属于无穷大，为方便起见，有时也称函数 $y = f(x)$ 在 x_0 点的导数为无穷大，记作：$f'(x_0) = \infty$。

2. 函数在开区间内可导的定义

定义 2.2 若函数 $y = f(x)$ 在 (a, b) 内每一点 x 都可导，则称函数 $y = f(x)$ 在 (a, b) 内可导。记作：

$$y', \quad f'(x), \quad \frac{\mathrm{d}y}{\mathrm{d}x}, \quad \frac{\mathrm{d}f(x)}{\mathrm{d}x}$$

由此定义可见，若函数 $y = f(x)$ 在开区间 (a, b) 内可导，则对 (a, b) 内每一个 x 值，都唯一对应一个导数值 $f'(x)$，按照函数的定义，在区间 (a, b) 内，$f'(x)$ 是 x 的函数，我们称其为 $y = f(x)$ 的**导函数**，简

称为**导数**。

易见，导函数 $f'(x)$ 的定义式为：

$$f'(x) = \lim_{\Delta x \to 0} \frac{f(x + \Delta x) - f(x)}{\Delta x}, \quad (x \in (a, b))$$

此外，导数值 $f'(x_0)$ 就是导函数 $f'(x)$ 在 $x = x_0$ 时的函数值，即 $f'(x_0) = f'(x)\big|_{x = x_0}$。

由导数的定义可知，利用定义求导可分为三步：

（1）计算改变量　　$\Delta y = f(x + \Delta x) - f(x)$；

（2）计算比值　　$\dfrac{\Delta y}{\Delta x} = \dfrac{f(x + \Delta x) - f(x)}{\Delta x}$；

（3）计算极限　　$\lim\limits_{\Delta x \to 0} \dfrac{\Delta y}{\Delta x}$。

例 1　设 $y = \sqrt{x}$，求 y' 及 $y'\big|_{x=1}$。

解　$\Delta y = f(x + \Delta x) - f(x) = \sqrt{x + \Delta x} - \sqrt{x}$

$$\frac{\Delta y}{\Delta x} = \frac{\sqrt{x + \Delta x} - \sqrt{x}}{\Delta x}$$

$$\lim_{\Delta x \to 0} \frac{\Delta y}{\Delta x} = \lim_{\Delta x \to 0} \frac{\sqrt{x + \Delta x} - \sqrt{x}}{\Delta x} = \lim_{\Delta x \to 0} \frac{1}{\sqrt{x + \Delta x} + \sqrt{x}} = \frac{1}{2\sqrt{x}}$$

因此　$y' = \dfrac{1}{2\sqrt{x}}$，$y'\big|_{x=1} = \dfrac{1}{2}$。

3. 单侧导数

定义 2.3　若极限 $\lim\limits_{\Delta x \to 0^-} \dfrac{\Delta y}{\Delta x} = \lim\limits_{\Delta x \to 0^-} \dfrac{f(x_0 + \Delta x) - f(x_0)}{\Delta x}$ 存在，则称该极限为函数 $y = f(x)$ 在 x_0 点的**左导数**（derivative on the left），记作：$f'_-(x_0)$。

若极限 $\lim\limits_{\Delta x \to 0^+} \dfrac{\Delta y}{\Delta x} = \lim\limits_{\Delta x \to 0^+} \dfrac{f(x_0 + \Delta x) - f(x_0)}{\Delta x}$ 存在，则称该极限为函数 $y = f(x)$ 在 x_0 点的**右导数**（derivative on the right），记作：$f'_+(x_0)$。

函数的左导数和右导数统称为**单侧导数**。

由上一章有关左、右极限的定理，可以得到如下结论：

定理 2.1　函数 $y = f(x)$ 在 x_0 点可导的充分必要条件是左、右导数都存在并且相等，即 $f'_-(x_0) = f'_+(x_0)$。

有了单侧导数的定义，可以给出函数在闭区间上可导的定义。

定义 2.4　若函数 $y = f(x)$ 在开区间 (a, b) 内可导，并且在区间左端点存在右导数、在区间右端点存在左导数，则称函数 $y = f(x)$ 在闭区间 $[a, b]$ 上可导。

单侧导数还经常用于讨论分段函数在分段点处的导数。

例 2　设 $f(x) = \begin{cases} x^2 \sin \dfrac{1}{x}, & x < 0 \\ 0, & x \geq 0 \end{cases}$，讨论该函数在点 $x = 0$ 处的可导性。

解　$\Delta y = f(0 + \Delta x) - f(0) = f(\Delta x) - f(0) = f(\Delta x)$

$$\lim_{\Delta x \to 0^-} \frac{\Delta y}{\Delta x} = \lim_{\Delta x \to 0^-} \frac{(\Delta x)^2 \sin \dfrac{1}{\Delta x}}{\Delta x} = \lim_{\Delta x \to 0^-} \Delta x \sin \frac{1}{\Delta x} = 0$$

$$\lim_{\Delta x \to 0^+} \frac{\Delta y}{\Delta x} = \lim_{\Delta x \to 0^+} \frac{0}{\Delta x} = \lim_{\Delta x \to 0^+} 0 = 0$$

因此，$f'_-(0) = f'_+(0) = 0$，故该函数在点 $x = 0$ 处可导，且 $f'(0) = 0$。

4. 可导与连续的关系

定理 2.2 若函数 $y = f(x)$ 在 x_0 点可导，则该函数在 x_0 点连续。

证 因为函数 $y = f(x)$ 在 x_0 点可导，所以

$$\lim_{\Delta x \to 0} \frac{\Delta y}{\Delta x} = f'(x_0)$$

又因为

$$\lim_{\Delta x \to 0} \Delta y = \lim_{\Delta x \to 0} \left(\frac{\Delta y}{\Delta x} \cdot \Delta x \right) = \lim_{\Delta x \to 0} \frac{\Delta y}{\Delta x} \cdot \lim_{\Delta x \to 0} \Delta x = f'(x_0) \cdot 0 = 0$$

所以，函数 $y = f(x)$ 在 x_0 点连续。

注意，此定理的逆定理不一定成立，即若函数 $y = f(x)$ 在 x_0 点连续，但在 x_0 点不一定可导。换言之，函数在某点连续是函数在该点可导的必要条件，但不是充分条件。

例 3 设 $f(x) = |x| = \begin{cases} x, & x \geqslant 0 \\ -x, & x < 0 \end{cases}$，讨论该函数在点 $x = 0$ 处的连续性与可导性。

解 先讨论连续性：$\lim_{\Delta x \to 0} \Delta y = \lim_{\Delta x \to 0} [f(0 + \Delta x) - f(0)] = \lim_{\Delta x \to 0} |\Delta x|$

因为 $\lim_{\Delta x \to 0^-} \Delta y = \lim_{\Delta x \to 0^-} (-\Delta x) = 0$，$\lim_{\Delta x \to 0^+} \Delta y = \lim_{\Delta x \to 0^+} \Delta x = 0$，

所以 $\lim_{\Delta x \to 0} \Delta y = 0$，因此，$f(x) = |x|$ 在点 $x = 0$ 处连续。

再讨论可导性：由导数的定义，考虑改变量比的极限，即

$$\lim_{\Delta x \to 0} \frac{\Delta y}{\Delta x} = \lim_{\Delta x \to 0} \frac{f(0 + \Delta x) - f(0)}{\Delta x} = \lim_{\Delta x \to 0} \frac{|\Delta x|}{\Delta x}$$

因为 $\lim_{\Delta x \to 0^-} \frac{\Delta y}{\Delta x} = \lim_{\Delta x \to 0^-} \frac{\Delta x}{\Delta x} = -1 = f'_-(0)$

$$\lim_{\Delta x \to 0^+} \frac{\Delta y}{\Delta x} = \lim_{\Delta x \to 0^+} \frac{\Delta x}{\Delta x} = 1 = f'_+(0)$$

所以，$f'_-(0) \neq f'_+(0)$，因此 $f(x) = |x|$ 在点 $x = 0$ 处不可导。

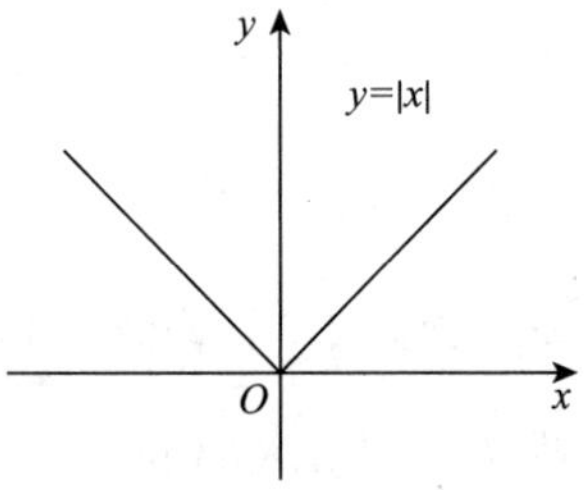

图 2 - 2

如图 2 - 2 所示，在曲线"尖点"处，函数连续但不可导。

5. 导数的几何意义 由导数概念的引入可知，函数 $y = f(x)$ 在 x_0 点处的导数 $f'(x_0)$ 的几何意义是：曲线 $y = f(x)$ 上点 $(x_0, f(x_0))$ 处的切线斜率。

若 $f'(x_0)$ 存在，则曲线 $y = f(x)$ 上点 $(x_0, f(x_0))$ 处的切线方程为：

$$y - f(x_0) = f'(x_0)(x - x_0)$$

若 $f'(x_0)$ 存在，且 $f'(x_0) \neq 0$，则曲线 $y = f(x)$ 上点 $(x_0, f(x_0))$ 处的法线方程为：

$$y - f(x_0) = -\frac{1}{f'(x_0)}(x - x_0)$$

6. 导数的物理意义 由导数概念的引入可知，路程对时间的导数 $s'(t_0)$ 是瞬时速度 $v(t_0)$；以此类推，速度对时间的导数 $v'(t_0)$ 是加速度 $a(t_0)$。

第二节 导数公式与求导法则

PPT

一般来说，根据定义求导数比较麻烦，为此，本节讨论导数的计算方法。只要记住了导数公式，并且会用求导法则和求导方法，就可以方便地求出复杂函数的导数。

一、导数公式

我们把基本初等函数的导数作为导数公式。下面用定义推导几个导数公式，其余导数公式用定义推

导比较麻烦，在此只给出结论，待后面介绍求导法则时再给出证明。

公式推导之一　求常量函数 $y = C$（C 为常数）的导数。

解　$\Delta y = f(x + \Delta x) - f(x) = C - C = 0, \dfrac{\Delta y}{\Delta x} = 0$

$$y' = \lim_{\Delta x \to 0} \frac{\Delta y}{\Delta x} = \lim_{\Delta x \to 0} 0 = 0$$

即　$(C)' = 0$。

公式推导之二　求幂函数 $y = x^n$（n 为正整数）的导数。

解　$\Delta y = f(x + \Delta x) - f(x) = (x + \Delta x)^n - x^n$

$$= nx^{n-1}\Delta x + \frac{n(n-1)}{2}x^{n-2}(\Delta x)^2 + \cdots + (\Delta x)^n$$

$$\frac{\Delta y}{\Delta x} = nx^{n-1} + \frac{n(n-1)}{2}x^{n-2}\Delta x + \cdots + (\Delta x)^{n-1}$$

$$\lim_{\Delta x \to 0}\frac{\Delta y}{\Delta x} = nx^{n-1}$$

即　$(x^n)' = nx^{n-1}$。

后面还将证明，当 n 为任意实数时，该公式仍然成立，即 $(x^\alpha)' = \alpha x^{\alpha-1}$，其中，$\alpha$ 为任意实数。

公式推导之三　求正弦函数 $y = \sin x$ 和余弦函数 $y = \cos x$ 的导数。

解　$\Delta y = f(x + \Delta x) - f(x) = \sin(x + \Delta x) - \sin x = 2\sin\dfrac{\Delta x}{2}\cos\left(x + \dfrac{\Delta x}{2}\right)$

$$\frac{\Delta y}{\Delta x} = \frac{\sin\dfrac{\Delta x}{2}}{\dfrac{\Delta x}{2}}\cos\left(x + \frac{\Delta x}{2}\right)$$

$$\lim_{\Delta x \to 0}\frac{\Delta y}{\Delta x} = \cos x$$

即　$(\sin x)' = \cos x$。

同理可得　$(\cos x)' = -\sin x$。

公式推导之四　求对数函数 $y = \log_a x$（$a > 0, a \neq 1$）的导数。

解　$\Delta y = f(x + \Delta x) - f(x) = \log_a(x + \Delta x) - \log_a x = \log_a\left(\dfrac{x + \Delta x}{x}\right) = \log_a\left(1 + \dfrac{\Delta x}{x}\right)$

$$\frac{\Delta y}{\Delta x} = \frac{1}{\Delta x}\log_a\left(1 + \frac{\Delta x}{x}\right) = \log_a\left(1 + \frac{\Delta x}{x}\right)^{\frac{1}{\Delta x}}$$

$$\lim_{\Delta x \to 0}\frac{\Delta y}{\Delta x} = \lim_{\Delta x \to 0}\log_a\left(1 + \frac{\Delta x}{x}\right)^{\frac{x}{\Delta x}\cdot\frac{1}{x}} = \log_a e^{\frac{1}{x}} = \frac{1}{x}\log_a e = \frac{1}{x\ln a}$$

即　$(\log_a x)' = \dfrac{1}{x\ln a}$。

特别地，当 $a = e$ 时，$(\ln x)' = \dfrac{1}{x}$。

以上我们用导数定义推导了几个导数公式，现将所有导数公式罗列如下，这些导数公式应当熟记，做题时直接使用结果。

（1）$(C)' = 0$，（C 为常数）　　　　　　　　（2）$(x^\alpha)' = \alpha x^{\alpha-1}$，（$\alpha$ 为任意实数）

（3）$(a^x)' = a^x\ln a$，（$a > 0, a \neq 1$），特别地，$(e^x)' = e^x$

(4) $(\log_a x)' = \dfrac{1}{x\ln a}, (a > 0, a \neq 1)$，特别地，$(\ln x)' = \dfrac{1}{x}$

(5) $(\sin x)' = \cos x$ 　　　　　　　　(6) $(\cos x)' = -\sin x$

(7) $(\tan x)' = \sec^2 x = \dfrac{1}{\cos^2 x}$ 　　(8) $(\cot x)' = -\csc^2 x = -\dfrac{1}{\sin^2 x}$

(9) $(\sec x)' = \sec x \tan x$ 　　　　(10) $(\csc x)' = -\csc x \cot x$

(11) $(\arcsin x)' = \dfrac{1}{\sqrt{1-x^2}}$ 　　(12) $(\arccos x)' = -\dfrac{1}{\sqrt{1-x^2}}$

(13) $(\arctan x)' = \dfrac{1}{1+x^2}$ 　　(14) $(\text{arccot} x)' = -\dfrac{1}{1+x^2}$

例 4　设 $f(x) = \arctan x$，求 $f'(1)$。

解　因为 $f'(x) = \dfrac{1}{1+x^2}$，所以 $f'(1) = \dfrac{1}{2}$。

例 5　求曲线 $y = \dfrac{1}{x}$ 在点 $(1,1)$ 处的切线方程。

解　因为 $y' = -\dfrac{1}{x^2}$，所以 $y'|_{x=1} = -1$，

因此，所求切线方程为：

$$y - 1 = -1 \cdot (x-1) \quad 即 \quad x + y - 2 = 0$$

二、导数的四则运算法则

定理 2.3（代数和的求导法则）　若函数 $u(x)$、$v(x)$ 在 x 点可导，则 $u(x) \pm v(x)$ 在 x 点也可导，且

$$[u(x) \pm v(x)]' = u'(x) \pm v'(x)$$

证　设 $y = u(x) \pm v(x)$，则

$$\Delta y = [u(x + \Delta x) \pm v(x + \Delta x)] - [u(x) \pm v(x)]$$
$$= [u(x + \Delta x) - u(x)] \pm [v(x + \Delta x) - v(x)] = \Delta u \pm \Delta v$$

$$\frac{\Delta y}{\Delta x} = \frac{\Delta u}{\Delta x} \pm \frac{\Delta v}{\Delta x}$$

$$\lim_{\Delta x \to 0} \frac{\Delta y}{\Delta x} = \lim_{\Delta x \to 0} \left(\frac{\Delta u}{\Delta x} \pm \frac{\Delta v}{\Delta x} \right) = \lim_{\Delta x \to 0} \frac{\Delta u}{\Delta x} \pm \lim_{\Delta x \to 0} \frac{\Delta v}{\Delta x}$$

因此　$y' = [u(x) \pm v(x)]' = u'(x) \pm v'(x)$。

定理 2.3 可以推广到任意有限个可导函数的情形，即

$$[u_1(x) \pm u_2(x) \pm \cdots \pm u_n(x)]' = u'_1(x) \pm u'_2(x) \pm \cdots \pm u'_n(x)$$

例 6　求 $y = x^4 + \sin x - \ln x + e^2$ 的导数。

解　$y' = (x^4)' + (\sin x)' - (\ln x)' + (e^2)' = 4x^3 + \cos x - \dfrac{1}{x}$

定理 2.4（乘积的求导法则）　若函数 $u(x)$、$v(x)$ 在 x 点可导，则 $u(x)v(x)$ 在 x 点也可导，且

$$[u(x)v(x)]' = u'(x)v(x) \pm u(x)v'(x)$$

证　设 $y = u(x)v(x)$，则

$$\Delta y = [u(x + \Delta x)v(x + \Delta x)] - u(x)v(x)$$
$$= [u(x + \Delta x) - u(x)]v(x + \Delta x) + u(x)[v(x + \Delta x) - v(x)]$$

$$= \Delta u \cdot v(x + \Delta x) + u(x) \cdot \Delta v$$

$$\frac{\Delta y}{\Delta x} = \frac{\Delta u}{\Delta x} v(x + \Delta x) + u(x) \frac{\Delta v}{\Delta x}$$

$$\lim_{\Delta x \to 0} \frac{\Delta y}{\Delta x} = \lim_{\Delta x \to 0} \left[\frac{\Delta u}{\Delta x} v(x + \Delta x) + u(x) \frac{\Delta v}{\Delta x} \right] = \lim_{\Delta x \to 0} \frac{\Delta u}{\Delta x} \cdot v(x) + u(x) \cdot \lim_{\Delta x \to 0} \frac{\Delta v}{\Delta x}$$

因此 $y' = [u(x)v(x)]' = u'(x)v(x) \pm u(x)v'(x)$。

特别地，常数因子可以提到导数符号之外，即

$$[Cv(x)]' = Cv'(x)$$

定理 2.4 可以推广到任意有限个可导函数的情形，即

$$[u_1(x)u_2(x)\cdots u_n(x)]' = u'_1 u_2 \cdots u_n + u_1 u'_2 \cdots u_n + \cdots + u_1 u_2 \cdots u'_n$$

例 7 求 $y = 2\sqrt{x}\cos x$ 的导数。

解 $y' = 2[(\sqrt{x})'\cos x + \sqrt{x}(\cos x)']$

$$= 2\left[\frac{1}{2\sqrt{x}}\cos x - \sqrt{x}\sin x \right] = \sqrt{x}\left(\frac{\cos x}{x} - 2\sin x \right)$$

例 8 一物体做直线运动，路程函数为 $s(t) = t + t^2 \cos t$，求在任意时刻 t 的瞬时速度。

解 $v(t) = s'(t) = 1 + 2t\cos t - t^2\sin t$

定理 2.5（商的求导法则） 若函数 $u(x)$、$v(x)$ 在 x 点可导，且 $v(x) \neq 0$，则 $\dfrac{u(x)}{v(x)}$ 在 x 点也可导，且

$$\left[\frac{u(x)}{v(x)} \right]' = \frac{u'(x)v(x) - u(x)v'(x)}{v^2(x)}$$

证 设 $y = \dfrac{u(x)}{v(x)}$，则

$$\Delta y = \frac{u(x + \Delta x)}{v(x + \Delta x)} - \frac{u(x)}{v(x)} = \frac{[u(x + \Delta x) - u(x)]v(x) - u(x)[v(x + \Delta x) - v(x)]}{v(x + \Delta x)v(x)}$$

$$= \frac{\Delta u \cdot v(x) - u(x) \cdot \Delta v}{v(x + \Delta x)v(x)}$$

$$\frac{\Delta y}{\Delta x} = \frac{\dfrac{\Delta u}{\Delta x}v(x) - u(x)\dfrac{\Delta v}{\Delta x}}{v(x + \Delta x)v(x)}$$

$$\lim_{\Delta x \to 0} \frac{\Delta y}{\Delta x} = \lim_{\Delta x \to 0} \frac{\dfrac{\Delta u}{\Delta x}v(x) - u(x)\dfrac{\Delta v}{\Delta x}}{v(x + \Delta x)v(x)} = \frac{\lim_{\Delta x \to 0}\dfrac{\Delta u}{\Delta x} \cdot v(x) - u(x) \cdot \lim_{\Delta x \to 0}\dfrac{\Delta v}{\Delta x}}{v(x)v(x)}$$

因此

$$y' = \left[\frac{u(x)}{v(x)} \right]' = \frac{u'(x)v(x) - u(x)v'(x)}{v^2(x)}$$

特别地，当 $u(x) = 1$ 时，

$$\left[\frac{1}{v(x)} \right]' = -\frac{v'(x)}{v^2(x)}, v(x) \neq 0$$

例 9 证明导数公式 $(\tan x)' = \sec^2 x$。

证 $(\tan x)' = \left(\dfrac{\sin x}{\cos x} \right)' = \dfrac{(\sin x)'\cos x - \sin x(\cos x)'}{\cos^2 x}$

$$= \frac{\cos^2 x + \sin^2 x}{\cos^2 x} = \frac{1}{\cos^2 x} = \sec^2 x$$

即 $(\tan x)' = \sec^2 x$。

同理可证：

$$(\cot x)' = -\csc^2 x, \ (\sec x)' = \sec x \tan x, \ (\csc x)' = -\csc x \cot x$$

例 10 求 $y = x^3 \ln x \cdot \arctan x + \dfrac{\tan x}{x}$ 的导数。

解 $y' = (x^3 \ln x \cdot \arctan x)' + \left(\dfrac{\tan x}{x}\right)'$

$$= (x^3)' \ln x \cdot \arctan x + x^3 (\ln x)' \arctan x + x^3 \ln x (\arctan x)' + \dfrac{(\tan x)' x - \tan x (x)'}{x^2}$$

$$= 3x^2 \ln x \cdot \arctan x + x^3 \dfrac{1}{x} \arctan x + x^3 \ln x \cdot \dfrac{1}{1+x^2} + \dfrac{x \sec^2 x - \tan x}{x^2}$$

$$= 3x^2 \ln x \cdot \arctan x + x^2 \arctan x + \dfrac{x^3}{1+x^2} \ln x + \dfrac{x \sec^2 x - \tan x}{x^2}$$

三、反函数的求导法则

定理 2.6（反函数的求导法则）   若函数 $x = \varphi(y)$ 在区间 I_y 内单调可导，且 $\varphi'(y) \neq 0$，则其反函数 $y = f(x)$ 在对应的区间 I_x 内单调可导，且有

$$\frac{\mathrm{d}y}{\mathrm{d}x} = \frac{1}{\dfrac{\mathrm{d}x}{\mathrm{d}y}} \qquad \text{或} \quad f'(x) = \frac{1}{\varphi'(y)}$$

其中，$I_x = \{x \mid x = \varphi(y), y \in I_y\}$。

证   因为 $x = \varphi(y)$ 在区间 I_y 内单调、可导，因此也连续，所以其反函数 $y = f(x)$ 在对应的区间 I_x 内单调、连续，因此，当 $\Delta x \neq 0$ 时，$\Delta y \neq 0$，当 $\Delta x \to 0$ 时，$\Delta y \to 0$，于是

$$f'(x) = \lim_{\Delta x \to 0} \frac{\Delta y}{\Delta x} = \lim_{\Delta y \to 0} \frac{1}{\dfrac{\Delta x}{\Delta y}} = \frac{1}{\varphi'(y)} \quad \text{即} \quad f'(x) = \frac{1}{\varphi'(y)}$$

定理 2.6 可用文字语言简单表述为：直接函数的导数与反函数的导数互为倒数。

例 11   证明导数公式 $(\arcsin x)' = \dfrac{1}{\sqrt{1-x^2}}, (-1 < x < 1)$。

证   因为函数 $y = \arcsin x (-1 < x < 1)$ 是函数 $x = \sin y \left(-\dfrac{\pi}{2} < y < \dfrac{\pi}{2}\right)$ 的反函数，当 $-\dfrac{\pi}{2} < y < \dfrac{\pi}{2}$ 时，$x = \sin y$ 单调可导，且 $x' = \cos y > 0$，所以

$$\frac{\mathrm{d}y}{\mathrm{d}x} = \frac{1}{\dfrac{\mathrm{d}x}{\mathrm{d}y}}, \ \text{即} \ y' = (\arcsin x)' = \frac{1}{(\sin y)'} = \frac{1}{\cos y} = \frac{1}{\sqrt{1-\sin^2 y}} = \frac{1}{\sqrt{1-x^2}}$$

同理可证：

$$(\arccos x)' = -\frac{1}{\sqrt{1-x^2}}, \ (\arctan x)' = \frac{1}{1+x^2}, \ (\text{arccot} x)' = -\frac{1}{1+x^2}$$

例 12   证明导数公式 $(a^x)' = a^x \ln a, (a > 0, a \neq 1)$。

证   因为函数 $y = a^x (a > 0, a \neq 1)$ 与函数 $x = \log_a y (a > 1, a \neq 1)$ 互为反函数，

所以 $\dfrac{\mathrm{d}y}{\mathrm{d}x} = \dfrac{1}{\dfrac{\mathrm{d}x}{\mathrm{d}y}}$ 即 $(a^x)' = \dfrac{1}{(\log_a y)'} = \dfrac{1}{\dfrac{1}{y \ln a}} = a^x \ln a$。

例 13   咳嗽期间气管的直径与气管中空气的流速不断地变化，研究发现，空气在气管中的流速 v 与

气管半径 r 有如下关系：

$$v(r) = \frac{r^2(r_0 - r)}{\pi ak}, r \in \left(0, \frac{2}{3}r_0\right)$$

其中，r 是当压强大于一个大气压时气管的半径，r_0 是当压强等于一个大气压时气管的半径，a、k 是常数。试求气管半径对气管中空气流速的变化率 $\dfrac{\mathrm{d}r}{\mathrm{d}v}$。

解 若先从已知等式中反解出 r，然后再求 $\dfrac{\mathrm{d}r}{\mathrm{d}v}$，则比较麻烦。直接利用反函数求导法则，可得

$$\frac{\mathrm{d}r}{\mathrm{d}v} = \frac{1}{\frac{\mathrm{d}v}{\mathrm{d}r}} = \frac{\pi ak}{r(2r_0 - 3r)}$$

四、复合函数的求导法则

定理 2.7（复合函数的求导法则） 若函数 $u = g(x)$ 在 x 点可导，函数 $y = f(u)$ 在相应点 $u(u = g(x))$ 处可导，则复合函数 $y = f[g(x)]$ 在 x 点可导，且

$$\{f[g(x)]\}' = f'(u)g'(x) \quad \text{或} \quad \frac{\mathrm{d}y}{\mathrm{d}x} = \frac{\mathrm{d}y}{\mathrm{d}u} \cdot \frac{\mathrm{d}u}{\mathrm{d}x}$$

证 根据导数的定义，需要讨论改变量比的极限 $\lim\limits_{\Delta x \to 0}\dfrac{\Delta y}{\Delta x}$。

设自变量 x 有改变量 Δx，相应地，$u = g(x)$ 有改变量 Δu，$y = f(u)$ 有改变量 Δy。

因为 $\dfrac{\Delta y}{\Delta x} = \dfrac{\Delta y}{\Delta u} \cdot \dfrac{\Delta u}{\Delta x}$，（当 $\Delta x \neq 0$，且 $\Delta u \neq 0$ 时）

所以 $\lim\limits_{\Delta x \to 0}\dfrac{\Delta y}{\Delta x} = \lim\limits_{\Delta x \to 0}\left(\dfrac{\Delta y}{\Delta u} \cdot \dfrac{\Delta u}{\Delta x}\right)$

又因为 $u = g(x)$ 在 x 点可导，所以在 x 点也连续，从而当 $\Delta x \to 0$ 时，$\Delta u \to 0$，

因此 $\lim\limits_{\Delta x \to 0}\dfrac{\Delta y}{\Delta x} = \lim\limits_{\Delta x \to 0}\left(\dfrac{\Delta y}{\Delta u} \cdot \dfrac{\Delta u}{\Delta x}\right) = \lim\limits_{\Delta u \to 0}\dfrac{\Delta y}{\Delta u} \cdot \lim\limits_{\Delta x \to 0}\dfrac{\Delta u}{\Delta x}$

由已知，$u = g(x)$ 在 x 点可导，$y = f(u)$ 在相应点 u 处可导，即

$$\lim\limits_{\Delta x \to 0}\frac{\Delta u}{\Delta x} = g'(x), \lim\limits_{\Delta u \to 0}\frac{\Delta y}{\Delta u} = f'(u)$$

因此 $\dfrac{\mathrm{d}y}{\mathrm{d}x} = f'(u)g'(x)$。

当 $\Delta x \neq 0$，且 $\Delta u = 0$ 时，$u = g(x) = C, y = f[g(x)] = C_1,(C、C_1$ 皆为常数）。

因为 $\dfrac{\mathrm{d}y}{\mathrm{d}x} = 0$，$f'(u)g'(x) = f'(u) \cdot 0 = 0$，所以

$$\frac{\mathrm{d}y}{\mathrm{d}x} = f'(u)g'(x)$$

定理 2.7 可用文字语言简单表述为：复合函数的导数等于外函数的导数乘以内函数的导数，或复合函数的导数等于外函数对中间变量求导再乘以中间变量对自变量求导。

定理 2.7 可以推广到多层复合即含有多个中间变量的情形，此时复合函数的求导方法是，由外向内逐层求导。例如，设 $y = f(u), u = g(v), v = h(x)$ 构成复合函数 $y = f\{g[h(x)]\}$，则该复合函数的导数为：

$$(f\{g[h(x)]\})' = f'(u) \cdot g'(v) \cdot h'(x) \quad \text{或} \quad \frac{\mathrm{d}y}{\mathrm{d}x} = \frac{\mathrm{d}y}{\mathrm{d}u} \cdot \frac{\mathrm{d}u}{\mathrm{d}v} \cdot \frac{\mathrm{d}v}{\mathrm{d}x}$$

从形式上看，复合函数的求导法则是沿着"因变量—中间变量—自变量"这个链条求导，因此，该法则也叫作链式法则。

例 14 设 $y=\ln\sin(x^2+1)$，求 $\dfrac{\mathrm{d}y}{\mathrm{d}x}$。

解 设 $y=\ln u$，$u=\sin v$，$v=(x^2+1)$，则

$$\frac{\mathrm{d}y}{\mathrm{d}x}=\frac{\mathrm{d}y}{\mathrm{d}u}\cdot\frac{\mathrm{d}u}{\mathrm{d}v}\cdot\frac{\mathrm{d}v}{\mathrm{d}x}=\frac{1}{u}\cdot\cos v\cdot(2x+0)=\frac{1}{\sin(x^2+1)}\cdot\cos(x^2+1)\cdot 2x=2x\cot(x^2+1)$$

注 通常，待求导方法熟练后，不必写出中间变量，直接"由外向内逐层求导"即可。例如：

$$y'=[\ln\sin(x^2+1)]'=\frac{1}{\sin(x^2+1)}\cdot\cos(x^2+1)\cdot 2x=2x\cot(x^2+1)$$

例 15 设 $y=\mathrm{e}^{\tan x-\cot x}$，求 y'。

解 $y'=\mathrm{e}^{\tan x-\cot x}(\tan x-\cot x)'=\mathrm{e}^{\tan x-\cot x}(\sec^2 x+\csc^2 x)$

$$=\mathrm{e}^{\tan x-\cot x}\left(\frac{1}{\cos^2 x}+\frac{1}{\sin^2 x}\right)=\mathrm{e}^{\tan x-\cot x}\cdot\frac{1}{\cos^2 x\sin^2 x}=\frac{4\mathrm{e}^{\tan x-\cot x}}{\sin^2 2x}$$

例 16 设 $y=\sqrt{\mathrm{e}^x+\mathrm{e}^{-x}}$，求 y'。

解 $y'=\dfrac{1}{2\sqrt{\mathrm{e}^x+\mathrm{e}^{-x}}}(\mathrm{e}^x+\mathrm{e}^{-x})'=\dfrac{1}{2\sqrt{\mathrm{e}^x+\mathrm{e}^{-x}}}(\mathrm{e}^x-\mathrm{e}^{-x})$

例 17 设 $y=\sin nx\sin^n x$（n 为常数），求 y'。

解 $y'=(\sin nx)'\sin^n x+\sin nx(\sin^n x)'$

$$=\cos nx\cdot n\cdot\sin^n x+\sin nx\cdot n\sin^{n-1}x\cos x$$

$$=n\sin^{n-1}x(\cos nx\sin x+\sin nx\cos x)$$

$$=n\sin^{n-1}x\sin(n+1)x$$

例 18 证明 $(\ln|x|)'=\dfrac{1}{x}$。

证 因为 $\ln|x|=\begin{cases}\ln x, & x>0\\ \ln(-x), & x<0\end{cases}$，

当 $x>0$ 时，$(\ln x)'=\dfrac{1}{x}$；当 $x<0$ 时，$[\ln(-x)]'=\dfrac{1}{-x}\cdot(-1)=\dfrac{1}{x}$；

所以 $(\ln|x|)'=\dfrac{1}{x}$。

例 19 已知 $y=f(\sin 2x)$，求 $\dfrac{\mathrm{d}y}{\mathrm{d}x}$。

解 设 $y=f(u)$，$u=\sin v$，$v=2x$，于是

$$\frac{\mathrm{d}y}{\mathrm{d}x}=f'(u)(\sin v)'(2x)'=2f'(u)\cos v=2f'(\sin 2x)\cos 2x$$

另解 直接由外向内逐层求导：

$$\frac{\mathrm{d}y}{\mathrm{d}x}=[f(\sin 2x)]'=f'(\sin 2x)\cdot\cos 2x\cdot 2=2f'(\sin 2x)\cos 2x$$

注 $f'(\sin 2x)$ 代表外函数 $y=f(u)$ 对 $u=\sin 2x$ 求导；$[f(\sin 2x)]'$ 代表复合函数 $f(\sin 2x)$ 对 x 求导。

五、几种特殊的求导方法

1. 对数求导法 先两边取对数，再两边对自变量求导。这种求导方法叫作对数求导法。对于幂指

函数或多个因子相乘（除）的情况，用对数求导法比较简便。

例 20　求幂指函数 $y = x^{\sin x} (x > 0)$ 的导数。

解　两边取对数，得 $\ln y = \sin x \ln x$，两边对 x 求导，得

$$\frac{1}{y} y' = \cos x \ln x + \sin x \cdot \frac{1}{x}$$

因此　$y' = y\left(\cos x \ln x + \frac{1}{x} \sin x\right) = x^{\sin x}\left(\cos x \ln x + \frac{\sin x}{x}\right)$。

另解　利用对数恒等式，得 $y = x^{\sin x} = \mathrm{e}^{\sin x \ln x}$，于是

$$y' = (\mathrm{e}^{\sin x \ln x})' = \mathrm{e}^{\sin x \ln x}\left(\cos x \ln x + \frac{1}{x} \sin x\right) = x^{\sin x}\left(\cos x \cdot \ln x + \frac{\sin x}{x}\right)$$

例 21　求函数 $y = \sqrt[3]{\dfrac{(x+1)(x+2)}{(x-3)(x-4)}}$ 的导数。

解　两边取对数，得 $\ln y = \dfrac{1}{3}\left[\ln(x+1) + \ln(x+2) - \ln(x-3) - \ln(x-4)\right]$

两边对 x 求导，得

$$\frac{1}{y} y' = \frac{1}{3}\left(\frac{1}{x+1} + \frac{1}{x+2} - \frac{1}{x-3} - \frac{1}{x-4}\right)$$

因此

$$y' = \frac{y}{3}\left(\frac{1}{x+1} + \frac{1}{x+2} - \frac{1}{x-3} - \frac{1}{x-4}\right)$$

$$= \frac{1}{3}\sqrt[3]{\frac{(x+1)(x+2)}{(x-3)(x-4)}}\left(\frac{1}{x+1} + \frac{1}{x+2} - \frac{1}{x-3} - \frac{1}{x-4}\right)$$

例 22　证明导数公式 $(x^\alpha)' = \alpha x^{\alpha-1}$（$\alpha$ 为任意实数）。

证　设 $y = x^\alpha$（α 为任意实数），两边取对数，得 $\ln y = \alpha \ln x$，两边对 x 求导，得

$$\frac{1}{y} y' = \alpha \frac{1}{x}, \qquad 因此 \quad y' = \alpha \frac{y}{x} = \alpha \frac{x^\alpha}{x} = \alpha x^{\alpha-1}$$

即　$(x^\alpha)' = \alpha x^{\alpha-1}$，（$\alpha$ 为任意实数）。

至此，本节开始所列出的基本初等函数的导数公式全部得到了证明。

2. 隐函数求导法　用解析法表示函数通常有两种形式。一种是将因变量完全解出来，这时称该函数为显函数，例如，$y = x^4 + \sin x$，一般式为：$y = f(x)$。另一种是因变量没有被完全解出来，而是隐含在方程之中，这时称方程所确定的函数为隐函数，例如，$\mathrm{e}^y = x^2 y + \mathrm{e}^x$，一般式为：$F(x,y) = 0$。

隐函数求导法，是先在确定隐函数的方程两端对自变量求导，然后解出函数的导数。

例 23　求由方程 $\mathrm{e}^y = x^2 y + \mathrm{e}^x$ 确定的隐函数 $y = f(x)$ 的导数 y' 及 $y'\big|_{x=0}$。

解　在已知等式两端同时对 x 求导，得

$$\mathrm{e}^y y' = 2xy + x^2 y' + \mathrm{e}^x$$

因此

$$y' = \frac{2xy + \mathrm{e}^x}{\mathrm{e}^y - x^2}$$

因为当 $x = 0$ 时，$\mathrm{e}^y = \mathrm{e}^0 = 1$，$y = 0$，所以

$$y'\big|_{x=0} = \frac{0 + \mathrm{e}^0}{1 - 0} = 1$$

3. 参数方程的求导法

参数方程的一般式为 $\begin{cases} x = \varphi(t) \\ y = \psi(t) \end{cases}$，$a \leqslant t \leqslant b$。

参数方程求导法，即参数方程所确定函数 $y=f(x)$ 的导数为：

$$\frac{dy}{dx} = \frac{dy}{dt} \cdot \frac{dt}{dx} = \frac{\frac{dy}{dt}}{\frac{dx}{dt}} = \frac{\psi'(t)}{\varphi'(t)}, \text{ 其中 } \varphi'(t) \neq 0$$

参数方程求导法的要点是：分子为函数对 t 求导，分母为自变量对 t 求导。

例 24 求由方程 $\begin{cases} x = a\cos^3 t \\ y = b\sin^3 t \end{cases}$ （a、b 均不为零）确定的函数 $y=f(x)$ 的导数。

解 $\dfrac{dy}{dx} = \dfrac{\frac{dy}{dt}}{\frac{dx}{dt}} = \dfrac{(b\sin^3 t)'}{(a\cos^3 t)'} = \dfrac{b \cdot 3\sin^2 t \cdot \cos t}{a \cdot 3\cos^2 t \cdot (-\sin t)} = -\dfrac{b}{a}\tan t$

六、高阶导数

定义 2.5 若 $y=f(x)$ 的导数存在，则称其为函数 $y=f(x)$ 的**一阶导数**，记作：

$$f'(x), \quad y', \quad \frac{dy}{dx}, \quad \frac{df(x)}{dx}$$

若 $y=f(x)$ 的一阶导数的导数存在，则称其为函数 $y=f(x)$ 的**二阶导数**（second derivative），记作：

$$f''(x), \quad y'', \quad \frac{d^2 y}{dx^2}, \quad \frac{d^2 f(x)}{dx^2}$$

以此类推，若 $y=f(x)$ 的 $n-1$ 阶导数的导数存在，则称其为函数 $y=f(x)$ 的 n **阶导数**（n – order derivative），记作：

$$y^{(n)}, \quad f^{(n)}(x), \quad \frac{d^n y}{dx^n}, \quad \frac{d^n f(x)}{dx^n}$$

二阶及二阶以上的导数统称为**高阶导数**（higher derivative）。

由导数的物理意义可知，路程函数 $s=s(t)$ 的一阶导数是在 t 时刻的瞬时速度，即 $v=s'(t)$，其二阶导数是在 t 时刻的加速度，即 $a=s''(t)$。

例 25 求 $y=\sin x$ 的 n 阶导数。

解 $y' = \cos x = \sin\left(x + \dfrac{\pi}{2}\right)$

$y'' = \cos\left(x + \dfrac{\pi}{2}\right) = \sin\left(x + 2 \cdot \dfrac{\pi}{2}\right)$

$y''' = \cos\left(x + 2 \cdot \dfrac{\pi}{2}\right) = \sin\left(x + 3 \cdot \dfrac{\pi}{2}\right)$

……

$y^{(n)} = \sin\left(x + n \cdot \dfrac{\pi}{2}\right)$

例 26 设 $x - y + \dfrac{1}{2}\sin y = 1$ 确定隐函数 $y=f(x)$，求 y''。

解 先求一阶导数。在已知等式两边对 x 求导，得

$$1 - y' + \frac{1}{2}\cos y \cdot y' = 0$$

因此

$$y' = \frac{2}{2 - \cos y}$$

再求二阶导数。在上式两边对 x 求导，得

$$y'' = \frac{-2\sin y \cdot y'}{(2 - \cos y)^2} = -\frac{4\sin y}{(2 - \cos y)^3} = \frac{4\sin y}{(\cos y - 2)^3}$$

也可以在等式 $1 - y' + \dfrac{1}{2}\cos y \cdot y' = 0$ 两边对 x 求导，得

$$-y'' + \frac{1}{2}(-\sin y \cdot y' \cdot y' + \cos x \cdot y'') = 0$$

因此

$$y'' = \frac{\sin y}{\cos y - 2} \cdot (y')^2 = \frac{4\sin y}{(\cos y - 2)^3}$$

例 27　求由参数方程 $\begin{cases} x = a(t - \sin t) \\ y = a(1 - \cos t) \end{cases}$ 确定的函数 $y = f(x)$ 的二阶导数 $\dfrac{d^2 y}{dx^2}$。

解　$\dfrac{dy}{dx} = \dfrac{\dfrac{dy}{dt}}{\dfrac{dx}{dt}} = \dfrac{[a(1 - \cos t)]'}{[a(t - \sin t)]'} = \dfrac{a\sin t}{a(1 - \cos t)} = \dfrac{\sin t}{1 - \cos t}$

$\dfrac{d^2 y}{dx^2} = \dfrac{dy'}{dx} = \dfrac{\dfrac{dy'}{dt}}{\dfrac{dx}{dt}} = \dfrac{\left(\dfrac{\sin t}{1 - \cos t}\right)'}{[a(t - \sin t)]'} = \dfrac{\dfrac{\cos t(1 - \cos t) - \sin^2 t}{(1 - \cos t)^2}}{a(1 - \cos t)} = \dfrac{-1}{a(1 - \cos t)^2}$

PPT

▷ 第三节　函数的微分

在实际问题中，经常需要近似计算函数的改变量，由此引入了函数微分的概念。函数的导数与函数的微分是一元函数微分学中两个最重要的基本概念，两者密切相关，并且在一元函数积分学中有重要作用。

一、微分的概念

1. 引入　从几何角度看（图 2 - 3），曲线 $y = f(x)$ 在 x_0 点的改变量 Δy 近似等于切线纵坐标改变量（记为 dy），易见 Δx 越接近 0，精确度越高。其数学表达式为：$\Delta y \approx dy = \tan\alpha \Delta x = f'(x_0)\Delta x$，这里的切线纵坐标改变量 $dy = f'(x_0)\Delta x$ 就是函数 $y = f(x)$ 在 x_0 点的微分。为了使微分概念更具有精确性、一般性和抽象性，从而可以推广到 n 元函数，下面从数量关系角度讨论函数改变量的近似计算。

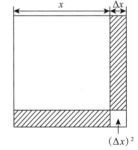

引例　正方形金属板均匀受热，求面积改变量的近似值（图 2 - 3）。

解　设正方形边长为 x，边长改变量为 Δx（通常 Δx 很小），其面积函数为 $S = x^2$，面积改变量为：

$$\Delta S = (x + \Delta x)^2 - x^2 = 2x\Delta x + (\Delta x)^2$$

图 2 - 3

由上式可见，右端第一项 $2x\Delta x$ 是关于 Δx 的线性函数，第二项 $(\Delta x)^2$ 是 $\Delta x \rightarrow 0$ 时比 Δx 高阶的无穷小。易见，对于面积改变量来说，第一项的线性函数是主要部分，可称其为线性主部；第二项是次要部分，可在近似计算时忽略掉。因此，ΔS 的近似计算公式为：$\Delta S \approx 2x\Delta x$。此外，因为 $(x^2)' = 2x$，所以 $\Delta S \approx 2x\Delta x = (x^2)'\Delta x$，即 Δx 的系数恰好为函数的导数，这一点非常重要，它为计算线性主部提供了方便。

一般来说，如果函数 $y = f(x)$ 在 x 点的改变量 Δy 可以写成两项，一项是关于 Δx 的线性函数 $A\Delta x$，

（其中，A 与 Δx 无关），另一项是当 $\Delta x \to 0$ 时关于 Δx 的高阶无穷小量 $o(\Delta x)$，那么称该函数在 x 点可微，称线性主部 $A\Delta x$ 为函数在 x 点的微分，记作：$\mathrm{d}y = A\Delta x$。可以证明，函数微分具有非常容易计算的形式：

$$\mathrm{d}y = f'(x)\Delta x$$

2. 微分的定义

定义 2.6 设函数 $y = f(x)$ 在 x 点的某邻域内有定义，若函数在 x 点的改变量 $\Delta y = f(x + \Delta x) - f(x)$ 可以写成：

$$\Delta y = A\Delta x + o(\Delta x)，其中，A 与 \Delta x 无关$$

则称**函数 $y = f(x)$ 在 x 点可微**（differentiable），称 $A\Delta x$ **为函数 $y = f(x)$ 在 x 点的微分**（differential），记为 $\mathrm{d}y$，称 Δx 为**自变量的微分**，记为 $\mathrm{d}x$，即

$$\mathrm{d}y = A\Delta x = A\mathrm{d}x$$

3. 函数可导与可微的关系 下面我们要讨论的问题是：①函数在什么条件下可微，由此可知函数可微是否较为普遍地存在；②如果函数可微，那么微分的具体形式如何，即定义中的 A 具有怎样的形式。在引入中 $A = f'(x)$，而现在要看其是否普遍成立。由这两个问题的讨论，可以得到函数可导与可微的关系。

定理 2.8 函数 $y = f(x)$ 在 x 点可微的充分必要条件是，函数在 x 点可导，且 $A = f'(x)$。

证 先证充分性：因为函数 $y = f(x)$ 在 x 点可导，即

$$\lim_{\Delta x \to 0} \frac{\Delta y}{\Delta x} = f'(x)$$

由极限与无穷小的关系知，$\dfrac{\Delta y}{\Delta x} = f'(x) + \alpha$，其中 $\lim\limits_{\Delta x \to 0} \alpha = 0$，于是

$$\Delta y = f'(x)\Delta x + \alpha\Delta x$$

即 $\qquad\qquad \Delta y = A\Delta x + o(\Delta x)$，其中，$A = f'(x)$ 与 Δx 无关

所以，函数在 x 点可微。

再证必要性：因为函数 $y = f(x)$ 在 x 点可微，即

$$\Delta y = A\Delta x + o(\Delta x)$$

两边除以 $\Delta x \neq 0$，得 $\qquad\qquad \dfrac{\Delta y}{\Delta x} = A + \dfrac{o(\Delta x)}{\Delta x}$

两边取极限，得 $\qquad\qquad \lim_{\Delta x \to 0} \frac{\Delta y}{\Delta x} = A$

因此，函数在 x 点可导，且 $A = f'(x)$。

由以上讨论可知，可导一定可微，可微一定可导，即可导与可微是等价的关系。又因为可导一定连续，所以可微一定连续。

此外，因为 $A = f'(x)$，所以函数微分可以写成下面这一重要形式：

$$\mathrm{d}y = f'(x)\mathrm{d}x$$

该式为函数微分的计算公式，用文字语言表述即为：函数微分等于函数导数乘以自变量微分。由此，微分的计算问题就可以归结为导数的计算问题。

例 28 设 $y = \mathrm{e}^{x\sin x}$，求 $\mathrm{d}y$。

解 因为 $\quad y' = (\mathrm{e}^{x\sin x})' = \mathrm{e}^{x\sin x}(\sin x + x\cos x)$

所以 $\qquad\qquad \mathrm{d}y = \mathrm{e}^{x\sin x}(\sin x + x\cos x) \cdot \mathrm{d}x$

最后讨论记号，如果把 $\mathrm{d}y = f'(x)\mathrm{d}x$ 写成 $f'(x) = \dfrac{\mathrm{d}y}{\mathrm{d}x}$，那么函数导数等于函数微分除以自变量微分，

导数也叫"微商"即来源于此。在导数定义中，$\dfrac{dy}{dx}$是一个整体记号，不具有商的意义。引入微分概念后，可以把$\dfrac{dy}{dx}$看成分式，这种改变可以给导数的运算及以后的积分运算带来很大的方便。我们今天使用的微积分基本记号是莱布尼茨创立的，这些记号将导数、微分以及后面将介绍的不定积分和定积分有机地联系在一起，既容易记忆又便于理解，还有助于计算。它们如此成功，以至于我们今天仍在使用它们。

4. 微分的几何意义 为了对微分有比较直观的理解，下面讨论微分的几何意义。在直角坐标系中作函数 $y = f(x)$ 的图形如图 2-4 所示。在直角三角形 $\triangle MQP$ 中，$PQ = \tan\alpha \cdot MQ$，由导数的几何意义，$\tan\alpha = f'(x_0)$，于是 $dy = f'(x_0)\Delta x$。

由以上讨论可知，微分的几何意义是：函数 $y = f(x)$ 在 x_0 点的微分等于曲线 $y = f(x)$ 在点 M 的切线的纵坐标改变量，简言之，dy 为切线的纵坐标改变量。由此，微分的基本思想是：以切线（直线）改变量 dy 近似代替曲线改变量 Δy，即 $\Delta y \approx dy$（$|\Delta x|$ 很小时），简称"以直代曲。"

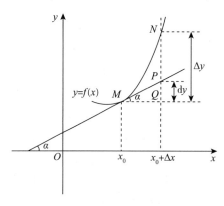

图 2-4

二、微分的运算法则

1. 基本微分公式 由于 $dy = f'(x)dx$，由导数公式容易得到微分公式。

（1）$dC = 0$

（2）$d(x^\alpha) = \alpha x^{\alpha-1}dx$

（3）$d(\sin x) = \cos x dx$

（4）$d(\cos x) = -\sin x dx$

（5）$d(\log_a x) = \dfrac{1}{x\ln a}dx$

（6）$d(\tan x) = \sec^2 x dx$

（7）$d(\cot x) = -\csc^2 x dx$

（8）$d(\sec x) = \sec x \tan x dx$

（9）$d(\csc x) = -\csc x \cot x dx$

（10）$d(\arcsin x) = \dfrac{1}{\sqrt{1-x^2}}dx$

（11）$d(\arccos x) = -\dfrac{1}{\sqrt{1-x^2}}dx$

（12）$d(\arctan x) = \dfrac{1}{1+x^2}dx$

（13）$d(\text{arccot}x) = -\dfrac{1}{1+x^2}dx$

（14）$d(a^x) = a^x \ln a dx$

2. 微分的四则运算法则 由于 $dy = f'(x)dx$，由导数的四则运算法则容易得到微分的四则运算法则。

定理2.9 若函数 $u = u(x)$、$v = v(x)$ 在点 x 处可微，则

$$u(x) \pm v(x),\ u(x) \cdot v(x),\ \frac{u(x)}{v(x)},\ (v(x) \neq 0)$$

也在点 x 处可微，且

$$d[u(x) \pm v(x)] = du(x) \pm dv(x)$$

$$d[u(x) \cdot v(x)] = v(x)du(x) + u(x)dv(x)$$

$$d\left[\frac{u(x)}{v(x)}\right] = \frac{v(x)du(x) - u(x)dv(x)}{v^2(x)},\ (v(x) \neq 0)$$

例29 设 $y = x\sin 2x$，求 dy。

解 $y' = 1 \cdot \sin 2x + x\cos 2x \cdot 2 = \sin 2x + 2x\cos 2x$

$$dy = (\sin 2x + 2x\cos 2x)dx$$

另解　$dy = d(x\sin 2x) = \sin 2x \cdot dx + x \cdot d(\sin 2x)$

$$= (\sin 2x + 2x\cos 2x)dx$$

3. 复合函数的微分与一阶微分形式的不变性　由微分的计算公式可知，设 $y = f(x)$，此时 x 为自变量，则 $dy = f'(x)dx$。下面来看复合函数的微分。

设 $y = f(x)$、$x = g(t)$ 构成复合函数 $y = f[g(t)]$，此时 x 为中间变量，则复合函数的微分 $dy = \{f[g(t)]\}'dt = f'(x)g'(t)dt = f'(x)dg(x) = f'(x)dx$。

以上讨论表明，不论 x 是自变量还是中间变量，函数 $y = f(x)$ 的微分都是 $dy = f'(x)dx$，这个性质叫作一阶微分形式的不变性。

例 30　设 $y = \sin(3x + 1)$，求 dy。

解　利用一阶微分形式的不变性，得

$$dy = d\sin(3x + 1) = \cos(3x + 1)d(3x + 1) = 3\cos(3x + 1)dx$$

另解　$dy = [\sin(3x + 1)]'dx = 3\cos(3x + 1)dx$

注　比较上面两种解法，第一种解法利用了一阶微分形式的不变性，每次求导较为简单，但是使用了两次微分公式；第二种解法使用了一次微分公式，但是求导较为复杂，然而，由于前面求导练习的题目较多，求导较为复杂不会成为解题的障碍。

三、微分的应用

1. 近似计算　由微分概念可知，当 $|\Delta x|$ 很小时，

$$\Delta y \approx dy = f'(x_0)\Delta x \quad 或 \quad f(x_0 + \Delta x) \approx f(x_0) + f'(x_0)\Delta x$$

以上两式为利用微分进行近似计算的依据。

例 31　直径为 10cm 的球，外面镀厚度为 0.005cm 的铜，求所用铜的体积的近似值。

解　半径为 R 的球的体积为：$V = \dfrac{4}{3}\pi R^3$，

根据 $\Delta V \approx dV = 4\pi R^2 dR$，由题意知：$R = 5$cm，$dR = 0.005$cm，

因此 $\Delta V \approx 4\pi \times 5^2 \times 0.005 = 0.5\pi \approx 1.57 \ (cm)^3$。

例 32　计算 $\sqrt{0.97}$ 的近似值。

解　根据 $f(x_0 + \Delta x) \approx f(x_0) + f'(x_0)\Delta x$

设函数 $f(x) = \sqrt{x}$，代入上式得：$\sqrt{x_0 + \Delta x} \approx \sqrt{x_0} + \dfrac{1}{2\sqrt{x_0}}\Delta x$，

取数值 $x_0 = 1$，$\Delta x = -0.03$，代入上式得

$$\sqrt{1 - 0.03} \approx \sqrt{1} + \dfrac{1}{2\sqrt{1}} \times (-0.03) = 0.985$$

因此　$\sqrt{0.97} \approx 0.985$。

例 33　计算 $\sin 30°30'$ 的近似值。

解　根据 $f(x_0 + \Delta x) \approx f(x_0) + f'(x_0)\Delta x$

设函数 $f(x) = \sin x$，代入上式得：$\sin(x_0 + \Delta x) \approx \sin x_0 + \cos x_0 \Delta x$，

取数值 $x_0 = 30° = \dfrac{\pi}{6}$，$\Delta x = 30' = 0.5° = \dfrac{\pi}{2 \times 180}$，代入上式得：

$$\sin(30° + 30') \approx \sin\dfrac{\pi}{6} + \cos\dfrac{\pi}{6} \times \dfrac{\pi}{360} = \dfrac{1}{2} + \dfrac{\sqrt{3}}{2} \times \dfrac{\pi}{360} = 0.5076$$

因此　$\sin(30°30') \approx 0.5076$。

例 34　证明当 $|x|$ 很小时，$\sqrt[n]{1+x} \approx 1 + \dfrac{1}{n}x$。

证　根据 $f(x_0 + \Delta x) \approx f(x_0) + f'(x_0)\Delta x$

设函数 $f(t) = \sqrt[n]{t}$，代入上式得：$\sqrt[n]{t_0 + \Delta t} \approx \sqrt[n]{t_0} + \dfrac{1}{n}t^{n-1}\Delta t$，

取数值 $t_0 = 1$，$\Delta t = x$，代入上式得：

$$\sqrt[n]{1+x} \approx 1 + \frac{1}{n}x$$

另证　根据 $f(x_0 + \Delta x) \approx f(x_0) + f'(x_0)\Delta x$，取数值 $x_0 = 0$，$\Delta x = x$，得

$$f(x) \approx f(0) + f'(0)x$$

设函数 $f(x) = \sqrt[n]{1+x}$，代入上式得：

$$\sqrt[n]{1+x} \approx 1 + \frac{1}{n}x$$

同理，根据 $f(x_0 + \Delta x) \approx f(x_0) + f'(x_0)\Delta x$ 或 $f(x) \approx f(0) + f'(0)x$ 可以证明，当 $|x|$ 很小时，有如下常用近似公式：

(1)　$\sin x \approx x$　　　　(2)　$\tan x \approx x$　　　　(3)　$\dfrac{1}{1+x} \approx 1 - x$

(4)　$e^x \approx 1 + x$　　　　(5)　$\ln(1+x) \approx x$　　　　(6)　$\sqrt[n]{1 \pm x} \approx 1 \pm \dfrac{1}{n}x$

2. 误差估计　在科学实验和实际问题中，观测对象是客观存在的，理论上存在精确值或称真值，每次观测所得数值称为观测值。一般来说，观测值与真值不可能精确相等。换言之，观测误差在所难免。通常，误差主要包括系统误差、随机误差和过失误差。系统误差是由于仪器结构不良或周围环境改变造成的；随机误差是由于某些难以控制的偶然因素造成的；过失误差是由于粗心造成的观测误差或计算误差。以下讨论的误差都是随机误差。下面先给出绝对误差和相对误差的定义，然后对具体问题进行误差估计。

定义 2.7　设 x 为观测对象的精确值即真值，x^* 为 x 的一个近似值，称 $|\Delta x| = |x - x^*|$ 为近似值 x^* 的**绝对误差**。易见，$x = x^* \pm |\Delta x|$。

仅有绝对误差是不够的，例如，两个量 x 和 y，已知 $x = x^* \pm |\Delta x| = 10 \pm 1$，$y = y^* \pm |\Delta y| = 1000 \pm 5$，从绝对误差来说，$|\Delta y| = 5 > |\Delta x| = 1$，然而，由于 $y^* = 1000 > x^* = 10$，不能说 x^* 近似于 x 的程度要比 y^* 近似于 y 的程度好。易见，可以通过比较 $\left|\dfrac{\Delta y}{y^*}\right| = 0.5\%$ 与 $\left|\dfrac{\Delta x}{x^*}\right| = 10\%$ 这两个比值，得出 y^* 近似于 y 的程度更好些。由此，引出相对误差的概念。

定义 2.8　设 x 为观测对象的精确值即真值，x^* 为 x 的一个近似值，称 $\left|\dfrac{\Delta x}{x^*}\right| = \left|\dfrac{x - x^*}{x^*}\right|$ 为近似值 x^* 的**相对误差**。

在实际问题中，利用绝对误差和相对误差进行误差分析可分为以下两种情况：设 $y = f(x)$，则第一种情况是，已知测量 x 时所产生的绝对误差 $|\Delta x| = |x - x^*|$ 或相对误差 $\left|\dfrac{\Delta x}{x^*}\right| = \left|\dfrac{x - x^*}{x^*}\right|$ 的范围，估计由此引起的计算 y 时的绝对误差 $|\Delta y|$ 或相对误差 $\left|\dfrac{\Delta y}{y^*}\right|$。简而言之，已知自变量的误差 $|\Delta x|$ 或 $\left|\dfrac{\Delta x}{x^*}\right|$，求因变量的误差 $|\Delta y|$ 或 $\left|\dfrac{\Delta y}{y^*}\right|$。具体公式如下：

$$|\Delta y| \approx |\mathrm{d}y| = |f'(x^*)| |\Delta x|$$

$$\left|\frac{\Delta y}{y^*}\right| \approx \left|\frac{\mathrm{d}y}{y^*}\right| = \left|\frac{f'(x^*)}{f(x^*)}\right| |\Delta x|$$

第二种情况是，根据 y 所允许的绝对误差 $|\Delta y|$ 或相对误差 $\left|\dfrac{\Delta y}{y^*}\right|$ 的范围，近似确定测量 x 时所允许的绝对误差或相对误差。简而言之，已知因变量的误差 $|\Delta y|$ 或 $\left|\dfrac{\Delta y}{y^*}\right|$，求自变量的误差 $|\Delta x|$ 或 $\left|\dfrac{\Delta x}{x^*}\right|$。

例 35 设已经测得一根圆轴的直径为 $D = 43\mathrm{cm}$，并且已知在测量中绝对误差不超过 $0.2\mathrm{cm}$，试求根据此数据计算圆轴的横截面积 S 时所引起的误差。

解 $S = f(D) = \dfrac{1}{4}\pi D^2$，由题意知，$D = 43\mathrm{cm}$，$|\Delta D| \leqslant 0.2\mathrm{cm}$，

因此 $\quad |\Delta S| \approx |\mathrm{d}S| = |f'(D^*)| |\Delta D| = \left|\dfrac{1}{2}\pi D^*\right| |\Delta D| = \dfrac{1}{2}\pi \times 43 \times 0.2 = 4.3\pi\ (\mathrm{cm}^2)$

$$\left|\frac{\Delta S}{S^*}\right| \approx \left|\frac{\mathrm{d}S}{S^*}\right| = \left|\frac{f'(D^*)}{f(D^*)}\right| |\Delta D| = \frac{4.3\pi}{\frac{1}{4}\pi \times (43)^2} \approx 0.0093 = 0.93\%$$

即计算圆轴的横截面积 S 时所引起的绝对误差和相对误差分别不超过 $4.3\pi\ (\mathrm{cm})^2$ 和 0.093%。

例 36 测量一钢球的直径，其精确程度如何才能使得由此计算出的重量的相对误差不超过 1%？

解 设钢球密度为 ρ，直径为 D，重量为 W，则

$$W = g\rho\frac{4}{3}\pi\left(\frac{D}{2}\right)^3 = \frac{1}{6}\pi g\rho D^3$$

由题意可知，$\left|\dfrac{\Delta W}{W^*}\right| \approx \left|\dfrac{\mathrm{d}W}{W^*}\right| = \left|\dfrac{f'(D^*)}{f(D^*)}\right| |\Delta D| = \dfrac{\frac{1}{2}\pi g\rho\ (D^*)^2}{\frac{1}{6}\pi g\rho\ (D^*)^3} |\Delta D| = 3\left|\dfrac{\Delta D}{D^*}\right| \leqslant 1\%$

因此 $\quad \left|\dfrac{\Delta D}{D^*}\right| \leqslant \dfrac{1}{300}$。

于是，要使重量的相对误差不超过 1%，直径的相对误差应控制在 $\dfrac{1}{300}$ 之内。

习题二

答案解析

一、单项选择题

1. 已知函数 $f(x)$ 在 x_0 点处可导，则 $\lim\limits_{h\to0}\dfrac{f(x_0 - 2h) - f(x_0)}{h} = (\quad)$。

    A. $-2f'(x_0)$ B. $-\dfrac{1}{2}f'(x_0)$ C. $2f'(x_0)$ D. $-f'(x_0)$

2. 一元函数在点 x_0 处连续是该函数在点 x_0 处可导的（   ）。

    A. 充分条件   B. 既非充分条件，又非必要条件

    C. 充分非必要条件   D. 必要非充分条件

3. 设函数 $y = f(\tan x)$，则 $\mathrm{d}y = (\quad)$。

    A. $f'(\tan x)\mathrm{d}x$ B. $\dfrac{1}{\sin^2 x}f'(\tan x)\mathrm{d}x$

C. $\dfrac{1}{\cos^2 x} f'(\tan x) \mathrm{d}x$ 　　　　　　　　D. $\sec x \tan x\, f'(\tan x)\mathrm{d}x$

4. 设函数 $y = f(\cos^2 x - 2\pi)$，则 $\mathrm{d}y = (\quad)$。

　　A. $2\cos x f'(\cos^2 x - 2\pi)\mathrm{d}x$ 　　　　　　B. $-2\sin x f'(\cos^2 x - 2\pi)\mathrm{d}x$

　　C. $\sin 2x f'(\cos^2 x - 2\pi)\mathrm{d}x$ 　　　　　　D. $-\sin 2x f'(\cos^2 x - 2\pi)\mathrm{d}x$

5. 设 $f(x) = \ln\cos x$，则 $f''(x) = (\quad)$。

　　A. $\sec^2 x$ 　　　　　B. $-\sec^2 x$ 　　　　　C. $\tan x$ 　　　　　D. $-\tan x$

6. 由方程 $\mathrm{e}^y = xy$ 所确定的隐函数 $y = f(x)$ 的导数 $y' = (\quad)$。

　　A. $\dfrac{x}{\mathrm{e}^y - x}$ 　　　　　　　　　　　　B. $\dfrac{y}{\mathrm{e}^x - x}$

　　C. $\dfrac{y}{\mathrm{e}^y - x}$ 　　　　　　　　　　　　D. $\dfrac{y}{\mathrm{e}^x - y}$

7. 曲线 $y = -2x^2 + 3x + 1$ 上点 M 处的切线斜率为 11，则点 M 的坐标为（　）。

　　A. $(2, -1)$ 　　　　B. $(2, 11)$ 　　　　C. $(-2, 11)$ 　　　　D. $(-2, -13)$

8. 设函数 $f(x) = \begin{cases} \ln x, & x \geqslant 1 \\ x - 1, & x < 1 \end{cases}$，则 $f(x)$ 在点 $x = 1$ 处（　）。

　　A. 连续但不可导 　　　B. 连续且 $f'(1) = 1$ 　　　C. 连续且 $f'(1) = 0$ 　　　D. 不连续

9. 下列等式中，成立的是（　）。

　　A. $\dfrac{1}{\sqrt{x}}\mathrm{d}x = \mathrm{d}\sqrt{x}$ 　　　　　　　　B. $\dfrac{1}{x}\mathrm{d}x = -\mathrm{d}\left(\dfrac{1}{x^2}\right)$

　　C. $\sin x\,\mathrm{d}x = \mathrm{d}(\cos x)$ 　　　　　　D. $a^x \mathrm{d}x = \dfrac{1}{\ln a}\mathrm{d}a^x,(a > 0 \text{ 且 } a \neq 1)$

10. 设 $f(x) = \dfrac{\tan x}{x}$，则 $f'\left(\dfrac{\pi}{4}\right) = (\quad)$。

　　A. $\dfrac{8\pi + 16}{\pi^2}$ 　　　　　B. $\dfrac{8\pi - 16}{\pi^2}$ 　　　　　C. $\dfrac{2(\pi + 8)}{\pi^2}$ 　　　　　D. $\dfrac{2(\pi - 8)}{\pi^2}$

二、填空题

1. 设 $f''(x)$ 存在，则 $y = f(\mathrm{e}^{-x})$ 的二阶导数 $y'' = $ _____。

2. 设 $y = \dfrac{1}{x - a}$，则 $y^{(n)} = $ _____。

3. 设 $x = x^y - \mathrm{e}^{\cos y}$，则 $y' = $ _____。

4. 设 $y = \sqrt{x}\,\mathrm{e}^{\sin x}$，则 $\mathrm{d}y = $ _____。

5. 曲线 $y = \sqrt{x}$ 在点 $(4, 2)$ 处的切线方程是 _____。

6. 函数 $y = \ln(2x + 1)$ 在 $x = 2$ 时的微分为 _____。

7. 物体运动方程为 $s = 2t^2 + \sin t$，则物体运动的加速度 $a = $ _____。

8. 曲线 $y = x^2 - 2x + 4$ 在点 $(2, 4)$ 处的法线方程是 _____。

9. 设 $f(x) = \begin{cases} \sin 3x, & x \leqslant 0 \\ bx, & x > 0 \end{cases}$ 在点 $x = 0$ 处可导，则 $b = $ _____。

10. 设 $y = x^x$，则 $\dfrac{\mathrm{d}y}{\mathrm{d}x} = $ _____。

三、计算题

1. 设质点做直线运动，路程与时间的关系为 $s = 3t^2 + 2$，求：

（1）质点在 $t \in [2,4]$ 内的平均速度；

（2）质点在 $t = 3$ 时的瞬时速度。

2. 设曲线方程为 $y = 2x^2 - 1$，求曲线在点 $(2,7)$ 处的切线斜率及切线方程。

3. 利用定义求函数 $y = xe^x$ 在 $x = 0$ 点的导数。

4. 讨论下列函数在 $x = 0$ 点的连续性和可导性：

（1）$f(x) = \sqrt{1-x}$

（2）$f(x) = \begin{cases} x\sin\dfrac{1}{x}, & x \neq 0 \\ 0, & x = 0 \end{cases}$

（3）$f(x) = \begin{cases} e^x, & x < 0 \\ x+1, & x \geqslant 0 \end{cases}$

5. 已知函数 $f(x)$ 在 x_0 点可导，且 $\lim\limits_{\Delta x \to 0} \dfrac{\Delta x}{f(x_0 - 3\Delta x) - f(x_0)} = 5$，求 $f'(x_0)$。

6. 设函数 $f(x)$ 在点 $x = 0$ 及点 $x = x_0$ 处可导，分别求出下列等式中的 A 与 $f'(0)$ 或 $f'(x_0)$ 的关系：

（1）$\lim\limits_{x \to 0} \dfrac{f(x)}{x} = A$，且 $f(0) = 0$

（2）$\lim\limits_{x \to 0} \dfrac{f(0) - f(2x)}{x} = A$

（3）$\lim\limits_{\Delta x \to 0} \dfrac{f(x_0 - 3\Delta x) - f(x_0)}{\Delta x} = A$

（4）$\lim\limits_{h \to 0} \dfrac{4h}{f(x_0 - 2h) - f(x_0)} = A$

7. 求下列函数的导数：

（1）$y = 2x^3 - \dfrac{4}{x^2} - 3\sqrt{x} + x + 5$

（2）$y = \dfrac{a-b}{ax+b}$，（a 和 b 为常数）

（3）$y = 2\ln x - \log_3 x + 3e^x + 2^x$

（4）$y = 2e^x \cos x$

（5）$y = (1 - \sqrt{x})\left(1 + \dfrac{1}{\sqrt{x}}\right)$

（6）$y = \sin x \cos x - \tan x + \cot x$

（7）$y = \dfrac{a^x}{x^2} + x\ln x$，（$a > 0$）

（8）$y = \dfrac{\ln x}{\sqrt{x}} + \arcsin x$

（9）$y = 3\arctan x - \dfrac{2}{x\sqrt{x}}$

（10）$y = x^4 \sec x \ln x$

（11）$y = \dfrac{x-2}{x^2 + 3x + 4}$

（12）$y = \dfrac{x\sin x}{1 + \cos x}$

8. 求下列函数的导数值：

（1）已知 $f(x) = x\sin x - 3\tan x$，求 $f'(0)$ 和 $f'(\pi)$。

（2）已知 $y = \dfrac{1}{2}\arctan x - x\sqrt{x}$，求 $y'|_{x=1}$。

（3）已知 $f(x) = x(x-1)(x-2)\cdots(x-100)$，求 $f'(0)$ 和 $f'(1)$。

9. 求下列函数的导数：

（1）$y = \sin\ln(e^x + e^2)$

（2）$y = \arctan\dfrac{1}{ax+b}$，（$a$ 和 b 为常数）

（3）$y = \ln\dfrac{1-x}{1+x}$

（4）$y = \sqrt{x^2 - 1} + \dfrac{1}{\sqrt{x^2 - 1}}$

（5）$y = \dfrac{1}{3}(2x^4 + x^2 + 5)^3$

（6）$y = \left(\dfrac{x}{x-1}\right)^5$

（7）$y = \ln(x^2 + e^{3x+1})$　　　　　　　　（8）$y = \dfrac{e^t - e^{-t}}{e^t + e^{-t}}$

（9）$y = \sqrt{x + \sqrt{x + \sqrt{x}}}$　　　　　　　（10）$y = \ln\ln x^2$

（11）$y = \ln(x + \sqrt{1 + x^2})$　　　　　　（12）$y = e^{\cos x^2}$

（13）$y = \sin^2\left(\dfrac{x^2 - 1}{2}\right)$　　　　　　　（14）$y = \arcsin\sqrt{\dfrac{1 - x}{1 + x}}$

10. 设 $f(x)$ 和 $g(x)$ 可导，求下列函数的导数：

（1）$y = e^{f(x) + g(x)} + 1$　　　　　　　（2）$y = f(x^2 - 3x + 2) + g\left(x + \dfrac{1}{x}\right)$

（3）$y = f(\sin^2 x) + g(\cos^2 x)$　　　　　（4）$y = f\left[g(2^x)\right]$

（5）$y = f\left[g(x)\right]g\left[f(x)\right]$　　　　　　（6）$y = \sqrt{f^2(x) + g^2(x)}, (f^2(x) + g^2(x) \neq 0)$

11. 证明：可导奇函数的导函数为偶函数，可导偶函数的导函数为奇函数。

12. 利用对数求导法，求下列函数的导数：

（1）$y = \left(\dfrac{x}{1 - x}\right)^x$　　　　　　　　（2）$y = (1 + x^2)^{\cos x}$

（3）$y = \sqrt{x^2 \sin x \sqrt{2 + e^x}}$　　　　　（4）$y = \dfrac{\sqrt{2x + 1}(2 - x)^4}{(x + 3)^5}$

13. 求下列方程所确定的隐函数 $y = f(x)$ 的导数：

（1）$y^2 = \dfrac{2}{3}x + 5$　　　　　　　　（2）$x^3 + y^3 - 3xy = 1$

（3）$xy^2 = e^{x+y}$　　　　　　　　　（4）$ye^{2x} - \ln y = 2$

（5）$y^2 = \sin(xy)$　　　　　　　　（6）$\ln\sqrt{x^2 + y^2} = \arctan\dfrac{y}{x}$

14. 求下列参数方程所确定函数 $y = f(x)$ 的导数或导数值：

（1）$\begin{cases} x = \dfrac{1}{3}\sin^3\theta \\ y = \dfrac{1}{3}\cos^3\theta \end{cases}$　　　　　　（2）$\begin{cases} x = \ln(1 + t^2) \\ y = t - \arctan t \end{cases}$

（3）$\begin{cases} x = \sin 2t \\ y = 2\cos t \end{cases}$，求 $\dfrac{dy}{dx}\bigg|_{t = \frac{\pi}{2}}$　　（4）$\begin{cases} x = \dfrac{2at}{3 + t^2} \\ y = \dfrac{2at^2}{3 + t^2} \end{cases}$，求 $\dfrac{dy}{dx}\bigg|_{t = 1}$

15. 求下列函数的二阶导数：

（1）$y = -2xe^{-x}$　　　　　　　　（2）$y = \sin x^2 + \sin 2x$

（3）设方程 $y = 1 + xe^y$ 确定隐函数，求 y''　　（4）设 $\begin{cases} x = \sin 2t \\ y = \cos t \end{cases}$，求 $\dfrac{d^2y}{dx^2}$

16. 求下列函数的 n 阶导数：

（1）$y = a^x, (a > 0)$　　　　　　　（2）$y = \sin x$

（3）$y = xe^x$　　　　　　　　　　（4）$y = \ln(1 + x)$

（5）$y = x^m, (m$ 为正整数$)$

17. 求曲线的切线方程和法线方程：

（1）求曲线 $y = x^2 - 2x + 4$ 在点 $(2,4)$ 处的切线方程和法线方程。

（2）设函数 $y = f(x)$ 由方程 $xy + 2\ln x = y^4$ 确定，求曲线 $y = f(x)$ 在点 $(1,1)$ 处的切线方程和法线方程。

（3）求曲线 $\begin{cases} x = e^{-t} \\ y = \dfrac{1}{2}e^t \end{cases}$ 在 $t = 0$ 相应点处的切线方程和法线方程。

18. 设曲线 $y = 3x^2 - x + 1$ 在 M 点处的切线斜率为 2，求 M 点的坐标。

19. 物体的运动方程为 $s = \dfrac{1}{2}\sin 2t + \sqrt{t}$，求该物体在任意时刻的瞬时速度。

20. 一截面为倒置等边三角形的水槽，长为 $20\mathrm{m}$，若以每秒 $3\mathrm{m}^3$ 的速度将水注入，求在水位高为 $4\mathrm{m}$ 时水面上升的速度。

21. 求下列函数的微分：

（1）$y = \dfrac{1}{x} + 2\sqrt{x}$

（2）$y = 3\sin(2x - 1)$

（3）$y = \ln(2 - xe^{-x})$

（4）$y = \dfrac{\sqrt{1+x} - \sqrt{1-x}}{\sqrt{1+x} + \sqrt{1-x}}$

（5）$y = \csc(2 - x) + \operatorname{arccot}(-x^2)$

22. 求下列各式的近似值：

（1）$\sin 59°$ （2）$\sqrt[3]{8.01}$ （3）$\ln 0.98$ （4）$e^{1.03}$

23. 证明：球体体积的相对误差约等于球体直径相对误差的 3 倍。

书网融合……

思政导航

本章小结

第三章　导数的应用

⊙ 学习目标

　　知识目标

　　1. 掌握　中值定理的应用；洛必达法则的应用；利用导数求函数的单调性和极值，判别曲线的凹凸性，求曲线上的拐点；一元函数极值、最值的计算。

　　2. 熟悉　中值定理的几何意义；单调性、凹凸性、极值的概念与导数之间的关系。

　　3. 了解　中值定理概念的引入思想；洛必达法则的推导与证明；泰勒中值定理；麦克劳林公式。

　　能力目标　通过本章的学习，能够运用洛必达法则计算函数的极限。

PPT

⟫ 第一节　中值定理与洛必达法则

　　上一章，我们研究了函数的变化率，即导数；又研究了函数当自变量有微小变化时的改变量的近似值，即微分。本节将利用导数来进一步研究函数的性质和函数曲线的某些性态，并利用这些理论来解决一些实际问题。先介绍导数在应用中的理论基础：微分中值定理。

一、中值定理

　　中值定理是函数与导数之间联系的重要定理，也是微积分学的理论基础之一，在公式推导与其他定理证明中都有很多应用。中值定理是几个定理的统称，其共同特点是，定理结论都与开区间内某点的导数有关。本节中，拉格朗日中值定理是核心，罗尔定理是其特殊情况，柯西中值定理是其推广。

　　1. 罗尔（Rolle）定理

　　定理 3.1（Rolle 定理）　若函数 $f(x)$ 在闭区间 $[a,b]$ 上连续，在开区间 (a,b) 内可导，且 $f(a) = f(b)$，则在开区间 (a,b) 内至少存在一点 ξ，使

$$f'(\xi) = 0, (a < \xi < b)$$

　　从代数学的角度来看，若 $f(x)$ 满足 Rolle 中值定理的条件，则在开区间 (a,b) 内，方程 $f'(x) = 0$ 至少存在一个实根。

　　证明从略，只做几何解释。如图 3-1 所示，一条连绵不断的曲线 $y = f(x)$ 在 $[a,b]$ 上除端点外的每一点都有不垂直于 x 轴的切线，且两端点的割线与 x 轴平行，则曲线 $y = f(x)$ 在 (a,b) 内至少存在一点 C，使得其切线平行于 x 轴，即平行于两端点的割线。

　　Rolle 中值定理中，若 $f(a) \neq f(b)$，其他条件不变，上述结论仍然成立，这便是拉格朗日中值定理。

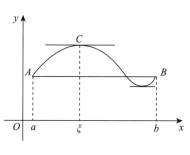

图 3-1

例 1 设函数 $f(x) = x(x-1)(x-2)$，直接判断方程 $f'(x) = 0$ 实根的个数和范围。

解 $f(x)$ 为三次多项式，则 $f(x)$ 分别在闭区间 $[0,1]$ 和 $[1,2]$ 上连续，在开区间 $(0,1)$ 和 $(1,2)$ 内可导，又 $f(0) = f(1) = f(2) = 0$，则 $f(0) = f(1)$，$f(1) = f(2)$。由 Rolle 中值定理，至少存在一点 $\xi_1 \in (0,1)$，$\xi_2 \in (1,2)$，使 $f'(\xi_1) = 0$，$f'(\xi_2) = 0$，即 ξ_1、ξ_2 分别是 $f'(x) = 0$ 的实根。

又因 $f'(x) = 0$ 为二次方程，故该方程至多有两个实根。所以方程 $f'(x) = 0$ 方程只有两个实根，其范围分别为 $(0,1)$ 和 $(1,2)$。

2. 拉格朗日（Lagrange）中值定理

定理 3.2（Lagrange 中值定理） 若函数 $f(x)$ 在闭区间 $[a,b]$ 上连续，在开区间 (a,b) 内可导，则在开区间 (a,b) 内至少存在一点 ξ，使得

$$f(b) - f(a) = f'(\xi)(b-a), (a < \xi < b) \quad 或$$

$$f'(\xi) = \frac{f(b) - f(a)}{b-a}, (a < \xi < b)$$

称其为 **Lagrange 中值公式**。

证明从略，只做几何解释。如图 3-2 所示，在 $[a,b]$ 上有连绵不断的曲线 $y = f(x)$，端点 $A(a, f(a))$ 和 $B(b, f(b))$ 的割线的斜率为

$$k_割 = \frac{f(b) - f(a)}{b-a}$$

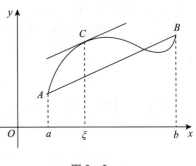

图 3-2

如果曲线弧 AB，除端点外，处处存在不垂直于 x 轴的切线，则在曲线弧 AB 上至少能找到一点 C，使得曲线 $y = f(x)$ 在 C 点的切线平行于割线 AB，即它们的斜率相等。

值得说明的是，Lagrange 中值定理的公式对于 $b < a$ 也成立，并称其为 Lagrange 中值公式。当 $f(a) = f(b)$ 时，Lagrange 中值定理便是罗尔中值定理，所以 Rolle 中值定理是 Lagrange 中值定理的特例，而 Lagrange 中值定理是罗尔中值定理的推广。

推论 1 若函数 $f(x)$ 在 (a,b) 内可导，且 $f'(x) = 0$，则 $f(x) = C$（C 为常数）。

推论 2 若函数 $f(x)$、$g(x)$ 在 (a,b) 内可导，且 $f'(x) = g'(x)$，则

$$f(x) = g(x) + C(C 为常数)$$

例 2 当 $x > 0$ 时，试证 $x > \ln(1+x) > \dfrac{x}{1+x}$。

证 设函数 $f(t) = \ln(1+t)$，则 $f(t)$ 在 $[0,x]$ 上连续，在 $(0,x)$ 内可导，且

$$f'(t) = \frac{1}{1+t}$$

由 Lagrange 中值定理，至少存在一 $\xi \in (0,x)$，使

$$f'(\xi) = \frac{f(x) - f(0)}{x-0}, (0 < \xi < x)$$

即

$$\frac{1}{1+\xi} = \frac{\ln(1+x)}{x}$$

由 $0 < \xi < x$，则

$$1 > \frac{1}{1+\xi} > \frac{1}{1+x}$$

所以

$$1 > \frac{\ln(1+x)}{x} > \frac{1}{1+x}$$

即

$$x > \ln(1+x) > \frac{x}{1+x}$$

例 3 当 $-1 \leqslant x \leqslant 1$ 时，试证 $\arcsin x + \arccos x = \dfrac{\pi}{2}$。

证 设 $f(x) = \arcsin x + \arccos x$，则 $f(x)$ 在 $(-1, 1)$ 内可导，且

$$f'(x) = \frac{1}{\sqrt{1-x^2}} + \left(-\frac{1}{\sqrt{1-x^2}} \right) = 0$$

由 Lagrange 中值定理推论 2，得

$$f(x) = \arcsin x + \arccos x = C, \ (-1 < x < 1)$$

取 $x = 0$，得

$$C = f(0) = \frac{\pi}{2}$$

故当 $-1 \leqslant x \leqslant 1$ 时，

$$\arcsin x + \arccos x = \frac{\pi}{2}$$

Lagrange 中值定理中，若函数 $y = f(x)$ 由参数方程

$$\begin{cases} x = g(t) \\ y = f(t) \end{cases}, (a \leqslant t \leqslant b)$$

给出。连接曲线两端点 $A(g(a), f(a))$ 和 $B(g(b), f(b))$，割线 AB 的斜率为 $\dfrac{f(b)-f(a)}{g(b)-g(a)}$。曲线 AB 上任意一点 (x, y) 切线的斜率为 $\dfrac{\mathrm{d}y}{\mathrm{d}x} = \dfrac{f'(t)}{g'(t)}$。$C$ 点坐标为 $(g(\xi), f(\xi))$，则切线平行于割线 AB，即

$$\frac{f(b)-f(a)}{g(b)-g(a)} = \frac{f'(\xi)}{g'(\xi)}$$

这便是柯西中值定理。

3. 柯西（Cauchy）中值定理

定理 3.3（Cauchy 中值定理） 若函数 $f(x)$ 及 $g(x)$ 都在闭区间 $[a, b]$ 上连续，在开区间 (a, b) 内可导，且 $g'(x) \neq 0$，则在开区间 (a, b) 内至少存在一点 ξ，使得

$$\frac{f(b)-f(a)}{g(b)-g(a)} = \frac{f'(\xi)}{g'(\xi)}$$

特别地，当 $g(x) = x$ 时，$g(b) - g(a) = b - a, g'(x) = 1$，则上式变成

$$\frac{f(b)-f(a)}{b-a} = f'(\xi)$$

故 Lagrange 中值定理是 Cauchy 中值定理的特例，而 Cauchy 中值定理是 Lagrange 中值定理的推广。

二、洛必达法则

本节介绍一种简单有效的求极限方法——洛必达法则（L' Hospital）。洛必达法则是求解未定式极限的常用方法。对于两种基本的未定式，即两个无穷小之比或两个无穷大之比的极限，可以直接利用洛必达法则求解（注意定理条件）。对于其他五种未定式，可以先化为两种基本的未定式，然后再利用洛必达法则求解。

如果当 $x \to x_0$（或 $x \to \infty$）时，函数 $f(x)$、$g(x)$ 均为无穷小量或无穷大量，即 $\lim f(x) = \lim g(x) = 0$ 或 ∞，那么极限 $\lim \dfrac{f(x)}{g(x)}$ 可能存在，也可能不存在，通常将这种极限形式叫作未定式（不定式），分别记作 $\dfrac{0}{0}$ 或 $\dfrac{\infty}{\infty}$，其中约定无穷小量用"0"表示，无穷大量用"∞"表示。L' Hospital 法则可以直接计算 $\dfrac{0}{0}$ 或 $\dfrac{\infty}{\infty}$ 型未定式的极限。未定式还有其他几种类型，如 $0 \cdot \infty$、1^∞、0^0、∞^0、$\infty - \infty$ 等，其中约定用

"1"表示以 1 为极限的函数,这五种未定式皆可化为 $\dfrac{0}{0}$ 或 $\dfrac{\infty}{\infty}$ 型,进而利用 L′ Hospital 法则求解。

定理 3.4(L′ Hospital 法则) 如果函数 $f(x)$ 与 $g(x)$ 满足下列条件:

(1) 当 $x \to x_0$ 时,函数 $f(x)$ 和 $g(x)$ 都趋于 0 或都趋于无穷大;

(2) 在 x_0 点的某去心领域内,$f'(x)$ 和 $g'(x)$ 都存在,且 $g'(x) \neq 0$;

(3) $\lim\limits_{x \to x_0} \dfrac{f'(x)}{g'(x)}$ 存在或无穷大;

则

$$\lim_{x \to x_0} \frac{f(x)}{g(x)} = \lim_{x \to x_0} \frac{f'(x)}{g'(x)}$$

此法则给出了求未定式的一种新方法,即在一定条件下,两个函数比的极限可转化为这两个函数导数比的极限。如果导数比的极限仍是未定式,且满足条件,则可继续使用 L′ Hospital 法则,即

$$\lim \frac{f(x)}{g(x)} = \lim \frac{f'(x)}{g'(x)} = \lim \frac{f''(x)}{g''(x)}$$

直到它不再是未定式或不满足定理 3.4 的条件为止。

L′ Hospital 法则中,$x \to x_0$ 可换成 $x \to x_0^-$ 或 $x \to x_0^+$ 或 $x \to -\infty$ 或 $x \to +\infty$ 或 $x \to \infty$。

例 4 求 $\lim\limits_{x \to 1} \dfrac{2x^3 - 3x^2 + 4}{x^3 - 3x + 3}$。

解 这是 $\dfrac{0}{0}$ 型未定式。则有

$$\lim_{x \to 1} \frac{2x^3 - 3x^2 + 4}{x^3 - 3x + 3} \xlongequal{\frac{0}{0}型} \lim_{x \to 1} \frac{6x^2 - 6x}{3x^2 - 3} \xlongequal{\frac{0}{0}型} \lim_{x \to 1} \frac{12x - 6}{6x} = 1$$

例 5 求 $\lim\limits_{x \to +\infty} \dfrac{\ln x}{x^a}, (a > 0)$。

解 这是 $\dfrac{\infty}{\infty}$ 型未定式。则有

$$\lim_{x \to +\infty} \frac{\ln x}{x^a} \xlongequal{\frac{\infty}{\infty}型} \lim_{x \to +\infty} \frac{\frac{1}{x}}{ax^{a-1}} = \lim_{x \to +\infty} \frac{1}{ax^a} = 0$$

例 6 求 $\lim\limits_{x \to +\infty} \dfrac{x^n}{e^{\lambda x}}, (n$ 为正整数,$\lambda > 0)$。

解 这是 $\dfrac{\infty}{\infty}$ 型未定式。则有

$$\lim_{x \to +\infty} \frac{x^n}{e^{\lambda x}} \xlongequal{\frac{\infty}{\infty}型} \lim_{x \to +\infty} \frac{nx^{n-1}}{\lambda e^{\lambda x}} \xlongequal{\frac{\infty}{\infty}型} \lim_{x \to +\infty} \frac{n(n-1)x^{n-2}}{\lambda^2 e^{\lambda x}} \xlongequal{\frac{\infty}{\infty}型} \cdots \xlongequal{\frac{\infty}{\infty}型} \lim_{x \to +\infty} \frac{n!}{\lambda^n e^{\lambda x}} = 0$$

说明: $n = \alpha > 0$ 时,结果仍然成立,即 $\lim\limits_{x \to +\infty} \dfrac{x^\alpha}{e^{\lambda x}} = 0 (\alpha > 0, \lambda > 0)$。

例 7 求 $\lim\limits_{x \to 0^+} x^a \ln x, (a > 0)$。

解 这是 $0 \cdot \infty$ 型未定式。由 $x^a \ln x = \dfrac{\ln x}{x^{-a}}$,可将其化为 $\dfrac{\infty}{\infty}$ 型未定式。则有

$$\lim_{x \to 0^+} x^a \ln x \xlongequal{0 \cdot \infty型} \lim_{x \to 0^+} \frac{\ln x}{x^{-a}} \xlongequal{\frac{\infty}{\infty}型} \lim_{x \to 0^+} \frac{\frac{1}{x}}{-ax^{-a-1}} = -\lim_{x \to 0^+} \frac{x^a}{a} = 0$$

例 8 求 $\lim\limits_{x\to 0}\left(\dfrac{1}{x}-\dfrac{1}{e^x-1}\right)$。

解 这是 $\infty-\infty$ 型未定式。由 $\dfrac{1}{x}-\dfrac{1}{e^x-1}=\dfrac{e^x-1-x}{x(e^x-1)}$，将其可化为 $\dfrac{0}{0}$ 型未定式。则有

$$\lim_{x\to 0}\left(\frac{1}{x}-\frac{1}{e^x-1}\right)\xlongequal{\infty-\infty\text{型}}\lim_{x\to 0}\frac{e^x-1-x}{x(e^x-1)}\xlongequal{\frac{0}{0}\text{型}}\lim_{x\to 0}\frac{e^x-1}{e^x-1+xe^x}\xlongequal{\frac{0}{0}\text{型}}\lim_{x\to 0}\frac{e^x}{2e^x+xe^x}=\lim_{x\to 0}\frac{1}{2+x}=\frac{1}{2}$$

例 9 求 $\lim\limits_{x\to 0^+}x^x$。

解 这是 0^0 型未定式。令 $y=x^x$，两边取对数，得 $\ln y=x\ln x=\dfrac{\ln x}{\dfrac{1}{x}}$，使 $\ln y$ 的极限成为 $\dfrac{\infty}{\infty}$ 型未定式。

则有

$$\lim_{x\to 0^+}\ln y=\lim_{x\to 0^+}\frac{\ln x}{\dfrac{1}{x}}\xlongequal{\frac{\infty}{\infty}\text{型}}\lim_{x\to 0^+}\frac{\dfrac{1}{x}}{-\dfrac{1}{x^2}}=-\lim_{x\to 0^+}x=0,\ \text{于是}$$

$$\lim_{x\to 0^+}x^x=e^{\lim\limits_{x\to 0^+}\ln y}=e^0=1$$

例 10 求 $\lim\limits_{x\to+\infty}x^{\frac{1}{x}}$。

解 这是 ∞^0 型未定式。令 $y=x^{\frac{1}{x}}$，两边取对数，得 $\ln y=\dfrac{\ln x}{x}$，使 $\ln y$ 的极限为 $\dfrac{\infty}{\infty}$ 型未定式。则有

$$\lim_{x\to+\infty}\ln y=\lim_{x\to+\infty}\frac{\ln x}{x}\xlongequal{\frac{\infty}{\infty}\text{型}}\lim_{x\to+\infty}\frac{\dfrac{1}{x}}{1}=0。\ \text{于是}$$

$$\lim_{x\to+\infty}x^{\frac{1}{x}}=e^{\lim\limits_{x\to+\infty}\ln y}=e^0=1$$

例 11 求 $\lim\limits_{x\to\infty}\left(1+\dfrac{1}{x}\right)^x$。

解 这是 1^∞ 型未定式。令 $y=\left(1+\dfrac{1}{x}\right)^x$，两边取对数，得

$$\ln y=x\ln\left(1+\frac{1}{x}\right)=\frac{\ln\left(1+\dfrac{1}{x}\right)}{x^{-1}}$$

易见 $\ln y$ 的极限为 $\dfrac{0}{0}$ 型未定式。则有

$$\lim_{x\to+\infty}\ln y=\lim_{x\to+\infty}\frac{\ln\left(1+\dfrac{1}{x}\right)}{x^{-1}}\xlongequal{\frac{0}{0}\text{型}}\lim_{x\to+\infty}\frac{-\dfrac{1}{x(x+1)}}{-x^{-2}}=\lim_{x\to+\infty}\frac{x^2}{x(x+1)}=1。\ \text{于是}$$

$$\lim_{x\to\infty}\left(1+\frac{1}{x}\right)^x=e^{\lim\limits_{x\to+\infty}\ln y}=e$$

例 12 求 $\lim\limits_{x\to 0}\dfrac{\tan x-x}{x^2\sin x}$。

解 这是 $\dfrac{0}{0}$ 型未定式。则有

$$\lim_{x\to 0}\frac{\tan x-x}{x^2\sin x}=\lim_{x\to 0}\left(\frac{\tan x-x}{x^3}\cdot\frac{x}{\sin x}\right)=\lim_{x\to 0}\frac{\tan x-x}{x^3}\cdot\lim_{x\to 0}\frac{x}{\sin x}$$

$$= \lim_{x \to 0} \frac{\sec^2 x - 1}{3x^2} = \lim_{x \to 0} \frac{\tan^2 x}{3x^2} = \frac{1}{3} \lim_{x \to 0} \left(\frac{\tan x}{x} \right)^2 = \frac{1}{3}$$

注意：由例 12 知，若直接采用 L' Hospital 法则，分母求导比较麻烦。

例 13 求 $\lim\limits_{x \to +\infty} \dfrac{\sqrt{1 + x^2}}{x}$。

解 这是 $\dfrac{\infty}{\infty}$ 型未定式。则有

$$\lim_{x \to +\infty} \frac{\sqrt{1 + x^2}}{x} = \lim_{x \to +\infty} \sqrt{\frac{1}{x^2} + 1} = 1$$

注意：若使用 L' Hospital 法则，则出现下面情况：

$$\lim_{x \to +\infty} \frac{\sqrt{1 + x^2}}{x} = \lim_{x \to +\infty} \frac{(\sqrt{1 + x^2})'}{x'} = \lim_{x \to +\infty} \frac{x}{\sqrt{1 + x^2}} = \lim_{x \to +\infty} \frac{(\sqrt{1 + x^2})'}{(\sqrt{1 + x^2})'} = \lim_{x \to +\infty} \frac{\sqrt{1 + x^2}}{x}$$

如此循环，无法确定能否求出极限，故此题不能使用 L' Hospital 法则。

例 14 求 $\lim\limits_{x \to +\infty} \dfrac{x - \sin x}{x}$。

解 由于 $\lim\limits_{x \to +\infty} \dfrac{x - \sin x}{x} = \lim\limits_{x \to +\infty} \left(1 - \dfrac{\sin x}{x} \right) = 1 - \lim\limits_{x \to +\infty} \dfrac{\sin x}{x}$

又因为 $\lim\limits_{x \to +\infty} \dfrac{1}{x} = 0$，$|\sin x| \leq 1$，所以 $\lim\limits_{x \to +\infty} \dfrac{\sin x}{x} = 0$。因此，$\lim\limits_{x \to +\infty} \dfrac{x - \sin x}{x} = 1$。

这是 $\dfrac{\infty}{\infty}$ 型未定式，若使用 L' Hospital 法则，$\lim\limits_{x \to +\infty} \dfrac{(x - \sin x)'}{x'} = \lim\limits_{x \to +\infty} \dfrac{1 - \cos x}{1} = \lim\limits_{x \to +\infty} (1 - \cos x)$ 不存在，且又不是无穷大，所以它不满足 L' Hospital 法则中的第三个条件。故此题不能使用 L' Hospital 法则，即

$$\lim_{x \to +\infty} \frac{x - \sin x}{x} \neq \lim_{x \to +\infty} \frac{(x - \sin x)'}{x'}$$

注意：由例 13、例 14 可知，虽然函数极限可以写成 $y = x^5 - 5x^4 + 5x^3 + 1$ 或 $[-1, 2]$ 形式，但 L' Hospital 法则并不是万能的，也有计算不出来的情况。

第二节　函数性态的研究

导数的应用非常广泛，如前面介绍了利用导数求质点的瞬时速度、曲线在某点上切线的斜率、未定式的极限等，下面再介绍利用导数来研究函数的性质和曲线的性态。

一、函数的单调性与曲线的凹凸性

1. 单调性　如图 3 - 3 所示，如果可导函数 $y = f(x)$ 在区间 (a, b) 内单调递增（单调递减），那么它的图形是沿 x 轴正方向上升（下降）的曲线，即切线的斜率

$$f'(x) = \tan\alpha \geq 0 (\leq 0)$$

由此可见，函数的单调性与导数的符号有着密切关系。

定理 3.5（函数单调性的判别法）　设函数 $f(x)$ 在区间 (a, b) 内可导，则

（1）若对任意 $x \in (a, b)$，有 $f'(x) > 0$，则曲线 $f(x)$ 在 (a, b) 内单调递增；

（2）若对任意 $x \in (a, b)$，有 $f'(x) < 0$，则曲线 $f(x)$ 在 (a, b) 内单调递减。

本定理中，若将开区间换成其他区间（包括无穷区间），有个别点处的导数等于零，其定理的结论仍然成立。

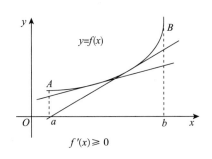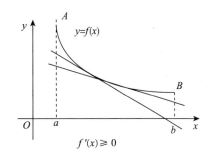

图 3－3

例 15 讨论函数 $f(x) = x + \text{arccot}x$ 的单调性。

解 函数 $f(x)$ 的定义域为 $(-\infty, +\infty)$，$f'(x) = 1 - \dfrac{1}{1+x^2} = \dfrac{x^2}{1+x^2}$，

除 $x = 0$ 时，$f'(x) = 0$ 外，恒有 $f'(x) > 0$。故 $f(x)$ 在 $(-\infty, +\infty)$ 内是单调递增的。

例 16 求函数 $f(x) = (x-1)\sqrt[3]{x^2}$ 的单调区间。

解 函数 $f(x)$ 的定义域为 $(-\infty, +\infty)$。$f'(x) = \sqrt[3]{x^2} + \dfrac{2(x-1)}{3\sqrt[3]{x}} = \dfrac{5x-2}{3\sqrt[3]{x}}$。

令 $f'(x) = 0$，得 $x = \dfrac{2}{5}$；$x = 0$ 时，$f'(x)$ 不存在。用 0、$\dfrac{2}{5}$ 将定义域分成三个子区间。列表讨论：

x	$(-\infty, 0)$	0	$\left(0, \dfrac{2}{5}\right)$	$\dfrac{2}{5}$	$\left(\dfrac{2}{5}, +\infty\right)$
$f'(x)$	+	不存在	−	0	+
$f(x)$	↗		↘		↗

因此，函数 $f(x)$ 的单调递增区间为 $(-\infty, 0)$ 和 $\left(\dfrac{2}{5}, +\infty\right)$；单调递减区间为 $\left(0, \dfrac{2}{5}\right)$。

例 17 $x > 0$ 时，试证不等式 $x > \ln(1+x)$。

证 设 $f(x) = x - \ln(1+x)$。显然，$f(x)$ 在 $(0, +\infty)$ 内可导，且

$$f'(x) = 1 - \frac{1}{1+x} = \frac{x}{1+x} > 0$$

所以 $f(x)$ 在 $(0, +\infty)$ 内单调递增。于是

$$f(x) > f(0 + \Delta x), (\Delta x \to 0^+)$$

又因为 $f(x)$ 在 $x = 0$ 点连续，则 $f(0 + \Delta x) = f(0) = 0(\Delta x \to 0^+)$。所以 $f(x) > 0$，即 当 $x > 0$ 时

$$x > \ln(1+x)$$

2. 函数曲线的凹凸性和拐点 如图 3－4 所示，函数 $y = \sqrt[3]{x}$ 的图形在 $(-\infty, +\infty)$ 上是单调递增的，在 $(0, +\infty)$ 内是凸的，在 $(-\infty, 0)$ 内是凹的。下面我们就来研究函数凹凸性的定义及其判定方法。

定义 3.1 设函数 $f(x)$ 在闭区间 $[a,b]$ 上连续，如果对于 $[a,b]$ 上的任意两点 x_1、x_2，有

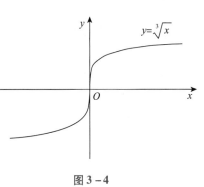

图 3－4

$$f\left(\frac{x_1+x_2}{2}\right) < \frac{f(x_1)+f(x_2)}{2} \quad \text{或} \quad f\left(\frac{x_1+x_2}{2}\right) > \frac{f(x_1)+f(x_2)}{2}$$

则称函数 $f(x)$ 是 $[a,b]$ 上的**凹函数**或**凸函数**，亦称曲线 $y = f(x)$ 在

$[a,b]$上是**凹的**（concave）或**凸的**（convex），曲线上凹凸的分界点，称为**拐点**（inflection point）。

由图 3-5 可见，当曲线 $f(x)$ 在 (a,b) 内是凹的（凸的）时，曲线 $f(x)$ 在 (a,b) 内的点 (x,y)，该点切线的斜率随着 x 的增大而增大（减小），即导数 $f'(x)$ 是单调递增（单调递减）的，故有 $f''(x)>0$（$f''(x)<0$），反之亦然。

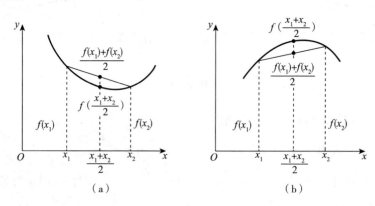

图 3-5

定理 3.6（函数曲线凹凸性的判别法） 设函数 $f(x)$ 在区间 (a,b) 内具有二阶导数，则

（1）若对任意 $x \in (a,b)$，有 $f''(x)>0$，则曲线 $f(x)$ 在 (a,b) 内是凹的；

（2）若对任意 $x \in (a,b)$，有 $f''(x)<0$，则曲线 $f(x)$ 在 (a,b) 内是凸的。

本定理中，若将开区间换成其他区间（包括无穷区间），有个别点处的二阶导数等于零，其定理的结论仍然成立。

例 18 判别曲线 $f(x)=3x-x^3$ 的凹凸性。

解 函数 $f(x)$ 的定义域为 $(-\infty,+\infty)$。$f'(x)=3-3x^2$，$f''(x)=-6x$

在 $(-\infty,0)$ 内，$f''(x)>0$，则曲线 $f(x)$ 在 $(-\infty,0)$ 内是凹的；在 $(0,+\infty)$ 内，$f''(x)<0$，则曲线 $f(x)$ 在 $(0,+\infty)$ 内是凸的。

一般情况下，函数曲线在定义域内不一定始终是凹的或凸的。拐点又是曲线凹和凸的分界点，所以拐点两侧曲线的凹凸性不同，即曲线两侧 $f''(x)$ 的符号也就不同。因此，曲线上的拐点 (x,y) 对应的 x 点处的二阶导数只能等于 0 或不存在。于是，可按下列步骤判别曲线的凹凸性及拐点：

（1）求函数 $f(x)$ 的定义域；

（2）求 $f''(x)$，以及在定义域内 $f''(x)$ 等于 0 的点和不存在的点，并用这些点将其定义域分成若干个子区间；

（3）判别 $f''(x)$ 在每个子区间内的符号，从而得出曲线 $f(x)$ 在各个子区间内的凹凸性，同时可确定上述各点对应曲线上的点是否为拐点。

例 19 讨论曲线 $f(x)=\dfrac{1}{2}x^2+\dfrac{9}{10}(x-2)^{\frac{5}{3}}$ 的凹凸性及拐点。

解 函数 $f(x)$ 的定义域为 $(-\infty,+\infty)$。$f'(x)=x+\dfrac{3}{2}(x-2)^{\frac{2}{3}}$，$f''(x)=\dfrac{\sqrt[3]{x-2}+1}{\sqrt[3]{x-2}}$

令 $f''(x)=0$，得 $x=1$；$x=2$ 时，$f''(x)$ 不存在。用 1 和 2 两点将定义域分成三个子区间，列表讨论：

x	$(-\infty,1)$	1	$(1,2)$	2	$(2,+\infty)$
$f''(x)$	+	0	−	不存在	+
$f(x)$	凹的	拐点	凸的	拐点	凹的

所以曲线 $y = f(x)$ 在区间 $(-\infty, 1)$ 和 $(2, +\infty)$ 内是凹的，在区间 $(1, 2)$ 内是凸的，$f(1) = -\dfrac{2}{5}$，$f(2) = 2$，所以 $\left(1, -\dfrac{2}{5}\right)$ 和 $(2, 2)$ 点是曲线的拐点。

例 20　已知曲线 $y = ax^3 + bx^2 + cx + d$ 上有一拐点 $(1, -10)$，且在 $(-2, 44)$ 点处有水平切线，求常数 a、b、c、d 的值，并写出此曲线方程。

解　$y' = 3ax^2 + 2bx + c, y'' = 6ax + 2b$

因为曲线在 $(-2, 44)$ 点处有水平切线，所以 $y(-2) = 44, y'(-2) = 0$，即

$$-8a + 4b - 2c + d = 44 \tag{①}$$

$$12a - 4b + c = 0 \tag{②}$$

又因为曲线上有一拐点 $(1, -10)$，所以 $y(1) = -10, y''(1) = 0$，即

$$a + b + c + d = -10 \tag{③}$$

$$6a + 2b = 0 \tag{④}$$

联立方程①、②、③、④，得

$$a = 1，\ b = -3，\ c = -24，\ d = 16$$

于是所求的曲线方程为

$$y = x^3 - 3x^2 - 24x + 16$$

二、函数的极值与最大值、最小值

下面我们讨论连续函数曲线"峰"和"谷"的数学特征，并研究其重要的应用价值。

1. 极值　如图 3-6 所示，函数 $y = f(x)$ 为闭区间 $[a, b]$ 上的连续函数，函数 $f(x)$ 在 x_1 和 x_4（x_2 和 x_5）点处的函数值分别是该点某邻域内函数值的**最大值**（**最小值**），这些点的函数值就是我们要讨论的函数的极大值（极小值）。

定义 3.2　设函数 $f(x)$ 在 x_0 点某邻域内有定义，若对该去心邻域内的任意 x 点，都有

$$f(x_0) > f(x)，(f(x_0) < f(x))$$

则称 $f(x_0)$ 为函数 $f(x)$ 的**极大值**（local maximum）[**极小值**（local minimum）]，x_0 点称为**极大值点**（**极小值点**）。

函数的极大值和极小值统称为**极值**（extreme value），极大值点和极小值点统称为**极值点**（extreme point）。

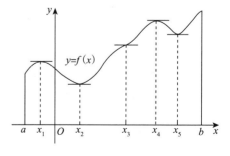

图 3-6 中，$f(x_1)$ 和 $f(x_4)$ 为极大值，$f(x_2)$ 和 $f(x_5)$ 为极小值，x_1 和 x_4 为极大值点，x_2 和 x_5 为极小值点。极值的概念是局部性的，它是根据 x_0 点的函数值与其附近一个局部范围内的点的函数值比较而来的。函数在整个区间上可能有若干个极大值和极小值，极大值可能比极小值还小，如极大值 $f(x_1) < $ 极小值 $f(x_5)$。极大（小）值不一定是整个所讨论区间的最大（小）值。整个区间上的最大（小）值，也可能为端点的函数值。该函数的最小值为极小值 $f(x_2)$，最大值为端点的函数值 $f(b)$。

图 3-6

图 3-6 中还可看到，在函数极值点处，曲线的切线是水平的，即 $f'(x) = 0$；但曲线切线是水平的点又未必取极值，如 $f'(x_3) = 0$，但 $f(x_3)$ 不是极值。

定理 3.7　若函数 $y = f(x)$ 在 x_0 点处可导，且 $f(x)$ 在 x_0 点处取极值，则 $f'(x_0) = 0$。

满足 $f'(x)=0$ 的点称为函数 $y=f(x)$ 的**驻点**。显然，可导函数的极值点必是驻点。但反之，函数的驻点并不一定是极值点。

下面给出判别驻点是否为极值点的方法。

定理 3.8（极值第一判别法） 设函数 $y=f(x)$ 在 x_0 点的某邻域内可导，且 $f'(x_0)=0$，

（1）若 $x<x_0$ 时 $f'(x)>0$，$x>x_0$ 时 $f'(x)<0$，则 $f(x)$ 在 x_0 点处取得极大值；

（2）若 $x<x_0$ 时 $f'(x)<0$，$x>x_0$ 时 $f'(x)>0$，则 $f(x)$ 在 x_0 点处取得极小值；

（3）若当 x 在 x_0 点左、右两侧时，$f'(x)$ 符号恒定，则 $f(x)$ 在 x_0 点处不取极值。

驻点是否为极值点，由定理 3.8，需考察 $f'(x)$ 在 x_0 点左、右两侧邻近点的符号，但有时很麻烦。下面给出一个比较好用的方法（注意，它也有一定的局限性）。

定理 3.9（极值第二判别法） 设函数 $f(x)$ 在 x_0 点处具有二阶导数，且 $f'(x_0)=0$，则

（1）当 $f''(x_0)<0$ 时，则 $f(x)$ 在 x_0 点处取得极大值；

（2）当 $f''(x_0)>0$ 时，则 $f(x)$ 在 x_0 点处取得极小值；

（3）当 $f''(x_0)=0$ 时，无法判定 $f(x)$ 在 x_0 点处是否取得极值。

由定理 3.9 中的（3）可知，$f'(x_0)=f''(x_0)=0$ 时，$f(x)$ 在 x_0 点处可能取得极值，也可能不取极值。例如：$f(x)=x^3,g(x)=x^4,f'(0)=f''(0)=0,g'(0)=g''(0)=0$。$f(x)=x^3$ 在 $x=0$ 点处不取极值，见图 3-7；而 $g(x)=x^4$ 在 $x=0$ 点处取极小值，见图 3-8。因此，在 $f''(x_0)=0$ 时，定理 3.9 无法判别，这时只能用定理 3.8 来判别。

函数不可导的点也可能是极值点。例如：函数 $f(x)=|x|$，在 $x=0$ 点处不可导，但在 $x=0$ 点处函数取极小值。函数 $f(x)=\sqrt[3]{x}$，在 $x=0$ 点处不可导，在 $x=0$ 点处函数不取极值，见图 3-9。

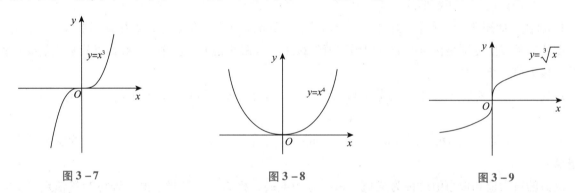

图 3-7　　　　　　　　　　　图 3-8　　　　　　　　　　　图 3-9

在定理 3.8 中，若函数 $f(x)$ 在 x_0 点处的导数不存在，其他条件不变，定理 3.8 中（1）、（2）、（3）三条法则仍然适用。

求函数 $y=f(x)$ 极值的基本步骤：

（1）求函数 $f(x)$ 的定义域及导数；

（2）求出 $f(x)$ 在定义域内的全部驻点及导数不存在的点；

（3）由定理 3.8 或定理 3.9 分别判别这些点是否为极值点，若为极值点，则求出该点的函数值，即为极值。

例 21 求函数 $f(x)=1+\dfrac{3}{4}\sqrt[3]{(x^2-1)^2}$ 的极值。

解 函数 $f(x)$ 的定义域为 $(-\infty,+\infty)$，$f'(x)=\dfrac{x}{\sqrt[3]{x^2-1}}$

令 $f'(x)=0$，得驻点 $x=0$；又知 $x=\pm1$ 时，$f'(x)$ 不存在。列表讨论：

x	$(-\infty,-1)$	-1	$(-1,0)$	0	$(0,1)$	1	$(1,+\infty)$
$f'(x)$	$-$	不存在	$+$	0	$-$	0	$+$
$f(x)$	↘	极小值	↗	极大值	↘	极小值	↗

所以，$f(x)$ 有极大值 $f(0)=\dfrac{7}{4}$，有极小值 $f(\pm1)=1$。

例22　函数 $f(x)=ax^3+bx^2+cx+d$，在 $x=-1$ 处有极大值 10，在 $x=3$ 处有极小值 22，试求常数 a、b、c、d，并写出函数 $f(x)$ 的表达式。

解　$f'(x)=3ax^2+2bx+c$

因为 $f(x)$ 在 $x=-1$ 处取极大值 10，

所以　　　　　　　　　$f'(-1)=0,\ f(-1)=10$

即　　　　　　　　　　$3a-2b+c=0$ 　　　　　①

$$-a+b-c+d=10$$ 　　　　　②

又因为 $f(x)$ 在 $x=3$ 处有极小值 22，

所以　　　　　　　　　$f'(3)=0,\ f(3)=22$

即　　　　　　　　　　$27a+6b+c=0$ 　　　　　③

$$27a+9b+3c+d=22$$ 　　　　　④

联立①、②、③、④方程，得 $a=1$，$b=-3$，$c=-9$，$d=5$，即

$$f(x)=x^3-3x^2-9x+5$$

2. 最大值与最小值　在医药学中经常会遇到这类问题：口服或肌内注射一定剂量的某种药物后，血药浓度何时达到最高值？在一定条件下，如何使用药物最经济、疗效最佳、毒性最小等问题。这类问题反映到数学中，就是计算函数最大值、最小值的问题。下面就几种情况来讨论函数的最值：

（1）闭区间上的连续函数。由最值定理，函数必存在最大值、最小值。求出驻点和导数不存在的点以及端点的函数值，比较它们的大小，最大者为最大值，最小者为最小值。若函数是单调的，则最大值、最小值必在端点处取得，当函数是单调递增（递减）时，左（右）端点取最小值，右（左）端点取最大值。若在一个区间上，函数 $f(x)$ 只有一个极值 $f(x_0)$，$f(x_0)$ 若是极大（小）值，则 $f(x_0)$ 在该区间上必是最大（小）值。

（2）实际问题中，根据问题的实际意义，能够确定目标函数 $f(x)$ 在定义区间内一定可以取得最大（小）值，若 $f(x)$ 在定义区间内有唯一的驻点 x_0，则 $f(x_0)$ 一定是最大（小）值。

例23　求函数 $f(x)=x-\dfrac{3}{2}\sqrt[3]{x^2}$ 在 $[-1,2]$ 上的最大值和最小值。

解　$f'(x)=1-x^{-\frac{1}{3}}=\dfrac{\sqrt[3]{x}-1}{\sqrt[3]{x}}$

令 $f'(x)=0$，得驻点 $x=1$；又知 $x=0$ 时，$f'(x)$ 不存在。则

$$f(-1)=-\frac{5}{2},\ f(0)=0,\ f(1)=-\frac{1}{2},\ f(2)=2-\frac{3}{2}\sqrt[3]{4}\approx-0.38$$

比较上述函数值，得 $f(x)$ 的最大值为 $f(0)=0$，最小值为 $f(-1)=-\dfrac{5}{2}$。

例24　肌内注射或皮下注射某药物后，血中的药物浓度 C 是时间 t 的函数，可表示为

$$C=\frac{A}{\sigma_2-\sigma_1}(e^{-\sigma_1 t}-e^{-\sigma_2 t})$$

其中，常数 A、σ_1、σ_2 均 >0，且 $\sigma_2>\sigma_1$，问：t 为何值时，药物浓度为最大，最大药物浓度是多少？

解   由实际意义可知，目标函数 C 的定义域为 $[0, +\infty)$

$$C' = \frac{A}{\sigma_2 - \sigma_1}(\sigma_2 e^{-\sigma_2 t} - \sigma_1 e^{-\sigma_1 t})$$

令 $C' = 0$，可得唯一驻点 $t = \dfrac{\ln\sigma_2 - \ln\sigma_1}{\sigma_2 - \sigma_1}$。

由于 C 在 $[0, +\infty)$ 上只有一个驻点，且 $t \to +\infty$ 时，$C \to 0$，则 $t = \dfrac{\ln\sigma_2 - \ln\sigma_1}{\sigma_2 - \sigma_1}$ 时，药物浓度达到最大，其最大药物浓度为

$$C_{max} = \frac{A}{\sigma_2}\left(\frac{\sigma_1}{\sigma_2}\right)^{\frac{\sigma_1}{\sigma_2 - \sigma_1}}$$

三、曲线的渐近线

定义 3.3   若曲线 C（$y = f(x)$）上的动点 p 沿着曲线无限远离原点时，点 p 与某一固定直线 l 的距离趋于零，则称直线 l 为曲线 C 的**渐近线**。

定义中的渐近线可以是各种位置的直线，下面我们分三种情况来讨论。

1. 垂直渐近线   若 $\lim\limits_{x \to x_0^-} f(x) = \infty$，$\lim\limits_{x \to x_0^+} f(x) = \infty$ 或 $\lim\limits_{x \to x_0} f(x) = \infty$，则称 $x = x_0$ 为曲线 $y = f(x)$ 的**垂直渐近线**。

例如，对于曲线 $y = \dfrac{1}{x-3}$ 来说，因为 $\lim\limits_{x \to 1}\dfrac{1}{x-3} = \infty$，所以，直线 $x = 3$ 为曲线 $y = \dfrac{1}{x-1}$ 的垂直渐近线。

2. 水平渐近线   若 $\lim\limits_{x \to -\infty} f(x) = b$，或 $\lim\limits_{x \to +\infty} f(x) = b$，则称直线 $y = b$ 为曲线 $y = f(x)$ 的**水平渐近线**。

例如，曲线 $y = \arctan x$，因为 $\lim\limits_{x \to -\infty} \arctan x = -\dfrac{\pi}{2}$，$\lim\limits_{x \to +\infty} \arctan x = \dfrac{\pi}{2}$，所以，直线 $y = -\dfrac{\pi}{2}$、$y = \dfrac{\pi}{2}$ 都是该曲线的水平渐近线。

3. 斜渐近线   如果极限 $\lim\limits_{x \to \infty}\dfrac{f(x)}{x} = a$ 存在，且极限 $\lim\limits_{x \to \infty}[f(x) - ax] = b$ 也存在，则称直线 $y = ax + b$ 为曲线 $y = f(x)$ 的**斜渐近线**。

例 25   求曲线 $y = \dfrac{x^3}{x^2 + 2x - 3}$ 的渐近线。

解（1）因为 $f(x)$ 的分母 $x^2 + 2x - 3 = (x+3)(x-1)$，所以 $\lim\limits_{x \to -3} f(x) = \infty$ 及 $\lim\limits_{x \to 1} f(x) = \infty$，故 $x = -3$、$x = 1$ 为垂直渐近线。

（2）由于 $\lim\limits_{x \to \infty}\dfrac{f(x)}{x} = \lim\limits_{x \to \infty}\dfrac{1}{1 + \dfrac{2}{x} - \dfrac{3}{x^2}} = 1$，即 $a = 1$。又

$$\lim_{x \to \infty}[f(x) - ax] = \lim_{x \to \infty}\left[\frac{x^3}{x^2 + 2x - 3} - x\right]$$

$$= \lim_{x \to \infty}\frac{-2x^2 + 3x}{x^2 - 2x - 3} = \lim_{x \to \infty}\frac{-2 + \dfrac{3}{x}}{1 + \dfrac{2}{x} - \dfrac{3}{x^2}} = -2$$

即 $b = -2$，故 $y = x - 2$ 也是曲线的渐近线。

本例题中的曲线及其渐近线见图 3 - 10。

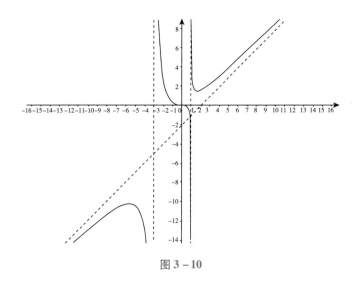

图 3 – 10

PPT

第三节　泰勒公式

由函数可微的定义可知，$f(x)$ 在 x_0 点可导时，则有

$$f(x) = f(x_0) + f'(x_0)(x - x_0) + o(x - x_0) = P_1(x) + R_1(x), x \to x_0$$

其中 $P_1(x) = f(x_0) + f'(x_0)(x - x_0)$，$R_1(x) = o(x - x_0)$。

这说明，当 $x \to x_0$ 时，对复杂函数 $f(x)$ 可用简单的一次多项式函数 $P_1(x)$ 近似地表示，且 $P_1(x_0) = f(x_0)$，$P_1'(x_0) = f'(x_0)$，其误差为 $R_1(x)$，是关于 $x - x_0$ 的高阶无穷小。

为提高近似程度，当 $f(x)$ 在 x_0 点有 n 阶导数时，需要找 $x - x_0$ 的 n 次多项式 $P_n(x)$ 来近似表示，且 $P_n(x)$ 应尽可能多地反映出函数 $f(x)$ 所具有的性态：

$$P_1(x_0) = f(x_0), P_n^{(k)}(x_0) = f^{(k)}(x_0), (k = 1, 2, \cdots, n)$$

并且能求出 $P_n(x)$ 近似表示 $f(x)$ 所产生的误差 $R_n(x) = f(x) - P_n(x)$。

设 n 次多项式 $P_n(x) = a_0 + a_1(x - x_0) + a_2(x - x_0)^2 + \cdots + a_n(x - x_0)^n$

可得

$$a_0 = f(x_0), a_1 = f'(x_0), a_2 = \frac{f''(x_0)}{2!}, \cdots, a_n = \frac{f^{(n)}(x_0)}{n!}$$

即

$$P_n(x) = f(x_0) + f'(x_0)(x - x_0) + \frac{f''(x_0)}{2!}(x - x_0)^2 + \cdots + \frac{f^{(n)}(x_0)}{n!}(x - x_0)^n$$

称其为 $f(x)$ 在 x_0 点的 n 次泰勒（Tayler）多项式。

定理 3.10 ［**泰勒（Tayler）中值定理**］　若函数 $f(x)$ 在含有 x_0 点的某个开区间 (a, b) 内具有 $n + 1$ 阶导数，则当 $x \in (a, b)$ 时，$f(x)$ 可以表示成

$$f(x) = f(x_0) + f'(x_0)(x - x_0) + \frac{f''(x_0)}{2!}(x - x_0)^2 + \cdots + \frac{f^{(n)}(x_0)}{n!}(x - x_0)^n + R_n(x)$$

其中 $R_n(x) = \frac{f^{(n+1)}(\xi)}{(n+1)!}(x - x_0)^{n+1}$，$\xi$ 在 x_0 与 x 之间。称其为函数 $f(x)$ 在 x_0 点处的 **n 阶泰勒（Tayler）公式**，简称为 Tayler 公式。$R_n(x)$ 称为 n **阶 Tayler 公式的 Lagrange 余项**。

Tayler 公式中取 $n = 0$，则有 $f(x) = f(x_0) + f'(\xi)(x - x_0)$（$\xi$ 在 x_0 与 x 之间）。这恰是 Lagrange 中值公式。因此，Tayler 中值定理是 Lagrange 中值定理的推广。

当 $x_0 = 0$ 时，ξ 在 0 与 x 之间，记 $\xi = \theta x$（$0 < \theta < 1$）Tayler 公式为

$$f(x) = f(0) + f'(0)x + \frac{f''(0)}{2!}x^2 + \cdots + \frac{f^{(n)}(0)}{n!}x^n + \frac{f^{(n+1)}(\theta x)}{(n+1)!}x^n, (0 < \theta < 1)$$

称其为函数 $f(x)$ 的 **n 阶麦克劳林（Maclaurin）公式**。

例 26 求 $f(x) = e^x$ 的 n 阶 Maclaurin 公式。

解 由于 $f^{(k)}(x) = e^x$，$k = 0, 1, 2, \cdots, n+1$

则 $f(0) = f'(0) = f''(0) = f^{(n)}(0) = e^0 = 1$，$f^{(n+1)}(\theta x) = e^{\theta x}$。于是

$$e^x = 1 + x + \frac{1}{2!}x^2 + \cdots + \frac{1}{n!}x^n + \frac{e^{\theta x}}{(n+1)!}x^{n+1}, (0 < \theta < 1)$$

显然，有近似公式 $\quad e^x \approx 1 + x + \frac{1}{2!}x^2 + \cdots + \frac{1}{n!}x^n, (0 < \theta < 1)$

其误差的界为

$$|R_n(x)| < \frac{e^{|x|}}{(n+1)!}|x|^{n+1}$$

例 27 求 $f(x) = \sin x$ 的 n 阶 Maclaurin 公式。

解 由于 $f^{(k)}(x) = \sin\left(x + k \cdot \frac{\pi}{2}\right)$，$(k = 0, 1, 2, \cdots)$

则 $f^{(k)}(0) = \begin{cases} 0, & k = 2m, \\ (-1)^m, & k = 2m+1 \end{cases}$，$(m = 0, 1, 2, \cdots)$，$f^{(2m+1)}(\theta x) = \sin\left(\theta x + \frac{2m+1}{2}\pi\right)$

于是 $\sin x$ 的 $n(n=2m)$ 阶 Maclaurin 公式为

$$\sin x = x - \frac{1}{3!}x^3 + \frac{1}{5!}x^5 - \cdots + \frac{(-1)^{m-1}}{(2m-1)!}x^{2m-1} + \frac{\sin\left(\theta x + \frac{2m+1}{2}\pi\right)}{(2m+1)!}x^{2m+1}, (0 < \theta < 1)$$

显然，有近似公式

$$\sin x \approx x - \frac{1}{3!}x^3 + \frac{1}{5!}x^5 - \cdots + \frac{(-1)^{m-1}}{(2m-1)!}x^{2m-1} \quad (0 < \theta < 1)$$

其误差的界为 $|R_{2m}(x)| < \frac{1}{(2m+1)!}|x|^{2m+1}$。

同理，$\cos x$ 的 $n(n=2m+1)$ 阶 Maclaurin 公式为

$$\cos x = 1 - \frac{1}{2!}x^2 + \frac{1}{4!}x^4 - \cdots + \frac{(-1)^m}{(2m)!}x^{2m} + \frac{\cos\left(\theta x + \frac{2m+2}{2}\pi\right)}{(2m+2)!}x^{2m+2}, (0 < \theta < 1)$$

例 28 求 e 的近似值，使其误差不超过 10^{-6}。

解 由近似公式 $e^x \approx 1 + x + \frac{1}{2!}x^2 + \cdots + \frac{1}{n!}x^n, (0 < \theta < 1)$

取 $x = 1$，得

$$e \approx 1 + 1 + \frac{1}{2!} + \cdots + \frac{1}{n!}$$

误差的界为 $\quad |R_n(x)| < \frac{e^{|x|}}{(n+1)!}|x|^{n+1} = \frac{e}{(n+1)!} < \frac{3}{(n+1)!}$

令 $\frac{3}{(n+1)!} < 10^{-6}$，得 $n \geq 10$，取 $n = 10$，得

$$e \approx 1 + 1 + \frac{1}{2!} + \cdots + \frac{1}{10!} \approx 2.718282$$

其误差不超过 10^{-6}。

答案解析

习题三

一、单项选择题

1. 已知 $f(x)$ 是定义在 $(-\infty, +\infty)$ 上的一个偶函数，且当 $x<0$ 时，$f'(x)>0$，$f''(x)<0$，则在 $(0,+\infty)$ 内有（ ）。

    A. $f'(x)>0$，$f''(x)<0$　　　　　　　　B. $f'(x)>0$，$f''(x)>0$

    C. $f'(x)<0$，$f''(x)<0$　　　　　　　　D. $f'(x)<0$，$f''(x)>0$

2. 已知 $f(x)$ 在 $[a,b]$ 上可导，则 $f'(x)<0$ 是 $f(x)$ 在 $[a,b]$ 上单调递减的（ ）。

    A. 必要条件　　　　　　　　　　　　　B. 充分条件

    C. 充分必要条件　　　　　　　　　　　D. 既非必要条件，又非充分条件

3. 设 n 是曲线 $y = \dfrac{x^2}{x^2-2}\arctan x$ 的渐近线的条数，则 $n = $（ ）。

    A. 1　　　　　　　　B. 2　　　　　　　　C. 3　　　　　　　　D. 4

4. 若函数 $f(x)$ 在 x_0 点取得极小值，则必有（ ）。

    A. $f'(x_0)=0$ 且 $f''(x)=0$　　　　　　B. $f'(x_0)=0$ 且 $f''(x_0)<0$

    C. $f'(x_0)=0$ 且 $f''(x_0)>0$　　　　　　D. $f'(x_0)=0$ 或 $f'(x_0)$ 不存在

5. 以下哪个为未定式？（ ）

    A. $\dfrac{\infty}{0}$　　　　　　B. $\dfrac{0}{\infty}$　　　　　　C. 0^{∞}　　　　　　D. ∞^{0}

6. 已知函数 $f(x)$ 在 $[a,b]$ 上连续，在 (a,b) 内可导，且 $f(a)<f(b)$，则（ ）。

    A. 必存在 $\xi \in (a,b)$，使 $f'(\xi)=0$　　　B. 必存在 $\xi \in (a,b)$，使 $f'(\xi)>0$

    C. 必存在 $\xi \in (a,b)$，使 $f'(\xi)<0$　　　D. 不存在 $\xi \in (a,b)$，使 $f'(\xi)=0$

7. 设函数 $f(x)$ 满足 $f''(x)-2f'(x)+4f(x)=0$，$f(x_0)>0$，$f'(x_0)=0$，则 $f(x)$（ ）。

    A. 在 x_0 点某邻域内单调增加　　　　　B. 在 x_0 点某邻域内单调减少

    C. 在 x_0 点取得极小值　　　　　　　　D. 在 x_0 点取得极大值

8. 设 $f'(x_0)=f''(x_0)=0$，$f'''(x_0)>0$，则（ ）。

    A. x_0 是 $f'(x)$ 的极大值点　　　　　　B. x_0 是 $f(x)$ 的极大值点

    C. x_0 是 $f(x)$ 的极小值点　　　　　　D. $(x_0, f(x_0))$ 是 $f(x)$ 的拐点

9. $\lim\limits_{x\to 0}\dfrac{x+\sin x}{x-\sin x} = $（ ）。

    A. 1　　　　　　　　B. ∞　　　　　　　C. 不存在　　　　　　　D. 0

10. 曲线 $y = \dfrac{(x-3)^2}{4(x-1)}$ 的垂直和水平渐近线情况是（ ）。

    A. 有水平渐近线，无垂直渐近线　　　　B. 有垂直渐近线，无水平渐近线

    C. 既有水平渐近线，也有垂直渐近线　　D. 既无水平渐近线，又无垂直渐近线

二、填空题

1. 设 $f(x) = x^2(x-1)(x-2)$，则 $f'(x)$ 的零点个数为 _____ 。

2. $\lim\limits_{x\to 0}\dfrac{\ln(1+x)}{x}=$ _____ 。

3. $\lim\limits_{x\to\infty}\dfrac{e^x}{x^n}=$ _____ 。

4. 函数 $f(x)=\arctan x-x$ 的单调性为 _____ 。

5. 设两正数之和为 a ，其积的最大值为 _____ 。

6. 函数 $y=e^{-2x}$ 的 n 阶 Maclaurin 公式为 _____ 。

7. 已知 $(1,3)$ 为曲线 $y=ax^3+bx^2$ 的拐点，则 $a=$ _____ ， $b=$ _____ 。

8. 函数 $y=x-\ln(1+x)$ 的极值为 _____ 。

9. 函数 $y=\dfrac{x}{x^2+1}$ 的水平渐近线为 _____ 。

10. 曲线 $y=(x-5)x^{2/3}$ 的拐点为 _____ 。

三、计算题

1. 验证函数 $f(x)=\ln\sin x$ 在 $\left[\dfrac{\pi}{6},\dfrac{5\pi}{6}\right]$ 上 Rolle 中值定理的正确性。

2. 设函数 $f(x)=(x+1)(x-1)(x-3)$ ，直接判断方程 $f'(x)=0$ 的实根的个数和范围。

3. $x=x_0$ 是方程 $a_0x^n+a_1x^{n-1}+\cdots+a_{n-1}x=0$ 的一个正根，试证明：方程 $a_0nx^{n-1}+a_1(n-1)x^{n-2}+\cdots+a_{n-1}=0$ 必有一个小于 x_0 正根。

4. 验证函数 $f(x)=\ln x$ 在 $[1,e]$ 上 Lagrange 中值定理的正确性。

5. 试证明下列不等式：

（1）当 $b>a>0$ 时， $3a^2(b-a)<b^3-a^3<3b^2(b-a)$

（2） $|\sin b-\sin a|\leqslant|b-a|$

（3）当 $x>0$ 时，试证不等式 $e^x>1+x$

6. 试证明下列恒等式：

（1）当 $x>0$ 时，试证恒等式 $\arctan x+\arctan\dfrac{1}{x}=\dfrac{\pi}{2}$ 。

（2）当 $-1<x<1$ 时，试证恒等式 $\arctan\dfrac{1-x}{1+x}+\arctan\dfrac{1+x}{1-x}=\dfrac{\pi}{2}$ 。

7. 设函数 $f(x)$ 在闭区间 $[a,b]$ 上连续，在开区间 (a,b) 内可导，试证明：在开区间 (a,b) 内至少存在一点 ξ ，使 $\dfrac{bf(b)-af(a)}{b-a}=f(\xi)+\xi f'(\xi)$ 。

8. 验证函数 $f(x)=\sin x$ 、 $g(x)=x-\cos x$ 在 $\left[0,\dfrac{\pi}{2}\right]$ 上 Cauchy 中值定理的正确性。

9. 求下列极限：

（1） $\lim\limits_{x\to 0}\dfrac{1-\cos x}{x^2}$

（2） $\lim\limits_{x\to +\infty}\dfrac{\pi-2\arctan x}{\ln\dfrac{x}{1+x}}$

（3） $\lim\limits_{x\to 0^+}\dfrac{\ln\sin 2x}{\ln\sin x}$

（4） $\lim\limits_{x\to\frac{\pi}{2}}\dfrac{\ln\sin x}{(\pi-2x)^2}$

（5） $\lim\limits_{x\to +\infty}\dfrac{xe^{\frac{x}{2}}}{x+e^x}$

（6） $\lim\limits_{x\to\frac{\pi}{2}}(\sec x-\tan x)$

（7）$\lim\limits_{x\to 0}\left(\dfrac{1}{\sin x}-\dfrac{1}{x}\right)$

（8）$\lim\limits_{x\to 0}x^2 e^{\frac{1}{x^2}}$

（9）$\lim\limits_{x\to 0^+}x^{\sin x}$

（10）$\lim\limits_{x\to \frac{\pi}{2}}(\tan x)^{2\cos x}$

（11）$\lim\limits_{x\to 1}x^{\frac{1}{1-x}}$

（12）$\lim\limits_{x\to 0}(e^x+x)^{\frac{1}{x}}$

10. 求下列函数的单调区间：

（1）$f(x)=2x^3-6x^2-18x+1$

（2）$f(x)=2x^2-\ln x$

（3）$f(x)=x^2 e^{-x}$

（4）$f(x)=\dfrac{\sqrt{x}}{1+x}$

11. 求下列曲线的凹凸区间与拐点：

（1）$y=x^3-5x^2+3x+5$

（2）$y=\ln(x+\sqrt{1+x^2})$

（3）$y=\dfrac{x^3}{x^2+1}$

（4）$y=(x-5)^{\frac{5}{3}}+2x+1$

12. 求下列函数的极值：

（1）$f(x)=3x-x^3$

（2）$f(x)=x-\ln(1+x)$

（3）$f(x)=\dfrac{x}{x^2+1}$

（4）$f(x)=(2x-1)\cdot\sqrt[3]{(x-3)^2}$

13. 试问：a 为何值时，函数 $f(x)=a\sin x+\dfrac{1}{3}\sin 3x$ 在 $x=\dfrac{\pi}{3}$ 处具有极值？它是极大值，还是极小值？并求此极值。

14. 证明下列不等式：

（1）当 $x>0$ 时，$\ln(1+x)>x-\dfrac{x^2}{2}$；

（2）当 $x>0$ 时，$x-\dfrac{x^3}{6}<\sin x<x$。

15. 求函数 $y=1+\dfrac{2x}{(x-1)^2}$ 的单调区间、极值、凹凸区间和拐点。

16. 求下列函数在指定区间上的最大值、最小值：

（1）$y=x^5-5x^4+5x^3+1$，区间 $[-1,2]$

（2）$y=x^2-\dfrac{54}{x}$，区间 $(-\infty,0)$

17. 已知口服一定剂量的某种药物后，其血药浓度 C 与时间 t 的关系可表示为
$$C=C(t)=40(e^{-0.2t}-e^{-2.3t})$$
问：t 为何值时，血药浓度最高？并求其最高浓度。

18. $1\sim 9$ 个月婴儿体重 $W(g)$ 的增长与月龄 t 的关系有经验公式
$$\ln W-\ln(341.5-W)=k(t-1.66)$$
问：t 为何值时，婴儿的体重增长率 v 最大？

19. 已知半径为 R 的圆内接矩形，长和宽为多少时矩形的面积最大？并求其最大面积。

20. 写出 $f(x)=\sqrt{x}$ 在 $x_0=4$ 点处的 3 阶 Tayler 公式。

21. 写出 $f(x)=\dfrac{1}{x}$ 在 $x_0=-1$ 点处的 n 阶 Tayler 公式。

22. 写出 $f(x) = \sin2x$ 的 n 阶 Maclaurin 公式。

23. 写出 $f(x) = xe^{-x}$ 的 n 阶 Maclaurin 公式。

24. 应用 3 阶 Tayler 公式求 sin18° 的近似值，并估计误差。

25. 求 $\sqrt{e}$ 的近似值，使其误差不超过 10^{-2}。

书网融合……

思政导航　　　　本章小结

第四章 不定积分

第一节 不定积分的概念与性质

PPT

在数学运算上，有许多运算互为逆运算。这不仅是数学理论本身完整性的需要，更重要的是，许多实际问题的解决提出了这种要求。前面我们学习了导数与微分，但是常常还需要解决逆运算的问题，如已知速度函数求路程函数、已知斜率函数求曲线函数等，就是要由一个函数的已知导数求出这个函数，这种导数的逆运算就叫作求不定积分。

一、原函数

设某物体做直线运动，已知路程函数由 $s = s(t)$ 给出，其中 t 是时间，s 是物体经过的路程，则可用微分法求得速度函数 $v(t)$，即 $s'(t) = v(t)$。在实际问题中，也常需要解决逆运算的问题：已知物体运动的速度函数 $v(t)$，如何求路程函数 $s(t)$。可以说，这个问题就是已知一个函数的导数或微分，要求原来的函数（可称为原函数），这正是微分法的反问题。

定义 4.1 设 $f(x)$ 是定义在某区间 I 上的一个函数，若存在函数 $F(x)$，在区间 I 上任何一点 x 都满足 $F'(x) = f(x)$ 或 $\mathrm{d}F(x) = f(x)\mathrm{d}x$，则称 $F(x)$ 为函数 $f(x)$ 在区间 I 上的一个**原函数**（antiderivative）。

根据定义，求函数 $f(x)$ 的原函数，就是要求一个函数 $F(x)$，使它的导数 $F'(x)$ 等于 $f(x)$。例如，在区间 $(-\infty, +\infty)$ 上，$(x^3)' = 3x^2$，所以 x^3 是 $3x^2$ 在区间 $(-\infty, +\infty)$ 上的一个原函数；同理，$(\sin x)' = \cos x$，$\sin x$ 是 $\cos x$ 在区间 $(-\infty, +\infty)$ 上的一个原函数。$(\ln x)' = \dfrac{1}{x}$，$\ln x$ 是 $\dfrac{1}{x}$ 在区间 $(0, +\infty)$ 上的一个原函数。

关于原函数，首先要问：一个函数具备什么条件，能保证它的原函数一定存在？若函数 $f(x)$ 在区间 I 上连续，则在区间 I 上存在可导函数 $F(x)$，使得对任意 $x \in I$，都有 $F'(x) = f(x)$。简单地说就是：**连续函数一定有原函数**。

下面还要说明的是：已知函数 $f(x)$ 有一个原函数 $F(x)$，函数 $f(x)$ 是否还有其他的原函数？我们看下面的例子。

当 t 为变量时，$\left(\dfrac{1}{2}gt^2\right)' = gt$，所以某物体的运动规律 $s = \dfrac{1}{2}gt^2$（g 是常数）是速度 $v = gt$ 的原函数。

显然，运动规律 $\dfrac{1}{2}gt^2 + 10$、$\dfrac{1}{2}gt^2 - 1$、$\dfrac{1}{2}gt^2 + C$（C 是任意常数）也都是 $v = gt$ 的原函数。由此可知，若在某区间上 $f(x)$ 有原函数，则原函数不是唯一的。

设 $\Phi(x)$ 是 $f(x)$ 在区间 I 上的另一个原函数，即对任意 $x \in I$，有 $\Phi'(x) = f(x)$。由已知 $F'(x) = f(x)$，所以有 $\left[\Phi(x) - F(x)\right]' = \Phi'(x) - F'(x) = f(x) - f(x) = 0$，根据 Lagrange 中值定理的推论知 $\Phi(x) - F(x) = C$，即 $\Phi(x) = F(x) + C$，亦即函数 $f(x)$ 的任意原函数 $\Phi(x)$ 都可以表示成 $F(x) + C$ 的形式。

二、不定积分的概念

定义 4.2 函数 $f(x)$ 的**全体原函数** $F(x) + C$（C 是任意常数）称为函数 $f(x)$ 的**不定积分**（indefinite integrals），记作 $\displaystyle\int f(x)\,\mathrm{d}x$，即

$$\int f(x)\,\mathrm{d}x = F(x) + C$$

其中，"$\displaystyle\int$" 称为**积分号**，$f(x)$ 称为**被积函数**，$f(x)\,\mathrm{d}x$ 称为**被积表达式**，x 称为**积分变量**，任意常数 C 称为**积分常数**。

由此定义可知，求一个函数的不定积分时，只需求出任何一个原函数，再加上积分常数 C 即可。

例如：$\displaystyle\int x^2\,\mathrm{d}x = \dfrac{x^3}{3} + C$，$\displaystyle\int \cos x\,\mathrm{d}x = \sin x + C$，$\displaystyle\int \dfrac{1}{x}\,\mathrm{d}x = \ln|x| + C,\ (x \neq 0)$。

由于求原函数（求不定积分）与求导数（求微分）是两种互逆的运算，称积分法是微分法的**逆运算**，把微分学和积分学合称为**微积分学**。

三、不定积分的几何意义

设 $F(x)$ 是 $f(x)$ 的一个原函数，$y = F(x)$ 的图形称为 $f(x)$ 的一条**积分曲线**。

若 $y = F(x)$ 表示一条积分曲线，则 $F(x) + C$ 表示无穷多条积分曲线，这些积分曲线的全体称为函数 $f(x)$ 的积分曲线族。$\displaystyle\int f(x)\,\mathrm{d}x$ 的图像就是 $F(x) + C$ 表示的积分曲线族（图 4–1）。

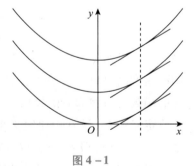

由于 $\left[F(x) + C\right]' = f(x)$，这就是说，在横坐标 x 相同的点处，所有积分曲线的切线彼此平行。积分曲线族中的任何一条曲线都可以由曲线 $y = F(x)$ 沿 y 轴上下平移一段距离 $|C|$ 而得到。

图 4–1

例 1 已知曲线在点 (x,y) 处的切线斜率为 $2x + 1$，且过点 $(1,3)$，求此曲线的方程。

解 设曲线方程为 $y = f(x)$。由题意可知

$$f'(x) = 2x + 1$$

即 $f(x)$ 是 $2x + 1$ 的一个原函数，$2x + 1$ 的全体原函数为

$$\int (2x + 1)\,\mathrm{d}x = x^2 + x + C,\ (C\text{ 为任意常数})$$

故所求曲线是曲线族 $y = x^2 + x + C$ 中的一条。由于曲线过点 $(1,3)$，代入得 $C = 1$，于是所求的曲线方程为 $y = x^2 + x + 1$。

四、不定积分的性质

由不定积分的定义，我们很容易得到如下一些性质。

性质 1 由定义可知

$$\frac{\mathrm{d}}{\mathrm{d}x}\int f(x)\mathrm{d}x = f(x) \quad 或 \quad \mathrm{d}\int f(x)\mathrm{d}x = f(x)\mathrm{d}x$$

也就是说，一个函数先积分、后求导，仍等于这个函数。

性质 2 由定义可知

$$\int f'(x)\mathrm{d}x = f(x) + C \quad 或 \quad \int \mathrm{d}f(x) = f(x) + C$$

这说明，一个函数先求导数、后积分，等于这个函数加上任意常数。

注 性质 1 和性质 2 再次说明了微分运算与积分运算是互逆运算。

性质 3 若 $\int f(x)\mathrm{d}x = F(x) + C$，$u$ 为 x 的任何可微函数，则有

$$\int f(u)\mathrm{d}u = F(u) + C$$

注 此性质称为积分形式的不变性，它可由微分形式的不变性推之。

性质 4 $\int [f(x) \pm g(x)]\mathrm{d}x = \int f(x)\mathrm{d}x \pm \int g(x)\mathrm{d}x$

证 将上式右端求导得

$$\left[\int f(x)\mathrm{d}x \pm \int g(x)\mathrm{d}x\right]' = \left[\int f(x)\mathrm{d}x\right]' \pm \left[\int g(x)\mathrm{d}x\right]' = f(x) \pm g(x)$$

这表明 $\int f(x)\mathrm{d}x \pm \int g(x)\mathrm{d}x$ 是 $f(x) \pm g(x)$ 的原函数的全体，于是

$$\int [f(x) \pm g(x)]\mathrm{d}x = \int f(x)\mathrm{d}x \pm \int g(x)\mathrm{d}x$$

注 性质 4 可以推广到有限多个函数的代数和的情形：

$$\int [f_1(x) \pm f_2(x) \pm \cdots \pm f_n(x)]\mathrm{d}x = \int f_1(x)\mathrm{d}x \pm \int f_2(x)\mathrm{d}x \pm \cdots \pm \int f_n(x)\mathrm{d}x$$

性质 5 设 k 是常数，且 $k\neq 0$，则

$$\int kf(x)\mathrm{d}x = k\int f(x)\mathrm{d}x$$

证明类似性质 4，这个性质说明常数因子可从积分号内提出。

第二节 基本积分公式与直接积分法

PPT

一、基本积分公式

既然积分运算是微分运算的逆运算，那么很自然地可以从导数的基本公式逆过来，就得到相应的不定积分的基本公式。

(1) $\int 0\mathrm{d}x = C$

(2) $\int k\mathrm{d}x = kx + C$，（$k$ 是常数）

(3) $\int x^\alpha \mathrm{d}x = \frac{x^{\alpha+1}}{\alpha+1} + C$，$(\alpha \neq -1)$

(4) $\int \frac{1}{x}\mathrm{d}x = \ln|x| + C$

(5) $\int e^x dx = e^x + C$

(6) $\int a^x dx = \dfrac{a^x}{\ln a} + C$（其中 $a > 0$ 且 $a \neq 1$）

(7) $\int \sin x dx = -\cos x + C$

(8) $\int \cos x dx = \sin x + C$

(9) $\int \sec^2 x dx = \int \dfrac{1}{\cos^2 x} dx = \tan x + C$

(10) $\int \csc^2 x dx = \int \dfrac{1}{\sin^2 x} dx = -\cot x + C$

(11) $\int \sec x \tan x dx = \sec x + C$

(12) $\int \csc x \cot x dx = -\csc x + C$

(13) $\int \dfrac{1}{\sqrt{1-x^2}} dx = \arcsin x + C$

(14) $\int \dfrac{1}{1+x^2} dx = \arctan x + C$

二、直接积分法

直接运用或经过适当恒等变形后运用基本积分公式和不定积分的性质进行积分的方法，称为**直接积分法**。

例2　求 $\int \dfrac{x^3 - 3x + 2}{x^2} dx$。

解　$\int \dfrac{x^3 - 3x + 2}{x^2} dx = \int \left(x - \dfrac{3}{x} + \dfrac{2}{x^2} \right) dx = \int x dx - 3 \int \dfrac{1}{x} dx + 2 \int \dfrac{1}{x^2} dx$

$\qquad = \dfrac{1}{2} x^2 - 3 \ln |x| - \dfrac{2}{x} + C$

注　在各项积分后，每个不定积分的结果都含有任意常数。但因任意常数的和仍然是任意常数，所以只要写一个任意常数 C 就可以了。

例3　求 $\int \left(\sqrt[3]{x} - \sqrt{x} \right)^2 dx$。

解　$\int \left(\sqrt[3]{x} - \sqrt{x} \right)^2 dx = \int \left[\left(\sqrt[3]{x} \right)^2 - 2 \sqrt[3]{x} \cdot \sqrt{x} + x \right] dx$

$\qquad = \int x^{\frac{2}{3}} dx - 2 \int x^{\frac{5}{6}} dx + \int x dx = \dfrac{3}{5} x^{\frac{5}{3}} - \dfrac{12}{11} x^{\frac{11}{6}} + \dfrac{1}{2} x^2 + C$

例4　求 $\int \dfrac{x^2}{1+x^2} dx$。

解　$\int \dfrac{x^2}{1+x^2} dx = \int \dfrac{x^2+1-1}{1+x^2} dx = \int \left(1 - \dfrac{1}{1+x^2} \right) dx = \int dx - \int \dfrac{1}{1+x^2} dx$

$\qquad = x - \arctan x + C$

例5　求 $\int \dfrac{(x+1)^2}{x(1+x^2)} dx$。

解　$\int \dfrac{(x+1)^2}{x(1+x^2)} dx = \int \dfrac{x^2+2x+1}{x(1+x^2)} dx = \int \left(\dfrac{2}{1+x^2} + \dfrac{1}{x} \right) dx = 2 \arctan x + \ln |x| + C$

例6　求 $\int \dfrac{\sqrt{x^2+1}}{\sqrt{1-x^4}} dx$。

解　$\int \dfrac{\sqrt{x^2+1}}{\sqrt{1-x^4}} dx = \int \dfrac{1}{\sqrt{1-x^2}} dx = \arcsin x + C$

例7　求 $\int \dfrac{\cos 2x}{\cos x - \sin x} dx$。

解　$\displaystyle\int\frac{\cos 2x}{\cos x-\sin x}\mathrm{d}x=\int\frac{\cos^2 x-\sin^2 x}{\cos x-\sin x}\mathrm{d}x$

$$=\int(\cos x+\sin x)\mathrm{d}x=\sin x-\cos x+C$$

例 8　求 $\displaystyle\int 6^x\mathrm{e}^x\mathrm{d}x$。

解　$\displaystyle\int 6^x\mathrm{e}^x\mathrm{d}x=\int(6\mathrm{e})^x\mathrm{d}x=\frac{(6\mathrm{e})^x}{\ln(6\mathrm{e})}+C=\frac{(6\mathrm{e})^x}{\ln 6+1}+C$

例 9　求 $\displaystyle\int\cos^2\frac{x}{2}\mathrm{d}x$。

解　$\displaystyle\int\cos^2\frac{x}{2}\mathrm{d}x=\int\frac{1+\cos x}{2}\mathrm{d}x=\int\frac{1}{2}\mathrm{d}x+\frac{1}{2}\int\cos x\mathrm{d}x=\frac{1}{2}x+\frac{1}{2}\sin x+C$

例 10　求 $\displaystyle\int\cot^2 x\mathrm{d}x$。

解　$\displaystyle\int\cot^2 x\mathrm{d}x=\int(\csc^2 x-1)\mathrm{d}x=-\cot x-x+C$

注　检验积分结果正确与否，只需要把结果求导，看导数是否等于被积函数。若相等，积分正确，否则不正确。

第三节　换元积分法

利用基本积分公式与性质，虽然能求出一些函数的不定积分，但所能计算的不定积分是非常有限的。许多不定积分都不能用直接积分法解决，例如 $\displaystyle\int 2x\mathrm{e}^{x^2}\mathrm{d}x$、$\displaystyle\int\sec^4 x\mathrm{d}x$、$\displaystyle\int\frac{1}{\sqrt{\mathrm{e}^x+1}}\mathrm{d}x$ 等。因此，有必要进一步研究不定积分的求法，以便求出更多初等函数的积分。本节先介绍不定积分的换元积分法。

所谓**换元积分法**，就是将积分变量做适当的变换，使被积表达式化成与某一基本公式相同的形式，从而求得原函数。它是把复合函数求导法则反过来使用的一种积分方法。一般来说，换元积分法分为两类：第一类换元积分法和第二类换元积分法。

一、第一类换元积分法（凑微分法）

考察不定积分：$\displaystyle\int 2x\mathrm{e}^{x^2}\mathrm{d}x$。

被积函数中，e^{x^2} 是一个由 e^u、$u=x^2$ 复合而成的复合函数，而 $2x$ 恰好是中间变量 u 的导数。因此，做变换 $u=x^2$，求微分 $\mathrm{d}u=\mathrm{d}x^2=2x\mathrm{d}x$，便有

$$\int 2x\mathrm{e}^{x^2}\mathrm{d}x=\int\mathrm{e}^{x^2}\mathrm{d}(x^2)\xrightarrow{\text{令 }u=x^2}\int\mathrm{e}^u\mathrm{d}u=\mathrm{e}^u+C\xrightarrow{\text{代入 }u=x^2}\mathrm{e}^{x^2}+C$$

这种先"凑"微分式，再做变换的积分方法，称为**第一类换元积分法**，也称为**凑微分法**。

设 $f(u)$ 具有原函数 $F(u)$，即

$$F'(u)=f(u),\quad\int f(u)\mathrm{d}u=F(u)+C$$

如果 u 是中间变量，$u=\varphi(x)$，且可微，根据复合函数微分法，

$$\mathrm{d}u=\mathrm{d}\varphi(x)=\varphi'(x)\mathrm{d}x$$

$$\int f[\varphi(x)]\varphi'(x)\mathrm{d}x=\int f[\varphi(x)]\mathrm{d}\varphi(x)\xrightarrow{\text{令 }u=\varphi(x)}\int f(u)\mathrm{d}u=F(u)+C\xrightarrow{\text{代入 }u=\varphi(x)}F[\varphi(x)]+C$$

应用公式的关键是将不定积分 $\int g(x)\mathrm{d}x$ 中的被积函数 $g(x)$ 化为 $f[\varphi(x)]\varphi'(x)$，这样函数 $g(x)$ 的积分就转化为函数 $f(u)$ 的积分，如果能求得 $f(u)$ 的原函数，那么也就得到了 $g(x)$ 的原函数。

例 11 求 $\int \sin(\omega x + \varphi)\mathrm{d}x,(\omega、\varphi$ 均为常数，且 $\omega \neq 0)$。

解 $\int \sin(\omega x + \varphi)\mathrm{d}x = \dfrac{1}{\omega}\int \sin(\omega x + \varphi)(\omega x + \varphi)'\mathrm{d}x = \dfrac{1}{\omega}\int \sin(\omega x + \varphi)\mathrm{d}(\omega x + \varphi) \xrightarrow{\text{令 } u = \omega x + \varphi}$

$$\dfrac{1}{\omega}\int \sin u\,\mathrm{d}u = -\dfrac{1}{\omega}\cos u + C \xrightarrow{\text{代入 } u = \omega x + \varphi} -\dfrac{1}{\omega}\cos(\omega x + \varphi) + C$$

例 12 求 $\int \dfrac{x}{\sqrt{1+x^2}}\mathrm{d}x$。

解 $\int \dfrac{x}{\sqrt{1+x^2}}\mathrm{d}x = \dfrac{1}{2}\int \dfrac{1}{\sqrt{1+x^2}}(1+x^2)'\mathrm{d}x = \dfrac{1}{2}\int \dfrac{1}{\sqrt{1+x^2}}\mathrm{d}(1+x^2) \xrightarrow{\text{令 } u = 1+x^2}$

$$\dfrac{1}{2}\int \dfrac{1}{\sqrt{u}}\mathrm{d}u = \sqrt{u} + C \xrightarrow{\text{代入 } u = 1+x^2} \sqrt{1+x^2} + C$$

注 在熟练使用凑微分的方法后，不必把中间的代换过程 $u = \varphi(x)$ 明确写出来。

例 13 求 $\int \dfrac{1}{a^2+x^2}\mathrm{d}x,(a \neq 0)$。

解 $\int \dfrac{\mathrm{d}x}{a^2+x^2} = \dfrac{1}{a^2}\int \dfrac{1}{1+\left(\dfrac{x}{a}\right)^2}\mathrm{d}x = \dfrac{1}{a}\int \dfrac{\mathrm{d}\left(\dfrac{x}{a}\right)}{1+\left(\dfrac{x}{a}\right)^2} = \dfrac{1}{a}\arctan\dfrac{x}{a} + C$

例 14 求 $\int \dfrac{x}{x^2+2x+5}\mathrm{d}x$。

解 $\int \dfrac{x}{x^2+2x+5}\mathrm{d}x = \dfrac{1}{2}\int \dfrac{2x+2-2}{x^2+2x+5}\mathrm{d}x$

$$= \dfrac{1}{2}\int \dfrac{1}{x^2+2x+5}\mathrm{d}(x^2+2x+5) - \int \dfrac{1}{(x+1)^2+2^2}\mathrm{d}(x+1)$$

$$= \dfrac{1}{2}\ln(x^2+2x+5) - \dfrac{1}{2}\arctan\dfrac{x+1}{2} + C$$

例 15 求 $\int \dfrac{1}{x^2-a^2}\mathrm{d}x,(a \neq 0)$。

解 $\int \dfrac{1}{x^2-a^2}\mathrm{d}x = \dfrac{1}{2a}\int \left(\dfrac{1}{x-a} - \dfrac{1}{x+a}\right)\mathrm{d}x = \dfrac{1}{2a}\left[\int \dfrac{1}{x-a}\mathrm{d}(x-a) - \int \dfrac{1}{x+a}\mathrm{d}(x+a)\right]$

$$= \dfrac{1}{2a}\big[\ln|x-a| - \ln|x+a|\big] + C = \dfrac{1}{2a}\ln\left|\dfrac{x-a}{x+a}\right| + C$$

例 16 求 $\int \dfrac{\mathrm{d}x}{\sqrt{a^2-x^2}},(a > 0)$。

解 $\int \dfrac{\mathrm{d}x}{\sqrt{a^2-x^2}} = \int \dfrac{\mathrm{d}\left(\dfrac{x}{a}\right)}{\sqrt{1-\left(\dfrac{x}{a}\right)^2}} = \arcsin\dfrac{x}{a} + C$

例 17 求 $\int \dfrac{\mathrm{d}x}{\sqrt{4x-x^2}}$。

解 $\displaystyle\int \frac{\mathrm{d}x}{\sqrt{4x-x^2}} = \int \frac{\mathrm{d}x}{\sqrt{4-(x-2)^2}} = \int \frac{1}{\sqrt{1-\left(\frac{x-2}{2}\right)^2}}\mathrm{d}\left(\frac{x-2}{2}\right) = \arcsin\left(\frac{x-2}{2}\right) + C$

例 18　求 $\displaystyle\int \tan x\,\mathrm{d}x$。

解　$\displaystyle\int \tan x\,\mathrm{d}x = \int \frac{\sin x}{\cos x}\mathrm{d}x = -\int \frac{(\cos x)'}{\cos x}\mathrm{d}x = -\int \frac{\mathrm{d}(\cos x)}{\cos x} = -\ln|\cos x| + C$

同理可得　　　　　　　　　　　　　　　$\displaystyle\int \cot x\,\mathrm{d}x = \ln|\sin x| + C$

例 19　求 $\displaystyle\int \csc x\,\mathrm{d}x$。

解　方法（1）：$\displaystyle\int \csc x\,\mathrm{d}x = \int \frac{1}{\sin x}\mathrm{d}x = \int \frac{\sin x}{\sin^2 x}\mathrm{d}x = -\int \frac{1}{1-\cos^2 x}\mathrm{d}(\cos x)$

$\displaystyle\qquad\qquad\qquad = \int \frac{1}{\cos^2 x - 1}\mathrm{d}(\cos x) = \frac{1}{2}\ln\left|\frac{1-\cos x}{1+\cos x}\right| + C = \frac{1}{2}\ln\left|\frac{1-\cos x}{\sin x}\right|^2 + C$

$\displaystyle\qquad\qquad\qquad = \ln\left|\frac{1-\cos x}{\sin x}\right| + C = \ln|\csc x - \cot x| + C$

方法（2）：$\displaystyle\int \csc x\,\mathrm{d}x = \int \frac{1}{\sin x}\mathrm{d}x = \int \frac{1}{\sin\frac{x}{2}\cos\frac{x}{2}}\mathrm{d}\left(\frac{x}{2}\right) = \int \frac{1}{\tan\frac{x}{2}\cos^2\frac{x}{2}}\mathrm{d}\left(\frac{x}{2}\right)$

$\displaystyle\qquad\qquad\qquad = \int \frac{1}{\tan\frac{x}{2}}\mathrm{d}\left(\tan\frac{x}{2}\right) = \ln\left|\tan\frac{x}{2}\right| + C = \ln|\csc x - \cot x| + C$

利用上面结果，可求出 $\displaystyle\int \sec x\,\mathrm{d}x$。

$$\int \sec x\,\mathrm{d}x = \int \frac{\mathrm{d}x}{\cos x} = \int \frac{\mathrm{d}\left(x+\frac{\pi}{2}\right)}{\sin\left(x+\frac{\pi}{2}\right)}$$

$$= \ln\left|\csc\left(x+\frac{\pi}{2}\right) - \cot\left(x+\frac{\pi}{2}\right)\right| + C = \ln|\sec x + \tan x| + C$$

例 20　求 $\displaystyle\int \sin^2 x \cos^3 x\,\mathrm{d}x$。

解　$\displaystyle\int \sin^2 x \cos^3 x\,\mathrm{d}x = \int \sin^2 x(1-\sin^2 x)\mathrm{d}(\sin x)$

$$= \int (\sin^2 x - \sin^4 x)\mathrm{d}(\sin x) = \frac{1}{3}\sin^3 x - \frac{1}{5}\sin^5 x + C$$

一般地，对于 $\sin^{2k+1} x \cos^n x$ 或 $\cos^{2k+1} x \sin^n x$（其中 $k \in N$）型函数的积分，拆开奇次项去凑微分，并求得结果。

例 21　求 $\displaystyle\int \sec^4 x\,\mathrm{d}x$。

解　$\displaystyle\int \sec^4 x\,\mathrm{d}x = \int (1+\tan^2 x)\mathrm{d}(\tan x) = \tan x + \frac{1}{3}\tan^3 x + C$

例 22　求 $\displaystyle\int \frac{\sqrt{\ln x}}{x}\mathrm{d}x$。

解　$\displaystyle\int \frac{\sqrt{\ln x}}{x}\mathrm{d}x = \int \sqrt{\ln x}\,\mathrm{d}(\ln x) = \frac{2}{3}(\ln x)^{\frac{3}{2}} + C$

例 23 求 $\displaystyle\int\frac{\sin\sqrt{x}}{\sqrt{x}}\mathrm{d}x$。

解 $\displaystyle\int\frac{\sin\sqrt{x}}{\sqrt{x}}\mathrm{d}x=2\int\sin\sqrt{x}\,\mathrm{d}(\sqrt{x})=-2\cos\sqrt{x}+C$

注 凑微分的目的是便于使用公式，根据以上例子，我们小结一下常用的几种凑微分的公式：

(1) $\displaystyle\int f(ax+b)\,\mathrm{d}x=\frac{1}{a}\int f(ax+b)\,\mathrm{d}(ax+b),(a\neq0)$

(2) $\displaystyle\int xf(x^2)\,\mathrm{d}x=\frac{1}{2}\int f(x^2)\,\mathrm{d}(x^2)$

(3) $\displaystyle\int\frac{f(\ln x)}{x}\mathrm{d}x=\int f(\ln x)\,\mathrm{d}(\ln x)$

(4) $\displaystyle\int f(\sin x)\cos x\,\mathrm{d}x=\int f(\sin x)\,\mathrm{d}(\sin x)$

(5) $\displaystyle\int \mathrm{e}^x f(\mathrm{e}^x)\,\mathrm{d}x=\int f(\mathrm{e}^x)\,\mathrm{d}(\mathrm{e}^x)$

(6) $\displaystyle\int\frac{f(\tan x)}{\cos^2 x}\mathrm{d}x=\int f(\tan x)\,\mathrm{d}(\tan x)$

(7) $\displaystyle\int\frac{f(\arctan x)}{1+x^2}\mathrm{d}x=\int f(\arctan x)\,\mathrm{d}(\arctan x)$

(8) $\displaystyle\int\frac{f(\arcsin x)}{\sqrt{1-x^2}}\mathrm{d}x=\int f(\arcsin x)\,\mathrm{d}(\arcsin x)$

二、第二类换元积分法（变量代换法）

上面的第一类换元积分法，是利用凑微分 $\varphi'(x)\mathrm{d}x=\mathrm{d}[\varphi(x)]$ 的方法，把一个较复杂的积分 $\displaystyle\int f[\varphi(x)]\varphi'(x)\mathrm{d}x$ 化成较简单的 $\displaystyle\int f(u)\,\mathrm{d}u$，就可以使用基本积分公式。但是，有时还会遇到积分 $\displaystyle\int f(x)\,\mathrm{d}x$ 不能由直接积分法与凑微分法求出的情况，为此，可以通过变换 $x=\varphi(t)$、$\mathrm{d}x=\varphi'(t)\mathrm{d}t$，把积分 $\displaystyle\int f(x)\,\mathrm{d}x$ 化成 $\displaystyle\int f[\varphi(t)]\varphi'(t)\mathrm{d}t$ 的形式，如果后者容易积分，再用 $t=\varphi^{-1}(x)$ 代回，不定积分就求出来了。此处，$\varphi^{-1}(x)$ 是 $x=\varphi(t)$ 的反函数，因此必须设 $x=\varphi(t)$ 单调的可导函数，且 $\varphi'(t)\neq0$，这种换元法称为**第二类换元积分法**。

$$\int f(x)\,\mathrm{d}x\xrightarrow{\text{令 }x=\varphi(t)}\int f[\varphi(t)]\varphi'(t)\mathrm{d}t\xrightarrow{\text{求积分}}F(t)+C\xrightarrow{\text{代回 }t=\varphi^{-1}(x)}F[\varphi^{-1}(x)]+C$$

例 24 求 $\displaystyle\int\frac{\mathrm{d}x}{4+\sqrt{x}}$。

解 设 $\sqrt{x}=t$，则 $x=t^2$，$\mathrm{d}x=2t\mathrm{d}t$，于是

$$\int\frac{\mathrm{d}x}{4+\sqrt{x}}=\int\frac{2t\mathrm{d}t}{4+t}=2\int\left(1-\frac{4}{4+t}\right)\mathrm{d}t=2\int\mathrm{d}t-8\int\frac{1}{4+t}\mathrm{d}(4+t)$$

$$=2t-8\ln|4+t|+C=2\sqrt{x}-8\ln(4+\sqrt{x})+C$$

例 25 求 $\displaystyle\int\frac{x-2}{\sqrt[4]{4x+1}}\mathrm{d}x$。

解 设 $\sqrt[4]{4x+1}=t$，则 $x=\dfrac{t^4-1}{4}$，$dx=t^3dt$，$(t\neq0)$，于是

$$\int\frac{x-2}{\sqrt[4]{4x+1}}dx=\int\frac{\dfrac{t^4-1}{4}-2}{t}t^3dt=\frac{1}{4}\int(t^6-9t^2)dt$$

$$=\frac{1}{28}t^7-\frac{3}{4}t^3+C=\frac{1}{28}(4x+1)^{\frac{7}{4}}-\frac{3}{4}(4x+1)^{\frac{3}{4}}+C$$

注 通过以上例子可以看出，当被积函数含有一次根式 $\sqrt[n]{ax+b}$ 时，只需做代换 $ax+b=t^n$，就可将根号去掉。

例 26 求 $\displaystyle\int\frac{1}{\sqrt{e^x+1}}dx$。

解 设 $\sqrt{e^x+1}=t$，则 $e^x=t^2-1$，$x=\ln(t^2-1)$，$dx=\dfrac{2t}{t^2-1}dt$，$(t\geq1)$，于是

$$\int\frac{1}{\sqrt{e^x+1}}dx=\int\frac{1}{t}\cdot\frac{2t}{t^2-1}dt=\int\left(\frac{1}{t-1}-\frac{1}{t+1}\right)dt=\ln\left|\frac{t-1}{t+1}\right|+C$$

$$=\ln\left|\frac{\sqrt{e^x+1}-1}{\sqrt{e^x+1}+1}\right|+C=2\ln(\sqrt{e^x+1}-1)-x+C$$

例 27 求 $\displaystyle\int\frac{1}{\sqrt{x}\,(1+\sqrt[3]{x})}dx$。

解 设 $x=t^6$，则 $dx=6t^5dt$，于是

$$\int\frac{1}{\sqrt{x}(1+\sqrt[3]{x})}dx=\int\frac{1}{t^3(1+t^2)}6t^5dt=6\int\frac{t^2}{1+t^2}dt=6\int\frac{t^2+1-1}{1+t^2}dt=6\int1-\frac{1}{1+t^2}dt$$

$$=6(t-\arctan t)+C=6(\sqrt[6]{x}-\arctan\sqrt[6]{x})+C$$

注 通过上例可以看出，当含有多个根号时，可令 $x=t^n$，其中 n 是多个根次的最小公倍数，这样可以一次换元消除所有的根号。

下面介绍被积函数含有二次根式 $\sqrt{a^2-x^2}$、$\sqrt{a^2+x^2}$、$\sqrt{x^2-a^2}$ 时，做代换的方法。

回忆几个三角恒等式：

$$1-\sin^2t=\cos^2t,1+\tan^2t=\sec^2t,1+\cot^2t=\csc^2t$$

可见，对于上述形式的二次根式，如果做三角函数代换，便可以把两平方和（或）平方差化为某一个函数的完全平方，从而将根号化去。

例 28 求 $\displaystyle\int\sqrt{a^2-x^2}dx$，$(a>0)$。

解 设 $x=a\sin t$，$\left(-\dfrac{\pi}{2}<t<\dfrac{\pi}{2}\right)$，则 $\sqrt{a^2-x^2}=a\cos t$，而 $dx=a\cos tdt$

$$\int\sqrt{a^2-x^2}dx(a>0)$$

$$=a^2\int\cos^2tdt=a^2\int\frac{1+\cos2t}{2}dt$$

$$=\frac{a^2}{2}\left[t+\frac{1}{2}\sin2t\right]+C=\frac{a^2}{2}[t+\sin t\cos t]+C$$

为了将新变量 t 还原成 x，借助图 4-2 的直角三角形，得

$$\sin t=\frac{x}{a},\cos t=\frac{\sqrt{a^2-x^2}}{a}$$

又 $t = \arcsin\dfrac{x}{a}$，所以

$$\int \sqrt{a^2 - x^2}\,\mathrm{d}x = \dfrac{a^2}{2}\arcsin\dfrac{x}{a} + \dfrac{x}{2}\sqrt{a^2 - x^2} + C$$

例 29 求 $\displaystyle\int \dfrac{1}{\sqrt{a^2 + x^2}}\mathrm{d}x,\ (a > 0)$。

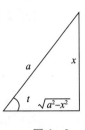

图 4 - 2

解 设 $x = a\tan t$，$\left(-\dfrac{\pi}{2} < t < \dfrac{\pi}{2}\right)$，则 $t = \arctan\dfrac{x}{a}$，$\mathrm{d}x = a\sec^2 t\mathrm{d}t$，于是

$$\int \dfrac{1}{\sqrt{a^2 + x^2}}\mathrm{d}x = \int \dfrac{1}{a\sec t}a\sec^2 t\mathrm{d}t = \int \sec t\mathrm{d}t = \ln|\sec t + \tan t| + C_1$$

为了将新变量 t 还原成 x，借助图 4 - 3 的直角三角形，得

$$\tan t = \dfrac{x}{a},\ \sec t = \dfrac{\sqrt{x^2 + a^2}}{a}$$

所以 $\quad \displaystyle\int \dfrac{1}{\sqrt{a^2 + x^2}}\mathrm{d}x = \ln\left|\dfrac{\sqrt{x^2 + a^2}}{a} + \dfrac{x}{a}\right| + C_1 = \ln|\sqrt{x^2 + a^2} + x| + C$

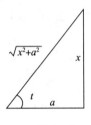

例 30 求 $\displaystyle\int \dfrac{1}{\sqrt{x^2 - a^2}}\mathrm{d}x,\ (a > 0)$。

图 4 - 3

解 设 $x = a\sec t$，$\left(0 < t < \dfrac{\pi}{2}\right)$，则 $\mathrm{d}x = a\sec t\tan t\mathrm{d}t$，于是

$$\int \dfrac{1}{\sqrt{x^2 - a^2}}\mathrm{d}x = \int \dfrac{a\sec t\tan t}{a\tan t}\mathrm{d}t = \int \sec t\mathrm{d}t = \ln|\sec t + \tan t| + C$$

为了将新变量 t 还原成 x，借助图 4 - 4 的直角三角形，得

$$\sec t = \dfrac{x}{a},\ \tan t = \dfrac{\sqrt{x^2 - a^2}}{a}$$

所以

$$\int \dfrac{1}{\sqrt{x^2 - a^2}}\mathrm{d}x = \ln\left|\dfrac{x}{a} + \dfrac{\sqrt{x^2 - a^2}}{a}\right| + C_1 = \ln\left|x + \sqrt{x^2 - a^2}\right| + C$$

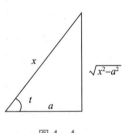

图 4 - 4

注 这种方法叫作三角函数代换法，常用的三角函数代换有下面三种：

（1）在 $\displaystyle\int R(x, \sqrt{a^2 - x^2})\mathrm{d}x$ 中，可令 $x = a\sin t$ 或 $x = a\cos t$；

（2）在 $\displaystyle\int R(x, \sqrt{a^2 + x^2})\mathrm{d}x$ 中，可令 $x = a\tan t$ 或 $x = a\cot t$；

（3）在 $\displaystyle\int R(x, \sqrt{x^2 - a^2})\mathrm{d}x$ 中，可令 $x = a\sec t$ 或 $x = a\csc t$。

例 31 求 $\displaystyle\int \dfrac{x^3}{\sqrt{x^2 - 1}}\mathrm{d}x$。

解 设 $\sqrt{x^2 - 1} = t$，等式两边同时平方，得 $x^2 - 1 = t^2$，等式两边同时微分，得 $x\mathrm{d}x = t\mathrm{d}t$，于是

$$\int \dfrac{x^3}{\sqrt{x^2 - 1}}\mathrm{d}x = \int \dfrac{t^2 + 1}{t}t\mathrm{d}t = \int (t^2 + 1)\mathrm{d}t = \dfrac{1}{3}t^3 + t + C = \dfrac{1}{3}(\sqrt{x^2 - 1})^3 + \sqrt{x^2 - 1} + C$$

本例也可用三角函数代换来解，但较麻烦。做题时，可根据题目特征来选择三角函数代换法或根式代换。

例 32 求 $\displaystyle\int \dfrac{\mathrm{d}x}{x\sqrt{x^2 - 2x - 1}}$。

解 做倒数代换。设 $x = \dfrac{1}{t}, \mathrm{d}x = -\dfrac{1}{t^2}\mathrm{d}t, (t>0)$，于是

$$\int \frac{\mathrm{d}x}{x\sqrt{x^2-2x-1}} = \int \frac{1}{\dfrac{1}{t}\sqrt{\dfrac{1}{t^2}-\dfrac{2}{t}-1}}\left(-\frac{\mathrm{d}t}{t^2}\right) = \int \frac{-1}{\sqrt{1-2t-t^2}}\mathrm{d}t = \int \frac{-1}{\sqrt{2-(t+1)^2}}\mathrm{d}(t+1)$$

$$= -\arcsin\frac{t+1}{\sqrt{2}} + C = -\arcsin\frac{x+1}{\sqrt{2}x} + C$$

注 当分母次方比较高时，可考虑倒数代换法。

例33 求 $\displaystyle\int \frac{\mathrm{d}x}{x\sqrt{9-x^2}}$。

解 方法1：设 $x = 3\sin t, \left(-\dfrac{\pi}{2} < t < \dfrac{\pi}{2}\right)$，则 $\mathrm{d}x = 3\cos t\mathrm{d}t$，于是

$$\int \frac{\mathrm{d}x}{x\sqrt{9-x^2}} = \int \frac{3\cos t\mathrm{d}t}{3\sin t \cdot 3\cos t} = \frac{1}{3}\int \frac{\mathrm{d}t}{\sin t} = \frac{1}{3}\ln|\csc t - \cot t| + C$$

$$= \frac{1}{3}\ln\left|\frac{3}{x} - \frac{\sqrt{9-x^2}}{x}\right| + C$$

方法2：设 $x = \dfrac{1}{t}, \mathrm{d}x = -\dfrac{1}{t^2}\mathrm{d}t, (t>0)$，于是

$$\int \frac{\mathrm{d}x}{x\sqrt{9-x^2}} = \int \frac{-\dfrac{1}{t^2}\mathrm{d}t}{\dfrac{1}{t}\sqrt{9-\left(\dfrac{1}{t}\right)^2}} = -\int \frac{\mathrm{d}t}{\sqrt{9t^2-1}} = -\frac{1}{3}\int \frac{\mathrm{d}(3t)}{\sqrt{9t^2-1}}$$

$$= -\frac{1}{3}\ln\left|3t + \sqrt{9t^2-1}\right| + C = -\frac{1}{3}\ln\left|\frac{3}{x} + \frac{\sqrt{9-x^2}}{x}\right| + C$$

$$= \frac{1}{3}\ln\left|\frac{x}{3+\sqrt{9-x^2}}\right| + C = \frac{1}{3}\ln\left|\frac{3-\sqrt{9-x^2}}{x}\right| + C$$

上面例题中，有8个典型例题可作为补充的积分公式，在解题过程中可直接引用：

(1) $\displaystyle\int \sec x\mathrm{d}x = \ln|\sec x + \tan x| + C$

(2) $\displaystyle\int \csc x\mathrm{d}x = \ln|\csc x - \cot x| + C$

(3) $\displaystyle\int \frac{\mathrm{d}x}{x^2+a^2} = \frac{1}{a}\arctan\frac{x}{a} + C, \ (a\neq 0)$

(4) $\displaystyle\int \frac{\mathrm{d}x}{x^2-a^2} = \frac{1}{2a}\ln\left|\frac{x-a}{x+a}\right| + C, \ (a\neq 0)$

(5) $\displaystyle\int \frac{\mathrm{d}x}{\sqrt{a^2-x^2}} = \arcsin\frac{x}{a} + C, \ (a\neq 0)$

(6) $\displaystyle\int \frac{\mathrm{d}x}{\sqrt{x^2\pm a^2}} = \ln\left|x + \sqrt{x^2\pm a^2}\right| + C$

(7) $\displaystyle\int \sqrt{a^2-x^2}\mathrm{d}x = \frac{x}{2}\sqrt{a^2-x^2} + \frac{a^2}{2}\arcsin\frac{x}{a} + C, \ (a>0)$

(8) $\displaystyle\int \sqrt{x^2\pm a^2}\mathrm{d}x = \frac{x}{2}\sqrt{x^2\pm a^2} \pm \frac{a^2}{2}\ln\left|x + \sqrt{x^2\pm a^2}\right| + C$

例34 求 $\displaystyle\int \sqrt{9x^2+12x+3}\mathrm{d}x$。

解
$$\int\sqrt{9x^2+12x+3}\,\mathrm{d}x = \frac{1}{3}\int\sqrt{(3x+2)^2-1}\,\mathrm{d}(3x+2)$$
$$= \frac{3x+2}{6}\sqrt{(3x+2)^2-1} - \frac{1}{6}\ln\left|3x+2+\sqrt{(3x+2)^2-1}\right| + C$$

第四节 分部积分法

PPT

既然积分法是微分法的逆运算，把求微分的基本公式逆过来，就得到直接积分法的基本公式，我们还可以把函数乘积的微分公式转化为函数乘积的积分公式，用于解决如 $\int xe^x\mathrm{d}x$、$\int x\ln x\mathrm{d}x$、$\int e^x\sin x\mathrm{d}x$ 等被积函数是两种不同类型函数乘积的积分。

设函数 $u=u(x)$、$v=v(x)$ 具有连续导数，则由两个函数乘积的微分公式得
$$\mathrm{d}(uv) = u\mathrm{d}v + v\mathrm{d}u$$

移项得 $\quad u\mathrm{d}v = \mathrm{d}(uv) - v\mathrm{d}u$

两边积分得 $\quad \int u\mathrm{d}v = uv - \int v\mathrm{d}u$

这个公式就叫作**分部积分公式**。

运用此公式的关键是把被积表达式 $f(x)$ 分成 u 和 $\mathrm{d}v$ 两部分乘积的形式，即
$$\int f(x)\mathrm{d}x = \int u(x)v'(x)\mathrm{d}x = \int u(x)\mathrm{d}v(x)$$
$$= u(x)v(x) - \int v(x)\mathrm{d}u(x) = u(x)v(x) - \int v(x)u'(x)\mathrm{d}x$$

注 （1）运用分部积分公式的关键是 u 与 $\mathrm{d}v$ 的选择要得当，从而起到化难为易的作用。

（2）用一次分部积分公式不能计算出结果时，还需要再次运用分部积分公式。多次使用分部积分公式时，前后选择作为 u 的函数类型要一致。

例 35 求 $\int xe^x\mathrm{d}x$。

解 令 $u=x,\mathrm{d}v=e^x\mathrm{d}x=\mathrm{d}(e^x),\mathrm{d}u=\mathrm{d}x,v=e^x$
$$\int xe^x\mathrm{d}x = \int x\mathrm{d}(e^x) = xe^x - \int e^x\mathrm{d}x = xe^x - e^x + C = (x-1)e^x + C$$

能熟练应用分部积分的方法以后，u 与 $\mathrm{d}v$ 的选取过程可以不必写出来。

例 36 求 $\int x^2\sin x\mathrm{d}x$。

解
$$\int x^2\sin x\mathrm{d}x = -\int x^2\mathrm{d}(\cos x) = -x^2\cos x + \int\cos x\mathrm{d}(x^2)$$
$$= -x^2\cos x + 2\int x\cos x\mathrm{d}x = -x^2\cos x + 2\int x\mathrm{d}(\sin x) = -x^2\cos x + 2\left(x\sin x - \int\sin x\mathrm{d}x\right)$$
$$= -x^2\cos x + 2(x\sin x + \cos x) + C$$

当被积函数是多项式与指数函数的乘积或多项式与正（余）弦函数的乘积时，选择多项式为 u，这样经过求 $\mathrm{d}u$，可以降低多项式的次数。

例 37 求 $\int\ln x\mathrm{d}x$。

解
$$\int\ln x\mathrm{d}x = x\ln x - \int x\mathrm{d}(\ln x) = x\ln x - \int\mathrm{d}x = x\ln x - x + C$$

例38 求 $\int x\arctan x\,\mathrm{d}x$。

解 $\int x\arctan x\,\mathrm{d}x = \dfrac{1}{2}\int \arctan x\,\mathrm{d}(x^2) = \dfrac{1}{2}x^2\arctan x - \dfrac{1}{2}\int x^2\,\mathrm{d}(\arctan x)$

$\qquad = \dfrac{1}{2}x^2\arctan x - \dfrac{1}{2}\int \dfrac{x^2}{1+x^2}\,\mathrm{d}x = \dfrac{1}{2}x^2\arctan x - \dfrac{1}{2}(x-\arctan x) + C$

$\qquad = \dfrac{1}{2}(x^2+1)\arctan x - \dfrac{1}{2}x + C$

当被积函数是对数函数或反三角函数与其他函数的乘积时，一般可选对数函数或反三角函数为 u，经过求 $\mathrm{d}u$，将其转化为代数函数的形式。

例39 求 $\int \mathrm{e}^x \sin x\,\mathrm{d}x$。

解 $\int \mathrm{e}^x \sin x\,\mathrm{d}x = \int \mathrm{e}^x\,\mathrm{d}(-\cos x) = -\mathrm{e}^x\cos x + \int \cos x\,\mathrm{d}(\mathrm{e}^x) = -\mathrm{e}^x\cos x + \int \mathrm{e}^x\cos x\,\mathrm{d}x$

$\qquad = -\mathrm{e}^x\cos x + \int \mathrm{e}^x\,\mathrm{d}(\sin x) = -\mathrm{e}^x\cos x + \mathrm{e}^x\sin x - \int \sin x\,\mathrm{d}(\mathrm{e}^x)$

$\qquad = \mathrm{e}^x(\sin x - \cos x) - \int \mathrm{e}^x\sin x\,\mathrm{d}x$

所以 $\int \mathrm{e}^x\sin x\,\mathrm{d}x = \dfrac{1}{2}\mathrm{e}^x(\sin x - \cos x) + C$

注 本题也可将被积表达式写成 $\sin x\,\mathrm{d}\mathrm{e}^x$，运算结果相同。

当被积函数是指数函数与正（余）弦函数的乘积时，两者均可选为 u。

例40 求 $\int \sec^3 x\,\mathrm{d}x$。

解 $\int \sec^3 x\,\mathrm{d}x = \int \sec x\,\mathrm{d}(\tan x) = \sec x\tan x - \int \tan^2 x\sec x\,\mathrm{d}x$

$\qquad = \sec x\tan x - \int \sec^3 x\,\mathrm{d}x + \int \sec x\,\mathrm{d}x$

$\qquad = \sec x\tan x - \int \sec^3 x\,\mathrm{d}x + \ln|\sec x + \tan x| + C$

所以 $\quad \int \sec^3 x\,\mathrm{d}x = \dfrac{1}{2}(\sec x\tan x + \ln|\sec x + \tan x|) + C$

例41 求 $\int \sqrt{x^2 \pm a^2}\,\mathrm{d}x$。

解 $\int \sqrt{x^2 \pm a^2}\,\mathrm{d}x = x\sqrt{x^2 \pm a^2} - \int x\,\mathrm{d}(\sqrt{x^2 \pm a^2})$

$\qquad = x\sqrt{x^2 \pm a^2} - \int \dfrac{x^2}{\sqrt{x^2 \pm a^2}}\,\mathrm{d}x = x\sqrt{x^2 \pm a^2} - \int \dfrac{x^2 \pm a^2 \mp a^2}{\sqrt{x^2 \pm a^2}}\,\mathrm{d}x$

$\qquad = x\sqrt{x^2 \pm a^2} - \int \sqrt{x^2 \pm a^2}\,\mathrm{d}x \pm a^2\int \dfrac{\mathrm{d}x}{\sqrt{x^2 \pm a^2}}$

移项后，再两端除以 2，得

$$\int \sqrt{x^2 \pm a^2}\,\mathrm{d}x = \dfrac{1}{2}\left[x\sqrt{x^2 \pm a^2} \pm a^2\int \dfrac{\mathrm{d}x}{\sqrt{x^2 \pm a^2}}\right]$$

$$= \dfrac{x\sqrt{x^2 \pm a^2}}{2} \pm \dfrac{a^2}{2}\ln\left|x + \sqrt{x^2 \pm a^2}\right| + C$$

例42 求 $\int \sin(\ln x)\,\mathrm{d}x$。

解 $\displaystyle\int \sin(\ln x)\,dx = x\sin(\ln x) - \int x\,d\big[\sin(\ln x)\big] = x\sin(\ln x) - \int x\cos(\ln x)\cdot\frac{1}{x}\,dx$

$\displaystyle\quad = x\sin(\ln x) - x\cos(\ln x) + \int x\,d\big[\cos(\ln x)\big] = x\big[\sin(\ln x) - \cos(\ln x)\big] - \int \sin(\ln x)\,dx$

所以 $\displaystyle\int \sin(\ln x)\,dx = \frac{x}{2}\big[\sin(\ln x) - \cos(\ln x)\big] + C$

以上四个例子表明，在使用分部积分法求不定积分的过程中，在等式右端出现和题目一样的式子，将其看成代数方程，解之即可。

注 在解题过程中，换元积分法及分部积分法可结合使用。

例 43 求 $\displaystyle\int e^{\sqrt{x}}\,dx$。

解 令 $\sqrt{x} = t,\,(t>0)$，则 $x = t^2$，$dx = 2t\,dt$，于是

$$\int e^{\sqrt{x}}\,dx = \int e^{t}2t\,dt = 2\int te^{t}\,dt$$

利用例 35 题的计算结果，并用 $t = \sqrt{x}$ 代回，可得：

$$\int e^{\sqrt{x}}\,dx = 2\int te^{t}\,dt = 2(t-1)e^{t} + C = 2(\sqrt{x}-1)e^{\sqrt{x}} + C$$

例 44 已知 $\arcsin x$ 是 $f(x)$ 的一个原函数，求不定积分 $\displaystyle\int xf'(x)\,dx$。

解 由已知得 $f(x) = (\arcsin x)' = \dfrac{1}{\sqrt{1-x^2}}$，$\displaystyle\int f(x)\,dx = \arcsin x + C$，于是

$$\int xf'(x)\,dx = \int x\,df(x) = xf(x) - \int f(x)\,dx = \frac{x}{\sqrt{1-x^2}} - \arcsin x + C$$

PPT

▷ 第五节　有理函数与三角函数有理式的积分简介

本节将介绍两类特殊类型的初等函数——有理函数和三角函数有理式的不定积分。对于有理函数，可按一定的步骤进行分解后求得其不定积分；三角函数有理式可经过变换转化为有理函数的积分。

一、有理函数的积分

有理函数是指由两个多项式的商所表示的函数，即具有如下形式的函数：

$$\frac{P(x)}{Q(x)} = \frac{a_0 x^n + a_1 x^{n-1} + \cdots + a_{n-1}x + a_n}{b_0 x^m + b_1 x^{m-1} + \cdots + b_{m-1}x + b_m}$$

其中，m 和 n 都是非负整数；a_0、a_1、a_2、$\cdots$、a_n 及 b_0、b_1、b_2、$\cdots$、b_m 为常数，并且 $a_0 \neq 0$，$b_0 \neq 0$。

假定分子与分母之间没有公因式，如果 $n < m$，则有理函数是真分式；如果 $n \geq m$，则有理函数是假分式。利用多项式除法，假分式可以化成一个多项式和一个真分式之和，例如：

$$\frac{x^3 + 2x + 1}{x^2 + 1} = x + \frac{x+1}{x^2 + 1}$$

因此，我们仅讨论真分式的积分。

有理函数化为部分分式之和的一般规律：

（1）分母中若有因式 $(x-a)^k$，则分解后为：

$$\frac{A_1}{(x-a)^k} + \frac{A_2}{(x-a)^{k-1}} + \cdots + \frac{A_k}{x-a}$$

其中，A_1、A_2、$\cdots$、A_k 都是常数。特殊地，当 $k=1$ 时，分解后为 $\dfrac{A}{x-a}$。

例如对 $\dfrac{1}{(x-a)^k}$，进行分解时：$\dfrac{1}{(x-a)^k}=\dfrac{A_1}{(x-a)^k}+\dfrac{A_2}{(x-a)^{k-1}}+\cdots+\dfrac{A_k}{x-a}$。一项也不能少，因为通分后，分子上是 x 的 $k-1$ 次多项式，可得到 k 个方程，定出 k 个系数，否则将会得到矛盾的结果。

例如：$\dfrac{1}{x^2(x+1)}=\dfrac{A}{x}+\dfrac{B}{x^2}+\dfrac{C}{x+1}\Rightarrow Ax(x+1)+B(x+1)+Cx^2=1$

$$\Rightarrow\begin{cases}A+C=0\\A+B=0\\B=1\end{cases}\Rightarrow\begin{cases}A=-1\\B=1\\C=1\end{cases}$$

但若设：$\dfrac{1}{x^2(x+1)}=\dfrac{A}{x^2}+\dfrac{B}{x+1}\Rightarrow A(x+1)+Bx^2=1\Rightarrow A=0,A=1$，则自相矛盾。

（2）分母中若有因式 $(x^2+px+q)^k$，其中，若 $p^2-4q<0$，则分解后为：

$$\dfrac{M_1x+N_1}{(x^2+px+q)^k}+\dfrac{M_2x+N_2}{(x^2+px+q)^{k-1}}+\cdots+\dfrac{M_kx+N_k}{x^2+px+q}$$

其中，M_i、$N_i(i=1,2,\cdots,k)$ 都是常数。特殊地：当 $k=1$ 时，则分解后为 $\dfrac{Mx+N}{x^2+px+q}$，故真分式化为部分分式之和后，可用待定系数法求得。

例 45 求 $\displaystyle\int\dfrac{x+2}{x^2-6x+8}\mathrm{d}x$。

解 设 $\dfrac{x+2}{x^2-6x+8}=\dfrac{x+2}{(x-2)(x-4)}=\dfrac{A}{x-2}+\dfrac{B}{x-4}$，

$\because x+2=A(x-4)+B(x-2)$，$\therefore x+2=(A+B)x-(4A+2B)$，

$\Rightarrow\begin{cases}A+B=1\\-(4A+2B)=2\end{cases}\Rightarrow\begin{cases}A=-2\\B=3\end{cases}$，$\therefore \dfrac{x+2}{x^2-4x+8}=\dfrac{-2}{x-2}+\dfrac{3}{x-4}$

所以，$\displaystyle\int\dfrac{x+2}{x^2-6x+8}\mathrm{d}x=\int\left(\dfrac{-2}{x-2}+\dfrac{3}{x-4}\right)\mathrm{d}x=-2\int\dfrac{1}{x-2}\mathrm{d}x+3\int\dfrac{1}{x-4}\mathrm{d}x$

$$=-2\ln|x-2|+3\ln|x-4|+C$$

例 46 求 $\displaystyle\int\dfrac{1}{x(x-1)^2}\mathrm{d}x$。

解 设 $\dfrac{1}{x(x-1)^2}=\dfrac{A}{x}+\dfrac{B}{(x-1)^2}+\dfrac{C}{x-1}$，故 $1=A(x-1)^2+Bx+Cx(x-1)$。

代入特殊值来确定系数 A、B、C。取 $x=0$，$\Rightarrow A=1$ 取 $x=1$，$\Rightarrow B=1$ 取 $x=2$，$\Rightarrow C=-1$

所以 $\dfrac{1}{x(x-1)^2}=\dfrac{1}{x}+\dfrac{1}{(x-1)^2}-\dfrac{1}{x-1}$

$$\int\dfrac{1}{x(x-1)^2}\mathrm{d}x=\int\left[\dfrac{1}{x}+\dfrac{1}{(x-1)^2}-\dfrac{1}{x-1}\right]\mathrm{d}x$$

$$=\int\dfrac{1}{x}\mathrm{d}x+\int\dfrac{1}{(x-1)^2}\mathrm{d}x-\int\dfrac{1}{x-1}\mathrm{d}x=\ln|x|-\dfrac{1}{x-1}-\ln|x-1|+C$$

例 47 求 $\displaystyle\int\dfrac{1}{1+\mathrm{e}^{\frac{x}{2}}+\mathrm{e}^{\frac{x}{3}}+\mathrm{e}^{\frac{x}{6}}}\mathrm{d}x$。

解 令 $t=\mathrm{e}^{\frac{x}{6}}\Rightarrow x=6\ln t$，$\mathrm{d}x=\dfrac{6}{t}\mathrm{d}t$，

$$\int \frac{1}{1+e^{\frac{x}{2}}+e^{\frac{x}{3}}+e^{\frac{x}{6}}}dx = \int \frac{1}{1+t^3+t^2+t} \cdot \frac{6}{t}dt$$

$$= 6\int \frac{1}{t(1+t)(1+t^2)}dt = \int \left(\frac{6}{t}-\frac{3}{1+t}-\frac{3t+3}{1+t^2}\right)dt$$

$$= \int \left(\frac{6}{t}-\frac{3}{1+t}-\frac{3t+3}{1+t^2}\right)dt = 6\ln|t|-3\ln|1+t|-\frac{3}{2}\int \frac{d(1+t^2)}{1+t^2}-3\int \frac{1}{1+t^2}dt$$

$$= 6\ln|t|-3\ln|1+t|-\frac{3}{2}\ln(1+t^2)-3\arctan t+C$$

$$= x-3\ln(1+e^{\frac{x}{6}})-\frac{3}{2}\ln(1+e^{\frac{x}{3}})-3\arctan(e^{\frac{x}{6}})+C$$

将有理函数化为部分分式之和后，只出现三类情况：

$$(1)\ \ 多项式 \quad (2)\ \ \frac{A}{(x-a)^n} \quad (3)\ \ \frac{Mx+N}{(x^2+px+q)^n}$$

对于积分 $\int \frac{Mx+N}{(x^2+px+q)^n}dx$，因为 $x^2+px+q = \left(x+\frac{p}{2}\right)^2+q-\frac{p^2}{4}$，可令 $x+\frac{p}{2}=t$。

设 $x^2+px+q=t^2+a^2, Mx+N=Mt+b$，则 $a^2=q-\frac{p^2}{4}, b=N-\frac{Mp}{2}$。

即 $\quad \int \frac{Mx+N}{(x^2+px+q)^n}dx = \int \frac{Mt}{(t^2+a^2)^n}dt + \int \frac{b}{(t^2+a^2)^n}dt$

当①$n=1$ 时，$\int \frac{Mx+N}{x^2+px+q}dx = \frac{M}{2}\ln(x^2+px+q)+\frac{b}{a}\arctan \frac{x+\frac{p}{2}}{a}+C$；

当②$n>1$ 时，$\int \frac{Mx+N}{(x^2+px+q)^n}dx = -\frac{M}{2(n-1)(t^2+a^2)^{n-1}}+b\int \frac{1}{(t^2+a^2)^n}dt$。

这三类积分均可积出，且原函数都是初等函数。

以上介绍的虽是有理函数积分的普遍方法，但对一个具体问题而言，未必是最简捷的方法，应首先考虑用其他的简便方法。

二、三角函数有理式的积分

由三角函数和常数经过有限次四则运算构成的函数，称为**三角函数有理式**。如 $\frac{1+\sin x}{\sin x(1+\cos x)}$、$\frac{2\tan x}{\sin x+\sec x}$、$\frac{\cot x}{\sin x \cdot \cos x+1}$等，一般记为 $R(\sin x,\cos x)$。形如 $\int R(\sin x,\cos x)dx$ 的积分，称为**三角函数有理式积分**。因为

$$\sin x = 2\sin \frac{x}{2}\cos \frac{x}{2} = \frac{2\tan \frac{x}{2}}{\sec^2 \frac{x}{2}} = \frac{2\tan \frac{x}{2}}{1+\tan^2 \frac{x}{2}}$$

$$\cos x = \cos^2 \frac{x}{2}-\sin^2 \frac{x}{2} = \frac{1-\tan^2 \frac{x}{2}}{\sec^2 \frac{x}{2}} = \frac{1-\tan^2 \frac{x}{2}}{1+\tan^2 \frac{x}{2}}$$

可令 $u=\tan \frac{x}{2}$，则 $x=2\arctan u$。有

$$\sin x = \frac{2u}{1+u^2}, \cos x = \frac{1-u^2}{1+u^2}, \mathrm{d}x = \frac{2}{1+u^2}\mathrm{d}u$$

$$\int R(\sin x, \cos x)\mathrm{d}x = \int R\left(\frac{2u}{1+u^2}, \frac{1-u^2}{1+u^2}\right)\frac{2}{1+u^2}\mathrm{d}u$$

例 48 求 $\int \dfrac{\sin x}{1+\sin x+\cos x}\mathrm{d}x$。

解 令 $\sin x = \dfrac{2u}{1+u^2}$，$\cos x = \dfrac{1-u^2}{1+u^2}$，$\mathrm{d}x = \dfrac{2}{1+u^2}\mathrm{d}u$，

$$\int \frac{\sin x}{1+\sin x+\cos x}\mathrm{d}x = \int \frac{2u}{(1+u)(1+u^2)}\mathrm{d}u$$

$$= \int \frac{2u+1+u^2-1-u^2}{(1+u)(1+u^2)}\mathrm{d}u = \int \frac{(1+u)^2-(1+u^2)}{(1+u)(1+u^2)}\mathrm{d}u = \int \frac{1+u}{1+u^2}\mathrm{d}u - \int \frac{1}{1+u}\mathrm{d}u$$

$$= \arctan u + \frac{1}{2}\ln(1+u^2) - \ln|1+u| + C$$

$$\xlongequal{\because u=\tan\frac{x}{2}} \frac{x}{2} + \ln\left|\sec\frac{x}{2}\right| - \ln\left|1+\tan\frac{x}{2}\right| + C$$

例 49 求 $\int \dfrac{1}{\sin^4 x}\mathrm{d}x$。

解 方法（1）：令 $u = \tan\dfrac{x}{2}$，$\sin x = \dfrac{2u}{1+u^2}$，$\mathrm{d}x = \dfrac{2}{1+u^2}\mathrm{d}u$，

$$\int \frac{1}{\sin^4 x}\mathrm{d}x = \int \frac{1+3u^2+3u^4+u^6}{8u^4}\mathrm{d}u$$

$$= \frac{1}{8}\left[-\frac{1}{3u^3} - \frac{3}{u} + 3u + \frac{u^3}{3}\right] + C$$

$$= -\frac{1}{24\left(\tan\frac{x}{2}\right)^3} - \frac{3}{8\tan\frac{x}{2}} + \frac{3}{8}\tan\frac{x}{2} + \frac{1}{24}\left(\tan\frac{x}{2}\right)^3 + C$$

方法（2）：修改万能置换公式，令 $u = \tan x$，$\sin x = \dfrac{u}{\sqrt{1+u^2}}$，$\mathrm{d}x = \dfrac{1}{1+u^2}\mathrm{d}u$，

$$\int \frac{1}{\sin^4 x}\mathrm{d}x = \int \frac{1}{\left(\dfrac{u}{\sqrt{1+u^2}}\right)^4} \cdot \frac{1}{1+u^2}\mathrm{d}u = \int \frac{1+u^2}{u^4}\mathrm{d}u$$

$$= -\frac{1}{3u^3} - \frac{1}{u} + C = -\frac{1}{3}\cot^3 x - \cot x + C$$

方法（3）：$\displaystyle\int \frac{1}{\sin^4 x}\mathrm{d}x = \int \csc^2 x(1+\cot^2 x)\mathrm{d}x$

$$= \int \csc^2 x\mathrm{d}x + \int \cot^2 x \csc^2 x\mathrm{d}x = \int \csc^2 x\mathrm{d}x - \int \cot^2 x\mathrm{d}(\cot x)$$

$$= -\cot x - \frac{1}{3}\cot^3 x + C$$

比较以上三种解法，便知万能置换不一定是最佳方法，故三角函数有理式的计算中先考虑其他手段，不得已时才用万能置换法。如 $\int \dfrac{\cos x}{1+\sin x}\mathrm{d}x$ 若用万能置换法，则 $\int \dfrac{\cos x}{1+\sin x}\mathrm{d}x = 2\int \dfrac{1-t^2}{(1+t)^2(1+t^2)}\mathrm{d}t$ 化成部分分式就比较困难；若用凑微分法，则比较简单，即 $\int \dfrac{\cos x}{1+\sin x}\mathrm{d}x = \int \dfrac{1}{1+\sin x}\mathrm{d}(1+\sin x) = \ln|1+\sin x| + C$。

所以，有理函数积分法的解题程序一般是：第一步用多项式除法，把被积函数化为一个整式与一个真分式之和；第二步把真分式分解成部分分式之和。所谓部分分式，是指：分母为质因式或质因式的若干次幂，而分子的次数低于分母的次数。而对于三角有理式积分，考虑如下步骤：①尽量使分母简单，或分子分母同乘以某个因子把分母化为 $\sin^k x$（或 $\cos^k x$）的单项式，或将分母整体看成一项；②利用倍角或积化和差公式达到降幂的目的；③用万能置换可把三角函数有理式化为有理函数的积分，但有时积分很繁琐，此时，通过其他方法将积分求出来。

例 50 求 $\displaystyle\int \frac{1+\sin x}{\sin 3x + \sin x}\mathrm{d}x$。

解 $\because \sin A + \sin B = 2\sin\dfrac{A+B}{2}\cos\dfrac{A-B}{2}$

$$\therefore \int \frac{1+\sin x}{\sin 3x + \sin x}\mathrm{d}x = \int \frac{1+\sin x}{2\sin 2x \cos x}\mathrm{d}x = \int \frac{1+\sin x}{4\sin x \cos^2 x}\mathrm{d}x$$

$$= \frac{1}{4}\int \frac{1}{\sin x \cos^2 x}\mathrm{d}x + \frac{1}{4}\int \frac{1}{\cos^2 x}\mathrm{d}x$$

$$= \frac{1}{4}\int \frac{\sin^2 x + \cos^2 x}{\sin x \cos^2 x}\mathrm{d}x + \frac{1}{4}\int \frac{1}{\cos^2 x}\mathrm{d}x$$

$$= \frac{1}{4}\int \frac{\sin x}{\cos^2 x}\mathrm{d}x + \frac{1}{4}\int \frac{1}{\sin x}\mathrm{d}x + \frac{1}{4}\int \frac{1}{\cos^2 x}\mathrm{d}x$$

$$= -\frac{1}{4}\int \frac{1}{\cos^2 x}\mathrm{d}(\cos x) + \frac{1}{4}\int \frac{1}{\sin x}\mathrm{d}x + \frac{1}{4}\int \frac{1}{\cos^2 x}\mathrm{d}x$$

$$= \frac{1}{4\cos x} + \frac{1}{4}\ln\left|\tan\frac{x}{2}\right| + \frac{1}{4}\tan x + C$$

本章结束之际，还需说明以下两点。①由于积分运算是微分运算的逆运算，积分的计算比导数的计算来得灵活、复杂、技巧性强。为了使用方便，往往把常用的积分公式汇集起来编成表，即积分表。现在流传较广的有 B. O. Peirce 的积分表（徐桂芳译）。②不是所有的初等函数的积分都可以求出来，如下列不定积分：

$$\int \mathrm{e}^{-x^2}\mathrm{d}x, \int \sin x^2 \mathrm{d}x, \int \sqrt{1-R\sin^2 x}\,\mathrm{d}x, \int \frac{\sin x}{x}\mathrm{d}x, \int \frac{\mathrm{d}x}{\ln x}, \int \frac{\mathrm{d}x}{\sqrt{1+x^3}}$$

虽然积分存在，但它们都是求不出来的，即原函数不能用初等函数表示。由此可见，初等函数的导数仍是初等函数，但初等函数的不定积分却不一定是初等函数，可以超出初等函数的范围。

习题四

答案解析

一、单项选择题

1. 若 $\displaystyle\int f(x)\mathrm{d}x = x^3 \mathrm{e}^{3x} + C$，则 $f(x) = （\quad）$。

    A. $3x^2 \mathrm{e}^{3x}(1+x)$ B. $3x^2 \mathrm{e}^{3x}$ C. $3x^3 \mathrm{e}^{3x}$ D. $x^2 \mathrm{e}^{3x}$

2. 若设 $f'(\sin^2 x) = \cos^2 x$，则 $f(x) = （\quad）$。

    A. $\sin x - \dfrac{1}{2}\sin^2 x + C$ B. $x - \dfrac{1}{2}x^2 + C$ C. $\sin^2 x - \dfrac{1}{2}\sin^4 x + C$ D. $x^2 - \dfrac{1}{2}x^4 + C$

3. 下列哪一个不是 $\sin 2x$ 的原函数 （\quad）。

A. $\dfrac{1}{2}\sin^2 x + C$ 　　　　B. $\sin^2 x + C$ 　　　　C. $-\cos^2 x + C$ 　　　　D. $-\dfrac{1}{2}\cos 2x + C$

4. 求 $\displaystyle\int \dfrac{f'(x)}{1 + [f(x)]^2}\mathrm{d}x = (\quad)$。

   A. $\ln|1 + f(x)| + C$ 　　　　　　　　　B. $\dfrac{1}{2}\ln|1 + [f(x)]^2| + C$

   C. $\arctan[f(x)] + C$ 　　　　　　　　　D. $\dfrac{1}{2}\arctan[f(x)] + C$

5. 函数 $f(x)$ 在 $(-\infty, +\infty)$ 上连续，则 $\mathrm{d}\left[\displaystyle\int f(x)\mathrm{d}x\right] = (\quad)$。

   A. $f(x)$ 　　　　　B. $f(x)\mathrm{d}x$ 　　　　C. $f(x) + C$ 　　　　D. $f'(x)\mathrm{d}x$

6. $\displaystyle\int f(x)\mathrm{d}x = x^2 + C$，则 $\displaystyle\int x f(1 - x^2)\mathrm{d}x = (\quad)$。

   A. $2(1 - x^2)^2 + C$ 　　　　　　　　　B. $-2(1 - x^2)^2 + C$

   C. $-\dfrac{1}{2}(1 - x^2)^2 + C$ 　　　　　　D. $\dfrac{1}{2}(1 - x^2)^2 + C$

7. 求 $\displaystyle\int 10^x \cdot 3^{2x}\mathrm{d}x = (\quad)$。

   A. $\dfrac{90}{\ln 90} + C$ 　　　　B. $\dfrac{90^x}{\ln 90}$ 　　　　C. $90^x + C$ 　　　　D. $\dfrac{90^x}{\ln 90} + C$

8. 求 $\displaystyle\int \dfrac{\mathrm{e}^{3x} + 1}{\mathrm{e}^x + 1}\mathrm{d}x = (\quad)$。

   A. $\mathrm{e}^{2x} + \mathrm{e}^x + x + C$ 　　　　　　　　B. $\dfrac{1}{2}\mathrm{e}^{2x} - \mathrm{e}^x + x + C$

   C. $\dfrac{1}{2}\mathrm{e}^{2x} + x + C$ 　　　　　　　　　D. $\dfrac{1}{2}\mathrm{e}^{2x} + \mathrm{e}^x + x + C$

9. 求 $\displaystyle\int \dfrac{x^2}{3(1 + x^2)}\mathrm{d}x = (\quad)$。

   A. $\dfrac{1}{3}(x - \arctan x) + C$ 　　　　　　　B. $\dfrac{1}{3}(x + \arctan x) + C$

   C. $\dfrac{1}{3}(x - \tan x) + C$ 　　　　　　　　D. $\dfrac{1}{3}(x + \tan x) + C$

10. 求 $\displaystyle\int \dfrac{\mathrm{d}x}{x\ln x} = (\quad)$。

    A. $\ln|x|$ 　　　　B. $\ln|\ln(\ln x)| + C$ 　　　　C. $\ln|\ln x| + C$ 　　　　D. $3\ln|\ln x| + C$

11. 求 $\displaystyle\int \mathrm{e}^{\sqrt[3]{x}}\mathrm{d}x = (\quad)$。

    A. $\dfrac{1}{3}\mathrm{e}^{\sqrt[3]{x}} + C$ 　　　　　　　　B. $\dfrac{1}{3}(\sqrt{x} - 1)\mathrm{e}^{\sqrt[3]{x}} + C$

    C. $\dfrac{2}{3}\left(\sqrt{x} - \dfrac{1}{2}\right)\mathrm{e}^{\sqrt[3]{x}} + C$ 　　　　　D. $\dfrac{2}{3}\left(\sqrt{x} - \dfrac{1}{3}\right)\mathrm{e}^{\sqrt[3]{x}} + C$

12. 求 $\displaystyle\int (\mathrm{e}^x - \mathrm{e}^{-x})^3\mathrm{d}x = (\quad)$。

    A. $\dfrac{\mathrm{e}^{3x}}{3} - 3\mathrm{e}^x - 3\mathrm{e}^{-x} - \dfrac{\mathrm{e}^{-3x}}{3} + C$ 　　　　B. $\dfrac{\mathrm{e}^{3x}}{3} - 3\mathrm{e}^x - 3\mathrm{e}^{-x} + \dfrac{\mathrm{e}^{-3x}}{3} + C$

    C. $\dfrac{\mathrm{e}^{3x}}{3} + 3\mathrm{e}^x - 3\mathrm{e}^{-x} - \dfrac{\mathrm{e}^{-3x}}{3} + C$ 　　　　D. $\mathrm{e}^{3x} - 3\mathrm{e}^x + 3\mathrm{e}^{-x} - \dfrac{\mathrm{e}^{-3x}}{3} + C$

13. 当被积函数含有 $\sqrt{x^2 - a^2}$ 时，可考虑令 $x = ($ $)$。

    A. $a\sin t$ B. $a\tan t$ C. $a\cos t$ D. $a\sec t$

14. 求 $\int \dfrac{2}{1 + (2x)^2}\,dx = ($ $)$。

    A. $\arctan 2x + C$ B. $\arctan 2x$ C. $\arcsin 2x$ D. $\arcsin 2x + C$

15. 求 $\int \arccos x\,dx = ($ $)$。

    A. $x\arccos x - \sqrt{1 - x^2} + C$ B. $x\arcsin x + \sqrt{1 - x^2} + C$

    C. $x\arccos x + \sqrt{1 - x^2} + C$ D. $x\arcsin x - \sqrt{1 - x^2} + C$

二、填空题

1. 设 $\int f(x)\,dx = \dfrac{1}{2}\ln(3x^2 - 1) + C$，则 $f(x) = $ _____。

2. 经过点 $(2,5)$ 且其切线的斜率为 $2x$ 的曲线方程为 _____。

3. $\int \dfrac{dx}{x^2\sqrt{x}} = $ _____。

4. $\int (6^x + 3\sin x - \sqrt{x})\,dx = $ _____。

5. $\int (m^2 + x^2)^2\,dx = $ _____。

6. $\int \left(1 + x + x^3 - \dfrac{1}{\sqrt[3]{x^2}}\right)dx = $ _____。

7. $\dfrac{x\,dx}{\sqrt{1 - x^2}} = $ _____ $d(\sqrt{1 - x^2})$。

8. $\int (1 + x)^m\,dx = $ _____。

9. $\int f(x)e^{-x}\,dx = \tan x + C$，则 $f(x) = $ _____。

10. $\int \sin\dfrac{1}{x} \cdot \dfrac{1}{x^2}\,dx = $ _____。

11. $\int x^2 \sqrt[3]{1 - x}\,dx = $ _____。

12. $\int \dfrac{x + \arctan x}{1 + x^2}\,dx = $ _____。

13. $\int x \cdot \cos x\,dx = $ _____。

14. $\int \dfrac{1}{\sqrt{1 - 4x^2}}\,dx = $ _____。

15. $\int \left(\dfrac{\ln x}{x}\right)^2\,dx = $ _____。

三、计算题

1. 用直接积分法求不定积分：

  (1) $\int \sqrt{x\sqrt{x}}\,dx$ (2) $\int \dfrac{x^3 - 4x^2 + 2x + 1}{x^2}\,dx$

(3) $\displaystyle\int \frac{3}{\sqrt{1-x^2}}\mathrm{d}x$

(4) $\displaystyle\int (x^{\frac{1}{2}}+x^{-\frac{1}{2}})^2\mathrm{d}x$

(5) $\displaystyle\int x(3x^2-2x+1)\mathrm{d}x$

(6) $\displaystyle\int \frac{x+4}{\sqrt[3]{x}}\mathrm{d}x$

(7) $\displaystyle\int \frac{\sqrt{x}-2x^3\mathrm{e}^x+3x^2}{x^3}\mathrm{d}x$

(8) $\displaystyle\int (\cos x+a^x-\csc^2 x)\mathrm{d}x$

(9) $\displaystyle\int \left(\sec^2 x-\frac{5}{1+x^2}-\sin x\right)\mathrm{d}x$

(10) $\displaystyle\int \frac{x-9}{\sqrt{x}-3}\mathrm{d}x$

(11) $\displaystyle\int \frac{x^2}{1+x}\mathrm{d}x$

(12) $\displaystyle\int \frac{x^4}{1+x^2}\mathrm{d}x$

(13) $\displaystyle\int \frac{3x^2+1}{2x^2(1+x^2)}\mathrm{d}x$

(14) $\displaystyle\int \frac{6^x+4^x}{2^x}\mathrm{d}x$

(15) $\displaystyle\int \frac{1}{\sin^2 x\cos^2 x}\mathrm{d}x$

(16) $\displaystyle\int \frac{\cos 2x}{\sin^2 x}\mathrm{d}x$

(17) $\displaystyle\int \frac{1}{1-\cos 2x}\mathrm{d}x$

(18) $\displaystyle\int \cot^2 x\,\mathrm{d}x$

(19) $\displaystyle\int \frac{1+\cos^2 x}{1+\cos 2x}\mathrm{d}x$

(20) $\displaystyle\int \left(\sin\frac{x}{2}-\cos\frac{x}{2}\right)^2\mathrm{d}x$

2. 用凑微分法求下列不定积分：

(1) $\displaystyle\int (1+x)^8\mathrm{d}x$

(2) $\displaystyle\int \sin(2x+5)\mathrm{d}x$

(3) $\displaystyle\int \frac{\mathrm{d}x}{\sqrt{3x+4}}$

(4) $\displaystyle\int \frac{1}{5-x}\mathrm{d}x$

(5) $\displaystyle\int x^3\sqrt{1+x^2}\mathrm{d}x$

(6) $\displaystyle\int \frac{x\mathrm{d}x}{(x^2-1)^{10}}$

(7) $\displaystyle\int \tan^3 x\sec x\,\mathrm{d}x$

(8) $\displaystyle\int \frac{(\ln x)^3}{x}\mathrm{d}x$

(9) $\displaystyle\int \frac{\mathrm{d}x}{x\ln x}$

(10) $\displaystyle\int \frac{1}{x(\ln x)\ln(\ln x)}\mathrm{d}x$

(11) $\displaystyle\int \mathrm{e}^x\cos \mathrm{e}^x\,\mathrm{d}x$

(12) $\displaystyle\int \mathrm{e}^{\cos x}\sin x\,\mathrm{d}x$

(13) $\displaystyle\int \sqrt{\tan x}\sec^2 x\,\mathrm{d}x$

(14) $\displaystyle\int \frac{\mathrm{d}x}{x\sqrt{1+\ln x}}$

(15) $\displaystyle\int \frac{\mathrm{d}x}{\sqrt{x}\,\mathrm{e}^{\sqrt{x}}}$

(16) $\displaystyle\int \frac{(\arctan x)^2}{1+x^2}\mathrm{d}x$

(17) $\displaystyle\int \frac{\mathrm{d}x}{(\arcsin x)^2\sqrt{1-x^2}}$

(18) $\displaystyle\int \sin\sqrt{1+x^2}\cdot\frac{x}{\sqrt{1+x^2}}\mathrm{d}x$

(19) $\displaystyle\int \frac{2^{\arcsin x}}{\sqrt{1-x^2}}\mathrm{d}x$

(20) $\displaystyle\int \frac{\mathrm{d}x}{16-x^2}$

(21) $\displaystyle\int \frac{5x-1}{x^2+9}\mathrm{d}x$

(22) $\displaystyle\int \frac{2x+1}{x^2-x-2}\mathrm{d}x$

(23) $\displaystyle\int \frac{\mathrm{d}x}{\sqrt{4x-4x^2}}$

(24) $\displaystyle\int \frac{2x^3-3x^2-8x+10}{x^2-3}\mathrm{d}x$

3. 用换元积分法求下列不定积分：

(1) $\int \dfrac{\sin \sqrt{x}}{\sqrt{x}} dx$

(2) $\int \dfrac{1}{\sqrt{x}+1} dx$

(3) $\int \dfrac{2x}{\sqrt[3]{1-x}} dx$

(4) $\int \sqrt{1+e^x} dx$

(5) $\int \dfrac{2dx}{(1-x^2)^{\frac{3}{2}}}$

(6) $\int \dfrac{2x^2}{\sqrt{a^2-x^2}} dx$

(7) $\int \dfrac{dt}{1+\sqrt{1-t^2}}$

(8) $\int \dfrac{t^4}{\sqrt{(1-t^2)^3}} dt$

(9) $\int \dfrac{dt}{(t^2+a^2)^{\frac{3}{2}}}$

(10) $\int \dfrac{t^3}{(1+t^2)^{\frac{3}{2}}} dt$

(11) $\int x^3 \sqrt{1+x^2} dx$

(12) $\int \dfrac{\sqrt{t^2-9}}{t} dt$

4. 用分部积分法求下列不定积分：

(1) $\int x\sin 3x dx$

(2) $\int xe^{-2x} dx$

(3) $\int x\cos \dfrac{x}{3} dx$

(4) $\int \dfrac{x}{\sin^2 x} dx$

(5) $\int x \cot^2 x dx$

(6) $\int 2x\sin x\cos x dx$

(7) $\int x^2 \cos x dx$

(8) $\int t^2 \cos^2 \dfrac{t}{2} dt$

(9) $\int x^4 \ln x dx$

(10) $\int \ln^2 t dt$

(11) $\int \ln(1+t^2) dt$

(12) $\int t^2 \arctan t dt$

5. 求下列不定积分：

(1) $\int \dfrac{2x^2+1}{(x+1)^3} dx$

(2) $\int \dfrac{3x-8}{(x-2)(x-3)} dx$

(3) $\int \dfrac{x^5+x^4-4}{x^3-x} dx$

(4) $\int \dfrac{x^2+1}{(x^2-2x+2)^2} dx$

6. 求下列不定积分：

(1) $\int \dfrac{x^2+1}{x\sqrt{x^4+1}} dx$

(2) $\int \cos^2 \sqrt{t} dt$

(3) $\int x^2 \cos^2 \dfrac{x}{2} dx$

(4) $\int e^x \left(\dfrac{1}{x} + \ln x \right) dx$

四、应用题

1. 已知动点在时刻 t 的速度为 $v(t)=2t-1$，且 $t=0$ 时距离 $s=3$，求此动点的运动方程。

2. 已知动点在某时刻 t 的加速度为 $a(t)=t^2+2$，且当 $t=0$ 时，速度 $v=1$，距离 $s=1$，求此动点的运动方程。

3. 已知某产品产量的变化率是时间 t 的函数 $f(t)=mt-n$（m、n 是常数），设此产品 t 时的产量函数为 $P(t)$，已知 $P(0)=0$，求 $P(t)$。

4. 设生产某产品 x 单位的总成本 C 是 x 的函数 $C(x)$，固定成本（即 $C(0)$）为 30 元，边际成本函数

为 $C'(x) = 2x + 10$（元/单位），求总成本函数。

5. 设某工厂生产某产品的总成本 y 的变化率是产量 x 的函数 $y' = 9 + \dfrac{20}{\sqrt[3]{x}}$，已知固定成本为 80 元，求总成本与产量的函数关系。

6. 设某产品的需求量 Q 是价格 P 的函数，该商品的最大需求量为 1000（即 $P = 0$ 时，$Q = 1000$），已知需求量的变化率（边际需求）为 $Q'(P) = -1000\ln3 \cdot \left(\dfrac{1}{3}\right)^P$，求需求量 Q 与价格 P 的函数关系。

7. 已知 $f(x)$ 的一个原函数是 e^{-x^2}，求 $\int x f'(x)\,\mathrm{d}x$ 的值。

8. 设曲线通过点 $(1,4)$，且其上任一点处的切线斜率等于该点横坐标的两倍，求此曲线的方程。

9. 设某工厂生产某产品的边际成本 $C'(x)$ 与产量 x 的函数关系为 $C'(x) = 7 + \dfrac{25}{\sqrt{x}}$，已知固定成本为 800，求成本与产量的函数。

10. 已知生产某商品 x 单位时，边际收益函数为 $R'(x) = 100 - \dfrac{x}{20}$（元/单位），求生产 x 单位时的总收益 $R(x)$ 以及平均单位收益 $\overline{R}(x)$，并求生产这种产品 2000 单位时的总收益和平均单位收益。

书网融合……

思政导航　　　　　本章小结

第五章　定积分及其应用

学习目标

知识目标

1. 掌握　微积分的基本定理；定积分在平面图形和旋转体中的应用；无穷积分；瑕积分。

2. 熟悉　原函数存在定理；定积分的概念及几何意义；定积分的性质。

3. 了解　广义积分的应用；三角函数积分。

能力目标　通过本章的学习，理解微积分基本定理，能够计算一元函数的定积分，会利用定积分进行面积、体积的计算。

第一节　定积分的概念与性质

PPT

定积分在医学中的应用非常广泛，可用于研究各种具有累加性的指标问题，如血药浓度、药物有效度、血液中胰岛素的平均浓度，等等。如：使用定积分计算血药浓度－时间曲线下的面积，从而研究药物在体内的浓度变化以及药物的作用和副作用。使用定积分来测定药物有效度的指标，通过计算药物在体内的浓度和药物对病原体或症状的消除程度来评估药物的治疗效果。使用定积分来计算血液中胰岛素的平均浓度，从而评估患者的胰岛素分泌情况和血糖控制情况。在医学实验中，常用染料稀释法来测定心输出量，定积分可以用来计算在染料注入后，随血液循环通过心脏到达肺部，再返回心脏而进入动脉系统的染料稀释程度，从而确定心输出量。

一、定积分的引入

在实践中，常常需要计算这样一些量：由曲线围成图形（曲边形）的面积、不规则几何体的体积、物体在变力作用下移动所做的功、密度不均匀物体的质量，等等。下面以计算曲边形的面积为例。

在直角坐标系中，连续函数 $y = f(x)$ $(y \geq 0)$ 及直线 $x = a$、$x = b$、$y = 0$ 围成的图形称为曲边梯形。由于任何一个曲边形总可以分割成若干个曲边梯形，求曲边形面积的问题就转化为求曲边梯形面积的问题。

曲边梯形有一条边是曲边，不能直接利用初等数学公式进行计算。像导数的引入一样，可以采用"极限方法"，即先求近似式，再取极限得到精确值。具体来说，把曲边梯形分割成许多小曲边梯形，每个小曲边梯形可近似地看作一个小矩形，曲边梯形的面积可近似地看作小矩形面积之和。可以想象，分割得越细，近似程度越高。若要得出面积的精确值，则必须利用极限这一工具。

1. 曲边梯形面积的计算

例1　计算连续曲线 $y = f(x)$ $(y \geq 0)$ 及直线 $x = a$、$x = b$、$y = 0$ 围成的曲边梯形的面积。

解　如图 5 - 1 所示，类似于公元三世纪刘徽的"割圆术"，我们使用"分割、近似代替、求和、取极限"的方法来计算曲边梯形的面积。

分割　用分点 $a = x_0 < x_1 < x_2 < \cdots < x_{i-1} < x_i < \cdots < x_{n-1} < x_n = b$ 把区间 $[a,b]$ 划分为 n 个小区间 Δx_1、Δx_2、$\cdots$、Δx_n，并用它们表示各小区间的长度 $\Delta x_i = x_i - x_{i-1}(i = 1,2,\cdots,n)$。过各小区间的端点，作 x 轴的垂线，把整个曲边梯形分为 n 个小的曲边梯形，即 ΔA_1、ΔA_2、$\cdots$、ΔA_n。

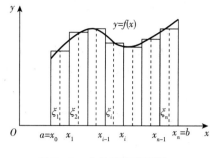

图 5 – 1　曲边梯形的面积

近似代替　在小区间 $\Delta x_i(i = 1,2,\cdots,n)$ 上任取点 ξ_i，以 Δx_i 为底、$f(\xi_i)$ 为高的小矩形近似代替小曲边梯形，得到

$$\Delta A_i \approx f(\xi_i) \cdot \Delta x_i$$

求和　把整个曲边梯形的面积 A 用 n 个小矩形面积之和近似代替，得到

$$A \approx \sum_{i=1}^{n} f(\xi_i) \Delta x_i$$

取极限　记小区间中长度最大者为 $\lambda = \max_{i=1}^{n}(\Delta x_i)$。若 $\lambda \to 0$ 时，和式的极限存在，则定义曲边梯形的面积为

$$A = \lim_{\lambda \to 0} \sum_{i=1}^{n} f(\xi_i) \Delta x_i$$

2. 变速直线运动路程的计算

例 2　设物体做变速直线运动，速度为 $v(t) \geqslant 0$，求物体从 $t = a$ 到 $t = b$ 时刻的路程 s。

解　使用"分割、近似代替、求和、取极限"的方法计算。

分割　把闭区间 $[a,b]$ 划分为 n 个小的时间区间 Δt_1、Δt_2、$\cdots$、Δt_n，物体在 n 个小的时间区间的相应路程为

$$\Delta s_1 \text{、} \Delta s_2 \text{、} \cdots \text{、} \Delta s_n$$

近似代替　在小区间 $\Delta t_i(i = 1,2,\cdots,n)$ 内任取一点 τ_i 并以匀速近似代替变速，得到

$$\Delta s_i \approx v(\tau_i) \cdot \Delta t_i$$

求和　整个时间区间上的路程用 n 个小区间路程之和计算，得到

$$s \approx \sum_{i=1}^{n} v(\tau_i) \Delta t_i$$

取极限　记小区间中长度最大者为 $\lambda = \max_{i=1}^{n}(\Delta t_i)$. 若 $\lambda \to 0$ 时，和式的极限存在，则定义整个时间区间上的路程为

$$s = \lim_{\lambda \to 0} \sum_{i=1}^{n} v(\tau_i) \Delta t_i$$

大量的实际问题，尽管它们在表面上来看是各不相关的，但是却提出了一个同样的要求：计算一个和式的极限，这就是定积分的概念。

二、定积分的定义

定义 5.1　设函数 $f(x)$ 在区间 $[a,b]$ 上有界，把 $[a,b]$ 划分为若干个小区间 Δx_1、Δx_2、$\cdots$、Δx_n，在小区间 $\Delta x_i(i = 1,2,\cdots,n)$ 上任取点 $\xi_i(x_{i-1} \leqslant \xi_i \leqslant x_i)$，记小区间中长度最大者为 $\lambda = \max_{i=1}^{n}(\Delta x_i)$。若 $\lambda \to 0$ 时，和式极限 $\lim_{\lambda \to 0} \sum_{i=1}^{n} f(\xi_i) \Delta x_i$ 为定数且与区间 $[a,b]$ 的分法及点 x_i 的取法无关，则称此和式极限为 $f(x)$ 在 $[a,b]$ 上的定积分（definite integral），记为：

$$\int_a^b f(x)\,\mathrm{d}x = \lim_{\lambda \to 0} \sum_{i=1}^{n} f(\xi_i) \Delta x_i$$

其中，$f(x)$ 称为被积函数，$f(x)\mathrm{d}x$ 称为被积表达式，x 称为积分变量，区间 $[a,b]$ 称为积分区间，a、b 分别称为积分下、上限。

关于定积分的定义，进行以下几点说明：

（1）区间的分割是任意的，x_i 的选取也是任意的。为方便计算，常采用等分法，并取小区间的端点作为 x_i。

（2）当函数 $f(x)$ 在区间 $[a,b]$ 上的定积分存在时，称 $f(x)$ 在区间 $[a,b]$ 上可积，否则称为不可积。

可积的必要条件：若 $f(x)$ 在闭区间 $[a,b]$ 上可积，则 $f(x)$ 在 $[a,b]$ 上有界。

可积的充分条件：若 $f(x)$ 在闭区间 $[a,b]$ 上连续，则 $f(x)$ 在 $[a,b]$ 上可积。

（3）由定义 5.1 可知，定积分是一个确定常数，它只与被积函数、积分区间有关，与积分变量的记号无关，因而

$$\frac{\mathrm{d}}{\mathrm{d}x}\left[\int_a^b f(x)\,\mathrm{d}x\right]=0,\quad \int_a^b f(t)\,\mathrm{d}t=\int_a^b f(x)\,\mathrm{d}x$$

（4）根据定积分的定义，规定

$$\int_a^a f(x)\,\mathrm{d}x=0,\quad \int_b^a f(x)\,\mathrm{d}x=-\int_a^b f(x)\,\mathrm{d}x$$

（5）由例 1 可知，定积分的几何意义是连续曲线 $y=f(x)$（$f(x)\geqslant 0$）及直线 $x=a$、$x=b$、$y=0$ 围成的曲边梯形的面积，即

$$A=\int_a^b f(x)\,\mathrm{d}x$$

当 $f(x)\leqslant 0$ 时，定积分的计算结果会是负值，因为该曲边梯形所包含的矩形块的高度均是负值。定积分的值为曲边梯形面积的相反数，即 $A=-\int_a^b f(x)\,\mathrm{d}x$

当 $f(x)$ 在上 $[a,b]$ 有正有负时，定积分的值表示 x 轴上方曲边梯形面积减去下方曲边梯形面积。

由例 2 可知，其物理意义是以变速 $v(t)$（$v(t)\geqslant 0$）做直线运动的物体在时间区间 $[a,b]$ 上的运动路程，即 $S=\int_a^b v(t)\,\mathrm{d}t$。

例 3　计算 $y=x^2$、$y=0$、$x=1$ 围成的曲边三角形 AOB 的面积。

解　如图 5-2 所示，把曲边三角形底边 n 等分，取分点为 0、$\dfrac{1}{n}$、

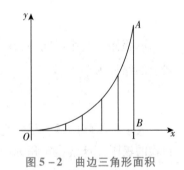

$\dfrac{2}{n}$、$\cdots$、$\dfrac{n-1}{n}$、1，每个小区间长度为 $\dfrac{1}{n}$，计算矩形面积之和得

$$S_n=0^2\cdot\frac{1}{n}+\left(\frac{1}{n}\right)^2\cdot\frac{1}{n}+\left(\frac{2}{n}\right)^2\cdot\frac{1}{n}+\cdots+\left(\frac{n-1}{n}\right)^2\cdot\frac{1}{n}$$

$$=\frac{1}{n^3}\left[1^2+2^2+3^2+\cdots+(n-1)^2\right]$$

$$=\frac{1}{6n^3}(n-1)n(2n-1)\quad(\text{数学归纳法可以证明})$$

图 5-2　曲边三角形面积

这是曲边三角形 AOB 面积的近似值，取极限得出面积的精确值 $\lim\limits_{n\to\infty}S_n=1/3$。

三、定积分的性质

在讨论定积分的计算前，先来考察定积分的性质。在以下关于其性质的讨论中，总假设 $f(x)$、$g(x)$ 在区间 $[a,b]$ 上是可积的，其中 k 为常数。

性质 1　常数因子 k 可提到积分号前，即

$$\int_a^b kf(x)\,\mathrm{d}x = k\int_a^b f(x)\,\mathrm{d}x$$

证　$\displaystyle\int_a^b kf(x)\,\mathrm{d}x = \lim_{\lambda\to 0}\sum_{i=1}^n kf(x_i)\Delta x_i = k\lim_{\lambda\to 0}\sum_{i=1}^n f(x_i)\Delta x_i = k\int_a^b f(x)\,\mathrm{d}x$

性质 2　函数代数和的定积分等于定积分的代数和，即

$$\int_a^b \left[f(x)\pm g(x)\right]\mathrm{d}x = \int_a^b f(x)\,\mathrm{d}x \pm \int_a^b g(x)\,\mathrm{d}x$$

性质 3（可加性）　若$[a,b]=[a,c]\cup[c,b]$，则$[a,b]$上的定积分等于$[a,c]$、$[c,b]$上定积分的和，即

$$\int_a^b f(x)\,\mathrm{d}x = \int_a^c f(x)\,\mathrm{d}x + \int_c^b f(x)\,\mathrm{d}x$$

由性质 3 可推出，对可积区间中任意位置的 a、b、c 三点，若 c 在 $[a,b]$ 外，同样可得

$$\int_a^b f(x)\,\mathrm{d}x = \int_a^c f(x)\,\mathrm{d}x + \int_c^b f(x)\,\mathrm{d}x$$

我们把这个性质称为定积分对积分区间具有可加性，同时可以把这个性质推广到有限个区间上的情形。

性质 4　$f(x)=k$（k 为常数），$a\leqslant x\leqslant b$，则

$$\int_a^b k\,\mathrm{d}x = k(b-a)$$

特别地，当 $k=1$ 时，$\displaystyle\int_a^b \mathrm{d}x = b-a$。

性质 5（保向性）　若$f(x)\leqslant g(x),(a\leqslant x\leqslant b)$，则 $f(x)$ 的积分不大于 $g(x)$ 的积分，即

$$\int_a^b f(x)\,\mathrm{d}x \leqslant \int_a^b g(x)\,\mathrm{d}x$$

特别地，若$f(x)\geqslant 0$，$b>a$，则$\displaystyle\int_a^b f(x)\,\mathrm{d}x\geqslant 0$。

性质 6（估值定理）　若函数 $f(x)$ 在区间 $[a,b]$ 上的最大值与最小值分别为 M、m，则

$$m(b-a)\leqslant \int_a^b f(x)\,\mathrm{d}x \leqslant M(b-a)$$

证　由 $m\leqslant f(x)\leqslant M$，两边积分得到

$$m(b-a) = \int_a^b m\,\mathrm{d}x \leqslant \int_a^b f(x)\,\mathrm{d}x \leqslant \int_a^b M\,\mathrm{d}x = M(b-a)$$

估值定理的几何意义：曲边梯形面积介于以 $b-a$ 为底、m 为高的矩形面积与以 $b-a$ 为底、M 为高的矩形面积之间。

性质 7（积分中值定理）　若$f(x)$在$[a,b]$上连续，则至少存在一点$\xi\in[a,b]$，使得

$$\int_a^b f(x)\,\mathrm{d}x = f(\xi)(b-a)$$

证　$f(x)$ 在 $[a,b]$ 上连续，在 $[a,b]$ 上必有最大值 M、最小值 m，由性质 6 得到

$$m(b-a)\leqslant \int_a^b f(x)\,\mathrm{d}x \leqslant M(b-a)$$

$$m \leqslant \frac{1}{b-a}\int_a^b f(x)\,\mathrm{d}x \leqslant M$$

根据闭区间上连续函数的介值定理，$\exists\,\xi\in[a,b]$，使得

$$f(\xi) = \frac{1}{b-a}\int_a^b f(x)\,\mathrm{d}x$$

积分中值定理的几何意义：曲边梯形面积与以 $b-a$ 为底、$f(\xi)$ 为高的矩形的面积相等，且把这个矩形的高 $f(\xi)$ 称为连续函数 $f(x)$ 在 $[a,b]$ 上的（积分）平均值。这一概念是对有限个数的平均值概念的推广（图 5-3）。

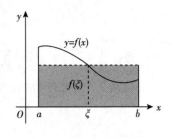

例 4 判断定积分 $\int_0^1 e^x dx$ 与 $\int_0^1 e^{x^2} dx$ 的大小。

解 在积分区间 $[0,1]$ 上，$x^2 \le x$，从而有 $e^{x^2} \le e^x$，由性质 5 得到

$$\int_0^1 e^{x^2} dx \le \int_0^1 e^x dx$$

图 5-3 积分中值定理

例 5 求证不等式 $6 \le \int_1^4 (x^2+1) dx \le 51$。

证 x^2+1 在 $[1,4]$ 上的最大值、最小值分别为 17、2，由性质 6 得到

$$6 = 2(4-1) \le \int_1^4 (x^2+1) dx \le 17(4-1) = 51$$

第二节 定积分的计算

PPT

一、原函数存在定理

由定积分的定义，它是一个确定的数，其值只与被积函数 $f(x)$、积分区间 $[a,b]$（积分上、下限）有关，现固定被积函数与积分下限，则定积分只与积分上限有关，令上限为 x，定积分就是积分上限 x 的函数。记为

$$\Phi(x) = \int_a^x f(t) dt \, (a \le x \le b)$$

称为**变上限函数**（upper limit function）。如图 5-4 所示，$\Phi(x)$ 表示图中左端点为 a、右端点 x 变动的曲边梯形的面积。

定理 5.1 若函数 $f(x)$ 在区间 $[a,b]$ 上连续，$x \in [a,b]$，则变上限函数 $\Phi(x)$ 在 $[a,b]$ 上可导，且导数 $\Phi'(x) = f(x)$。

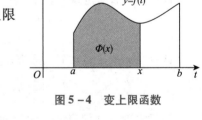

证 x 取改变量 Δx 时，函数 $\Phi(x)$ 的改变量为

$$\Delta\Phi = \Phi(x+\Delta x) - \Phi(x) = \int_a^{x+\Delta x} f(t) dt - \int_a^x f(t) dt = \int_x^{x+\Delta x} f(t) dt$$

图 5-4 变上限函数

由积分中值定理得 $\displaystyle\int_x^{x+\Delta x} f(t) dt = f(\xi)\Delta x, (x \le \xi \le x+\Delta x)$

从而有 $\displaystyle\lim_{\Delta x \to 0} \frac{\Delta\Phi}{\Delta x} = \lim_{\xi \to x} f(\xi) = f(x)$

故 $\Phi'(x) = f(x)$。

由定理 5.1 可知，只要 $f(x)$ 连续，$f(x)$ 的原函数总是存在的，变上限函数 $\Phi(x)$ 就是 $f(x)$ 的一个原函数。因此，定理 5.1 也称为**原函数存在定理**。

例 6 求 $\dfrac{d}{dx}\displaystyle\int_0^x \sin^2 3t dt$。

解 $\dfrac{d}{dx}\displaystyle\int_0^x \sin^2 3t dt = \sin^2 3x$

例7 求 $d\left[\int_{2x}^{a} f(t)\,dt\right]$。

解 先化为变上限函数，并注意微分时令 $2x$ 为中间变量 u，

$$d\left[\int_{2x}^{a} f(t)\,dt\right] = -d\left[\int_{a}^{2x} f(t)\,dt\right] = -\frac{d}{du}\left[\int_{a}^{u} f(t)\,dt\right]\cdot du = -f(u)\,d(u) = -2f(2x)\,dx$$

二、微积分基本定理

由原函数存在定理，可以证明如下的关于不定积分与定积分关系的定理。

定理5.2 若 $F(x)$ 为连续函数 $f(x)$ 在 $[a,b]$ 上的任一个原函数，则

$$\int_{a}^{b} f(x)\,dx = F(b) - F(a)$$

证 $F(x)$、$\Phi(x)$ 都是 $f(x)$ 的原函数，得 $\Phi(x) = F(x) + C$，从而有

$$\begin{cases} \Phi(a) = F(a) + C \\ \Phi(b) = F(b) + C \end{cases}$$

两式相减，注意到 $\Phi(a) = 0$，$\Phi(b) = \int_{a}^{b} f(x)\,dx$，得到

$$\int_{a}^{b} f(x)\,dx = F(b) - F(a)$$

定理5.2 表明：连续函数的定积分，等于其任一原函数在积分区间上的改变量（任一原函数上限处的函数值减去下限处的函数值）。这个定理揭示了定积分与不定积分之间的联系，把定积分计算由求和式极限简化为求原函数，称为**微积分基本定理**。

定理5.2 的结论称为**牛顿 – 莱布尼茨公式**（Newton-Leibniz Formula），简称牛 – 莱公式。结论中，原函数的改变量 $F(b) - F(a)$ 可以记为 $[F(x)]_{a}^{b}$ 或 $F(x)\big|_{a}^{b}$，于是牛 – 莱公式可以记为

$$\int_{a}^{b} f(x)\,dx = [F(x)]_{a}^{b} = F(x)\bigg|_{a}^{b} = F(b) - F(a)$$

例8 求 $\int_{0}^{1} x^2\,dx$。

解 先视为不定积分求原函数，可以省略常数 C，因为在做差时常数 C 会抵消。再把上、下限代入原函数，求得改变量：

$$\int_{0}^{1} x^2\,dx = \frac{1}{3}x^3\bigg|_{0}^{1} = \frac{1}{3}(1-0) = \frac{1}{3}$$

此题和例1的结果一致，说明牛 – 莱公式大大简化了定积分的计算。

例9 求 $\int_{0}^{\pi} (e^{2x} - \sin3x)\,dx$。

解 先视为不定积分进行凑微分，代入上、下限时注意符号，得到

$$\int_{0}^{\pi} (e^{2x} - \sin3x)\,dx = \frac{1}{2}\int_{0}^{\pi} e^{2x}\,d(2x) - \frac{1}{3}\int_{0}^{\pi} \sin3x\,d(3x)$$

$$= \frac{1}{2}[e^{2x}]_{0}^{\pi} + \frac{1}{3}[\cos3x]_{0}^{\pi} = \frac{1}{2}e^{2\pi} - \frac{7}{6}$$

例10 计算 $\int_{0}^{\pi} |\cos x|\,dx$。

解 由定积分的可加性，得

$$\int_{0}^{\pi} |\cos x|\,dx = \int_{0}^{\frac{\pi}{2}} \cos x\,dx + \int_{\frac{\pi}{2}}^{\pi} (-\cos x)\,dx = \sin x\bigg|_{0}^{\frac{\pi}{2}} - \sin x\bigg|_{\frac{\pi}{2}}^{\pi} = 1 - [0-1] = 2$$

例 11 检验运算 $\int_{-1}^{1} \frac{1}{x^2}\mathrm{d}x = -\frac{1}{x}\Big|_{-1}^{1} = -2$ 是否正确。

解 不正确。被积函数在积分区间 $[-1,1]$ 上不连续，不能使用牛 – 莱公式。更进一步分析，被积函数在 $x = 0$ 处无界，在区间 $[-1,1]$ 上不可积。

用微积分基本定理计算定积分，是定积分计算的基本方法。但是在很多时候，求原函数比较复杂，从而计算定积分就很复杂。为了解决这一问题，本节将给出定积分计算的换元法、分部积分法，同时介绍几种定积分的近似计算方法。

三、定积分的换元积分法

定理 5.3 若函数 $f(x)$ 在区间 $[a,b]$ 上连续，做变换 $x = \varphi(t)$，若变换满足条件：

① $\varphi(\alpha) = a$，$\varphi(\beta) = b$；

② 当 t 在 $[\alpha,\beta]$ 上变化时，$\varphi(t)$ 在 $[a,b]$ 上变化；

③ $\varphi'(t)$ 在 $[\alpha,\beta]$ 上连续；

则有以下定积分换元公式

$$\int_a^b f(x)\mathrm{d}x = \int_\alpha^\beta f[\varphi(t)]\varphi'(t)\mathrm{d}t$$

证 设 $F(x)$ 是 $f(x)$ 的一个原函数，由微积分基本定理有

$$\int_a^b f(x)\mathrm{d}x = F(b) - F(a)$$

由复合函数求导法则可知 $F[x(t)]$ 是 $f[x(t)]x'(t)$ 的原函数，从而又有

$$\int_\alpha^\beta f[x(t)]x'(t)\mathrm{d}t = F[x(\beta)] - F[x(\alpha)] = F(b) - F(a)$$

两式比较得到 $$\int_a^b f(x)\mathrm{d}x = \int_\alpha^\beta f[\varphi(t)]\varphi'(t)\mathrm{d}t$$

定理 5.3 的结论也可以写为

$$\int_a^b f(x)\mathrm{d}x = \int_\alpha^\beta f[\varphi(t)]\mathrm{d}[\varphi(t)]$$

这表明，对被积函数为 $f(x)$ 的定积分，可令 $x = \varphi(t)$ 换元，把被积函数 $f(x)$ 换为 $f[\varphi(t)]$，微分 $\mathrm{d}x$ 换为 $\mathrm{d}[\varphi(t)]$，原变量 x 的上、下限 a、b 换为新变量 t 的上、下限 α、β。也就是说，使用换元积分法时，不仅被积表达式要变化，积分上、下限也要做相应变化，且上限对应于上限，下限对应于下限。这样，在求出 $f[\varphi(t)]\varphi'(t)$ 的一个原函数 $\Phi(t)$ 后，不必像计算不定积分那样再把变量 t 回代成变量 x，只需直接求出 $\Phi(t)$ 在新变量 t 的积分区间上的改变量。

例 12 求 $\int_0^a \sqrt{a^2 - x^2}\,\mathrm{d}x$。

解 做三角变换，令 $x = a\sin t$，在 $x = 0$ 时 $t = 0$，$x = a$ 时 $t = \frac{\pi}{2}$，得到

$$\int_0^a \sqrt{a^2 - x^2}\,\mathrm{d}x = \int_0^{\frac{\pi}{2}} \sqrt{a^2 - a^2\sin^2 t}\,\mathrm{d}(a\sin t) = a^2\int_0^{\frac{\pi}{2}} \cos^2 t\,\mathrm{d}t$$

$$= a^2\int_0^{\frac{\pi}{2}} \frac{1 + \cos 2t}{2}\mathrm{d}t = a^2\left[\frac{t}{2} + \frac{1}{4}\sin 2t\right]_0^{\frac{\pi}{2}} = \frac{\pi}{4}a^2$$

根据定积分的几何意义，$\sqrt{a^2 - x^2}$ 在 $[0,a]$ 上定积分表示圆 $x^2 + y^2 = a^2$ 在第一象限的面积，其值为圆面积的四分之一。这个结论可以用来简化一些定积分的计算。

例 13 求 $\int_0^4 \frac{\mathrm{d}x}{1 + \sqrt{x}}$。

解 做根式变换，令 $t=\sqrt{x}$，则 $x=t^2$，在 $x=0$ 时 $t=0$，$x=4$ 时 $t=2$，得到

$$\int_0^4 \frac{\mathrm{d}x}{1+\sqrt{x}} = \int_0^2 \frac{\mathrm{d}(t^2)}{1+t} = 2\int_0^2 \frac{t\mathrm{d}t}{1+t} = 2\int_0^2 \left(1-\frac{1}{1+t}\right)\mathrm{d}t = 2\left[t-\ln|1+t|\right]_0^2 = 4-2\ln3$$

定理5.4 设函数 $f(x)$ 在对称区间 $[-a,a]$ 上连续，则

$$\int_{-a}^a f(x)\mathrm{d}x = \begin{cases} 0, & (f(x)\text{为奇函数}) \\ 2\int_0^a f(x)\mathrm{d}x, & (f(x)\text{为偶函数}) \end{cases}$$

证 在区间 $[-a,0]$ 上做相反数变换，令 $x=-t$，在 $x=-a$ 时 $t=a$，$x=0$ 时 $t=0$，得到

$$\int_{-a}^0 f(x)\mathrm{d}x = \int_a^0 f(-t)\mathrm{d}(-t) = \int_0^a f(-t)\mathrm{d}t = \int_0^a f(-x)\mathrm{d}x$$

在对称区间 $[-a,a]$ 上化为 $[-a,0]$、$[0,a]$ 上的积分之和，得到

$$\int_{-a}^a f(x)\mathrm{d}x = \int_{-a}^0 f(x)\mathrm{d}x + \int_0^a f(x)\mathrm{d}x$$

$$= \int_0^a f(-x)\mathrm{d}x + \int_0^a f(x)\mathrm{d}x = \begin{cases} 0, & (\text{奇函数}, f(-x)=-f(x)) \\ 2\int_0^a f(x)\mathrm{d}x, & (\text{偶函数}, f(-x)=f(x)) \end{cases}$$

计算对称区间上的定积分，可判断被积函数整体或部分的奇偶性，用定理5.4简化运算。

例14 计算定积分 $\int_{-1}^1 (x^4\sin^3 x + 3)\mathrm{d}x$。

解 $x^4\sin^3 x$ 是奇函数，3是偶函数，从而得到

$$\int_{-1}^1 (x^4\sin^3 x + 3)\mathrm{d}x = 2\int_0^1 3\mathrm{d}x = 6\left[x\right]_0^1 = 6$$

例15 计算定积分 $\int_{-1}^1 \left[e^x - e^{-x} + e^{|x|}\right]\mathrm{d}x$。

解 $e^x - e^{-x}$ 是奇函数，$e^{|x|}$ 是偶函数，从而得到

$$\int_{-1}^1 \left[e^x - e^{-x} + e^{|x|}\right]\mathrm{d}x = \int_{-1}^1 e^{|x|}\mathrm{d}x = 2\int_0^1 e^x\mathrm{d}x = 2e-2$$

四、定积分的分部积分法

定理5.5 若函数 $u(x)$、$v(x)$ 在区间 $[a,b]$ 上有连续导数，则有定积分的**分部积分公式**

$$\int_a^b u\mathrm{d}v = \left[uv\right]_a^b - \int_a^b v\mathrm{d}u$$

证 由两个函数乘积的微分公式 $\mathrm{d}(uv)=v\mathrm{d}u+u\mathrm{d}v$，移项得到

$$u\mathrm{d}v = \mathrm{d}(uv) - v\mathrm{d}u$$

等式两边求 $[a,b]$ 上的定积分，得到

$$\int_a^b u\mathrm{d}v = \left[uv\right]_a^b - \int_a^b v\mathrm{d}u$$

实际上，求定积分时采用分部积分法和不定积分的分部积分法完全一样，只是把它计算出来之后需将积分上、下限代入，把定积分计算出来。

例16 计算定积分 $\int_0^\pi x^2\sin\frac{x}{2}\mathrm{d}x$。

解 分部积分的"三、指"型，第一次用 $\sin\frac{x}{2}$ 凑微分，第二次用 $\cos\frac{x}{2}$ 凑微分，

$$\int_0^\pi x^2 \sin\frac{x}{2}\mathrm{d}x = -2\int_0^\pi x^2 \mathrm{d}\left(\cos\frac{x}{2}\right) = \left[-2x^2\cos\frac{x}{2}\right]_0^\pi + 2\int_0^\pi \cos\frac{x}{2}\mathrm{d}(x^2)$$

$$= 4\int_0^\pi x\cos\frac{x}{2}\mathrm{d}x = 8\int_0^\pi x\mathrm{d}\left(\sin\frac{x}{2}\right) = \left[8x\sin\frac{x}{2}\right]_0^\pi - 8\int_0^\pi \sin\frac{x}{2}\mathrm{d}x$$

$$= 8\pi + 16\left[\cos\frac{x}{2}\right]_0^\pi = 8\pi - 16$$

例 17 求 $\displaystyle\int_{-1}^1 x\arcsin x\,\mathrm{d}x$。

解 分部积分的"反、对"型，用 x 凑微分，分部积分后，用 $x=\sin t$ 换元，得到

$$\int_{-1}^1 x\arcsin x\,\mathrm{d}x = 2\int_0^1 x\arcsin x\,\mathrm{d}x = \int_0^1 \arcsin x\,\mathrm{d}(x^2) = \left[x^2\arcsin x\right]_0^1 - \int_0^1 x^2\mathrm{d}(\arcsin x)$$

$$= \frac{\pi}{2} - \int_0^1 \frac{x^2}{\sqrt{1-x^2}}\mathrm{d}x = \frac{\pi}{2} - \int_0^{\frac{\pi}{2}} \frac{\sin^2 t}{\sqrt{1-\sin^2 t}}\mathrm{d}(\sin t) = \frac{\pi}{2} - \int_0^{\frac{\pi}{2}} \sin^2 t\,\mathrm{d}t$$

$$= \frac{\pi}{2} - \int_0^{\frac{\pi}{2}} \frac{1-\cos 2t}{2}\mathrm{d}t = \frac{\pi}{2} - \left[\frac{t}{2} - \frac{\sin 2t}{4}\right]_0^{\frac{\pi}{2}} = \frac{\pi}{2} - \frac{\pi}{4} = \frac{\pi}{4}$$

五、定积分的近似计算

在实际工作中，有些被积函数不是由解析式给出，还有些被积函数虽由解析式给出，但原函数不能用初等函数表达。对这些定积分，可以通过近似计算来满足解决实际问题的需要。常用的定积分近似计算方法有幂级数法、矩形法、梯形法、抛物线法四种。

幂级数法，是把被积函数展开为幂级数（见第九章），再对展开式逐项积分得出定积分的近似值。

矩形法、梯形法、抛物线法，都是把定积分 $\displaystyle\int_a^b f(x)\mathrm{d}x$ 视为曲边梯形的面积。首先，把积分区间 $[a,b]$ 等分为 n 个小区间，分点 $a=x_0<x_1<\cdots<x_n=b$，相应的纵坐标为 y_0、y_1、$\cdots$、y_n，小区间长度 $\Delta x=(b-a)/n$；然后，把分割产生的小曲边梯形分别用矩形、梯形、抛物线曲腰梯形代替，计算出面积作为定积分的近似值。

矩形法，是在每个小区间上用小矩形近似代替小曲边梯形。若取小区间的左端点函数值作为小矩形的高，计算得到

$$\int_a^b f(x)\mathrm{d}x \approx y_0\Delta x + y_1\Delta x + \cdots + y_{n-1}\Delta x = (y_0 + y_1 + \cdots + y_{n-1})\frac{b-a}{n}$$

若取小区间的右端点函数值作为小矩形的高，则得到矩形法的又一个公式

$$\int_a^b f(x)\mathrm{d}x \approx y_1\Delta x + y_2\Delta x + \cdots + y_n\Delta x = (y_1 + y_2 + \cdots + y_n)\frac{b-a}{n}$$

梯形法，是在每个小区间上用如图 5-5 所示的小梯形近似代替小曲边梯形，计算得到

$$\int_a^b f(x)\mathrm{d}x \approx \frac{1}{2}(y_0+y_1)\Delta x + \frac{1}{2}(y_1+y_2)\Delta x + \cdots + \frac{1}{2}(y_{n-1}+y_n)\Delta x$$

$$= \frac{b-a}{n}\left(\frac{1}{2}y_0 + y_1 + y_2 + \cdots + y_{n-1} + \frac{1}{2}y_n\right)$$

抛物线法，也称辛普生（Simpson）法，是把积分区间 $[a,b]$ 等分为 $2n$ 个小区间，分点为 $a=x_0<x_1<\cdots<x_{2n}=b$，相应的纵坐标为 y_0、y_1、$\cdots$、y_{2n}，每两个小区间的长度 $\Delta x=(b-a)/n$。在每个小区间上，用如图 5-6 所示的抛物线近似代替小曲边梯形的曲边。

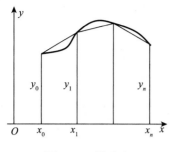

图 5-5　梯形法

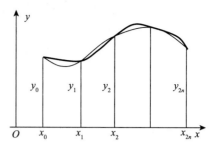

图 5-6　抛物线法

设过曲线上 (x_0,y_0)、(x_1,y_1)、(x_2,y_2) 三点的抛物线为 $y = px^2 + qx + r$，则有

$$y_i = px_i^2 + qx_i + r, (i = 0,1,2)$$

由于 $x_0 + x_2 = 2x_1$，前两个小区间上，抛物线下方的面积为

$$
\begin{aligned}
\int_{x_0}^{x_2} (px^2 + qx + r)\,\mathrm{d}x &= \left[\frac{p}{3}x^3 + \frac{q}{2}x^2 + rx \right]_{x_0}^{x_2} \\
&= \frac{1}{6}(x_2 - x_0)[2p(x_2^2 + x_2 x_0 + x_0^2) + 3q(x_2 + x_0) + 6r] \\
&= \frac{1}{6}(x_2 - x_0)[(px_2^2 + qx_2 + r) + (px_0^2 + qx_0 + r) + p(x_2 + x_0)^2 + 2q(x_2 + x_0) + 4r] \\
&= \frac{1}{6}(x_2 - x_0)(y_2 + y_0 + 4px_1^2 + 4qx_1 + 4r)
\end{aligned}
$$

从而，前两个小区间上的定积分可近似计算为

$$\int_{x_0}^{x_2} f(x)\,\mathrm{d}x \approx \frac{b-a}{6n}(y_0 + 4y_1 + y_2)$$

同理，每两个小区间上的定积分可近似计算为

$$\int_{x_0}^{x_4} f(x)\,\mathrm{d}x \approx \frac{b-a}{6n}(y_2 + 4y_3 + y_4)$$

$$\cdots\cdots$$

$$\int_{x_{2n-2}}^{x_{2n}} f(x)\,\mathrm{d}x \approx \frac{b-a}{6n}(y_{2n-2} + 4y_{2n-1} + y_{2n})$$

故 $[a,b]$ 上的定积分可用抛物线法近似计算为

$$
\begin{aligned}
\int_a^b f(x)\,\mathrm{d}x &\approx \frac{b-a}{6n}[(y_0 + 4y_1 + y_2) + (y_2 + 4y_3 + y_4) + \cdots + (y_{2n-2} + 4y_{2n-1} + y_{2n})] \\
&= \frac{b-a}{6n}[(y_0 + y_{2n}) + 4(y_1 + y_3 + \cdots + y_{2n-1}) + 2(y_2 + y_4 + \cdots + y_{2n-2})]
\end{aligned}
$$

例 18　求 $\int_0^1 e^{-x^2/2}\,\mathrm{d}x$ 的近似值。

解　原函数不能用初等函数表达，使用 e^x 的幂级数展开式，进行逐项积分得到

$$
\begin{aligned}
\int_0^1 e^{-x^2/2}\,\mathrm{d}x &= \int_0^1 \left[1 + (-x^2/2) + \frac{1}{2!}(-x^2/2)^2 + \frac{1}{3!}(-x^2/2)^3 + \cdots \right]\mathrm{d}x \\
&= \left[x - \frac{1}{2\times3}x^3 + \frac{1}{2!\times4\times5}x^5 - \frac{1}{3!\times8\times7}x^6 + \cdots \right]_0^1 = 1 - \frac{1}{6} + \frac{1}{40} - \frac{1}{336} + \cdots
\end{aligned}
$$

若取前 4 项，则得到定积分的近似值

$$\int_0^1 e^{-x^2/2}\,\mathrm{d}x \approx 1 - \frac{1}{6} + \frac{1}{40} - \frac{1}{336} \approx 0.8553\,(\text{精确值 } 0.85562447\cdots)$$

例 19 一名健康男子口服 3g 氨甲酸氯酚醚，测得血药浓度 C 和时间 t 的数据如表 5-1 所示，用梯形法计算 $C-t$ 曲线下面积 AUC（area under of curve）的近似值。

表 5-1　口服氨甲酸氯酚醚的血药浓度 C 和时间 t 数据

$t(h)$	0	1	2	3	4	5	6	7	8	9	10
$C(mg/L)$	0	10.2	19.3	21.4	17.7	16.4	13.8	11.6	9.8	8.3	7.4

解　被积函数不是由解析式给出，但时间间隔是等分的，可用矩形法，计算得到

$$\text{AUC} = \int_0^{10} C(t)\,\mathrm{d}t \approx (0 + 10.2 + 19.3 + \cdots + 7.4) \times \frac{10-0}{10} = 135.9$$

时间间隔是等分的，也可用梯形法，计算得到

$$\text{AUC} = \int_0^{10} C(t)\,\mathrm{d}t \approx \frac{0}{2} + 10.2 + 19.3 + \cdots + 8.3 + \frac{7.4}{2} = 132.2$$

时间间隔是 $2n = 10$ 等分的，还可以使用抛物线法，计算得到

$$\text{AUC} = \int_0^{10} C(t)\,\mathrm{d}t \approx \frac{10}{30}[(0 + 7.4) + 4(10.2 + 21.4 + \cdots + 8.3) + 2(19.3 + \cdots + 9.8)] = 133.4$$

▷ 第三节　定积分的应用

PPT

一、直角坐标系中平面图形的面积

由微积分基本定理，可以得到

$$\int_a^b f(x)\,\mathrm{d}x = F(x)\Big|_a^b = \int_a^b \mathrm{d}[F(x)]$$

这表明，连续函数 $f(x)$ 的定积分可以看成原函数微分的定积分，简述为"微分的积累"。

在实际问题中，若直接建立函数的定积分很困难，则可以先找出原函数的微分，再进行积累。这种方法通常称为**微元法**（differential element method），是用微积分建立数学模型的一个强有力的工具。

微元法的基本步骤可分为以下两步：

①在区间 $[a,b]$ 中的任一小区间 $[x, x+\mathrm{d}x]$ 上，以均匀变化近似代替非均匀变化，列出所求量的微元，即

$$\mathrm{d}A = f(x)\,\mathrm{d}x$$

②在区间 $[a,b]$ 上对 $\mathrm{d}A = f(x)\,\mathrm{d}x$ 积分，则所求量为

$$A = \int_a^b f(x)\,\mathrm{d}x$$

定义 5.2　两条连续曲线 $y = g(x)$、$y = h(x)$（$g(x) \le h(x)$）及两条直线 $x = a$、$x = b$（$a < b$）围成的平面图形，称为 x-**型区域**。如图 5-7 所示。

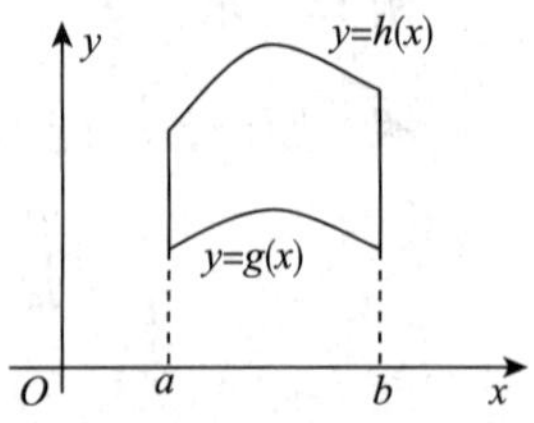

x-型区域的特点是：穿过区域内部且与 y 轴平行的直线，与区域边界至多有两个交点，可以用不等式表示为

$$a \le x \le b, \quad g(x) \le y \le h(x)$$

x-型区域的左、右边界方程分别为 $x = a$、$x = b$，上、下边界方程分别为 $y = h(x)$、$y = g(x)$。

定理 5.6　x-型区域 $a \le x \le b$、$g(x) \le y \le h(x)$ 的面积为

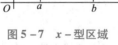

图 5-7　x-型区域

$$A = \int_a^b [h(x) - g(x)] \, dx$$

证　取微元 $[x, x+dx] \subset [a, b]$，微元上的小 x - 型区域视为矩形，面积为

$$dA = [h(x) - g(x)] \, dx$$

故整个 x - 型区域的面积为

$$A = \int_a^b [h(x) - g(x)] \, dx$$

x - 型区域面积的计算方法：积分区间从左边（下限）到右边（上限），区域上边函数解析式减去下边函数解析式为被积函数，积分变量为 x。

类似地，两条连续曲线 $x = i(y)$、$x = j(y)$（$i(y) \leqslant j(y)$）及两条直线 $y = c$、$y = d(c < d)$ 围成的平面图形，称为 y - 型区域，如图 5 - 8 所示。

y - 型区域可以用不等式表示为

$$c \leqslant y \leqslant d, \ i(y) \leqslant x \leqslant j(y)$$

y - 型区域的面积为

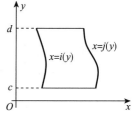

图 5 - 8　y - 型区域

$$A = \int_c^d [j(y) - i(y)] \, dy$$

y - 型区域面积的计算方法：积分区间从下边（下限）到上边（上限），区域右边函数解析式减去左边函数解析式为被积函数，积分变量为 y。

例 20　计算 $y = x^2 + 1$ 与 $y = 3 - x$ 围成图形的面积。

解　由图 5 - 9 可知，$y = x^2 + 1$ 与 $y = 3 - x$ 围成 x - 型区域，即

$$-2 \leqslant x \leqslant 1, \ x^2 + 1 \leqslant y \leqslant 3 - x$$

故围成图形的面积为

$$A = \int_{-2}^1 [(3 - x) - (x^2 + 1)] \, dx = \int_{-2}^1 (2 - x - x^2) \, dx = \left[2x - \frac{1}{2}x^2 - \frac{1}{3}x^3 \right]_{-2}^1 = \frac{9}{2}$$

例 21　求 $y = 3 + 2x - x^2$、$y = 0$、$x = 1$、$x = 4$ 围成图形的面积。

解　由图 5 - 10 可知，围成图形可分为两个 x - 型区域，D_1 和 D_2，即

$$D_1: 1 \leqslant x \leqslant 3, \ 0 \leqslant y \leqslant 3 + 2x - x^2$$

$$D_2: 3 \leqslant x \leqslant 4, \ 3 + 2x - x^2 \leqslant y \leqslant 0$$

$$A = \int_1^3 (3 + 2x - x^2) \, dx + \int_3^4 [0 - (3 + 2x - x^2)] \, dx$$

$$= \left[3x + x^2 - \frac{1}{3}x^3 \right]_1^3 - \left[3x + x^2 - \frac{1}{3}x^3 \right]_3^4 = \frac{23}{3}$$

例 22　求椭圆 $\dfrac{x^2}{a^2} + \dfrac{y^2}{b^2} = 1$ 的面积。

解　由对称性，考虑一象限部分，这是如图 5 - 11 所示的 x - 型区域，即

$$0 \leqslant x \leqslant a, \ 0 \leqslant y \leqslant \frac{b}{a}\sqrt{a^2 - x^2}$$

$$A = 4\int_0^a \frac{b}{a}\sqrt{a^2 - x^2} \, dx = \frac{4b}{a}\int_0^{\frac{\pi}{2}} \sqrt{a^2 - a^2\sin^2 t} \, d(a\sin t)$$

$$= 4ab\int_0^{\frac{\pi}{2}} \frac{1 + \cos 2t}{2} \, dt = ab\left[2t + \sin 2t \right]_0^{\pi/2} = \pi ab$$

当 $a = b$ 时，$A =$ 为圆 πa^2 的面积。

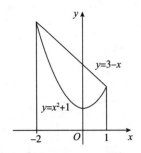

图 5 - 9 　抛物线弓形 x - 型区域

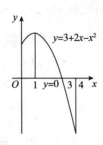

图 5 - 10 　两个 x - 型区域

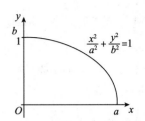

图 5 - 11 　椭圆一象限部分区域

二、极坐标系中平面图形的面积

定理 5.7 　在极坐标系中，曲线 $r = r(\theta)$ 与直线 $\theta = \alpha$、$\theta = \beta$ 围成一个如图 5 - 12 所示的曲边扇形，区域不等式为 $\alpha \leqslant \theta \leqslant \beta, 0 \leqslant r \leqslant r(\theta)$，则曲边扇形的面积为

$$A = \frac{1}{2} \int_\alpha^\beta r^2(\theta) \, \mathrm{d}\theta$$

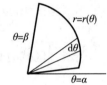

图 5 - 12 　曲边扇形

证 　取微元 $[\theta, \theta + \mathrm{d}\theta] \subset [\alpha, \beta]$，微元上的小曲边扇形视为扇形，面积为

$$\mathrm{d}A = \pi r^2 \cdot \frac{\mathrm{d}\theta}{2\pi} = \frac{1}{2} r^2 \mathrm{d}\theta$$

整个曲边扇形的面积为区间 $[\alpha, \beta]$ 上的定积分，即

$$A = \frac{1}{2} \int_\alpha^\beta r^2(\theta) \, \mathrm{d}\theta$$

例 23 　计算阿基米德（Archimedes）螺线 $r = a\theta (0 \leqslant \theta \leqslant 2\pi)$ 与极轴（$\theta = 0$）围成图形的面积。

解 　围成图形如图 5 - 13 所示，区域不等式为

$$0 \leqslant \theta \leqslant 2\pi, \quad 0 \leqslant r \leqslant a\theta$$

则围成的面积为

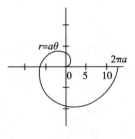

图 5 - 13 　阿基米德螺线

$$A = \frac{1}{2} \int_0^{2\pi} a^2 \theta^2 \mathrm{d}\theta = \frac{1}{6} a^2 \theta^3 \Big|_0^{2\pi} = \frac{4}{3} a^2 \pi^3$$

三、旋转体的体积

定理 5.8 　曲边梯形 $a \leqslant x \leqslant b, 0 \leqslant y \leqslant f(x)$ 绕 x 轴旋转，生成旋转体的体积为

$$V_x = \pi \int_a^b f^2(x) \, \mathrm{d}x$$

证 　生成的旋转体如图 5 - 14 所示，取微元 $[x, x + \mathrm{d}x] \subset [a, b]$，微元上的小旋转体视为圆柱体，体积为 $\mathrm{d}V = \pi f^2(x) \mathrm{d}x$，整个旋转体体积为 $V_x = \pi \int_a^b f^2(x) \, \mathrm{d}x$。

类似地，x - 型区域 $a \leqslant x \leqslant b, g(x) \leqslant y \leqslant h(x)$ 绕 x 轴旋转，生成旋转体的体积为

$$V_x = \pi \int_a^b [h^2(x) - g^2(x)] \, \mathrm{d}x$$

曲边梯形 $c \leqslant y \leqslant d, 0 \leqslant x \leqslant i(y)$ 绕 y 轴旋转，生成旋转体的体积为

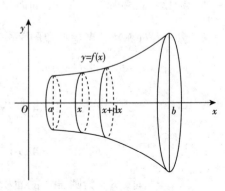

图 5 - 14 　绕 x 轴旋转的旋转体

$$V_y = \pi \int_c^d i^2(y)\,\mathrm{d}y$$

y - 型区域 $c \leqslant y \leqslant d, i(y) \leqslant x \leqslant j(y)$ 绕 y 轴旋转，生成旋转体的体积为

$$V_y = \pi \int_c^d \left[j^2(y) - i^2(y) \right]\,\mathrm{d}y$$

例 24 计算椭圆 $\dfrac{x^2}{a^2} + \dfrac{y^2}{b^2} = 1$ 绕 x 轴旋转所得椭球体的体积。

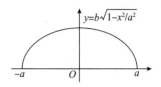

解 整个椭圆或上半椭圆绕 x 轴旋转所得椭球体相同，上半椭圆如图 5 - 15 所示。

图 5 - 15 绕 x 轴旋转生成椭球体

这是 x - 型区域 $-a \leqslant x \leqslant a, 0 \leqslant y \leqslant b\sqrt{1 - x^2/a^2}$，绕 x 轴旋转，所得体积计算得

$$V_x = \pi \int_{-a}^a b^2 \left(1 - \frac{x^2}{a^2} \right)\mathrm{d}x = 2\pi b^2 \left[x - \frac{x^3}{3a^2} \right]_0^a = \frac{4}{3}\pi ab^2$$

同理，绕 y 轴旋转所得椭球体的体积为 $4\pi a^2 b/3$。

当 $a = b$ 时，无论绕 x 轴还是绕 y 轴旋转，都生成相同的球体，体积为 $V = 4\pi a^3/3$。

例 25 反应罐半椭球形封头是下半椭圆绕 y 轴旋转生成，求反应罐半椭球形封头部分的药液的体积。

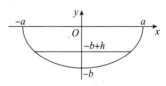

解 设液面高度为 $h(0 < h \leqslant b)$，下半椭圆如图 5 - 16 所示。

这是 y - 型区域 $-b \leqslant y \leqslant -b + h$，$-a\sqrt{1 - y^2/b^2} \leqslant x \leqslant a$

图 5 - 16 半椭球形封头

$\sqrt{1 - y^2/b^2}$，封头部分的药液的体积可视为这一区域绕 y 轴旋转生成，计算得到

$$V_y(h) = \pi \int_{-b}^{-b+h} a^2 \left(1 - \frac{y^2}{b^2} \right)\mathrm{d}y = \pi a^2 \left[y - \frac{y^3}{3b^2} \right]_{-b}^{-b+h} = \frac{\pi a^2 h^2}{3b^2}(3b - h)$$

例 26 求曲线 $y = x^2$ 与直线 $y = x$ 所围成图形绕 x 轴旋转一周所成旋转体的体积。

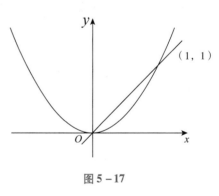

解 曲线 $y = x^2$ 与直线 $y = x$ 所围成图形如图 5 - 17 所示。所围成图形绕 x 轴旋转一周所成旋转体的体积可看作曲线 $y = x^2$ 绕 y 轴旋转所得体积减去直线 $y = x$ 绕 y 轴旋转所得体积。计算得到

图 5 - 17

$$V = \pi \int_0^1 \left[(x)^2 - (x^2)^2 \right]\mathrm{d}x = \pi \left[\frac{x^3}{3} - \frac{x^5}{5} \right]_0^1 = \frac{2}{15}\pi$$

四、定积分在物理中的应用

1. 变力做功 若恒力 F 使物体沿力的方向产生位移 s，则这个力做的功为 $W = Fs$。

若变力 $F(x)$ 使物体沿 x 轴从 $x = a$ 移动到 $x = b$，则可取微元 $[x, x + \mathrm{d}x] \subset [a, b]$，微元上视变力 $F(x)$ 为恒力，做的功微元为 $\mathrm{d}W = F(x)\mathrm{d}x$，故变力在 $[a, b]$ 上做的功为 $W = \int_a^b F(x)\mathrm{d}x$。

例 27 把一根弹簧从原来长度拉长 s，计算拉力做的功。

解 设弹簧一端固定、另一端未变形时位置为坐标原点建立坐标系，如图 5 - 18 所示。

由虎克(Hook)定律：在弹性限度内，拉力与弹簧伸长的长度成正比，即 $f = kx$。

取微元 $[x, x + \mathrm{d}x] \subset [0, s]$，微元上拉力视为不变，做的功为 $\mathrm{d}W = f\mathrm{d}x = kx\mathrm{d}x$，故拉力在 $[0, s]$ 上做的功为

$$W = \int_0^s kx\,\mathrm{d}x = \frac{1}{2}kx^2 \Big|_0^s = \frac{1}{2}ks^2$$

例28 等温过程中，求气缸中压缩气体膨胀推动活塞从 s_1 到 s_2 做的功。

解 以气缸底部为坐标原点建立坐标系，如图 5-19 所示。设气缸横截面面积为 A，气体推动活塞的压强为 p，活塞位于 x 处时，压强与气体体积之积为定值，即

$$pV = pAx = C$$

取微元 $[x, x+\mathrm{d}x] \subset [s_1, s_2]$，微元上气体压力视为不变，即 $f = pA$，微元上气体压力做功为 $\mathrm{d}W = f\mathrm{d}x = pA\mathrm{d}x$，故气体膨胀推动活塞从 s_1 到 s_2 做的功为

$$W = \int_{s_1}^{s_2} pA\,\mathrm{d}x = \int_{s_1}^{s_2} \frac{C}{x}\,\mathrm{d}x = C\ln|x|\,\Big|_{s_1}^{s_2} = C\ln\frac{s_2}{s_1}$$

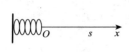

图 5-18 弹簧伸长

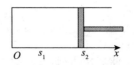

图 5-19 气体推动活塞

2. 液体压力　若液体的比重为 γ，则液体表面下深度 h 处液体的压强为 $p = \gamma h$。

例29 在水坝中有一个高为 2m 的等腰三角形闸门，底边长 3m，平行于水面，且距水面 4m，求闸门所受的压力。

解 以等腰三角形的高为 x 轴、水面为 y 轴，建立如图 5-20 所示的直角坐标系。

取微元 $[x, x+\mathrm{d}x] \subset [4,6]$，微元上压强视为不变，所受压力为

$$\mathrm{d}F = p \cdot 2y\mathrm{d}x = 2\gamma xy\mathrm{d}x$$

由两点式，建立等腰三角形的腰（一象限）的直线方程，得到

$$y - 0 = \frac{3/2 - 0}{4 - 6}(x - 6)，即 \ y = 3(6 - x)/4$$

等腰三角形闸门所受的压力为：

$$F = \frac{3}{2}\gamma \int_4^6 x(6 - x)\,\mathrm{d}x = \frac{3}{2}\gamma \left[3x^2 - \frac{1}{3}x^3\right]_4^6 = 14\gamma = 14000(\mathrm{kg})$$

例30 矩形薄板的长为 2m、宽为 1m，与水面成 30° 角斜沉于水下，距水面最近的长边平行于水面位于深 1m 处，求薄板每面所受的压力。

解 竖直向下为 x 轴、水面为 y 轴，建立如图 5-21 所示的直角坐标系。距水面最近的长边 x 坐标为 1，另一长边的 x 坐标为 $1 + \sin 30° = 3/2$。

取微元 $[x, x+\mathrm{d}x] \subset [1, 3/2]$，微元上压强视为不变，所受压力为 $\mathrm{d}F = p \cdot 2\mathrm{d}x = 2\gamma x\mathrm{d}x$，故薄板每面所受的压力为

$$F = 2\gamma \int_1^{3/2} x\,\mathrm{d}x = \gamma\left[x^2\right]_1^{3/2} = 5\gamma/4 = 1250(\mathrm{kg})$$

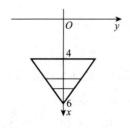

图 5-20 单侧压力

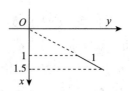

图 5-21 斜向单侧压力

五、定积分在医学中的应用

例31　药物从患者的尿液中排出，排泄速率为时间 t 的函数 $r(t)=te^{-kt}$，其中 k 是常数。求在时间间隔 $[0,T]$ 内排出的药量 D。

解　在时间间隔 $[0,T]$ 内，排出药量 D 为排泄速率的定积分，计算得到

$$D=\int_0^T r(t)\,dt=\int_0^T te^{-kt}\,dt=-\frac{1}{k}\left(te^{-kt}\Big|_0^T-\int_0^t e^{-kt}\,dt\right)=-\frac{T}{k}e^{-kt}-\frac{1}{k^2}e^{-kt}\Big|_0^T$$

$$=\frac{1}{k^2}-e^{-kT}\left(\frac{T}{k}+\frac{1}{k^2}\right)$$

例32　设有半径为 R、长为 L 的一段刚性血管，两端的血压分别为 p_1 和 $p_2(p_1<p_2)$。已知在血管的横截面上离血管中心 r 处的血流速率符合 Poiseuille 公式

$$V(t)=\frac{p_1-p_2}{4\eta L}(R^2-r^2)$$

其中，η 为血液黏滞系数。试求在单位时间内流过该横截面的血流量 Q。

解　取微元 $[r,r+dr]\subset[0,R]$，半径为 r、$r+dr$ 圆环微元的面积为

$$\pi(r+dr)^2-\pi r^2=2\pi rdr+\pi(dr)^2$$

单位时间流过圆环微元的血流量为 $V(t)\cdot 2\pi rdr$，在 $[0,R]$ 上积分计算横截面的血流量得到

$$Q=\int_0^R V(r)2\pi rdr=\int_0^R \frac{p_1-p_2}{4\eta L}(R^2-r^2)2\pi rdr$$

$$=\frac{\pi(p_1-p_2)}{2\eta L}\int_0^R(R^2r-r^3)\,dr=\frac{\pi(p_1-p_2)R^4}{8\eta L}$$

例33　先让病人禁食，以降低体内血糖浓度，然后再通过给病人注射大量的糖，测出血液中胰岛素的浓度。假定由实验测得病人血液中胰岛素的浓度（单位/ml）为

$$C(t)=\begin{cases}t(10-t),&(0\leqslant t\leqslant 5)\\25e^{k(t-5)},&(t>5)\end{cases}$$

其中，$k=\ln2/20$，时间 t 的单位是分钟，求血液中胰岛素在一小时内的平均浓度 $\overline{C}(t)$。

解　$\overline{C}(t)=\frac{1}{60-0}\int_0^{60}C(t)\,dt=\frac{1}{60}\left[\int_0^5 C(t)\,dt+\int_5^{60}C(t)\,dt\right]$

$$=\frac{1}{60}\left[\int_0^5 t(10-t)\,dt+\int_5^{60}25e^{-k(t-5)}\,dt\right]=\frac{25}{18}+\frac{25}{3\ln2}-\frac{25\sqrt[4]{2}}{24\ln2}\approx 11.624(\text{单位/ml})$$

六、定积分在经济分析中的应用

1. 由边际经济函数求原函数　给定一个经济函数 $F(x)$（比如需求函数 $Q(p)$、总成本函数 $C(x)$、总收入函数 $R(x)$ 和利润函数 $L(x)$ 等），对其微分则会产生边际函数 $F'(x)$（比如边际需求函数）。由于积分过程是微分过程的逆过程，它使我们可以由已知的边际函数 $F'(x)$ 求不定积分，反推出原经济函数：

$$F(x)=\int F'(x)\,dx$$

其中，积分常数 C 可由经济函数的具体条件确定。

并可求出原经济函数从 a 到 b 的变动量：

$$\Delta F=F(b)-F(a)=\int_a^b F'(x)\,dx$$

例34 某企业生产 Q 吨产品时的边际成本为 $C'(Q)=\dfrac{1}{50}Q+30$（元/吨），且固定成本 $C_F=900$ 元。试求总成本函数 $C(Q)$？

解　$C(Q)=\displaystyle\int\left(\dfrac{1}{50}Q+30\right)\mathrm{d}Q=\dfrac{1}{100}Q^2+30Q+c$。

当 $Q=0$ 时，总成本 C 将仅含有 C_F。由固定成本 $C_F=900$，即 $C(0)=900$，代入上式，得 $c=900$。于是，所求总成本函数为

$$C(Q)=\dfrac{1}{100}Q^2+30Q+900$$

例35 已知生产某产品 Q 单位时的边际收入为 $R'(Q)=100-2Q$（元/单位），求在生产 40 单位的基础上再增加生产 10 个单位时所增加的总收入。

解　$\Delta R=R(50)-R(40)=\displaystyle\int_{40}^{50}(100-2Q)\mathrm{d}Q=(100Q-Q^2)\Big|_{40}^{50}=100$（元）

上述两个例子介绍的方法可直接推广至由已知边际函数求原函数（如需求函数 $Q(p)$、利润函数 $L(x)$ 等）的其他问题。

2. 消费者剩余和生产者剩余　需求曲线表示消费者对某种商品的需求量与其价格之间的关系，记为 $P=D(Q)$，一般是一条自左向右下方倾斜（斜率为负）的曲线。供给曲线表示生产者对某种商品的供给量与其价格之间的关系，记为 $P=S(Q)$，一般是一条自左向右上方倾斜（斜率为正）的曲线。

在完全竞争市场中，价格和数量在不断地调整，最终趋向于供给、需求两条曲线的交点，此时需求量等于供给量，也即表明按这种价格成交能够使供、需双方都满意，这个市场达到了均衡。交点 (Q^*,P^*) 称为均衡点，Q^* 称为均衡数量，P^* 称为均衡价格。

消费者剩余指消费者购买产品时意愿最大支付超过实际支付的差额，可以度量消费者购买商品所获得的额外满足。如图 5–22 所示，当完全竞争市场形成均衡时，全体消费者购买 Q^* 数量商品的意愿最大支付为需求曲线 P_1E 段以下的面积 OP_1EQ^*。而消费者实际支付为价格水平线 P^*E 以下的面积 OP^*EQ^*，所以消费者获得的消费者剩余如图 5–22 所示，即 P^*P_1E 表示的面积：

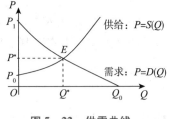

图 5–22　供需曲线

$$CS=\int_0^{Q^*}D(Q)\mathrm{d}Q-P^*Q^*$$

生产者剩余是指生产者实际收入超过意愿最小收入的差额。如图 5–22 所示，当完全竞争市场形成均衡时，生产者的收入为价格水平线 P^*E 以下的面积 OP^*EQ^*。而意愿最小收入为供给曲线 P_0E 段以下的面积 OP_0EQ^*，所以生产者得到的生产者剩余如图 5–22 所示，即 P^*P_0E 表示的面积：

$$PS=P^*Q^*-\int_0^{Q^*}S(Q)\mathrm{d}Q$$

例36 已知需求函数 $D(Q)=(Q-5)^2$ 和供给函数 $S(Q)=Q^2+Q+3$，求平衡点处的消费者剩余和生产者剩余。

解　令 $D(Q)=S(Q)$，求解方程 $(Q-5)^2=Q^2+Q+3$，解得 $Q^*=2$。

把 $Q^*=2$ 代入 $D(Q)$，则 $P^*=D(2)=(2-5)^2=9$。

因此，平衡点为 $(2,9)$。

平衡点处的消费者剩余是

$$CS=\int_0^{Q^*}D(Q)\mathrm{d}Q-P^*Q^*=\int_0^2(Q-5)^2\mathrm{d}Q-2\cdot9=\dfrac{(Q-5)^3}{3}\Big|_0^2-18=\dfrac{44}{3}$$

生产者剩余是

$$PS = P^* Q^* - \int_0^{Q^*} S(Q) \, dQ = 2 \cdot 9 - \int_0^2 (Q^2 + Q + 3) \, dQ = 18 - \left(\frac{Q^3}{3} + \frac{Q^2}{2} + 3Q \right) \Big|_0^2 = \frac{22}{3}$$

3. 国民收入分配 为了研究国民收入在国民之间的分配，1905 年，统计学家洛伦茨提出了洛伦茨曲线，如图 5 – 23 所示。将社会总人口按收入由低到高的顺序平均分为 10 个等级组，每个等级组均占 10% 的人口，再计算每个组的收入占总收入的比重。然后以人口百分比为横轴 OH，以收入百分比为纵轴 OM，绘出一条反映国民收入分配差距状况的曲线，即为洛伦茨曲线。

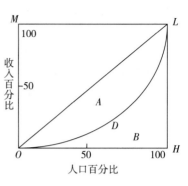

图 5 – 23 洛伦茨曲线

当收入完全平等时，人口百分比等于收入百分比，洛伦茨曲线为通过原点的 45°线 OL。当收入完全不平等时，1% 的人口占有 100% 的收入，洛伦茨曲线为折线 OHL。一般国家的收入分配，既不是完全平等，也不是完全不平等，而是在两者之间，实际收入分配曲线 ODL 为一条凸向横轴的曲线。

为了用指数来更好地反映社会收入分配的平等状况，1912 年意大利经济学家基尼根据洛伦茨曲线计算出一个反映收入分配平等程度的指标，称为基尼系数（G）。在图 5 – 23 中，基尼系数定义为：

$$G = \frac{S_A}{S_{A+B}} = \left(\frac{1}{2} - \int_0^1 f(x) \, dx \right) \left(\frac{1}{2} \right) = 1 - 2 \int_0^1 f(x) \, dx$$

其中，S_A 为 ODL 与 OL 所包围的面积，为不平等面积；S_{A+B} 为 OHL 与 OL 所包围的面积 $\triangle OHL$，为完全不平等面积。当 A 为 0 时，基尼系数为 0，表示收入分配绝对平等；当 B 为 0 时，基尼系数为 1，表示收入分配绝对不平等。基尼系数在 0 ~ 1 之间。收入分配越是趋向平等，洛伦茨曲线的弧度越小；基尼系数也越小；反之，收入分配越是趋向不平等，洛伦茨曲线的弧度越大，那么基尼系数也越大。

例 37 某国某年国民收入在国民之间分配的洛伦茨曲线可近似地由 $y = x^3, x \in [0,1]$ 表示，试求该国的基尼系数。

解 $S_A = \frac{1}{2} - \int_0^1 f(x) \, dx = \frac{1}{2} - \int_0^1 x^3 \, dx = \frac{1}{2} - \frac{x^4}{4} \Big|_0^1 = \frac{1}{4}$

基尼系数为：

$$G = \frac{S_A}{S_{A+B}} = \frac{1/4}{1/2} = 0.5$$

PPT

◈ 第四节 广义积分与 Γ 函数

函数可积的必要条件是：函数在闭区间上有界。这里，闭区间指积分区间为有限闭区间，有界指被积函数在积分区间上有界。但是，在很多问题中会遇到积分区间无限或者被积函数在积分区间上无界的情况。把定积分的概念推广到积分区间无限及被积函数在积分区间上无界时，分别得到无穷积分及瑕积分，统称为广义积分（generalized integral）。

一、广义积分

1. 无穷区间上的广义积分（无穷积分）

定义 5.3 设 $f(x)$ 在区间 $[a, +\infty)$ 上连续，规定 $f(x)$ 在区间 $[a, +\infty)$ 上的**无穷积分**（infinite integral）为

$$\int_a^{+\infty} f(x)\,\mathrm{d}x = \lim_{b\to+\infty}\int_a^b f(x)\,\mathrm{d}x$$

设 $f(x)$ 在区间 $(-\infty,b]$ 上连续，规定 $f(x)$ 在区间 $(-\infty,b]$ 上的无穷积分为

$$\int_{-\infty}^b f(x)\,\mathrm{d}x = \lim_{a\to-\infty}\int_a^b f(x)\,\mathrm{d}x$$

且在极限存在时称为无穷积分收敛，极限不存在时称为无穷积分发散。

若 $f(x)$ 在区间 $(-\infty,+\infty)$ 上连续，则规定 $f(x)$ 在区间 $(-\infty,+\infty)$ 上的无穷积分为

$$\int_{-\infty}^{+\infty} f(x)\,\mathrm{d}x = \lim_{a\to-\infty}\int_a^c f(x)\,\mathrm{d}x + \lim_{b\to+\infty}\int_c^b f(x)\,\mathrm{d}x$$

且 $f(x)$ 在 $(-\infty,c]$、$[c,+\infty)$ 上的两个无穷积分都收敛时，才称函数 $f(x)$ 在 $(-\infty,+\infty)$ 上的无穷积分是收敛的。

定积分的几何意义、牛-莱公式、奇偶函数在对称区间上的积分、微元法等，都可以推广到无穷积分中使用。如，$F(x)$ 是 $f(x)$ 的一个原函数，无穷积分的牛-莱公式为

$$\int_a^{+\infty} f(x)\,\mathrm{d}x = F(x)\,\Big|_a^{+\infty} = F(+\infty) - F(a)$$

$$\int_{-\infty}^b f(x)\,\mathrm{d}x = F(x)\,\Big|_{-\infty}^b = F(b) - F(-\infty)$$

$$\int_{-\infty}^{+\infty} f(x)\,\mathrm{d}x = F(x)\,\Big|_{-\infty}^{+\infty} = F(+\infty) - F(-\infty)$$

其中，$F(+\infty) = \lim\limits_{x\to+\infty} F(x)$，$F(-\infty) = \lim\limits_{x\to-\infty} F(x)$。

例 38 求 $\displaystyle\int_1^{+\infty}\frac{\mathrm{d}x}{x}$。

解 由无穷积分的牛-莱公式，计算得到

$$\int_1^{+\infty}\frac{\mathrm{d}x}{x} = [\ln x]_1^{+\infty} = \ln(+\infty) - \ln 1 = \lim_{x\to+\infty}\ln(x) = +\infty$$

无穷积分仍具有面积的含义，此无穷积分发散，表示 $[1,+\infty)$ 区间上曲线 $y = 1/x$ 下面积不是有限值，如图 5-24 所示。

例 39 求 $\displaystyle\int_{-\infty}^{+\infty}\frac{\mathrm{d}x}{1+x^2}$。

解 由对称区间上偶函数积分及无穷积分牛-莱公式，计算得到

$$\int_{-\infty}^{+\infty}\frac{\mathrm{d}x}{1+x^2} = 2\int_0^{+\infty}\frac{\mathrm{d}x}{1+x^2} = 2\,[\arctan x]\,\Big|_0^{+\infty} = 2\arctan(+\infty) = 2\lim_{x\to+\infty}\arctan x = 2\cdot\frac{\pi}{2} = \pi$$

无穷积分收敛，表示 $(-\infty,+\infty)$ 区间上 $y = 1/(1+x^2)$ 曲线下面积具有确定的（极限）值 π，如图 5-25 所示。

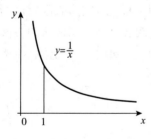

图 5-24 面积不是有限值

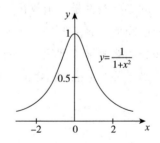

图 5-25 面积是有限值

2. 无界函数的广义积分（瑕积分）

定义 5.4 若 $f(x)$ 在 $[a,b)$ 上连续，$\lim\limits_{x\to b^-}f(x)=\infty$，则称 b 点为瑕点，规定 $[a,b)$ 上的**瑕积分**（improper integral）为

$$\int_a^b f(x)\,dx = \lim_{t\to b^-}\int_a^t f(x)\,dx$$

若函数 $f(x)$ 在 $(a,b]$ 上连续，$\lim\limits_{x\to a^+}f(x)=\infty$，则称 a 点为瑕点，规定 $(a,b]$ 上的瑕积分为

$$\int_a^b f(x)\,dx = \lim_{t\to a^+}\int_t^b f(x)\,dx$$

且在极限存在时称为瑕积分收敛，极限不存在时称为瑕积分发散。

若 $f(x)$ 在 $[a,c)\cup(c,b]$ 上连续，$\lim\limits_{x\to c}f(x)=\infty$，则称 c 点为瑕点，规定 $[a,c)\cup(c,b]$ 上的瑕积分为

$$\int_a^b f(x)\,dx = \int_a^c f(x)\,dx + \int_c^b f(x)\,dx$$

且 $f(x)$ 在 $[a,c)$ 和 $(c,b]$ 上的两个瑕积分都收敛时，才称 $f(x)$ 在 $[a,c)\cup(c,b]$ 上的瑕积分收敛。

由于瑕积分容易与定积分相混淆，一般不写成广义积分的牛－莱公式形式。几何意义、奇偶函数在对称区间上积分、微元法等，可以推广到瑕积分中使用。

例40 求 $\displaystyle\int_0^R \frac{dx}{\sqrt{R^2-x^2}}$。

解 $x=R$ 为瑕点，计算得到

$$\int_0^R \frac{dx}{\sqrt{R^2-x^2}} = \lim_{t\to R^-}\int_0^t \frac{d(x/R)}{\sqrt{1-(x/R)^2}} = \lim_{t\to R^-}\left[\arcsin\frac{x}{R}\right]_0^t = \lim_{t\to R^-}\left[\arcsin\frac{t}{R}-0\right] = \frac{\pi}{2}$$

瑕积分收敛，表示 $[0,R)$ 区间上曲线 $y=1/\sqrt{R^2-x^2}$ 下面积为 $\pi/2$，如图 5－26 所示。

例41 求 $\displaystyle\int_{-1}^1 \frac{dx}{x^2}$。

解 $x=0$ 为瑕点，计算得到

$$\int_0^1 \frac{dx}{x^2} = \lim_{t\to 0^+}\int_t^1 x^{-2}\,dx = \lim_{t\to 0^+}\left[-\frac{1}{x}\right]_t^1 = \lim_{t\to 0^+}\left(\frac{1}{t}-1\right) = +\infty$$

因 $\displaystyle\int_0^1 \frac{dx}{x^2}$ 发散，故原瑕积分 $\displaystyle\int_{-1}^1 \frac{dx}{x^2}$ 发散。

瑕积分发散，表示 $[-1,1]$ 区间上曲线 $y=1/x^2$ 下面积不是有限值，如图 5－27 所示。

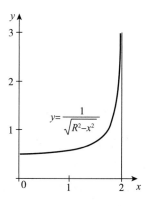

图 5－26 瑕积分收敛

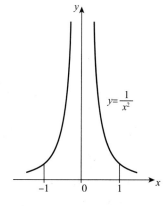

图 5－27 瑕积分发散

3. 广义积分的应用

例42 静脉注射某药后，血药浓度 $C=C_0e^{-kt}$（c_0 是 $t=0$ 时的血药浓度，k 为正常数），求 $C-t$ 曲线

下总面积 AUC。

解 AUC 是被积函数在 $[0, +\infty)$ 上的无穷积分，计算得到

$$AUC = \int_0^{+\infty} C_0 e^{-kt} dt = \int_0^{+\infty} \frac{C_0}{-k} e^{-kt} d(-kt) = \frac{C_0}{-k} e^{-kt} \Big|_0^{+\infty}$$

$$= \frac{C_0}{-k} [e^{-k(+\infty)} - 1] = \frac{C_0}{k} - \frac{C_0}{k} \lim_{t \to +\infty} e^{-kt} = \frac{C_0}{k}$$

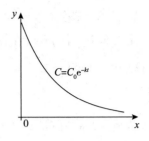

无穷积分收敛，表示 $[0, +\infty)$ 区间上 $C-t$ 曲线下面积为 C_0/k，如图 5-28 所示。

图 5-28 $C-t$ 曲线下面积 AUC

例43 从地面垂直向上发射火箭，初速度为多少时，火箭方能超出地球的引力范围。

解 设地球半径为 R，质量为 M，火箭质量为 m。取地心为坐标原点、竖直向上建立坐标系，如图 5-29 所示。火箭位于地面处时，受到的地球引力与重力相等，得到

$$kmM/R^2 = mg, \quad kmM = mgR^2$$

取微元 $[x, x+dx] \subset [R, +\infty]$，微元上发射火箭做的功为

$$dW = Fdx = k\frac{mM}{x^2}dx = mgR^2 \frac{1}{x^2}dx$$

发射火箭超出地球的引力范围，做的功为

$$W = mgR^2 \int_R^{+\infty} \frac{1}{x^2}dx = mgR^2 \left[-\frac{1}{x}\right]_R^{+\infty} = mgR^2 \cdot \frac{1}{R} = mgR$$

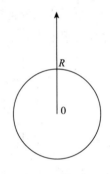

发射火箭克服地球引力做的功要由初速度 v_0 具有的动能转化而来，即

$$mv_0^2/2 \geqslant mgR$$

取 $g = 9.8(\text{m/s}^2)$，$R = 6370 \times 10^3(\text{m})$，则

$$v_0 \geqslant \sqrt{2gR} = \sqrt{2 \times 9.8 \times 6370000} \approx 11.2(\text{km/s})$$

图 5-29 地球引力

二、Γ 函数

定义 5.5 由广义积分 $\Gamma(s) = \int_0^{+\infty} e^{-x} x^{s-1} dx (s > 0)$ 确定的函数，称为 **Γ 函数**。

Γ 函数有如下的常用性质：

性质1 $\Gamma(1) = 1$。

证 由定义知

$$\Gamma(1) = \int_0^{+\infty} e^{-x} dx = -e^{-x} \Big|_0^{+\infty} = 1$$

性质2 $\Gamma(s+1) = s\Gamma(s)$。

证 由分部积分法得到

$$\Gamma(s+1) = -\int_0^{+\infty} x^s d(e^{-x}) = \left(-x^s e^{-x}\Big|_0^{+\infty} + s\int_0^{+\infty} e^{-x} x^{s-1} dx\right) = s\Gamma(s)$$

对任意的 $r > 1$，总有 $r = a + n$（n 为正整数），$0 < a \leqslant 1$。逐次应用性质2，计算得到

$$\Gamma(r) = \Gamma(a+n) = (a+n-1)(a+n-2)\cdots(a+1)a\Gamma(a)$$

因此，$\Gamma(s)$ 总可以化为 $0 < a \leqslant 1$ 的 $\Gamma(a)$ 计算。对 Γ 函数做变量替换，可以把很多积分表示为 Γ 函数，从而可以通过查 Γ 函数表来计算积分的数值。

性质3 $\Gamma(0.5) = \sqrt{\pi}$（证明略）。

例 44　用 Γ 函数表示概率积分 $\int_0^{+\infty} e^{-x^2} dx$。

解　做变量替换 $x = u^2$，计算得到

$$\Gamma(s) = \int_0^{+\infty} e^{-u^2} u^{2(s-1)} d(u^2) = 2\int_0^{+\infty} e^{-u^2} u^{2s-1} du$$

取 $s = 0.5$，得到 $\Gamma(0.5) = 2\int_0^{+\infty} e^{-u^2} du$

故得

$$\int_0^{+\infty} e^{-x^2} dx = \frac{1}{2}\Gamma(0.5)$$

习题五

答案解析

一、单项选择题

1. 定积分的定义为 $\int_a^b f(x) dx = \lim_{\lambda \to 0} \sum_{i=1}^n f(\xi_i) \Delta x_i$，以下哪些任意性是错误的？（　　）

   A. 虽然要求当 $\lambda = \max_i \Delta x_i \to 0$ 时，$\sum_i f(\xi_i)\Delta x_i$ 的极限存在且有限，但极限值仍是任意的

   B. 积分区间 $[a,b]$ 所分成的份数 n 是任意的

   C. 对给定的份数 n，如何将 $[a,b]$ 分成 n 份的分法也是任意的，即除区间端点 $a = x_0$、$b = x_n$ 外，各个分点 $x_1 < x_2 < \cdots < x_{n-1}$ 的取法是任意的

   D. 对指定的一组分点，各个 $\xi_i \in [x_{i-1}, x_i]$ 的取法也是任意的

2. 设函数 $f(x)$ 与 $g(x)$ 在 $[0,1]$ 上连续，且 $f(x) \leqslant g(x)$，则对任何 $c \in (0,1)$，有（　　）。

   A. $\int_{\frac{1}{2}}^c f(t) dt \geqslant \int_{\frac{1}{2}}^c g(t) dt$ 　　　　　　　B. $\int_{\frac{1}{2}}^c f(t) dt \leqslant \int_{\frac{1}{2}}^c g(t) dt$

   C. $\int_c^1 f(t) dt \geqslant \int_c^1 g(t) dt$ 　　　　　　　　D. $\int_c^1 f(t) dt \leqslant \int_c^1 g(t) dt$

3. 函数 $f(x)$ 在区间 $[a,b]$ 上可积的充分条件是 $f(x)$ 在区间 $[a,b]$ 上（　　）。

   A. 连续　　　　　　B. 有界　　　　　　C. 有定义　　　　　　D. 以上都不正确

4. 下列式子中，正确的是（　　）。

   A. $\int f'(3x) dx = f(x) + C$ 　　　　　　　B. $d\left[\int f(x) dx\right] = f(x)$

   C. $\dfrac{d}{dx}\int_a^b f(x) dx = f(x)$ 　　　　　　D. $\int_a^b f(x) dx - \int_a^b f(u) du = 0$

5. 积分中值定理 $\int_a^b f(x) dx = f(\xi)(b-a)$，其中（　　）。

   A. ξ 是 $[a,b]$ 内任一点

   B. ξ 是 $[a,b]$ 内必定存在的某一点

   C. ξ 是 $[a,b]$ 内唯一的某一点

   D. ξ 是 $[a,b]$ 的中点

6. 设 $f(x)$ 在 $[a,b]$ 上连续，$\varphi(x) = \int_a^x f(t) dt$，则（　　）。

   A. $\varphi(x)$ 是 $f(x)$ 在 $[a,b]$ 上的一个原函数

B. $f(x)$ 是 $\varphi(x)$ 的一个原函数

C. $\varphi(x)$ 是 $f(x)$ 在 $[a,b]$ 上唯一的原函数

D. $f(x)$ 是 $\varphi(x)$ 在 $[a,b]$ 上唯一的原函数

7. 设 $I = \int_0^a x^3 f(x^2) \, dx$，$(a>0)$，则（ ）。

A. $I = \int_0^{a^2} xf(x) \, dx$

B. $I = \int_0^a xf(x) \, dx$

C. $I = \dfrac{1}{2}\int_0^{a^2} xf(x) \, dx$

D. $I = \dfrac{1}{2}\int_0^a xf(x) \, dx$

8. 设 $f(x)$ 是连续函数，且 $f(x) = x + 2\int_0^1 f(t) \, dt$，则 $f(x) = $（ ）。

A. $x-1$

B. x

C. $x^2 - 1$

D. $x^2 + 1$

9. $\int_{-1}^1 \dfrac{e^x}{1+e^x} \, dx = $（ ）。

A. 1

B. $\dfrac{1-e}{1+e}$

C. $\dfrac{1+e}{1-e}$

D. -1

10. 下述结论中，错误的是（ ）。

A. $\int_0^{+\infty} \dfrac{x}{1+x^2} \, dx$ 发散

B. $\int_0^{+\infty} \dfrac{1}{1+x^2} \, dx$ 收敛

C. $\int_{-\infty}^{+\infty} \dfrac{x}{1+x^2} \, dx = 0$

D. $\int_{-\infty}^{+\infty} \dfrac{x}{1+x^2} \, dx$ 发散

二、填空题

1. 以 $v = \dfrac{1}{2}t + 2$ 做直线运动，把该物体在时间间隔 $[0,3]$ 内走过的路程表示为定积分 $s = $ _____。

2. $\int_0^1 (2x + k) \, dx = 2$，则 $k = $ _____。

3. $\int_0^{2\pi} |\sin x| \, dx = $ _____。

4. $d\left(\int_a^x \sin(t^2) \, dt\right) = $ _____。

5. 定积分 $I = \int_{-1}^1 (2x^3 \cos^3 x + |x|) \, dx = $ _____。

6. 判断积分的大小：$\int_1^2 \ln x \, dx$ _____ $\int_1^2 \ln^2 x \, dx$。

7. 设 $f'(x)$ 在 $[1,2]$ 上可积，且 $f(1) = 1$，$f(2) = 1$，$\int_1^2 f(x) \, dx = -1$，则 $\int_1^2 xf'(x) \, dx = $ _____。

8. 由 $y = x^3$、$x = 2$、$y = 0$ 所围成的图形绕 x 轴旋转所得旋转体的体积为 _____。

9. 函数 $y = \sqrt{a^2 - x^2}$ 在区间 $[-a, a]$ 上的平均值为 _____。

10. 广义积分 $\int_1^{+\infty} \dfrac{dx}{x\sqrt{x^2 - 1}}$ 的瑕点为 _____。

三、计算题

1. 计算下列定积分：

(1) $\int_0^1 (3x^2 - x + 1)\mathrm{d}x$

(2) $\int_1^2 (x + x^{-1})^2 \mathrm{d}x$

(3) $\int_0^{\frac{\pi}{2}} \sin x \cos^2 x \mathrm{d}x$

(4) $\int_0^{\frac{1}{2}} \dfrac{2 + x}{x^2 + 4x - 4}\mathrm{d}x$

2. 已知 $\Phi(x) = \int_0^{x^2} \dfrac{\sin t}{1 + \cos^2 t}\mathrm{d}t$，求 $\Phi'\left(\sqrt{\dfrac{\pi}{2}}\right)$。

3. 计算下列定积分：

(1) $\int_0^{e-1} \ln(x + 1)\mathrm{d}x$

(2) $\int_{-1}^1 \dfrac{x\mathrm{d}x}{\sqrt{5 - 4x}}$

(3) $\int_0^{\pi} x^3 \sin x \mathrm{d}x$

(4) $\int_0^a x^2 \sqrt{a^2 - x^2}\,\mathrm{d}x$

(5) $\int_{-2}^2 \dfrac{x^3}{1 + x^2}\mathrm{d}x$

(6) $\int_{-\frac{\pi}{2}}^{\frac{\pi}{2}} |\sin x|\mathrm{d}x$

4. 用幂级数计算 $\int_1^2 \dfrac{\sin x}{x}\mathrm{d}x$ 的近似值，取 $n = 3$。

5. 自动记录仪记录每半小时氢气流量如表 5 - 1 所示，用梯形法、抛物线法求 8 小时的总量。

表 5 - 1　每半小时氢气流量

t (h)	0	0.5	1.0	1.5	2.0	2.5	3.0	3.5	4.0	4.5	5.0	5.5	6.0	6.5	7.0	7.5	8.0
V (L/h)	25.0	24.5	24.1	24.0	25.0	26.0	25.5	25.8	24.2	23.8	24.5	25.5	25.0	24.6	24.0	23.5	23.0

6. 某烧伤病人需要植皮，根据测定，皮的大小和数据如图 5 - 30 所示（单位：cm），求皮的面积。

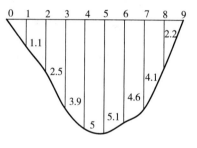

图 5 - 30　皮的面积

7. 计算直角坐标系中下列平面图形的面积：

(1) $y = x^2 - 4x + 5$、$x = 3$、$x = 5$、$y = 0$ 围成；

(2) $y = \ln x$、$x = 0$、$y = \ln a$、$y = \ln b\,(0 < a < b)$ 围成；

(3) $y = \mathrm{e}^x$、$y = \mathrm{e}^{-x}$、$x = 1$ 围成；

(4) $y = \dfrac{x^2}{2}$、$x^2 + y^2 = 8$ 围成两部分图形的各自面积。

8. 计算极坐标系中下列平面图形的面积：

(1) 心形线 $r = a(1 + \cos\theta)$ 围成；

(2) 三叶线 $r = a\sin 3\theta$ 围成。

9. 计算下列旋转体的体积：

(1) $xy = a$、$x = a\,(a < 2)$、$x = 2a$、$y = 0$ 围成的图形绕 x 轴旋转；

(2) $x^2 + (y - 5)^2 = 16$ 围成的图形绕 x 轴旋转。

10. 计算变力做功：

(1) 一物体由静止开始做直线运动，加速度为 $2t$，阻力与速度的平方成正比，比例系数 $k > 0$，求物体从 $s = 0$ 到 $s = c$ 克服阻力所做的功；

(2) 一圆台形贮水池，高 3m，上、下底半径分别为 1m、2m，求吸尽一池水所做的功。

11. 计算液体压力：

（1）半径为 $a(\mathrm{m})$ 的半圆形闸门，直径与水面相齐，求水对闸门的压力；

（2）椭圆形薄板垂直插入水中一半，短轴与水面相齐，求水对薄板每面的压力。

12. 已知某化学反应的速率为 $v = ak\mathrm{e}^{-kt}$（a、k 为常数），求反应在时间区间 $[0,t]$ 内的平均速率。

13. 已知对某商品的需求量 Q 是价格 P 的函数，且边际需求 $Q'(P) = -4$，该商品的最大需求量为 80（即 $P = 0$ 时，$Q = 80$），求需求量与价格的函数关系。

14. 假定某消费者的需求函数为 $P = \dfrac{1}{6}Q^{-0.5}$，求当 $Q = 4$ 时的消费者剩余。

15. 某国某年国民收入在国民之间分配的洛伦茨曲线可近似地由 $y = x^2, y = x^2, x \in [0,1]$ 表示，试求该国的基尼系数。

16. 计算下列广义积分：

（1）$\displaystyle\int_{-\infty}^{1} \mathrm{e}^{x} \mathrm{d}x$

（2）$\displaystyle\int_{\mathrm{e}}^{+\infty} \frac{\mathrm{d}x}{x(\ln x)^2}$

（3）$\displaystyle\int_{-\infty}^{+\infty} \frac{\mathrm{d}x}{x^2 + 2x + 2}$

（4）$\displaystyle\int_{0}^{+\infty} \mathrm{e}^{-x}\sin x \mathrm{d}x$

（5）$\displaystyle\int_{0}^{1} \frac{\mathrm{d}x}{\sqrt{1-x^2}}$

（6）$\displaystyle\int_{0}^{2} \frac{\mathrm{d}x}{x^2 - 4x + 3}$

17. 假设某产品的边际收入函数为 $R'(Q) = 9 - Q$（万元/万台），边际成本函数为 $C'(Q) = 4 + Q/4$（万元/万台），其中产量 Q 以万台为单位。

（1）试求当产量由 4 万台增加到 5 万台时利润的变化量。

（2）当产量为多少时，利润最大？

（3）已知固定成本为 1 万元，求总成本函数和利润函数。

18. n 为正整数，应用性质计算 $\Gamma(n+1)$。

19. 用 Γ 函数表示曲线 $f(x) = \dfrac{1}{\sqrt{2\pi}}\mathrm{e}^{-\frac{x^2}{2}}$ 下的面积。

20. 计算下列各题。

（1）$\displaystyle\int_{1}^{y} \cos t \mathrm{d}t + \int_{1}^{x} \sin t \mathrm{d}t = 0$，求 $\dfrac{\mathrm{d}y}{\mathrm{d}x}$

（2）$\displaystyle\lim_{x \to 0} \frac{\displaystyle\int_{0}^{x} \cos^2 t \mathrm{d}t}{x}$

（3）$\displaystyle\int_{0}^{\frac{\pi^2}{4}} \sin\sqrt{x} \mathrm{d}x$

（4）$\displaystyle\int_{0}^{1} \frac{1}{\sqrt{(1+x^2)^3}} \mathrm{d}x$

（5）$\displaystyle\int_{\mathrm{e}}^{+\infty} \frac{1}{x\ln x} \mathrm{d}x$

（6）$\displaystyle\int_{1}^{+\infty} \frac{\arctan x}{x^3} \mathrm{d}x$

21. 一金属棒长为 10m，在其上的温度值为 $T(x) = \begin{cases} 40, & 0 \leqslant x \leqslant 5 \\ 40\mathrm{e}^{-\frac{x-5}{10}}, & 5 < x \leqslant 10 \end{cases}$，求金属棒的平均温度值。

22. 求由曲线 $xy = 1$ 及直线 $y = x$、$y = 2$ 所围成的面积。

23. 讨论积分 $\displaystyle\int_{1}^{+\infty} \frac{1}{x^p} \mathrm{d}x$ 的敛散性。

24. 设抛物线 $y^2 = 2x$ 与该曲线在点 $\left(\dfrac{1}{2}, 1\right)$ 处的法线所围平面图形为 D，求 D 的面积。

25. 求由抛物线 $y=\sqrt{x}$ 与直线 $y=x$ 所围成平面图形的面积，并求这一平面图形绕 x 轴旋转一周所得旋转体的体积。

26. 有一等腰梯形闸门，它的两条底边各长 6m 和 4m，高为 6m，较长的底边与水面相齐，计算闸门一侧所受的水压力。

书网融合……

思政导航 　　　　 本章小结

第六章 微分方程

◎ **学习目标**

　知识目标

　1. **掌握** 可分离变量微分方程的解法；一阶线性微分方程的解法；伯努利方程的解法；特殊类型二阶微分方程的解法。

　2. **熟悉** 微分方程及相关基本概念（解、特解、初值问题等）；线性微分方程解的结构。

　3. **了解** 拉普拉斯变换解微分方程的方法。

　能力目标 通过本章的学习，培养学生利用微分方程解决实际问题的能力。

▷ 第一节 微分方程的基本概念

微分方程是随着微积分学一起发展起来的，微积分学的奠基人——牛顿和莱布尼茨的著作中都解决了与微分方程有关的问题。微分方程的应用十分广泛，可以解决许多与导数有关的问题。物理中涉及变力的运动学、动力学问题，如空气的阻力为速度函数的落体运动等问题，可以用微分方程求解。此外，微分方程在药学、流行病学、化学、工程学、经济学和人口统计等领域都有应用。

一、简单微分方程的建立

函数反映了客观世界运动过程中各种变量之间的关系，是研究现实世界运动规律的重要工具，但在实际问题中，往往很难直接写出反映运动规律的量与量之间的函数关系，却很容易建立这些变量与它们的导数(或微分)之间的联系，从而得到一个关于未知函数的导数(或微分)方程，即微分方程，下面通过例子简单说明微分方程的建立步骤。

例1 已知一条曲线过点$(2,8)$，且任意点x处切线的斜率为其横坐标的 5 倍，求曲线方程。

解 设曲线方程为$y=y(x)$，根据导数的几何含义，有

$$\frac{dy}{dx}=5x$$

两边同时积分，有

$$y=\frac{5}{2}x^2+C,(C \text{ 为任意常数})$$

将$x=2$、$y=8$ 代入上式，有　　　　　　$C=-2$

于是，所求曲线方程为

$$y=\frac{5}{2}x^2-2$$

例2 一汽车在公路上以 10m/s 的速度行驶，司机突然发现汽车前方 20m 处有路障，立即刹车，汽

车刹车后获得的加速度为 $-4\mathrm{m/s}^2$，问：汽车是否会撞到路障？

解　设汽车刹车后 t 秒内行驶了 s 米，根据题意，反映刹车阶段汽车运动规律的函数 $s=s(t)$，应满足方程：

$$\frac{\mathrm{d}^2 s}{\mathrm{d}t^2}=-4$$

由题意，方程满足下面条件

$$S\big|_{t=0}=0,\ v\big|_{t=0}=\frac{\mathrm{d}s}{\mathrm{d}t}\Big|_{t=0}=10$$

两边积分一次，有

$$v=\frac{\mathrm{d}s}{\mathrm{d}t}=-4t+c_1$$

两边再次积分，有

$$S=-2t^2+c_1t+c_2$$

由 $t=0$、$v=10$，有

$$c_1=10$$

由 $t=0$、$s=0$，有

$$c_2=0$$

即

$$s=-2t^2+10t$$

再由 $v=0$，求出

$$t=2.5$$

得到刹车后位移是

$$s=12.5(\mathrm{m})$$

即汽车不会撞到路障。

例3　自由落体在不计空气阻力的情况下，t 时刻下落的距离为 x，加速度 g 是个常数，则有 $\dfrac{\mathrm{d}^2 x}{\mathrm{d}t^2}=g$，其中，$x$ 是未知函数，t 是自变量。

回顾上面过程，在实际问题中，经常利用几何、物理、药学、化学等学科中的规律建立常微分方程。要注意，在实际问题中，导数经常会以其他名称出现，如：斜率（几何学中），速度、加速度（物理学中），变化率，衰变率（在放射性问题中），边际（经济学中），增长率（生物学中以及药学中）等。只有找到实际问题中的导数，才能建立微分方程。

二、常微分方程与偏微分方程

定义 6.1　称含有自变量、未知函数以及未知函数的导数（或微分）的方程为**微分方程**（differential equations）。若微分方程中出现的未知函数只含一个自变量，则称这个方程为**常微分方程**（ordinary differential equations）。常微分方程的一般形式为 $F(x,y,y',\cdots,y^{(n)})=0$，在这个方程中，$x$ 是自变量，y 是 x 的未知函数。

上面例子中，$\dfrac{\mathrm{d}^2 x}{\mathrm{d}t^2}=g$ 与 $\dfrac{\mathrm{d}y}{\mathrm{d}x}=5x$ 均为常微分方程。

当微分方程中未知函数的自变量多于一个时，称该方程为**偏微分方程**（partial differential equation）。

如 $\dfrac{\partial^2 T}{\partial x^2}=4\dfrac{\partial T}{\partial t}$ 与 $\dfrac{\partial^2 T}{\partial x^2}+\dfrac{\partial^2 T}{\partial y^2}+\dfrac{\partial^2 T}{\partial z^2}=0$ 均为偏微分方程，这里，T 是未知函数，x、y、z、t 都是自变量。

注意：

（1）微分方程的实质，是联系自变量、未知函数以及未知函数的某些导数（或微分）之间的关系式，其中，未知函数的导数一定要出现。如方程 $y' = 2$ 中，除 y' 外，其他变量并没有出现，但这是一个微分方程。

（2）在一阶微分方程中，根据需要也可将 x 看成未知函数、y 看作自变量，如方程 $(y^2 + x)dy + xdx = 0$ 中，既可以把 y 看成未知函数、x 看作自变量，也可以把 x 看成未知函数、y 看作自变量。

本章只讨论常微分方程，下面简称微分方程（不引起混淆的地方也简称方程）。

微分方程可以根据它所含导数或微分的阶数来分类。

定义 6.2　微分方程中出现的未知函数最高阶导数的阶数，称为**微分方程的阶**。如：

$2y'' + 3y' - xy = 1$ 是二阶微分方程，$(y')^2 - xy = 0$ 是一阶微分方程；

$y^3 \dfrac{dy}{dx} = x$ 是一阶微分方程，$(y^2 + x)dy + xdx = 0$ 是一阶微分方程；

$L \dfrac{d^3 Q}{dt^2} + \dfrac{dQ}{dt} + \dfrac{Q}{C} = 0$ 是三阶微分方程，$y^{(n)} = 1$ 是 n 阶微分方程。

n 阶微分方程的一般形式是 $F(x, y', y'', \cdots y^{(n)}) = 0$，其中 $y^{(n)}$ 必须出现，而 x、y'、y''、$\cdots y^{(n-1)}$ 等则可以不出现。

三、微分方程的解

定义 6.3　满足微分方程的函数称为**微分方程的解**。

如上面例 1 中的 $y = \dfrac{5}{2}x^2 + C$、$y = \dfrac{5}{2}x^2 - 2$ 都是方程 $\dfrac{dy}{dx} = 5x$ 的解。

定义 6.4　若微分方程的解中含有相互独立的任意常数，且任意常数的个数恰好等于方程的阶数，则称此解为**微分方程的通解**，称不含任意常数的解为**微分方程的特解**。

例如：对于微分方程 $y''' = x$，方程两边积分三次，得方程的解

$$y = \frac{1}{24}x^4 + \frac{1}{2}C_1 x^2 + C_2 x + C_3, (C_1、C_2、C_3 为任意常数)$$

其中，C_1、C_2、C_3 不能合并，三阶微分方程中含有三个独立常数，这个解称为微分方程的通解；当 $C_1 = C_2 = C_3 = 0$ 时，$y = \dfrac{1}{24}x^4$ 满足方程，称为方程的特解。

思考：对上面例 2 中的微分方程 $\dfrac{d^2 s}{dt^2} = -4$，下面函数能成为该微分方程的通解吗？

（1）$S = -2t^2 + c_1 t + c_2$　　　（2）$S = -2t^2 + c_1 t$　　　（3）$S = -2t^2 + c_1 t + c_2 t$

（4）$S = -2t^2 + 5t$　　　　　　（5）$S = -2t^3 + c_1 t + c_2$

解　（1）是方程的通解；（2）是方程的解，但不是通解，因为常数只有一个；（3）不是通解，尽管有两个常数，但可以合并成一个任意常数；（4）不是通解，因为没有常数；（5）不是通解，该函数代入方程中不满足方程，故不是方程的解。

微分方程的通解必须满足以下 4 个条件：①成为方程的解；②含有任意常数；③任意常数的个数等于方程的阶；④常数相互独立。

通解中含有任意常数，实际问题中往往可以根据具体情况来确定任意常数的值，如例 1 和例 2。

定义 6.5　用以确定任意常数、求出特解的条件，称为**初始条件**，称带有初始条件的微分方程求解问题为**初值问题**。

上面例 1 中，$x = 2$ 时，$y = 8$ 为微分方程 $\dfrac{\mathrm{d}y}{\mathrm{d}x} = 3x$ 的初始条件，求初始条件下的曲线方程的问题即为初值问题。

定义 6.6 微分方程的通解的图形一般来说是一族曲线，称为微分方程的**积分曲线族**；特解是其中的一条曲线，称为**积分曲线**。方程 $\dfrac{\mathrm{d}y}{\mathrm{d}x} = 3x$ 的解的图像如图 6-1 所示。

微分方程求通解，在历史上曾作为研究微分方程的主要目标，一旦求出通解的表达式，就容易从中得到问题所需要的特解。后来的发展表明，能够求出通解的情况不多，在实际应用中所需要的多是求满足某种指定条件的特解。本章将介绍能够求出通解情况的微分方程。

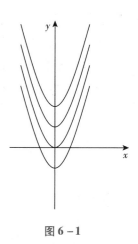

图 6-1

PPT

第二节 一阶微分方程

一阶微分方程的一般形式为 $F(x, y, y') = 0$。本节将介绍一阶方程的基本类型的解法，尽管这些类型有限，但它们却反映了实际问题中出现的微分方程的主要部分。因此，掌握这些类型方程的解法有重要的实际意义。

一、可分离变量的微分方程

1. 可分离变量的方程

定义 6.7 若一阶微分方程能改写为形如 $f(y)\mathrm{d}y = g(x)\mathrm{d}x$，即一端只含有 y 的函数和 $\mathrm{d}y$，另一端含有 x 的函数和 $\mathrm{d}x$，称它为**可分离变量的微分方程**（separable differential Equations）。

求解方法：若 $f(y)\mathrm{d}y = g(x)\mathrm{d}x$，两边积分，有

$$\int f(y)\mathrm{d}y = \int g(x)\mathrm{d}x$$

又 $F(y)$ 是 $f(y)$ 的一个原函数，$G(x)$ 是 $g(x)$ 的一个原函数，则

$$F(y) = G(x) + C, \ (C \text{ 是任意常数})$$

为所求的通解。

例 4 求微分方程 $(x + xy^2)\mathrm{d}x - (x^2y + y)\mathrm{d}y = 0$ 的通解。

解 方程化简为 $\dfrac{\mathrm{d}y}{\mathrm{d}x} = \dfrac{x + xy^2}{x^2y + y} = \dfrac{x}{x^2 + 1} \cdot \dfrac{1 + y^2}{y}$，可分离变量

$$\frac{y}{1 + y^2}\mathrm{d}y = \frac{x\mathrm{d}x}{x^2 + 1}$$

两边积分得

$$\frac{1}{2}\ln(1 + y^2) = \frac{1}{2}\ln(1 + x^2) + \frac{1}{2}\ln C$$

所求解为

$$1 + y^2 = C(1 + x^2), \ (C \text{ 是任意常数})$$

例 5 求方程 $y'\tan x + y = -3$ 通解。

解 分离变量得到

$$\frac{\mathrm{d}y}{3 + y} = -\cot x\mathrm{d}x$$

两边积分得到

$$\ln(3+y) = -\ln\sin x + \ln C$$

化简有
$$3+y = \frac{C}{\sin x}, \ (C \text{ 为任意常数})$$

即为所求通解。

注 通解中的 C 是任意常数，解题时可根据需要，把 $3C$、C^2、$\pm C$、$\ln C$ 等不同的形式都简记为 C。

例 6 求微分方程 $xy'+1 = 4e^{-y}$ 满足初始条件 $y|_{x=-2} = 0$ 的特解。

解 因为 $4e^{-y}-1$ 不为 0，方程可化为

$$\frac{\mathrm{d}y}{4e^{-y}-1} = \frac{\mathrm{d}x}{x}$$

即

$$-\ln(4-e^y) = \ln x + \ln C$$

得到通解

$$(4-e^y)x = C, \ (C \text{ 为任意常数})$$

当 $y|_{x=-2} = 0$ 时，代入通解中有

$$C = -6$$

即 $(e^y-4)x = 6$ 为所求特解。

例 7 放射性碘 I^{131} 被广泛用于研究甲状腺的机能。I^{131} 的瞬时放射速率与它当时所存在的量成正比，已知 I^{131} 原有的质量为 $15mc$，其半衰期 $T_{\frac{1}{2}} = 8$ 天，问：12 天后还剩多少？

解 设 t 时刻 I^{131} 的质量为 $N(t)$，I^{131} 的瞬时放射速率就是 $N(t)$ 对时间 t 的导数 $\frac{\mathrm{d}N(t)}{\mathrm{d}t}$。由于放射速率与它当时所存在的质量成正比，可列出微分方程：

$$\frac{\mathrm{d}N(t)}{\mathrm{d}t} = -kN(t)$$

其中，$k > 0$ 为比例系数（称衰变常数），右端前面负号是由于当 t 增加时 $N(t)$ 减少，$\frac{\mathrm{d}N(t)}{\mathrm{d}t} < 0$。

初始条件为：

$$t = 0 \text{ 时}, \ N(t) = N(0) = 15(mc)$$

对微分方程分离变量，得

$$\frac{\mathrm{d}N(t)}{N(t)} = -k\mathrm{d}t$$

两边积分，求解得

$$N(t) = Ce^{-kt}$$

代入初始条件，得

$$15 = Ce^0 = C$$

所以，衰变规律为

$$N(t) = 15e^{-kt}$$

因为 I^{131} 的半衰期 $T_{\frac{1}{2}} = 8$，即 $t = 8$ 时，有

$$N(8) = \frac{N(0)}{2} = 7.5 = 15e^{-8k}$$

解得

$$k = \frac{\ln 2}{8} \approx 0.0866$$

$$N(12) = 15\mathrm{e}^{-0.0866 \times 12} \approx 5.306\,(mc)$$

所以，12 天后还剩 $5.306mc$。

由前面的讨论可知，可分离变量方程的解法步骤是：先分离变量，再两边积分，即得通解。将初始条件代入通解，确定任意常数，可得到方程的特解。

2. 齐次方程 有些微分方程不能直接分离变量，可以用变量代换的方法，使其转化为可分离变量的方程求解。

定义 6.8 形如 $\dfrac{\mathrm{d}y}{\mathrm{d}x} = f\left(\dfrac{y}{x}\right)$ 的方程，称为**齐次微分方程**。如 $\dfrac{\mathrm{d}y}{\mathrm{d}x} = \dfrac{y^2}{xy - x^2}$ 可化为 $\dfrac{\mathrm{d}y}{\mathrm{d}x} = \dfrac{\left(\dfrac{y}{x}\right)^2}{\dfrac{y}{x} - 1}$，又如 $x^2 y' + xy = y^2$ 可化为 $y' = \left(\dfrac{y}{x}\right)^2 - \dfrac{y}{x}$，它们都是齐次微分方程。齐次方程可以利用变量代换的方法，化为可分离变量的方程求解。

齐次方程解法：

(1) 做变量代换 $u = \dfrac{y}{x}$，所以 $y = u \cdot x$，注意 $u = u(x)$，即 u 为 x 的函数；

(2) 计算 $\dfrac{\mathrm{d}y}{\mathrm{d}x} = \dfrac{\mathrm{d}[u \cdot x]}{\mathrm{d}x} = u' \cdot x + u$；

(3) 把 $y = u \cdot x$、$y' = u' \cdot x + u$ 代入原方程，得到 $u' \cdot x + u = f(u)$；

分离变量 $\dfrac{\mathrm{d}u}{f(u) - u} = \dfrac{\mathrm{d}x}{x}$，两边积分，解出 $u = u(x)$；

(4) 将 $u = \dfrac{y}{x}$ 回代，即得通解 $y = y(x)$。

例 8 求微分方程 $xy\mathrm{d}x - (x^2 - y^2)\mathrm{d}y = 0$ 的通解。

解 这个方程不是很明显地属于分离变量，要对其进行必要的初等变形。将方程改写为

$$\frac{\mathrm{d}y}{\mathrm{d}x} = \frac{xy}{x^2 - y^2} = \frac{\dfrac{y}{x}}{1 - \left(\dfrac{y}{x}\right)^2}$$

这是一个齐次方程，令 $u = \dfrac{y}{x}$，即 $y = ux$

将 $y' = u' \cdot x + u$ 代入方程，有

$$u + x\frac{\mathrm{d}u}{\mathrm{d}x} = \frac{u}{1 - u^2}$$

分离变量得

$$\frac{1 - u^2}{u^3}\mathrm{d}u = \frac{1}{x}\mathrm{d}x$$

解得

$$-\frac{1}{2u^2} - \ln u = \ln x + c_1$$

即

$$xu = C\mathrm{e}^{-\frac{1}{2u^2}}, (C \text{ 为任意常数})$$

代入 $u = \dfrac{y}{x}$，得

$$y = C\mathrm{e}^{-\frac{x^2}{2y^2}}$$

即为所求通解。

例 9 求方程 $(y + \sqrt{x^2 + y^2})\mathrm{d}x - x\mathrm{d}y = 0$ 的通解 $(x > 0)$。

解 原方程可化为

$$\frac{\mathrm{d}y}{\mathrm{d}x} = \frac{y}{x} + \sqrt{1 + \left(\frac{y}{x}\right)^2}, \text{ 这是齐次方程}$$

故令

$$u = \frac{y}{x}, \text{即 } y = ux$$

代入方程，得

$$u + x\frac{\mathrm{d}u}{\mathrm{d}x} = u + \sqrt{1 + u^2}$$

分离变量得

$$\frac{\mathrm{d}u}{\sqrt{1 + u^2}} = -\frac{\mathrm{d}x}{x}$$

两边积分，得

$$u + \sqrt{1 + u^2} = \frac{C}{x}, (C \text{ 为任意常数})$$

将 $u = \frac{y}{x}$ 回代，得通解为

$$y + \sqrt{x^2 + y^2} = C, (C \text{ 为任意常数})$$

二、一阶线性微分方程

定义 6.9 可转化为形如 $\frac{\mathrm{d}y}{\mathrm{d}x} + P(x)y = Q(x)$ 的方程，称为**一阶线性微分方程**；若 $Q(x) \equiv 0$，则称 $\frac{\mathrm{d}y}{\mathrm{d}x} + P(x)y = 0$ 为**一阶线性齐次微分方程**；$Q(x) \neq 0$，称 $\frac{\mathrm{d}y}{\mathrm{d}x} + P(x)y = Q(x)$ 为**一阶线性非齐次微分方程**。

如：$\frac{\mathrm{d}y}{\mathrm{d}x} = y + x^2$ 与 $\frac{\mathrm{d}x}{\mathrm{d}t} = x\sin t + t^2$ 是一阶线性微分方程；$yy' - 2x = 1$ 与 $y' - \cos y = x$ 是一阶非线性微分方程。

注 对于方程 $y\mathrm{d}x + (x - y^3)\mathrm{d}y = 0$ 而言，若化成 $\frac{\mathrm{d}y}{\mathrm{d}x} = \frac{y}{y^3 - x}$，则显然不是关于未知函数 y 的线性微分方程；若将原方程改写为 $\frac{\mathrm{d}x}{\mathrm{d}y} = \frac{y^3 - x}{y}$，将 x 看作未知函数、y 看作自变量，则它是关于未知函数 x 的线性微分方程。

先求一阶线性齐次微分方程 $\frac{\mathrm{d}y}{\mathrm{d}x} + P(x)y = 0$ 的解，分离变量，有

$$\frac{\mathrm{d}y}{y} = -P(x)\mathrm{d}x$$

两边积分，得

$$y = ce^{-\int P(x)\mathrm{d}x}, (c \text{ 为任意常数})$$

上式为一阶线性齐次方程的通解。

下面我们求一阶线性非齐次微分方程 $\frac{\mathrm{d}y}{\mathrm{d}x} + P(x)y = Q(x)$ 的通解。

讨论：假设方程的解是

$$y = f(x)$$

则代入方程 $\dfrac{\mathrm{d}f(x)}{\mathrm{d}x} + P(x)f(x) = Q(x)$，将使方程两边恒等

变形有

$$\frac{\mathrm{d}f(x)}{f(x)} = \left[\frac{Q(x)}{f(x)} - P(x)\right]\mathrm{d}x$$

两边积分，得

$$\ln f(x) = \int \frac{Q(x)}{f(x)}\mathrm{d}x - \int P(x)\,\mathrm{d}x$$

所以

$$f(x) = \mathrm{e}^{\int \frac{Q(x)}{f(x)}\mathrm{d}x} \cdot \mathrm{e}^{-\int p(x)\mathrm{d}x}$$

为所求解。

若记 $c(x) = \mathrm{e}^{\int \frac{Q(x)}{f(x)}\mathrm{d}x}$，则

$$y = f(x) = c(x) \cdot \mathrm{e}^{-\int p(x)\mathrm{d}x}$$

该解与方程 $\dfrac{\mathrm{d}y}{\mathrm{d}x} + P(x)y = 0$ 解的形式有相似性，我们用一种常数变易法来求其解，步骤为：

（1）用分离变量的方法，求对应的齐次方程 $\dfrac{\mathrm{d}y}{\mathrm{d}x} + P(x)y = 0$ 的通解

$$y = c\mathrm{e}^{-\int P(x)\mathrm{d}x}$$

（2）变易常数，令 $y = c(x)\mathrm{e}^{-\int P(x)\mathrm{d}x}$ 为非齐次方程 $\dfrac{\mathrm{d}y}{\mathrm{d}x} + P(x)y = Q(x)$ 的解；

（3）将 $y = c(x)\mathrm{e}^{-\int P(x)\mathrm{d}x}$，代入方程 $\dfrac{\mathrm{d}y}{\mathrm{d}x} + P(x)y = Q(x)$，得

$$c'(x)\mathrm{e}^{-\int P(x)\mathrm{d}x} - P(x)c(x)\mathrm{e}^{-\int P(x)\mathrm{d}x} + P(x)c(x)\mathrm{e}^{-\int P(x)\mathrm{d}x} = Q(x)$$

化简有

$$c'(x)\mathrm{e}^{-\int P(x)\mathrm{d}x} = Q(x)$$

即

$$c'(x) = \mathrm{e}^{\int P(x)\mathrm{d}x}Q(x)$$

积分，得

$$c(x) = \int Q(x)\mathrm{e}^{\int P(x)\mathrm{d}x}\mathrm{d}x + C$$

（4）把 $c(x) = \int Q(x)\mathrm{e}^{\int P(x)\mathrm{d}x}\mathrm{d}x + C$ 代回 $y = c(x)\mathrm{e}^{-\int P(x)\mathrm{d}x}$ 中，得到

$$y = \left(\int Q(x)\mathrm{e}^{\int P(x)\mathrm{d}x}\mathrm{d}x + C\right)\mathrm{e}^{-\int P(x)\mathrm{d}x}$$

即为所求非齐次微分方程的通解。

求一阶非齐次线性方程的通解，可以直接代入上面的公式，但要注意，方程一定先化成定义中的标准形式，对应写出 $P(x)$、$Q(x)$，再代入公式求解（公式法），也可以用常数变易的推导方法求解。

例 10 求方程 $\dfrac{\mathrm{d}y}{\mathrm{d}x} + \dfrac{1}{x}y = \dfrac{\sin x}{x}$ 的通解。

解 方法一：这是一个一阶非齐次线性方程，用常数变易法求解。

（1）先求对应齐次方程为 $\dfrac{\mathrm{d}y}{\mathrm{d}x} + \dfrac{1}{x}y = 0$ 的通解

分离变量

$$\frac{\mathrm{d}y}{y} = -\frac{\mathrm{d}x}{x}$$

两边积分

$$\ln y = -\ln x + \ln c$$

得到 $\dfrac{\mathrm{d}y}{\mathrm{d}x} + \dfrac{1}{x}y = 0$ 的通解为

$$y = \frac{c}{x}, \ (c \text{ 为任意常数})$$

（2）常数变易，令 $y = \dfrac{c(x)}{x}$ 为 $\dfrac{\mathrm{d}y}{\mathrm{d}x} + \dfrac{1}{x}y = \dfrac{\sin x}{x}$ 的解；

（3）将 $y = \dfrac{c(x)}{x}$ 代入方程 $\dfrac{\mathrm{d}y}{\mathrm{d}x} + \dfrac{1}{x}y = \dfrac{\sin x}{x}$，有

$$c'(x) = \sin x$$

解得

$$c(x) = -\cos x + C$$

（4）将 $c(x) = -\cos x + C$ 带回 $y = \dfrac{c(x)}{x}$

$$y = \frac{1}{x}(-\cos x + C)$$

即为所求通解。

方法二：也可以代入公式 $y = \left(\displaystyle\int Q(x) \mathrm{e}^{\int P(x)\mathrm{d}x} \mathrm{d}x + C \right) \mathrm{e}^{-\int P(x)\mathrm{d}x}$，用公式法求解。

注 一定要把方程化成标准的一阶线性非齐次方程，对应写出

$$P(x) = \frac{1}{x}, \ \ Q(x) = \frac{\sin x}{x}$$

代入上面公式，得

$$y = \left(\int \frac{\sin x}{x} \mathrm{e}^{\int \frac{1}{x}\mathrm{d}x} \mathrm{d}x + C \right) \mathrm{e}^{-\int \frac{1}{x}\mathrm{d}x} = \frac{1}{x}(-\cos x + C)$$

例 11 求 $y' - y\tan x = \sec x$ 的通解。

解 $y' - y\,\mathrm{tg}\,x = \sec x$ 为一阶线性非齐次方程，故用常数变易法求解。

（1）先求齐次方程 $y' - y\tan x = 0$ 的通解

分离变量得

$$\frac{\mathrm{d}y}{y} = \tan x\,\mathrm{d}x$$

两边积分，有

$$\ln y = -\ln\cos x + \ln c$$

于是得到 $y' - y\tan x = 0$ 的通解为

$$y = \frac{c}{\cos x}, (c \text{ 为任意常数})$$

（2）常数变易，令 $y = \dfrac{c(x)}{\cos x}$ 为 $y' - y\,\mathrm{tg}\,x = \sec x$ 的解；

（3）将 $y = \dfrac{c(x)}{\cos x}$ 代入方程 $y' - y tgx = \sec x$，有

$$c'(x) = \sec x \cdot \cos x = 1$$

解得

$$c(x) = x + C$$

（4）将 $c(x) = x + C$ 代回 $y = \dfrac{c(x)}{\cos x}$，有

$$y = (x + C)\sec x = x\sec x + C\sec x, \ (C \text{ 为任意常数})$$

即为所求通解。

例 12　求 $\dfrac{\mathrm{d}y}{\mathrm{d}x} + 3y = \mathrm{e}^{2x}$ 的通解。

解　$\dfrac{\mathrm{d}y}{\mathrm{d}x} + 3y = \mathrm{e}^{2x}$ 为一阶线性非齐次方程，故用常数变易法求解：

（1）先求 $\dfrac{\mathrm{d}y}{\mathrm{d}x} + 3y = 0$ 的通解

分离变量得

$$\frac{\mathrm{d}y}{y} = -3\mathrm{d}x$$

两边积分，得

$$\ln y = -3x + \ln c$$

通解为

$$y = c\mathrm{e}^{-3x}, (c \text{ 为任意常数})$$

（2）常数变易，令 $y = c(x)\mathrm{e}^{-3x}$ 为 $\dfrac{\mathrm{d}y}{\mathrm{d}x} + 3y = \mathrm{e}^{2x}$ 的解；

（3）将 $y = c(x)\mathrm{e}^{-3x}$ 代入方程 $\dfrac{\mathrm{d}y}{\mathrm{d}x} + 3y = \mathrm{e}^{2x}$，有

$$c'(x)\mathrm{e}^{-3x} + c(x)(-3\mathrm{e}^{-3x}) + 3c(x)\mathrm{e}^{-3x} = \mathrm{e}^{2x}$$

解得

$$c'(x) = \mathrm{e}^{5x}$$

即

$$c(x) = \frac{1}{5}\mathrm{e}^{5x} + C$$

（4）将 $c(x) = \dfrac{1}{5}\mathrm{e}^{5x} + C$ 代回 $y = c(x)\mathrm{e}^{-3x}$，有

$$y = \left(\frac{1}{5}\mathrm{e}^{5x} + C\right)\mathrm{e}^{-3x} = \frac{1}{5}\mathrm{e}^{2x} + C\mathrm{e}^{-3x}, \ (C \text{ 为任意常数})$$

即为所求通解。

观察上面例题中所求解的构成情况，不难看出，$c\mathrm{e}^{-3x}$ 为 $\dfrac{\mathrm{d}y}{\mathrm{d}x} + 3y = 0$ 的通解，$\dfrac{1}{5}\mathrm{e}^{2x}$ 为当 $c = 0$ 时 $\dfrac{\mathrm{d}y}{\mathrm{d}x} + 3y = \mathrm{e}^{2x}$ 的特解，即一阶线性非齐次方程的通解等于对应齐次方程的通解加上非齐次方程的一个特解，后面二阶线性方程的解也有上面结论。

例 13　求 $\dfrac{\mathrm{d}y}{\mathrm{d}x} = \dfrac{y}{2x - y^2}$ 的通解。

解　若将 y 看成未知函数、x 作为自变量，此方程不是一阶线性方程。故将 x 看成未知函数、y 作

为自变量，则原方程化为：

$$\frac{\mathrm{d}x}{\mathrm{d}y} = \frac{2x - y^2}{y}$$

进一步化简，得

$$\frac{\mathrm{d}x}{\mathrm{d}y} - \frac{2}{y}x = -y$$

为一阶线性非齐次方程，用常数变易法求解：

(1) 求对应的方程 $\frac{\mathrm{d}x}{\mathrm{d}y} - \frac{2}{y}x = 0$ 的通解

$$x = C \cdot y^2$$

(2) 常数变易，令 $x = C(y) \cdot y^2$；

(3) 将 $x = C(y) \cdot y^2$ 代入非齐次方程，有

$$C'(y) = -y^{-1}$$

解得

$$C(y) = -\ln y + c$$

(4) 将 $C(y) = -\ln y + c$ 代回，得方程的通解为

$$x = y^2(C - \ln y), (C \text{ 为任意常数})$$

三、伯努利方程

定义 6.10 形如 $\frac{\mathrm{d}y}{\mathrm{d}x} + P(x)y = Q(x)y^n$ 的方程，称为**一阶伯努利方程**，这里，$P(x)$、$Q(x)$是 x 的函数，n 是常数且 $n \neq 0, 1$。

利用变量代换可以将伯努利方程化为线性方程，下面讨论伯努利方程解的情形：对于 $y \neq 0$，用 y^{-n} 乘方程两边，将方程变形为

$$y^{-n}\frac{\mathrm{d}y}{\mathrm{d}x} + P(x)y^{1-n} = Q(x)$$

即

$$\frac{1}{1-n} \cdot \frac{\mathrm{d}(y^{1-n})}{\mathrm{d}x} + P(x)y^{1-n} = Q(x)$$

令 $z = y^{1-n}$，则方程化为

$$\frac{\mathrm{d}z}{\mathrm{d}x} + (1-n)P(x)z = (1-n)Q(x)$$

这是关于 z 的一阶线性非齐次方程，故可用常数变易法求得它的通解 $z = z(x)$，最后将 $z = y^{1-n}$ 代回，即得原方程的通解 $y = y(x)$。

例 14 求微分方程 $\frac{\mathrm{d}y}{\mathrm{d}x} - 3xy = xy^2$ 的通解。

解 这是 $n = 2$ 时的伯努利方程，两边同时除以 y^2，有

$$y^{-2}\frac{\mathrm{d}y}{\mathrm{d}x} - 3\frac{1}{y}x = x$$

化简为伯努利方程标准形式

$$\frac{\mathrm{d}(y^{-1})}{\mathrm{d}x} + 3xy^{-1} = -x$$

令 $z = y^{-1}$，有

$$\frac{\mathrm{d}z}{\mathrm{d}x} + 3xz = -x$$

这是关于 z 和 x 的一阶线性非齐次方程，按照常数变易的步骤求解：

（1）求 $\frac{\mathrm{d}z}{\mathrm{d}x} + 3xz = 0$ 通解，得到

$$z = c\mathrm{e}^{\frac{-3x^2}{2}}$$

（2）常数变易，令 $z = c(x)\mathrm{e}^{\frac{-3x^2}{2}}$；

（3）将 $z = c(x)\mathrm{e}^{\frac{-3x^2}{2}}$ 代入

$$\frac{\mathrm{d}z}{\mathrm{d}x} + 3xz = -x$$

求得 $c'(x) = -x\mathrm{e}^{-\frac{3}{2}x^2}$

即

$$c(x) = -\frac{1}{3}\mathrm{e}^{-\frac{3}{2}x^2} + C$$

（4）将上式代回

$$z = c(x)\mathrm{e}^{\frac{-3x^2}{2}}$$

得到 $z = -\frac{1}{3} + C\mathrm{e}^{-\frac{3}{2}x^2}$

又因为 $z = y^{-1}$，所以

$$\frac{1}{y} + \frac{1}{3} = C\mathrm{e}^{-\frac{3}{2}x^2}$$

为原方程的通解。

例 15 求 $xy' + y - xy^2\ln x = 0$ 的通解。

解 将方程变形，得

$$y^{-2}y' + \frac{1}{x}y^{-1} = \ln x$$

此方程为伯努利方程。

令 $z = y^{-1}$，代入

$$\frac{\mathrm{d}z}{\mathrm{d}x} - \frac{1}{x}z = -\ln x$$

（1）求 $\frac{\mathrm{d}z}{\mathrm{d}x} - \frac{1}{x}z = 0$ 通解，得到 $z = Cx$；

（2）常数变易，令 $z = C(x) \cdot x$；

（3）将 $z = C(x) \cdot x$ 代入 $\frac{\mathrm{d}z}{\mathrm{d}x} - \frac{1}{x}z = -\ln x$，求得

$$C(x) = -\frac{(\ln x)^2}{2} + c$$

（4）代回得到

$$z = -\frac{(\ln x)^2}{2}x + cx$$

又因为 $z = y^{-1}$，所以

$$y = \frac{2}{-(\ln x)^2 x + 2cx}$$

为原方程的通解。

PPT

第三节　二阶微分方程

一、可降阶的二阶微分方程

二阶微分方程的一般形式为 $F(x,y,y',y'')=0$，其求解一般不是很容易。这里介绍几种简单类型的二阶微分方程，它们的解法有一个共同特点，即做适当变换能使方程降阶为一阶方程再求解，即可降阶的二阶微分方程。

1. $y''=f(x)$ 型的二阶微分方程　此类方程的特点是不显含 y、y'，只要逐层积分即可求出解。

例16　求微分方程 $y''=\mathrm{e}^x$ 的通解。

解　两边积分一次，有

$$y'=\mathrm{e}^x+c_1$$

两边再积分一次，得

$$y=\mathrm{e}^x+c_1x+c_2,(c_1、c_2\text{ 为任意常数})$$

2. $y''=f(x,y')$ 型的二阶微分方程　此类方程的特点是方程中不显含 y，可做变量代换解方程。

令 $y'=p(x)$，则 $y''=p'$，原二阶方程可以降阶为 p' 和 x 的一阶方程，即可求通解。

例17　求 $y''+y'=x^2$ 的通解。

解　令 $p=y'$，则 $p'=y''$，则原方程化为

$$p'+p=x^2\text{（一阶线性非齐次方程）}$$

利用常数变易，得方程通解

$$p=x^2-2x+2+c_1\mathrm{e}^{-x}$$

又 $p=y'$，所以

$$y'=x^2-2x+2+c_1\mathrm{e}^{-x}$$

两边积分，得通解为

$$y=\frac{1}{3}x^3-x^2+2x-c_1\mathrm{e}^{-x}+c_2,(c_1、c_2\text{ 为任意常数})$$

3. $y''=f(y,y')$ 型的二阶微分方程　此类方程的特点是方程中不显含 x，若用上面方法令 $y'=p(x)$，则

$$y''=p'(x)，\text{方程 }y''=f(y,y')\text{ 化为}$$
$$p'=f(y,p(x))$$

此方程中含有 p、y、x 三个变量，无法求解。

故令 $y'=p(y)$，则

$$y''=\frac{\mathrm{d}y'}{\mathrm{d}y}\frac{\mathrm{d}y}{\mathrm{d}x}=p\frac{\mathrm{d}p}{\mathrm{d}y}$$

代入方程，原方程可以降阶为 p' 和 y 的一阶方程

$$p'=f(y,p)$$

即可求通解

$$p=p(y)$$

再将其代入 $y'=p(y)$，可得

$$y=y(x)$$

例18 求微分方程 $y'' = 2y^3$ 当 $y(0) = y'(0) = 1$ 时的特解。

解 令 $y' = p(y)$，则 $y'' = p\dfrac{\mathrm{d}p}{\mathrm{d}y}$，从而

$$p\frac{\mathrm{d}p}{\mathrm{d}y} = 2y^3$$

即

$$p\mathrm{d}p = 2y^3\mathrm{d}y$$

两边积分，得

$$\frac{1}{2}p^2 = \frac{1}{2}y^4 + \frac{c_1}{2}$$

由 $y(0) = y'(0) = 1$，得 $x = 0$ 时 $p = 1$，代入上式得

$$c_1 = 0$$

所以

由 $y'(0) = 1$ 知 $p > 0$，故

$$p = \pm y^2$$

即

$$p = y^2$$

$$\frac{\mathrm{d}y}{\mathrm{d}x} = y^2$$

分离变量 $\dfrac{\mathrm{d}y}{y^2} = \mathrm{d}x$，两边积分

$$\int\frac{\mathrm{d}y}{y^2} = \int\mathrm{d}x$$

所以

$$-\frac{1}{y} = x + c_2$$

由 $y(0) = 1$ 知

$$c_2 = -1$$

所求方程特解为

$$y = \frac{1}{1-x}$$

二、二阶微分方程解的结构

上面介绍了几种可降阶的特殊类型二阶微分方程的解法，本节介绍另外一类常用的二阶常系数线性方程的解法。

二阶线性微分方程的一般形式为

$$A(x)y'' + B(x)y' + C(x)y = f(x)$$

其中，$A(x) \neq 0$。

定义 6.11 形如 $A(x)y'' + B(x)y' + C(x)y = f(x)$ 的方程中，若 $f(x) \equiv 0$，称为**二阶线性齐次方程**；若 $f(x)$ 不恒为 0，则称方程为**非齐次线性方程**，$f(x)$ 称为非齐次项或自由项；若 $A(x)$、$B(x)$、$C(x)$ 均为常数，则称为**二阶常系数线性方程**。

二阶线性微分方程解的结构如何，对求解二阶线性微分方程有指导意义。为此，先讨论二阶线性微分方程解的结构。

定理 6.1（叠加原理） 设 $y_1(x)$、$y_2(x)$ 是 $A(x)y'' + B(x)y' + C(x)y = 0$ 的两个解，则它们的任意线性组合 $y = c_1y_1(x) + c_2y_2(x)$ 也是方程的解（其中，c_1、c_2 为任意常数）。

证 $y_1(x)$、$y_2(x)$ 是 $A(x)y'' + B(x)y' + C(x)y = 0$ 的解，必满足方程，代入有

$$A(x)y_1'' + B(x)y_1' + C(x)y_1 = 0$$
$$A(x)y_2'' + B(x)y_2' + C(x)y_2 = 0$$

对于 $y = c_1y_1(x) + c_2y_2(x)$，因为

$$A(x)(y_1'' + y_2'') + B(x)(y_1' + y_2') + C(x)(y_1 + y_2) = 0$$

故结论成立。

上面结论可以推广为：若 $y_1(x)$、$y_2(x)$、$\cdots$、$y_n(x)$ 是方程

$$A(x)y'' + B(x)y' + C(x)y = 0$$

的 n 个解，则它们的任意线性组合

$$y = c_1y_1(x) + c_2y_2(x) + \cdots + c_ny_n(x)$$

仍为方程的解。

已知齐次线性方程 $x^2y'' + 4xy' - 4y = 0$ 的两个特解为 $y_1 = x$、$y_2 = x^{-4}$，由上面定理可知

$$y = 2x, \quad y = x + x^{-4}, \quad y = 2x + 3x^{-4}, \quad y = c_1x + c_2x^{-4}$$

也是原方程的解。

考虑 $y = c_1x + c_2x^{-4}$，会不会成为方程的通解呢？会，因为它含有两个常数，且常数 c_1、c_2 不能合并，相互独立，故 $y = c_1x + c_2x^{-4}$ 是原方程的通解。

$y = c_1y_1(x) + c_2y_2(x)$ 是否会成为

$$A(x)y'' + B(x)y' + C(x)y = 0$$

的通解？会，取决于 $y_1(x)$、$y_2(x)$ 之间的关系。为此，需要引入函数线性相关与线性无关的概念。

定义 6.12 设 $y_1(x)$、$y_2(x)$、$\cdots$、$y_n(x)$ 是定义在某个区间 I 上的函数，若存在不全为零的常数 k_1、k_2、$\cdots$、k_n，使得

$$k_1y_1 + k_2y_2 + \cdots + k_ny_n \equiv 0$$

成立，则称 $y_1(x)$、$y_2(x)$、$\cdots$、$y_n(x)$ 在区间 I 上**线性相关**。若

$$k_1y_1 + k_2y_2 + \cdots + k_ny_n \equiv 0$$

当且仅当

$$k_1 = k_2 = \cdots = k_n = 0$$

才成立，称 $y_1(x)$、$y_2(x)$、$\cdots$、$y_n(x)$ 在区间 I 上**线性无关**。

特别有，若 $y_1(x)$、$y_2(x)$ 是定义在 I 上的函数，则

$y_1(x)$、$y_2(x)$ 线性无关 $\Leftrightarrow \dfrac{y_1(x)}{y_2(x)}$ 不恒为常数；

$y_1(x)$、$y_2(x)$ 线性相关 $\Leftrightarrow \dfrac{y_1(x)}{y_2(x)}$ 恒为常数。

如：函数 $\cos x$ 与 $\sin x$，因为

$$\frac{\cos x}{\sin x} = \cot x \neq 常数$$

所以 $\cos x$ 与 $\sin x$ 线性无关。

又如：$\cos^2 x$ 与 $\sin^2 x - 1$，因为

$$\frac{\cos^2 x}{\sin^2 x - 1} = -1$$

为常数，所以 $\cos^2 x$ 与 $\sin^2 x - 1$ 线性相关。

上面例子中，$\dfrac{y_1(x)}{y_2(x)} = \dfrac{x}{x^{-4}} = x^3 \neq$ 常数，所以 $y_1(x)$、$y_2(x)$ 线性无关。

例 19 下面哪组函数在其定义区间内是线性相关的？

A. $\sin x$，$\sin 2x$　　　　B. $\sin^2 x$，$\cos^2 x$　　　　C. e^x，e^{2x}　　　　D. $\ln x$，$\ln\sqrt{x}$

解 因为 $\dfrac{\ln\sqrt{x}}{\ln x} = \dfrac{1}{2}$，故选答案 D。

注 两个函数 $y_1(x)$、$y_2(x)$ 之间要么线性相关，要么线性无关，二者必居其一。若 $y_1(x)$、$y_2(x)$ 线性无关，则 $k_1 y_1(x) + k_2 y_2(x)$ 无法合并成 $k y(x)$；但当 $y_1(x)$、$y_2(x)$ 线性相关时，$k_1 y_1(x) + k_2 y_2(x)$ 可以合并成 $k y(x)$。

定理 6.2 设 $y_1(x)$、$y_2(x)$ 是齐次方程 $A(x)y'' + B(x)y' + C(x)y = 0$ 的两个线性无关的特解，则方程的通解可以表示为

$$y = c_1 y_1(x) + c_2 y_2(x)，（其中，c_1、c_2 \text{ 为任意常数}）$$

上面定理给出了求二阶齐次线性方程通解的方法：可先求出它的两个线性无关的特解 $y_1(x)$、$y_2(x)$，再分别乘以任意常数 c_1、c_2，相加即可。

推论 1 设 $y_1(x)$、$y_2(x)$ 是非齐次方程

$$A(x)y'' + B(x)y' + C(x)y = f(x)$$

的两个特解，则

$$y = y_1(x) - y_2(x)$$

为对应齐次方程 $A(x)y'' + B(x)y' + C(x)y = 0$ 的一个解。

证 $y_1(x)$、$y_2(x)$ 是方程 $A(x)y'' + B(x)y' + C(x)y = f(x)$ 的解，代入方程，有

$$A(x)y_1'' + B(x)y_1' + C(x)y_1 = f(x) \qquad A(x)y_2'' + B(x)y_2' + C(x)y_2 = f(x)$$

两式相减得到

$$A(x)(y_1'' - y_2'') + B(x)(y_1' - y_2') + C(x)(y_1 - y_2) = 0$$

即

$$A(x)(y_1 - y_2)'' + B(x)(y_1 - y_2)' + C(x)(y_1 - y_2) = 0$$

所以

$$y = y_1(x) - y_2(x)$$

为对应齐次方程

$$A(x)y'' + B(x)y' + C(x)y = 0$$

的一个解。

推论 2 设 y^* 是 $A(x)y'' + B(x)y' + C(x)y = f(x)$ 的一个特解，$y(x)$ 是对应齐次方程 $A(x)y'' + B(x)y' + C(x)y = 0$ 的一个特解，则 $y = y^* + y(x)$ 为非齐次方程 $A(x)y'' + B(x)y' + C(x)y = f(x)$ 的一个解。

证 因 y^* 是 $A(x)y'' + B(x)y' + C(x)y = f(x)$ 的一个特解，则

$$A(x)(y^*)'' + B(x)(y^*)' + C(x)y^* = f(x)$$

又因 $y(x)$ 满足方程

$$A(x)y'' + B(x)y' + C(x)y = 0$$

有

$$A(x)(y^* + y)'' + B(x)(y^* + y)' + C(x)(y^* + y) = f(x)$$

则 $y = y^* + y(x)$ 为非齐次方程 $A(x)y'' + B(x)y' + C(x)y = f(x)$ 的一个解。

上面推论为我们求二阶线性非齐次方程的通解提供了方法。

定理 6.3 设 y^* 是二阶非齐次线性微分方程

$$A(x)y'' + B(x)y' + C(x)y = f(x)$$

的一个特解，$Y = c_1 y_1(x) + c_2 y_2(x)$ 是对应齐次方程的通解，则

$$y = y^* + Y \quad 即 \quad y = y^* + c_1 y_1(x) + c_2 y_2(x)$$

是方程

$$A(x)y'' + B(x)y' + C(x)y = f(x)$$

的通解。

证 由 $y = y^* + Y$，知 $y' = (y^*)' + Y', y'' = (y^*)'' + Y''$。

将 y、y'、y'' 代入方程

$$A(x)y'' + B(x)y' + C(x)y = f(x)$$

得

$$A(x)[(y^*)'' + Y''] + B(x)[(y^*)' + Y'] + C(x)(y^* + Y)$$
$$= [A(x)(y^*)'' + B(x)(y^*)' + C(x)y^*] + [A(x)Y'' + B(x)Y' + C(x)Y]$$
$$= f(x) + 0 = f(x)$$

定理得证。

例 20 设 $y_1 = xe^x + e^{2x}$、$y_2 = xe^x + e^{-x}$、$y_3 = xe^x + e^{2x} - e^{-x}$ 是某二阶线性非齐次方程的解，求该方程的通解。

解 令 $Y_1 = y_1 - y_2, Y_2 = y_1 - y_3$

又因为

$$\frac{Y_1}{Y_2} = \frac{e^{2x} - e^{-x}}{e^{-x}}$$

不恒为常数，所以 Y_1、Y_2 线性无关。

故通解为

$$y = c_1 e^{-x} + c_2 (e^{2x} - e^{-x}) + xe^x + e^{2x}$$

二阶线性方程解的结构问题已经解决了，但对一般的二阶线性方程来说，求通解并没有普遍的解法。下面介绍一类能够彻底解决的方程，即二阶常系数线性方程。

三、二阶常系数线性齐次微分方程

定义 6.13 称形如 $ay'' + by' + cy = 0$（其中 a、b、c 为常数）的方程为**二阶常系数线性齐次微分方程**。

由定理 6.2 知，只要找到它的两个线性无关的特解，即可以求出它的通解。下面讨论其特解的情况。

根据常系数线性齐次方程的特点，注意到指数函数 e^{rx} 有其导数仍为自己倍数的特点，猜想 $y = e^{rx}$ 可能为方程的一个解，易求出

$$y' = re^{rx}, y'' = r^2 e^{rx}$$

代入方程并整理，有

$$e^{rx}(ar^2 + br + c) = 0$$

又因为 $e^{rx} \neq 0$，故

$$ar^2 + br + c = 0$$

由一元二次方程根 r 的不同情况，可以讨论对应微分方程的解。

定义 6.14　方程 $ar^2 + br + c = 0$ 称为对应微分方程 $ay'' + by' + cy = 0$ 的**特征方程**，r 称为微分方程的**特征根**。

特征方程的根有以下三种情况：

（1）特征方程有两个不同的实根 r_1、r_2 时，则 $y_1 = \mathrm{e}^{r_1 x}$、$y_2 = \mathrm{e}^{r_2 x}$ 为对应微分方程的两个解，且 $\dfrac{y_1}{y_2}$ 不恒为常数，从而微分方程的通解为

$$y = c_1 \mathrm{e}^{r_1 x} + c_2 \mathrm{e}^{r_2 x}$$

（2）特征方程有两个相同的实根，即当 $r_1 = r_2 = r$ 时，则 $y_1 = \mathrm{e}^{r_1 x}$ 是微分方程的一个解，现在求另一个与 $y_1 = \mathrm{e}^{r_1 x}$ 线性无关的解 y_2：

设 $\dfrac{y_2}{\mathrm{e}^{rx}} = u(x)$，$u(x)$ 是待定函数，则

$$y_2 = u(x) \cdot \mathrm{e}^{rx}$$

有

$$y_2{}' = u'(x) \cdot \mathrm{e}^{rx} + ru(x)\mathrm{e}^{rx}$$
$$y_2{}'' = u''(x) \cdot \mathrm{e}^{rx} + 2ru'(x)\mathrm{e}^{rx} + r^2 u(x)\mathrm{e}^{rx}$$

将上式代入方程，得

$$\mathrm{e}^{rx}\left[au''(x) + (2ar + b)u'(x) + (ar^2 + br + c)u(x) \right] = 0$$

因为 $\mathrm{e}^{rx} \neq 0$，且 $2ar + b = 0, ar^2 + br + c = 0$

所以
$$u'' = 0$$

解得
$$u(x) = c_1 + c_2 x$$

为方便，取 $c_1 = 0$、$c_2 = 1$，得到

$$u(x) = x$$

则

$$y_2 = x\mathrm{e}^{rx}$$

通解为 $y = c_1 \mathrm{e}^{rx} + c_2 x\mathrm{e}^{rx}$。

（3）若特征方程有一对共轭复数根，即当 $r_1 = \alpha + \beta i, r_2 = \alpha - \beta i$ 时，则

$$y_1 = \mathrm{e}^{r_1 x}, y_2 = \mathrm{e}^{r_2 x}$$

应用欧拉公式

$$\mathrm{e}^{i\theta} = \cos\theta + i\sin\theta$$

得

$$y_1 = \mathrm{e}^{\alpha x}(\cos\beta x + i\sin\beta x),\ y_2 = \mathrm{e}^{\alpha x}(\cos\beta x - i\sin\beta x)$$

由解的叠加原理知

$$Y_1 = \frac{1}{2}(y_1 + y_2) = \mathrm{e}^{\alpha x}\cos\beta x,\ Y_2 = \frac{1}{2i}(y_1 - y_2) = \mathrm{e}^{\alpha x}\cos\beta x$$

显然 Y_1、Y_2 线性无关，故通解为

$$y = \mathrm{e}^{\alpha x}(c_1\cos\beta x + c_2\sin\beta x)$$

现将上面的求解过程归纳为：①写出微分方程对应的特征方程；②计算特征方程的两个根；③根据根的不同情况，按照表 6 – 1 写出通解。

表 6 - 1

特征方程 $ar^2 + br + c = 0$ 的两个根	微分方程 $ay'' + by' + cy = 0$ 的通解
两个不等实根 r_1、r_2	$y = c_1 e^{r_1 x} + c_2 e^{r_2 x}$
两个相等的实根 $r_1 = r_2 = r$	$y = c_1 e^{rx} + c_2 x e^{rx}$
一对共轭复根 $r_{1,2} = \alpha \pm \beta i$	$y = e^{\alpha x}(c_1 \cos\beta x + c_2 \sin\beta x)$

例 21 求下列方程的通解：

（1）$4y'' + 4y' + y = 0$ （2）$y'' + 2y' - 3 = 0$ （3）$y'' + y = 0$

解 （1）特征方程为 $4r^2 + r + 1 = 0$，则 $r_1 = r_2 = -\dfrac{1}{2}$，

从而通解为

$$y = c_1 x e^{-\frac{1}{2}x} + c_2 e^{-\frac{1}{2}x}$$

（2）特征方程为 $r^2 + 2r - 3 = 0$，则 $r_1 = -3$，$r_2 = 1$，

从而通解为

$$y = c_1 e^{-3x} + c_2 e^x$$

（3）特征方程为 $r^2 + 1 = 0$，则 $r_1 = i$，$r_2 = -i$，

知

$$\alpha = 0, \quad \beta = 1$$

从而通解为

$$y = c_1 \cos x + c_2 \sin x$$

四、二阶常系数线性非齐次微分方程

由解的结构定理知，二阶常系数线性非齐次方程 $ay'' + by' + cy = f(x) \neq 0$ 的通解，由 $ay'' + by' + cy = 0$ 的通解与 $ay'' + by' + cy = f(x) \neq 0$ 的一个特解构成。$ay'' + by' + cy = 0$ 的通解可用特征根法求出，因此，只需要求出 $ay'' + by' + cy = f(x)(f(x) \neq 0)$ 的一个特解即可。这个特解的求法与 $f(x)$ 的具体形式有关，求解的基本思想就是根据 $f(x)$ 的特点，猜测方程有某种形式的特解，代入方程，确定某些常数，从而求出特解。下面讨论 $f(x)$ 的几种特殊情况：

1. $f(x) = e^{\lambda x} P_m(x)$ 型 方程 $ay'' + by' + cy = e^{\lambda x} P_m(x)$，其中，$a$、$b$、$c$、$\lambda$ 为常数，$P_m(x)$ 为 m 次多项式。假设其特解的结构为 $y^* = e^{\lambda x} x^k Q_m(x)$，$Q_m(x)$ 为 m 次多项式，讨论 λ 与特征方程 $(ar^2 + br + c) = 0$ 的特征根的关系：

（1）当 λ 不是特征根时，则 $k = 0$，特解是

$$y^* = e^{\lambda x} Q_m(x)$$

（2）当 λ 是特征单根（一重特征根）时，则 $k = 1$，特解是

$$y^* = e^{\lambda x} x Q_m(x)$$

（3）当 λ 是特征重根（二重特征根）时，则 $k = 2$，特解是

$$y^* = e^{\lambda x} x^2 Q_m(x)$$

例 22 求 $y'' + y' = x^2$ 的通解。

解 第一步 求 $y'' + y' = 0$ 的通解：

$y'' + y' = 0$ 对应的特征方程为 $r^2 + r = 0$，

求出

$$r_1 = 0, r_2 = -1$$

则齐次方程的通解为

$$y = c_1 + c_2 e^{-x}$$

第二步 求 $y'' + y' = x^2$ 的特解：

由于 $\lambda = 0$ 是特征单根，则 $k = 1$，故设特解为

$$y^* = xQ_2(x) = x(ax^2 + bx + c)$$

故

$$(y^*)' = 3ax^2 + 2bx + c$$
$$(y^*)'' = 6ax + 2b$$

代入方程，比较系数得

$$3ax^2 + (6a + 2b)x + 2b + c = x^2$$

所以

$$a = \frac{1}{3}, b = -1, c = 2$$

得特解

$$y^* = x\left(\frac{1}{3}x^2 - x + 2\right)$$

于是，所求方程通解为

$$y = c_1 + c_2 e^{-x} + x\left(\frac{1}{3}x^2 - x + 2\right)$$

2. $f(x) = e^{\lambda x}(P_L(x)\cos\omega x + R_n(x)\sin\omega x)$ 型

令 $m = \max\{L, n\}$，则特解设为 $y^* = x^k e^{\lambda x}[R_m(x)\cos\omega x + S_m(x)\sin\omega x]$，其中 $R_m(x)$、$S_m(x)$ 为两个待定的、带实系数的、次数不高于 m 的多项式。

讨论 $\lambda + \omega i$ 与特征方程 $(ar^2 + br + c) = 0$ 的关系：

（1）若 $\lambda + \omega i$ 不是特征方程的根，则 $k = 0$，特解为

$$y^* = e^{\lambda x}[R_m(x)\cos\omega x + S_m(x)\sin\omega x]$$

（2）若 $\lambda + \omega i$ 是特征方程的根，则 $k = 1$，特解为

$$y^* = xe^{\lambda x}[R_m(x)\cos\omega x + S_m(x)\sin\omega x]$$

例 23 求 $y'' - 2y' + 5y = e^x\sin x$ 的一个特解。

解 上面方程对应的齐次方程的特征方程为 $r^2 - 2r + 5 = 0$，则特征根为

$$r_1 = 1 + 2i, \quad r_2 = 1 - 2i$$

由题意知

$$\lambda = 1, \omega = 1$$

故 $\lambda + \omega i = 1 + i$ 不是特征方程的根，

所以

$$k = 0$$

从而特解设为

$$y^* = e^x(A\cos x + B\sin x)$$

代入方程为比较系数，得

$$3A\cos x + 3B\sin x = \sin x$$

所以

$$A = 0, B = \frac{1}{3}$$

故所求特解为

$$y^* = \frac{1}{3}e^x \sin x$$

◈ 第四节　拉普拉斯变换求解微分方程

PPT

拉普拉斯变换是一种积分变换，它能将积分运算转化为代数计算，方法十分简单方便，在工程技术和医药研究等很多领域中被广泛采用。下面简单介绍拉普拉斯变换在解常系数微分方程初值问题中的应用。

一、拉普拉斯变换与拉普拉斯逆变换的概念

定义 6.15　设函数 $f(t)$ 在 $t \geq 0$ 时有定义，且积分

$$F(s) = \int_0^{+\infty} e^{-st} f(t) \, dt$$

在 s 的某一区间内存在，则称 $F(s)$ 为 $f(t)$ 的一个**拉普拉斯变换**（简称拉氏变换）。记作

$$F(s) = L\{f(t)\}$$

即

$$F(s) = L\{f(t)\} = \int_0^{+\infty} e^{-st} f(t) \, dt$$

其中，$F(s)$ 称为**象函数**，$f(t)$ 称为**象原函数**，式中的符号"L"称为**拉氏变换算子**。

拉氏变换是由象原函数 $f(t)$ 求出象函数 $F(s)$，在实际问题中，常常是已知象函数 $F(s)$，要求象原函数 $f(t)$，因此要用到拉普拉斯逆变换。

定义 6.16　若已知象函数 $F(s)$，求象原函数 $f(t)$，称为**拉普拉斯逆变换**。记作

$$L^{-1}\{F(s)\} = f(t)$$

例 24　求常数函数 $f(t) = c$ 的拉氏变换 $F(s) = L\{c\}$。

解　$F(s) = L\{f(t)\} = \int_0^{+\infty} c e^{-st} dt = c \int_0^{+\infty} e^{-st} dt$

$$= -\frac{c}{s} e^{-st} \Big|_0^{+\infty} = \frac{c}{s}, (s > 0)$$

例 25　求指数函数 $f(t) = e^{at}$ 的拉氏变换 $F(s) = L\{e^{at}\}$。

解　$F(s) = L\{f(t)\} = \int_0^{+\infty} e^{at} e^{-st} dt = \int_0^{+\infty} e^{(a-s)t} dt$

$$= \frac{1}{a-s} e^{(a-s)t} \Big|_0^{+\infty} = \frac{1}{s-a}, (s > a)$$

例 26　求指数函数 $f(t) = 2x^2$ 的拉氏变换 $F(s) = L\{2x^2\}$。

解　$F(s) = L\{2x^2\} = \int_0^{+\infty} 2x^2 e^{-st} dt = \frac{4}{s^3}$。

实际应用中，往往无需按定义计算拉氏变换，可通过查拉氏变换表得到结果。下面给出常用函数拉普拉斯变换表。

表 6 – 2　拉普拉斯变换表

序号	象原函数 $f(t)$	象函数 $F(s) = L\{f(t)\}$	s 取值范围
1	c（c 为常数）	$\dfrac{c}{s}$	$s > 0$
2	t	$\dfrac{1}{s^2}$	$s > 0$
3	$\dfrac{t^n}{n!}$	$\dfrac{1}{s^{n+1}}$	$s > 0$
4	e^{at}	$\dfrac{1}{s-a}$	$s > a$
5	$t^n e^{at}$	$\dfrac{n!}{(s-a)^{n+1}}$	$s > a$
6	$\sin at$	$\dfrac{a}{s^2+a^2}$	$s > 0$
7	$\cos at$	$\dfrac{s}{s^2+a^2}$	$s > 0$
8	$t\sin at$	$\dfrac{2as}{(s^2+a^2)^2}$	$s > 0$
9	$t\cos at$	$\dfrac{s^2-a^2}{(s^2+a^2)^2}$	$s > 0$
10	$e^{at}\sin\omega t$	$\dfrac{\omega}{(s-a)^2+\omega^2}$	$s > a$
11	$e^{at}\cos\omega t$	$\dfrac{s-a}{(s-a)^2+\omega^2}$	$s > a$
12	$\sin^2 t$	$\dfrac{1}{2}\left(\dfrac{1}{s}-\dfrac{s}{s^2+4}\right)$	$s > 0$
13	$\cos^2 t$	$\dfrac{1}{2}\left(\dfrac{1}{s}+\dfrac{s}{s^2+4}\right)$	$s > 0$
14	$\sin at\sin bt$	$\dfrac{2abs}{[s^2+(a+b)^2][s^2-(a-b)^2]}$	$s > 0$
15	$te^{at}\sin\omega t$	$\dfrac{2\omega(s-a)}{[(s-a)^2+\omega^2]^2}$	$s > a$
16	$te^{at}\cos\omega t$	$\dfrac{(s-a)^2-\omega^2}{[(s-a)^2+\omega^2]^2}$	$s > a$

通过上表也可以求拉普拉斯逆变换。

例 27　若 $F(s) = \dfrac{s}{s^2+1}(s > 0)$，求 $L^{-1}\{F(s)\}$。

解　$L^{-1}\{F(s)\} = L^{-1}\left\{\dfrac{s}{s^2+1}\right\} = \cos t$

二、拉普拉斯变换的性质

性质 1（线性性质）　若 $L\{f_1(t)\}$ 和 $L\{f_2(t)\}$ 都存在，对任意常数 c_1 和 c_2，$L\{c_1 f(t) + c_2 f(t)\}$ 也存在，则

$$L\{c_1 f(t) + c_2 f(t)\} = c_1 L\{f_1(t)\} + c_2 L\{f_2(t)\}$$

此性质可以推广到：几个函数线性组合的拉氏变换等于各函数拉氏变换的线性组合。如：

$$L\{2e^{-3t} + 5e^t\} = 2L\{e^{-3t}\} + 5L\{e^t\} = \frac{2}{s+3} + \frac{5}{s-1}$$

性质 2（微分性质）　关于原函数导数的拉氏变换：

若 $f(t)$ 和 $f'(t)$ 在 $[0, +\infty)$ 上连续，且 $f(t)$ 是指数级函数，即存在常数 $A > 0$ 和 k，对于一切充分大的 t，有 $|f(t)| \leqslant Ae^{kt}$，当 $s > k$ 时，$L\{f(t)\}$ 存在，且 $F(s) = L\{f(t)\}$，则有

(1) $L\{f'(t)\} = sL\{f(t)\} - f(0) = sF(s) - f(0)$

(2) $L\{f''(t)\} = s^2L\{f(t)\} - sf(0) - f'(0) = s^2F(s) - sf(0) - f'(0)$

(3) $L\{f^{(n)}(t)\} = s^nF(s) - [s^{n-1}f(0) + s^{n-2}f'(0) + \cdots + sf^{(n-2)}(0) + f^{(n-1)}(0)]$

证 (1) $L\{f'(t)\} = \int_0^{+\infty} e^{-st}f'(t)\,dt = \int_0^{+\infty} e^{-st}df(t)$

$$= e^{-st}f(t)\Big|_0^{+\infty} + s\int_0^{+\infty} e^{-st}f(t)\,dt$$

因为 $$|f(t)| \leqslant Ae^{kt}$$

所以

$$|e^{-st}f(t)| \leqslant Ae^{-st}e^{kt} = Ae^{-(s+k)t}$$

$$\lim_{t\to+\infty} Ae^{-(s+k)t} = 0$$

故

$$\lim_{t\to+\infty} e^{-st}f(t) = 0$$

于是

$$L\{f'(t)\} = 0 - f(0) + sL\{f(t)\} = sF(s) - f(0)$$

(2) $L\{f''(t)\} = sL\{f'(t)\} - f'(0) = s[sL\{f(t)\} - f(0)] - f'(0)$

$$= s^2L\{f(t)\} - sf(0) - f'(0) = s^2F(s) - sf(0) - f'(0)$$

(3) 由数学归纳法可得，此处证明省略。

特殊地，当各阶导数初值

$$f(0) = f'(0) = \cdots = f^{(n)}(0) = 0 \text{ 时,}$$

有

$$L\{f^{(n)}(t)\} = s^nF(s), (n \text{ 为自然数}, s > 0)$$

性质 3（积分性质） 设 $F(s) = L\{f(t)\}$，则 $L\left\{\int_0^t f(u)\,du\right\} = \dfrac{F(s)}{s}$，这是关于原函数积分的拉氏变换。

性质 4（平移性质） 设 $F(s) = L\{f(t)\}$，则 $L\{e^{at}f(t)\} = F(s-a)$。此性质指出象原函数乘以 e^{at} 等于其象函数做位移 a。

拉普拉斯变换还有其他几条性质，如延迟性质、初值定理和终值定理等，在医药学研究中运用不多，故在此从略。

三、拉普拉斯变换解微分方程的初值问题

拉普拉斯变换是解常系数线性微分方程中经常采用的一种较简便的方法。其基本思想是，先通过拉普拉斯变换将已知微分方程化成关于象函数的代数方程，求出代数方程的解，再通过拉普拉斯逆变换，得到所求初值问题的解。

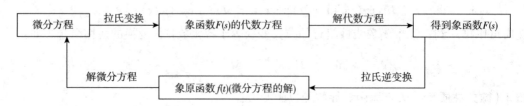

例 28 求方程 $\dfrac{dy}{dt} - y = e^{2t}$ 满足初始条件 $y(0) = 0$ 的解。

解 对方程两边同时进行拉氏变换，得到象函数 $F(s)$ 满足的方程

$$sF(s) - y(0) - F(s) = \frac{1}{s-2}$$

因为 $y(0) = 0$，所以

$$F(s) = \frac{1}{(s-1)(s-2)} = \frac{1}{s-2} - \frac{1}{s-1}$$

直接查拉氏变换表得到 $\frac{1}{s-2}$ 和 $\frac{1}{s-1}$ 的象原函数分别为 e^{2t} 和 e^t，于是利用线性性质，得到 $F(s)$ 的象原函数

$$y(t) = e^{2t} - e^t$$

即为所求方程的特解。

例 29 求方程 $y'' + y' - 12y = 0$ 满足初始条件 $y(0) = -7$、$y'(0) = 0$ 的解。

解 对方程两边同时进行拉氏变换

$$L\{y'' + y' - 12y\} = L\{0\}$$

即

$$L\{y''\} + L\{y'\} - 12L\{y\} = L\{0\}$$

求象函数 $F(s)$ 的代数方程，利用拉氏变换的微分性质并查表，得到

$$L\{y''\} = s^2 L\{y\} - sy(0) - y'(0)$$

$$L\{y'\} = sL\{y\} - y(0) \text{ 且 } L\{0\} = 0$$

代入得到

$$L\{y''\} = [s^2 L\{y\} - sy(0) - y'(0)] + [sL\{y\} - y(0)] - 12L\{y\} = 0$$

设 $L\{y\} = F(s)$，即

$$(s^2 + s - 12)F(s) - (1+s)y(0) - y'(0) = 0$$

求象函数 $F(s)$，代入初始条件 $y(0) = -7$、$y'(0) = 0$，可得

$$F(s) = \frac{-7(s+1)}{s^2 + s - 12} = \frac{-7(s+1)}{(s+4)(s-3)}$$

利用待定系数法，将上面分式拆项得到

$$F(s) = \frac{-3}{s+4} + \frac{-4}{s-3}$$

对 $F(s)$ 做拉氏逆变换

$$L^{-1}\{F(s)\} = L^{-1}\left\{\frac{-3}{s+4}\right\} + L^{-1}\left\{\frac{-4}{s-3}\right\}$$

查表得到象原函数

$$y(t) = -3e^{-4t} - 4e^{3t}$$

即为所求方程特解。

例 30 求方程组 $\begin{cases} \dfrac{dy}{dt} = 2y + x \\ \dfrac{dx}{dt} = 4x - y \end{cases}$ 满足初始条件 $x|_{t=0} = 1$、$y|_{t=0} = 0$ 的解。

解 记 $L\{y\} = F(s)$，$L\{x\} = G(s)$。对方程组做拉氏逆变换，有

$$\begin{cases} sF(s) = 2F(s) + G(s) \\ sG(s) - 1 = -F(s) + 4G(s) \end{cases}$$

化简后

$$\begin{cases} (s-2)F(s) - G(s) = 0 \\ F(s) + (s-4)G(s) = 1 \end{cases}$$

解出

$$\begin{cases} F(s) = \dfrac{1}{(s-3)^2} \\ G(s) = \dfrac{s-2}{(s-3)^2} \end{cases}$$

对上式取拉氏逆变换，得

$$\begin{cases} y = te^{3t} \\ x = (1+t)e^{3t} \end{cases}$$

即为所求解。

PPT

❯ 第五节　微分方程的简单应用

微分方程是研究函数变化规律的有力工具，在医药学等很多领域有着广泛的应用。下面以医学与药学中的几种常用情况为例，说明微分方程的简单应用。

一、传染病模型

例 31（SI 模型）　自 2002 年底至 2003 年 6 月，我国发生了严重急性呼吸综合征（SARS）这种传染性很强的传染病。同历史上的霍乱、天花等曾经肆虐全球的传染性疾病一样，人们要研究解决它。于是，建立传染病的数学模型来描述传染病的传播过程、分析受感染人数的变化规律、预报传染病高峰的到来等成为必要。为简单起见，本例假定在疾病传播期内，所考察地区的总人数 N 不变，既不考虑生死，也不考虑迁移（即实行全面隔离状态），并且时间以天为计量单位。假设条件为：每个病人每天有效接触的平均人数是常数 k_0，k_0 称为日接触率。当病人与健康者有效接触时，使健康者受感染变为病人。试分析：随着时间 t 的变化，受感染人数 $y(t)$ 的变化情况。

解　设 t 时刻受感染的人数为 $y(t)$，$y(t)$ 是 t 的连续可微函数。由假设，单位时间内一个病人能传染的病人人数是常数 k_0，知

$$y(t + \Delta t) - y(t) = k_0 y(t) \Delta t$$

即

$$\frac{\mathrm{d}y(t)}{\mathrm{d}t} = k_0 y(t)$$

分离变量后，两边积分得

$$y(t) = Ce^{k_0 t}$$

设开始观察时有 y_0 个病人，即 $y(t)\big|_{t=0} = y_0$

所以有

$$y(t) = y_0 e^{k_0 t}$$

上面函数当时间 t 无限增加时，受感染的人数将无限增加，与实际情况不符，因为随着病人周围受感染人数的增加，健康人数在减少，k_0 也会变小，所以将模型改为下面情况。

例 32（SIS 模型）　假设条件改为：

（1）人群分为易感染者和已感染者两类，以下简称健康者和病人，时刻 t 这两类人在总人数中所占的比例分别记作 $s(t)$ 和 $i(t)$；

（2）每个病人每天有效接触的平均人数是常数 λ，λ 称为日接触率。当病人与健康者有效接触时，使健康者受感染变为病人。

解 根据假设每个病人每天可使 $\lambda s(t)$ 个健康人变成病人，病人总数为 $Ni(t)$，所以每天共有病人 $\lambda Ni(t)s(t)$，于是有

$$N\frac{\mathrm{d}i(t)}{\mathrm{d}t} = \lambda Nsi$$

且

$$s(t) + i(t) = 1$$

设开始观察时有 i_0 个病人，即 $i(t)\big|_{t=0} = i_0$，解上面方程，分离变量，两边积分，得到

$$i(t) = \frac{1}{1 + \left(\dfrac{1}{i_0} - 1\right)\mathrm{e}^{-\lambda t}}$$

传染病早期发展情况与上面模型的结果一致，但随着 $t \to \infty$，$i(t) \to 1$，即最终所有人将被传染上，与实际情况不符。因此，可以继续考虑：人群中，病人可以治愈，病人只能传染给健康者，疾病是否具有愈后免疫力，等等情况。据此，可不断修改上面模型，有兴趣的同学可以课下尝试解决。

二、药学模型

例 33（快速静脉滴注模型） 一次快速静脉滴注后，药物随体液循环到全身，达到动态平衡。如图 6-2 所示的模型中，假定药物消除是一级速率过程。若药物剂量为 D，试建立口服药物的一室微分方程模型，即找出 t 时刻药量（浓度）与时间 t 的函数关系。

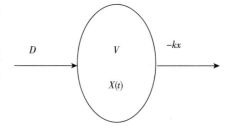

图 6-2

解 设在时刻 t 体内的药量为 $x(t)$，建立方程

$$\frac{\mathrm{d}x}{\mathrm{d}t} = -kx, \quad x\big|_{t=0} = D$$

将微分方程分离变量并积分，得

$$\int \frac{\mathrm{d}x}{x} = -k \int \mathrm{d}t$$

$$\ln x = -kt + \ln c$$

微分方程的通解为

$$x = c\mathrm{e}^{-kt}$$

代入初始条件 $x\big|_{t=0} = D$，得 $c = D$，
特解为

$$x = D\mathrm{e}^{-kt}$$

上式两边同时除以表观分布容积 V，得到血药浓度

$$C(t) = \frac{x}{V} = \frac{D\mathrm{e}^{-kt}}{V} = A\mathrm{e}^{-kt} \left(\text{记 } A = \frac{D}{V}\right)$$

例34（口服药物在体内吸收与消除的微分方程模型）　设一次口服某种药物的剂量为 D，在如图6-3所示的模型中，假定药物的吸收和消除都是一级速率过程，速率常数为 k_1、k_2，在 t 时刻吸收部位的药量为 $x_1(t)$，体内药量为 $x_2(t)$，其数学模型为下列微分方程组

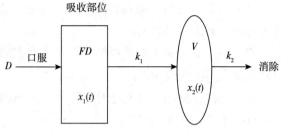

图6-3

$$\begin{cases} \dfrac{\mathrm{d}x_1(t)}{\mathrm{d}t} = -k_1 x_1 \\ \dfrac{\mathrm{d}x_2(t)}{\mathrm{d}t} = k_1 x_1 - k_2 x_2 \end{cases}$$

初始条件为 $x_1(0) = FD$（药物的吸收量），$x_2(0) = 0$，其中 F 为所给剂量 D 中被吸收到循环中去的分数，称为生物利用度，试用拉氏变换来解此方程组。

解　设 $L\{x_1\} = F(s)$，$L\{x_2\} = G(s)$。对上面方程组两边作拉氏变换，得

$$\begin{cases} sF(s) - x_1(0) = -k_1 F(s) \\ sG(s) - x_2(0) = k_1 F(s) - k_2 G(s) \end{cases}$$

代入初始条件，整理得

$$\begin{cases} (s + k_1) F(s) = x_1(0) \\ k_1 F(s) = (s + k_2) G(s) \end{cases}$$

解此方程组得

$$\begin{cases} F(s) = \dfrac{x_1(0)}{s + k_1} \\ G(s) = \dfrac{k_1 x_1(0)}{k_1 - k_2} \left(\dfrac{1}{s + k_2} - \dfrac{1}{s + k_1} \right) \end{cases}$$

取拉氏逆变换，得

$$\begin{cases} x_1 = FD\mathrm{e}^{-k_1 t} \\ x_2 = \dfrac{k_1 FD}{k_1 - k_2} (\mathrm{e}^{-k_2 t} - \mathrm{e}^{-k_1 t}) \end{cases}$$

对 x_2 两边同时除以表观分布容积 V，得到血药浓度

$$C(t) = \frac{x_2}{V} = \frac{k_1 FD}{(k_1 - k_2) V} (\mathrm{e}^{-k_2 t} - \mathrm{e}^{-k_1 t})$$

答案解析

◇〉 习题六 〈◇

一、单项选择题

1. 微分方程 $xy''' + (y'')^2 = x^5$ 的阶数是（　　）。

　　A. 2　　　　　　　　　B. 3　　　　　　　　　C. 4　　　　　　　　　D. 5

2. 下列方程中，不是微分方程的是（　　）。

　　A. $(y')^2 + 3y = 0$　　　　　　　　　　　B. $\mathrm{d}y + \dfrac{\mathrm{d}y}{x} = 2\mathrm{d}x$

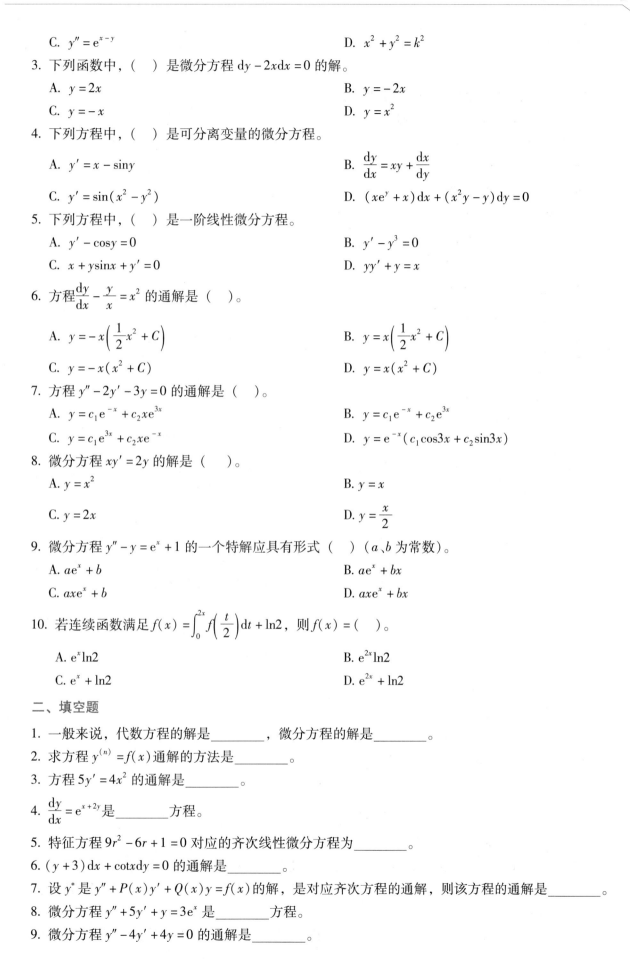

    C. $y'' = e^{x-y}$ D. $x^2 + y^2 = k^2$

3. 下列函数中，（　　）是微分方程 $dy - 2x dx = 0$ 的解。

    A. $y = 2x$ B. $y = -2x$

    C. $y = -x$ D. $y = x^2$

4. 下列方程中，（　　）是可分离变量的微分方程。

    A. $y' = x - \sin y$ B. $\dfrac{dy}{dx} = xy + \dfrac{dx}{dy}$

    C. $y' = \sin(x^2 - y^2)$ D. $(xe^y + x)dx + (x^2 y - y)dy = 0$

5. 下列方程中，（　　）是一阶线性微分方程。

    A. $y' - \cos y = 0$ B. $y' - y^3 = 0$

    C. $x + y\sin x + y' = 0$ D. $yy' + y = x$

6. 方程 $\dfrac{dy}{dx} - \dfrac{y}{x} = x^2$ 的通解是（　　）。

    A. $y = -x\left(\dfrac{1}{2}x^2 + C\right)$ B. $y = x\left(\dfrac{1}{2}x^2 + C\right)$

    C. $y = -x(x^2 + C)$ D. $y = x(x^2 + C)$

7. 方程 $y'' - 2y' - 3y = 0$ 的通解是（　　）。

    A. $y = c_1 e^{-x} + c_2 x e^{3x}$ B. $y = c_1 e^{-x} + c_2 e^{3x}$

    C. $y = c_1 e^{3x} + c_2 x e^{-x}$ D. $y = e^{-x}(c_1 \cos 3x + c_2 \sin 3x)$

8. 微分方程 $xy' = 2y$ 的解是（　　）。

    A. $y = x^2$ B. $y = x$

    C. $y = 2x$ D. $y = \dfrac{x}{2}$

9. 微分方程 $y'' - y = e^x + 1$ 的一个特解应具有形式（　　）（a、b 为常数）。

    A. $ae^x + b$ B. $ae^x + bx$

    C. $axe^x + b$ D. $axe^x + bx$

10. 若连续函数满足 $f(x) = \displaystyle\int_0^{2x} f\left(\dfrac{t}{2}\right) dt + \ln 2$，则 $f(x) = $（　　）。

    A. $e^x \ln 2$ B. $e^{2x} \ln 2$

    C. $e^x + \ln 2$ D. $e^{2x} + \ln 2$

二、填空题

1. 一般来说，代数方程的解是_____，微分方程的解是_____。

2. 求方程 $y^{(n)} = f(x)$ 通解的方法是_____。

3. 方程 $5y' = 4x^2$ 的通解是_____。

4. $\dfrac{dy}{dx} = e^{x+2y}$ 是_____方程。

5. 特征方程 $9r^2 - 6r + 1 = 0$ 对应的齐次线性微分方程为_____。

6. $(y+3)dx + \cot x \, dy = 0$ 的通解是_____。

7. 设 y^* 是 $y'' + P(x)y' + Q(x)y = f(x)$ 的解，是对应齐次方程的通解，则该方程的通解是_____。

8. 微分方程 $y'' + 5y' + y = 3e^x$ 是_____方程。

9. 微分方程 $y'' - 4y' + 4y = 0$ 的通解是_____。

10. 函数 $y = e^{2x} + e^{-x}$ 是 $y'' - y' - 2y = 0$ 的_____。

三、计算题

1. 求下列可分离变量微分方程的通解:

(1) $\sec^2 x \cdot \tan y \mathrm{d}x + \sec^2 y \cdot \tan x \mathrm{d}y = 0$

(2) $(x + xy^2)\mathrm{d}x - (x^2 y + y)\mathrm{d}y = 0$

(3) $(e^{x+y} - e^x)\mathrm{d}x + (e^{x+y} - e^y)\mathrm{d}y = 0$

(4) $y' = \cos(x - y)$, (令 $x - y = z$)

2. 求下列微分方程所满足初始条件的特解:

(1) $\cos y \mathrm{d}x + (1 - e^{-x})\sin y \mathrm{d}y = 0$, $y\big|_{x=0} = \dfrac{\pi}{4}$

(2) $\dfrac{\sec x}{1 + y^2}\mathrm{d}y = x\mathrm{d}x$, $y\big|_{x=\frac{3\pi}{2}} = -1$

3. 求下列一阶线性微分方程的通解:

(1) $xy' + y = xe^x$ (2) $y' + y\tan x = \sin x$

(3) $y' + \dfrac{1}{x}y = \dfrac{\sin x}{x}$ (4) $\dfrac{\mathrm{d}y}{\mathrm{d}x} = \dfrac{y}{x + y^3 e^y}$

4. 求下列伯努利方程的通解:

(1) $\dfrac{\mathrm{d}y}{\mathrm{d}x} = 6\dfrac{y}{x} - xy^2$ (2) $\dfrac{\mathrm{d}y}{\mathrm{d}x} + y = y^2(\cos x - \sin x)$

5. 求下列可降阶的二阶微分方程的解:

(1) $xy'' + y' = 0$ (2) $y^3 y'' - 1 = 0$

(3) $y'' = y' + x$, $y\big|_{x=0} = 1$, $y'\big|_{x=0} = 0$ (4) $y'' = 3\sqrt{y}$, $y\big|_{x=0} = 1$, $y'\big|_{x=0} = 2$

6. 求下列二阶常系数线性微分方程的解:

(1) $y'' + y' - 2y = 0$ (2) $y'' + 6y' + 13y = 0$

(3) $y'' + 3y' + 2y = 3xe^{-x}$ (4) $y'' - 4y' + 3y = 0$, $y\big|_{x=0} = 6$, $y'\big|_{x=0} = 10$

(5) $y'' - y = 4xe^x$, $y\big|_{x=0} = 0$, $y'\big|_{x=0} = 1$

7. 查表,求下列函数的拉氏变换:

(1) $f(t) = 5\sin 2t - 2\cos 3t$ (2) $f(t) = x^2 - 3x + 1$

8. 查表,求下列函数的拉氏逆变换:

(1) $F(s) = \dfrac{s+1}{s(x+2)}$ (2) $F(s) = \dfrac{s+1}{s^2+s-6}$

9. 用拉氏变换求下列方程(方程组)的解:

(1) $y'' - 2y' + y = 30te^t$, $y\big|_{t=0} = y'\big|_{t=0} = 0$

(2) 求方程组 $\begin{cases} \dfrac{\mathrm{d}y}{\mathrm{d}t} = 3x - 2y \\ \dfrac{\mathrm{d}x}{\mathrm{d}t} = 2x - y \end{cases}$ 满足初始条件 $x\big|_{t=0} = 1$、$y\big|_{t=0} = 0$ 的解

10. 求一曲线的方程:曲线通过点 $(0,1)$,且曲线上任一点处的切线垂直于此点与原点的连线。

11. 衰变问题:衰变速率与未衰变原子含量 M 成正比,已知 $M\big|_{t=0} = M_0$,求衰变过程中铀含量 $M(t)$ 随时间 t 变化的规律。

12. 心理学家发现,在一定条件下,一个人回忆一个给定专题的事物的速率正比于他记忆中信息的

储存量。某大学做了这样一个实验：让一组大学男生回忆他们所认得女孩的名字。结果证明，上面的推断是正确的。现在假定有一个男生，他一共知道 64 个女孩的名字，他在前 90 秒内回忆出 16 个名字。问：他回忆出 48 个名字需要多长时间？

书网融合……

思政导航   本章小结

第七章　多元函数微分学

○ 学习目标

　　知识目标

　　1. 掌握　多元函数的概念；偏导数的链式法则；高阶偏导数的定义；隐函数的偏导数；全增量与全微分的运算；多元函数的极值。

　　2. 熟悉　偏增量的定义；偏导数的定义；偏导数的几何意义。

　　3. 了解　偏导数的存在性；函数的连续性；函数的可微性；偏导数的连续性的关系。

　　能力目标　通过本章的学习，能够计算多元函数的偏导数和全微分。

◈ 第一节　空间解析几何基础知识

PPT

一、空间直角坐标系

　　1. 空间直角坐标系的建立　设点 O 为空间的固定点，过点 O 作三条互相垂直的数轴（一般具有相同的单位长度）。点 O 称为坐标原点，三条数轴分别称为 x 轴（横轴）、y 轴（纵轴）、z 轴（竖轴），统称为坐标轴。如图 7-1 所示，三条坐标轴的正向符合右手法则，即用右手握住 z 轴，当右手的四个手指从 x 轴正向逆时针转动 $\frac{\pi}{2}$ 角转向 y 轴正向时，大拇指的指向就是 z 轴的正向。坐标原点和坐标轴构成空间直角（右手）坐标系。每两条坐标轴确定一个平面，三条坐标轴可以确定三个两两相互垂直的平面，分别为 xOy、xOz、yOz 面，统称为坐标面。如图 7-2 所示，三个坐标面将空间分为八部分，称为八个卦限。

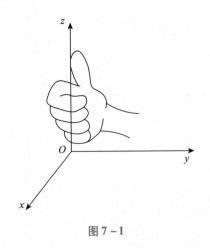

图 7-1

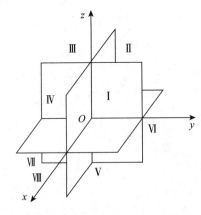

图 7-2

　　建立空间直角坐标系后，对空间中的任意一点 M，过点 M 分别作垂直于三个坐标轴的平面，如图 7-3 所示，它们与三条坐标轴分别相交于 A、B、C 三点。设 $OA = x$，$OB = y$，$OC = z$，则点 M 唯一确定了一个三元有序数组(x,y,z)；反之，三元有序数组(x,y,z)可以确定唯一的一点M。于是，空间中的任意一点M与三元有序数组(x,y,z)之间建立了一一对应的关系，(x,y,z)称为点M的坐标，记为$M(x,y,z)$，其中，x、y、z依次称为点M的横坐标、纵坐标、竖坐标。

2. 空间中两点间的距离公式　设$P_1(x_1,y_1,z_1)$与$P_2(x_2,y_2,z_2)$为空间中任意两点，过两点各作三个平面分别垂直于三个坐标轴，如图$7-4$所示，这六个平面构成一个以线段P_1P_2为对角线的长方体。由于长方体的三个棱长分别是

$$a = x_2 - x_1, \ b = y_2 - y_1, \ b = z_2 - z_1$$

于是，两点间的距离公式为

$$|P_1P_2| = \sqrt{a^2 + b^2 + c^2} = \sqrt{(x_2-x_1)^2 + (y_2-y_1)^2 + (z_2-z_1)^2}$$

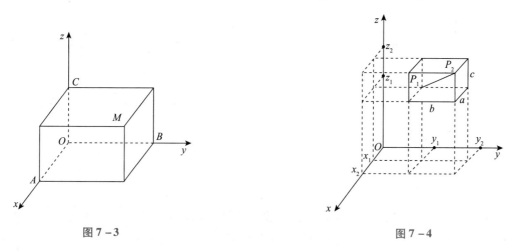

图 $7-3$　　　　　　　　　　　　　　图 $7-4$

例 1　求$P_1(3,2,1)$与$P_2(1,-2,3)$间的距离。

解　将$P_1(3,2,1)$与$P_2(1,-2,3)$代入两点间的距离公式，有

$$|P_1P_2| = \sqrt{(3-1)^2 + (2+2)^2 + (1-3)^2}$$

二、平面与二次曲面

在空间解析几何中，任何曲面都可以看成点的几何轨迹，在这样的意义下，如果曲面S与方程有下述关系：

（1）曲面S上任一点的坐标都满足方程；

（2）不在曲面S上的点的坐标都不满足方程；

那么，此方程就称为曲面S的方程，而曲面S就称为该方程的图形。

1. 平面方程

（1）点法式方程　$A(x-x_0) + B(y-y_0) + C(z-z_0) = 0$。其中，$(x_0,y_0,z_0)$为平面上的一个定点。$A$、$B$、$C$不同时为零，$\{A,B,C\}$为平面的法线向量。

（2）平面方程的一般式　$Ax + By + Cz + D = 0$。其中，A、B、C不同时为零，$\{A,B,C\}$称为平面的法线向量。一个平面方程是关于x、y、z的一次方程；任何一个三元一次方程都表示一个平面。

（3）平面的截距式方程　$\dfrac{x}{a} + \dfrac{y}{b} + \dfrac{z}{c} = 1(abc \neq 0)$；其中，$a$、$b$、$c$分别为平面在$x$、$y$、$z$轴上的截距。如图$7-5$所示。

（4）几种特殊的平面方程　在平面方程的一般式中，系数或常数项取某些特殊值，便得到如下几种特殊的平面方程。

① 过原点的平面方程：$Ax + By + Cz = 0$。

② 坐标面的方程：$x = 0$ 表示 yOz 坐标面；$y = 0$ 表示 zOx 坐标面；$z = 0$ 表示 xOy 坐标面。

③ 平行于坐标面的平面方程：$Ax + D = 0$ 表示平行于坐标面 yOz 的平面；$By + D = 0$ 表示平行于坐标面 zOx 的平面；$Cz + D = 0$ 表示平行于坐标面 xOy 的平面。

④ 平行于坐标轴的平面方程：$Ax + By + D = 0$ 表示平行于 z 轴的平面；$Ax + Cz + D = 0$ 表示平行于 y 轴的平面；$By + Cz + D = 0$ 表示平行于 x 轴的平面。

设空间中两平面的方程分别为 $A_1x + B_1y + C_1z + D_1 = 0$、$A_2x + B_2y + C_2z + D_2 = 0$，设两平面的交角为 θ，那么 $\cos\theta = \dfrac{A_1A_2 + B_1B_2 + C_1C_2}{\sqrt{A_1^2 + B_1^2 + C_1^2}\sqrt{A_2^2 + B_2^2 + C_2^2}}$（图 7 – 6）。

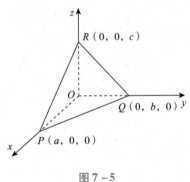

图 7 – 5

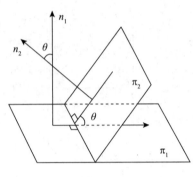

图 7 – 6

2. 二次曲面方程　在直角坐标系下，三元二次方程所表示的曲面称为**二次曲面**。而把平面称为一次曲面。对于一般的二次曲面，适当选取空间直角坐标系，可得到它们的标准方程，用截痕法可得到相应的图形。所谓截痕法，指的是用坐标面或平行于坐标面的平面与曲面相截，然后考察其截痕（即交线），再加以综合，从而了解曲面全貌的方法。

（1）球面　直角坐标系下，$(x - x_0)^2 + (y - y_0)^2 + (z - z_0)^2 = R^2$ 是球心在点 $M_0(x_0, y_0, z_0)$、半径为 R 的球面方程。特别地，当 $x_0 = y_0 = z_0 = 0$ 时，球心在原点，球面方程为 $x^2 + y^2 + z^2 = R^2$，如图 7 – 7 所示。

（2）柱面　通常将直线 L 沿定曲线 Γ 平行移动形成的轨迹称为柱面，定曲线 Γ 称为柱面的准线，动直线 L 称为柱面的母线。对于方程 $f(x, y) = 0$，若在平面直角坐标系中，它表示平面上的一条曲线；而在空间直角坐标系中，它表示的是母线平行于 z 轴的柱面。例如，方程 $x^2 + y^2 = R^2$ 在空间中表示以坐标面 xOy 上的圆 $x^2 + y^2 = R^2$ 为准线、母线平行于 z 轴的柱面，称为圆柱面，如图 7 – 8 所示。

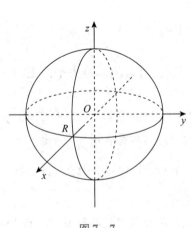

图 7 – 7

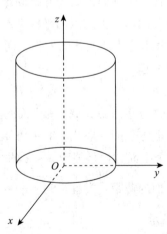

图 7 – 8

（3）椭球面 直角坐标系下，方程 $\frac{x^2}{a^2}+\frac{y^2}{b^2}+\frac{z^2}{c^2}=1$（$a$、$b$、$c$ 为正的常数）所表示的曲面称为椭球面。

采用截痕法作图，椭球面与坐标面 $z=0$ 的交线为

$$\begin{cases} \dfrac{x^2}{a^2}+\dfrac{y^2}{b^2}+\dfrac{z^2}{c^2}=1, \\ z=0 \end{cases} \quad 等价于 \begin{cases} \dfrac{x^2}{a^2}+\dfrac{y^2}{b^2}=1 \\ z=0 \end{cases}$$

因此，椭球面与坐标面 $z=0$ 的交线为坐标面 xOy 上的椭圆曲线 $\frac{x^2}{a^2}+\frac{y^2}{b^2}=1$；同理可知，椭球面与坐标面 $x=0$ 的交线为坐标面 yOz 上的椭圆曲线 $\frac{y^2}{b^2}+\frac{z^2}{c^2}=1$，椭球面与坐标面 $y=0$ 的交线为坐标面 zOx 上的椭圆曲线 $\frac{x^2}{a^2}+\frac{z^2}{c^2}=1$。如图 7-9 所示。

（4）椭圆抛物面 直角坐标系下，方程 $\frac{x^2}{a^2}+\frac{y^2}{b^2}=z$（$a$、$b$ 为正的常数）所表示的曲面称为椭圆抛物面。

采用截痕法作图，该椭圆抛物面与坐标面 $x=0$ 的交线为坐标面 yOz 上的抛物线 $\frac{y^2}{b^2}=z$；该椭圆抛物面与坐标面 $y=0$ 的交线为坐标面 zOx 上的抛物曲线 $\frac{x^2}{a^2}=z$；该椭圆抛物面与平行于坐标面 xOy 的平面 $z=c$（c 为正的常数）的交线为该平面上的椭圆曲线 $\frac{x^2}{a^2}+\frac{y^2}{b^2}=c$。如图 7-10 所示。

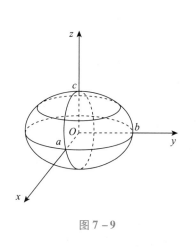

图 7-9

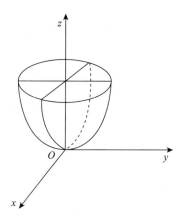

图 7-10

（5）双曲抛物面 直角坐标系下，方程 $-\frac{x^2}{a^2}+\frac{y^2}{b^2}=z$（$a$、$b$ 为正的常数）所表示的曲面称为双曲抛物面，也形象地称为马鞍面。采用截痕法作图，该双曲抛物面与坐标面 $x=0$ 的交线为坐标面 yOz 上的抛物线；该双曲抛物面与坐标面 $y=0$ 的交线为坐标面 zOx 上的抛物曲线；该双曲抛物面与平面 $z=c$（c 为正的常数）的交线为平面 $z=c$ 上的双曲线；该双曲抛物面与坐标面 $z=0$ 的交线为坐标面 xOy 上的两条相交于原点的直线。如图 7-11 所示。

（6）单叶双曲面 直角坐标系下，方程 $\frac{x^2}{a^2}+\frac{y^2}{b^2}-\frac{z^2}{c^2}=1$（$a$、$b$、$c$ 为正的常数）所表示的曲面称为单叶双曲面。请读者自己采用截痕法作图，如图 7-12 所示。

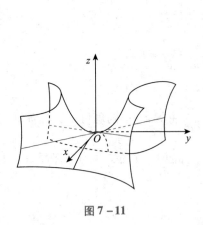

图 7 – 11

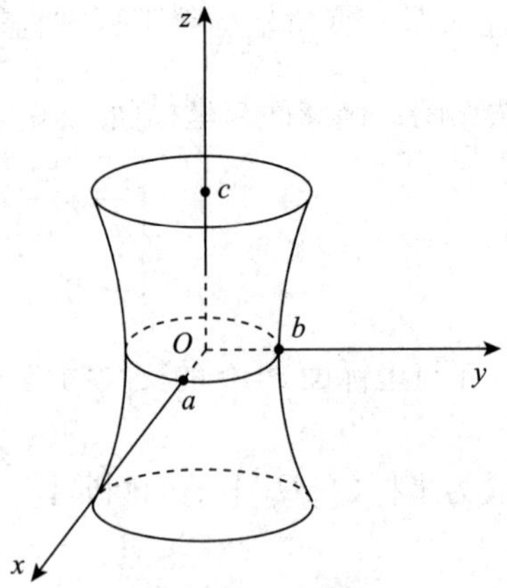

图 7 – 12

（7）双叶双曲面　直角坐标系下，方程$\dfrac{x^2}{a^2}+\dfrac{y^2}{b^2}-\dfrac{z^2}{c^2}=-1$（$a$、$b$、$c$ 为正的常数）所表示的曲面称为双叶双曲面。请读者自己采用截痕法作图，如图 7 – 13 所示。

（8）锥面　直角坐标系下，方程$\dfrac{x^2}{a^2}+\dfrac{y^2}{b^2}-\dfrac{z^2}{c^2}=0$（$a$、$b$、$c$ 为正的常数）所表示的曲面称为锥面。请读者自己采用截痕法作图，如图 7 – 14 所示。

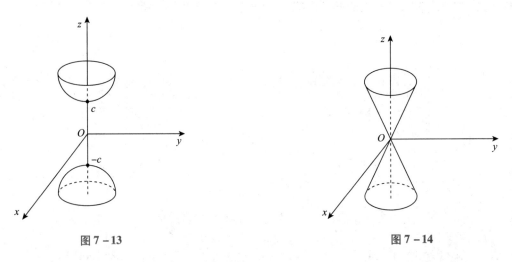

图 7 – 13

图 7 – 14

3. 空间曲线　空间中的曲线可以看作两个曲面的交线。一般来说，给定空间中的两个曲面 S_1：$F(x,y,z)=0$，S_2：$G(x,y,z)=0$，设它们的交线是 Γ，则 Γ 上的点 $P(x,y,z)$ 既在曲面 S_1 上又在曲面 S_2 上，从而点 $P(x,y,z)$ 的坐标满足方程组$\begin{cases}F(x,y,z)=0\\G(x,y,z)=0\end{cases}$；反之，方程组的任意一个解所对应的点 $P(x,y,z)$ 既在曲面 S_1 上又在曲面 S_2 上，从而在交线 Γ 上。于是，方程组$\begin{cases}F(x,y,z)=0\\G(x,y,z)=0\end{cases}$就是空间曲线的一般方程。

4. 空间曲线在坐标面上的投影　在空间曲线 Γ：$\begin{cases}F(x,y,z)=0\\G(x,y,z)=0\end{cases}$的方程中经过同解变形，分别消去变量 x、y、z，则可以得到曲线 Γ 在 yOz、zOx、xOy 坐标面上的投影曲线，分别形如

$$\begin{cases}H_1(y,z)=0\\x=0\end{cases},\quad\begin{cases}H_2(x,z)=0\\y=0\end{cases},\quad\begin{cases}H_3(x,y)=0\\z=0\end{cases}$$

PPT

◇ 第二节　多元函数与极限

一元函数是只有一个自变量的函数，多元函数是含有多个自变量的函数。在实际问题中，如果事物是由多个因素决定的，那么就需要用到多元函数。例如，一个物理量如果依赖于三个位置坐标和一个时间坐标，那么就涉及四元函数。

一、多元函数的概念

定义7.1　设某一变化过程中有三个变量 x、y 和 z，如果对于变量 x、y 在其变化范围 D 内的每一对值 (x,y)，按照法则 f 有唯一确定的值 $z \in R$ 与之对应，那么这种法则就规定了一个函数：

$$f: D \to R$$
$$(x,y) \to z = f(x,y)$$

其中，称 f 是定义在 D 上的**二元函数**（function of two variables），x、y 为二元函数的**自变量**，z 为**因变量**，D 为**定义域**。D 中任一对值 (x,y) 在法则 f 下的对应值 z，称为二元函数 f 在点 (x,y) 的**函数值**，记作 $z = f(x,y)$。函数 f 的函数值的全体 $f(D) = \{z \mid z = f(x,y), (x,y) \in D\}$，称为函数 f 的**值域**。类似地，可以定义三元及三元以上的函数。

例2　设 $z = f(x,y) = \sin(xy) - \sqrt{1+y^2}$，求 $f\left(\dfrac{\pi}{2}, 1\right)$。

解　$f\left(\dfrac{\pi}{2}, 1\right) = \sin\left(\dfrac{\pi}{2} \times 1\right) - \sqrt{1+1^2} = 1 - \sqrt{2}$

二元函数的几何意义是空间直角坐标系中的一张曲面，这个曲面在 xOy 面上的投影是定义域 D。二元函数的定义域 D 在一般情况下是一个**平面区域**。所谓平面区域，是指一条或几条曲线所围成的平面上的一部分，这些曲线称为区域的边界。包括边界的区域称为**闭区域**；不包括边界的区域称为**开区域**；只包含部分边界的区域既非开区域，也非闭区域。如果区域 D 可以被包含在一个以原点为圆心、适当长为半径的圆内，则称此区域为**有界区域**；否则为**无限区域**。若 D 内任意一闭曲线所围的部分都属于 D，则称 D 为平面**单连通区域**；否则称为**复连通区域**。

例3　求下列函数的定义域 D，并画出 D 的图形。

（1）$z = \arcsin \dfrac{x}{2} + \arcsin \dfrac{y}{3}$

（2）$z = \sqrt{4 - x^2 - y^2} + \dfrac{1}{\sqrt{x^2 + y^2 - 1}}$

解　（1）因为要使函数 $z = \arcsin \dfrac{x}{2} + \arcsin \dfrac{y}{3}$ 有意义，应有

$$\begin{cases} \left|\dfrac{x}{2}\right| \leqslant 1 \\ \left|\dfrac{y}{3}\right| \leqslant 1 \end{cases} \quad 即 \quad \begin{cases} -2 \leqslant x \leqslant 2 \\ -3 \leqslant y \leqslant 3 \end{cases}$$

所以，函数的定义域 D 是以 $x = \pm 2$、$y = \pm 3$ 为边界的矩形闭区域，如图7-15所示。

（2）因为要使函数 $z = \sqrt{4 - x^2 - y^2} + \dfrac{1}{\sqrt{x^2 + y^2 - 1}}$ 有意义，应有

$$\begin{cases} 4 - x^2 - y^2 \geqslant 0 \\ x^2 + y^2 - 1 > 0 \end{cases}$$

即 $$1 < x^2 + y^2 \le 4$$

所以，函数定义域是以原点为圆心的环形区域，是有界区域，如图 7 – 16 所示。

类似地，可以定义三元函数 $u = f(x,y,z)$ 及 n 元函数。二元及二元以上的函数称为**多元函数**。

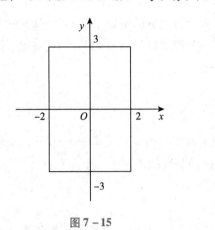

图 7 – 15

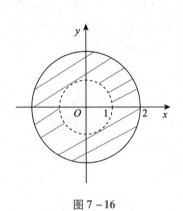

图 7 – 16

二、二元函数的极限

对于二元函数，称由集合 $\{(x,y) \,|\, \rho = \sqrt{(x-x_0)^2 + (y-y_0)^2} < \delta, \delta > 0\}$ 所确定的平面上的开圆域为以点 $P_0(x_0,y_0)$ 为中心、δ 为半径的**邻域**，记为 $N(P_0,\delta)$，即 $N(P_0,\delta) = \{(x,y) \,|\, \rho = \sqrt{(x-x_0)^2 + (y-y_0)^2} < \delta, \delta > 0\}$。在 $N(P_0,\delta)$ 中去掉点 P_0 后的集合，称为点 $P_0(x_0,y_0)$ 的**空心邻域**，记为 $N(\overset{\wedge}{P_0},\delta)$。

定义 7.2 若函数 $z = f(x,y)$ 在点 $P_0(x_0,y_0)$ 的某个邻域内有定义（点 (x_0,y_0) 可以除外），$P(x,y)$ 是 $P_0(x_0,y_0)$ 邻域内的点，如果当 P 以任意的方式（路径）无限地接近于点 P_0 时，$f(x,y)$ 无限地接近某一个常数 A，那么我们就说当 $(x,y) \to (x_0,y_0)$ 时，函数 $f(x,y)$ 以 A 为**极限**，记作

$$\lim_{(x,y) \to (x_0,y_0)} f(x,y) = A \quad 或 \quad \lim_{\substack{x \to x_0 \\ y \to y_0}} f(x,y) = A$$

例 4 求 $\lim\limits_{\substack{x \to 0 \\ y \to 0}} \dfrac{\sin(x^2+y^2)}{x^2+y^2}$。

解 令 $u = x^2 + y^2$，因为当 $x \to 0$、$y \to 0$ 时 $u \to 0$，所以

$$\lim_{\substack{x \to 0 \\ y \to 0}} \frac{\sin(x^2+y^2)}{x^2+y^2} = \lim_{u \to 0} \frac{\sin u}{u} = 1$$

例 5 求 $\lim\limits_{\substack{x \to 1 \\ y \to 0}} \dfrac{\ln(x + e^y)}{\sqrt{x^2+y^2}}$。

解 $\lim\limits_{\substack{x \to 1 \\ y \to 0}} \dfrac{\ln(x + e^y)}{\sqrt{x^2+y^2}} = \dfrac{\lim\limits_{\substack{x \to 1 \\ y \to 0}} \ln(x + e^y)}{\lim\limits_{\substack{x \to 1 \\ y \to 0}} \sqrt{x^2+y^2}} = \dfrac{\ln 2}{1} = \ln 2$

注意 在一元函数 $f(x) \to A(x \to x_0)$ 的过程中，虽然自变量也以任何方式趋向于 x_0，但 x 的变化只局限于 x 轴，或从 x_0 的左侧或从 x_0 的右侧或跳动于 x_0 的左、右两侧；而在 $f(x,y) \to A(P(x,y) \to P_0(x_0,y_0))$ 中，点 P 可从任意方向和任意路径，即任意方式趋向于 P_0。因此，二元函数极限要比一元函数极限复杂得多，如果点 P 沿两个不同的路径趋向于 P_0 时，分别趋向于两个不同的值，那么可以肯定，P 趋向于 P_0 时，函数的极限 $f(x,y)$ 不存在。

例 6 考察函数 $g(x,y) = \begin{cases} \dfrac{xy}{x^2+y^2}, & x^2+y^2 \neq 0 \\ 0, & x^2+y^2 = 0 \end{cases}$ 当 $(x,y) \rightarrow (0,0)$ 时极限是否存在。

解 当 (x,y) 沿 x 轴趋向于原点，即当 $y = 0$ 而 $x \rightarrow 0$ 时，有

$$\lim_{\substack{x \rightarrow 0 \\ y = 0}} g(x,y) = \lim_{x \rightarrow 0} g(x,0) = \lim_{x \rightarrow 0} 0 = 0$$

而当点 (x,y) 沿着直线 $y = kx(k \neq 0)$ 趋向于点 $(0,0)$ 时，即当 $y = kx(k \neq 0)$ 而 $x \rightarrow 0$ 时，$\lim_{\substack{x \rightarrow 0 \\ y = kx \rightarrow 0}} g(x,y) =$

$\lim_{x \rightarrow 0} g(x,kx) = \lim_{x \rightarrow 0} \dfrac{kx^2}{x^2+k^2x^2} = \dfrac{k}{1+k^2}$，随着 k 取值的不同，$\dfrac{k}{1+k^2}$ 的值也不同，故极限 $\lim_{\substack{x \rightarrow 0 \\ y \rightarrow 0}} g(x,y)$ 不存在。

三、二元函数的连续性

定义 7.3 设函数 $z = f(x,y)$ 在点 $P_0(x_0,y_0)$ 的某个邻域内有定义。如果 $\lim_{(x,y) \rightarrow (x_0,y_0)} f(x,y) = f(x_0,y_0)$，就称函数 $f(x,y)$ 在点 P_0 **连续**。

函数 $z = f(x,y)$ 在点 $P_0(x_0,y_0)$ 连续，必须满足：

（1）函数 $z = f(x,y)$ 在点 $P_0(x_0,y_0)$ 的某个邻域内有定义；

（2）$\lim_{(x,y) \rightarrow (x_0,y_0)} f(x,y)$ 存在；

（3）$\lim_{(x,y) \rightarrow (x_0,y_0)} f(x,y) = f(x_0,y_0)$。

否则，称函数 $z = f(x,y)$ 在点 $P_0(x_0,y_0)$ 间断。

例如，函数 $g(x,y) = \begin{cases} \dfrac{xy}{x^2+y^2}, & x^2+y^2 \neq 0 \\ 0, & x^2+y^2 = 0 \end{cases}$ 在 $(0,0)$ 点间断。函数 $z = \dfrac{1}{\sqrt{x^2+y^2-1}}$ 的定义域为 $x^2+y^2 > 1$，所以圆周上的点 $x^2+y^2 = 1$ 都是间断点。

如果 $f(x,y)$ 在区域 D 的每一点都连续，就称 $f(x,y)$ 在区域 D 内连续。有限个连续的二元函数的和、差、积、商（分母不为零）都是连续函数；二元连续函数的复合函数是连续函数。

二元初等函数是指由不同自变量的一元基本初等函数经过有限次的四则运算和有限次的复合步骤所构成的，并可由一个解析式表示的函数。例如 $\dfrac{\sin y + x^2 e^y}{x \sin(x^2+y^2)}$、$\dfrac{x^2-y^2+1}{1+x^2}$ 等都是二元初等函数。可以证明，二元初等函数在其有定义的区域内都是连续的。可以证明：① **最值定理**，在有界闭区域 D 上的二元连续函数，一定在 D 上有界，且能取得它的最大值和最小值；② **介值定理**，在有界闭区域 D 上的二元连续函数必取得介于最大值和最小值之间的任何值。

◇ 第三节 多元函数的偏导数

PPT

一、偏导数的概念与计算

对于多元函数，实际问题有时要求我们只关注其中某一个因素（自变量），而把其余的自变量暂时固定下来，当作常数，从而变为一元函数的变化率问题，由此引出偏导数的概念。

定义 7.4 设函数 $z = f(x,y)$ 在点 (x_0,y_0) 的某个邻域内有定义。固定 $y = y_0$，给 x 增量 Δx，相应地，函数 z 有增量 $\Delta_x z = f(x_0+\Delta x,y_0) - f(x_0,y_0)$，称为 z 关于 x 的**偏增量**。如果极限

$$\lim_{\Delta x \to 0} \frac{\Delta_x z}{\Delta x} = \lim_{\Delta x \to 0} \frac{f(x_0 + \Delta x, y_0) - f(x_0, y_0)}{\Delta x}$$

存在，就称其为函数 $f(x,y)$ 在点 (x_0, y_0) 处对 x 的**偏导数**（partial derivative），记作

$$z_x' \bigg|_{\substack{x=x_0 \\ y=y_0}}, \quad f_x'(x_0, y_0), \quad \frac{\partial z}{\partial x} \bigg|_{\substack{x=x_0 \\ y=y_0}}, \quad \frac{\partial f}{\partial x} \bigg|_{\substack{x=x_0 \\ y=y_0}}$$

同样，$f(x,y)$ 在点 (x_0, y_0) 处关于 y 的偏导数记作

$$z_y' \bigg|_{\substack{x=x_0 \\ y=y_0}}, \quad f_y'(x_0, y_0), \quad \frac{\partial z}{\partial y} \bigg|_{\substack{x=x_0 \\ y=y_0}}, \quad \frac{\partial f}{\partial y} \bigg|_{\substack{x=x_0 \\ y=y_0}}$$

如果函数 $f(x,y)$ 在区域 D 内的每点 (x,y) 处 $f_x'(x,y)$ 与 $f_y'(x,y)$ 都存在，就说 $f(x,y)$ 在区域 D 内偏导数存在，分别叫作 $f(x,y)$ 对 x 和对 y 的偏导函数，简称偏导数，记作

$$z_x', \quad f_x'(x,y), \quad \frac{\partial z}{\partial x}, \quad \frac{\partial f}{\partial x}$$

$$z_y', \quad f_y'(x,y), \quad \frac{\partial z}{\partial y}, \quad \frac{\partial f}{\partial y}$$

$f(x,y)$ 在点 (x_0, y_0) 处的偏导数 $f_x'(x_0, y_0)$、$f_y'(x_0, y_0)$，就是偏导函数 $f_x'(x,y)$、$f_y'(x,y)$ 在点 (x_0, y_0) 处的函数值。在不发生混淆的情况下，我们也称偏导函数为偏导数。

三元及三元以上函数的偏导数可仿照定义。

由偏导数的定义可知，求多元函数对某一自变量的偏导数时，只需把它看成只是这个自变量的函数，而把其余的自变量都当作常数，直接用一元函数的求导方法和公式即可求出对该变量的偏导数。

例 7 求函数 $z = x^2 - 3xy + 2y^3$ 在点 $(2,1)$ 处的两个偏导数。

解 因为

$$\frac{\partial z}{\partial x} = 2x - 3y, \frac{\partial z}{\partial y} = -3x + 6y^2$$

所以 $\dfrac{\partial z}{\partial x}\bigg| = 2 \times 2 - 3 \times 1 = 1$，$\dfrac{\partial z}{\partial y}\bigg| = -3x + 6 \times 1 = 0$。

例 8 设 $z = x^y \ (x > 0)$，求证：$\dfrac{x}{y} \cdot \dfrac{\partial z}{\partial x} + \dfrac{1}{\ln x} \cdot \dfrac{\partial z}{\partial y} = 2z$。

证 因为 $\dfrac{\partial z}{\partial x} = yx^{y-1}$，$\dfrac{\partial z}{\partial y} = x^y \ln x$

将它们带入等式左边得

$$\frac{x}{y} \cdot \frac{\partial z}{\partial x} + \frac{1}{\ln x} \cdot \frac{\partial z}{\partial y} = \frac{x}{y} \cdot yx^{y-1} + \frac{1}{\ln x} \cdot x^y \ln x = x^y + x^y = 2z$$

所以 $\dfrac{x}{y} \cdot \dfrac{\partial z}{\partial x} + \dfrac{1}{\ln x} \cdot \dfrac{\partial z}{\partial y} = 2z$。

例 9 设 $u = \sqrt{x^2 + y^2 + z^2}$，求证：$\left(\dfrac{\partial u}{\partial x}\right)^2 + \left(\dfrac{\partial u}{\partial y}\right)^2 + \left(\dfrac{\partial u}{\partial z}\right)^2 = 1$。

证

$$\frac{\partial u}{\partial x} = \frac{1}{2\sqrt{x^2 + y^2 + z^2}} \cdot (x^2 + y^2 + z^2)_x' = \frac{x}{\sqrt{x^2 + y^2 + z^2}} = \frac{x}{u}$$

同理，得 $\dfrac{\partial u}{\partial y} = \dfrac{y}{u}$，$\dfrac{\partial u}{\partial z} = \dfrac{z}{u}$，代入等式左边得

$$\left(\frac{\partial u}{\partial x}\right)^2 + \left(\frac{\partial u}{\partial y}\right)^2 + \left(\frac{\partial u}{\partial z}\right)^2 = \frac{x^2 + y^2 + z^2}{u^2} = \frac{u^2}{u^2} = 1$$

所以有 $\left(\dfrac{\partial u}{\partial x}\right)^2 + \left(\dfrac{\partial u}{\partial y}\right)^2 + \left(\dfrac{\partial u}{\partial z}\right)^2 = 1$。

二元函数偏导数的几何意义　在空间直角坐标系中，二元函数的图形是一个曲面 $\sum$。$z=f(x,y)$ 在点 (x_0,y_0) 处的偏导数 $f'_x(x_0,y_0)$ 是固定 $y=y_0$ 后一元函数 $z=f(x,y_0)$ 在 x_0 的导数，显然 $z=f(x,y_0)$ 是一条曲线，它是由曲面 $\sum$ 和平面 $y=y_0$ 相截而成的。如图 7–17 所示。

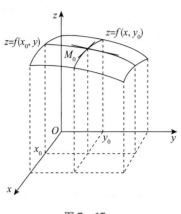

图 7–17

偏导数与连续　两个偏导数都存在的二元函数不一定连续。这是因为偏导数反映的仅仅是函数沿平行于坐标轴的直线方向上的变化情况，不能反映函数在其他方向上的变化情况。可偏导不一定连续，连续不一定可偏导。

二、高阶偏导数的概念与计算

若函数 $z=f(x,y)$ 对 x 和对 y 的偏导数均存在，则称它们为函数的**一阶偏导数**，记作

$$z'_x,\ f'_x(x,y),\ \frac{\partial z}{\partial x},\ \frac{\partial f}{\partial x}$$

$$z'_y,\ f'_y(x,y),\ \frac{\partial z}{\partial y},\ \frac{\partial f}{\partial y}$$

若一阶偏导数 $f'_x(x,y)$、$f'_y(x,y)$ 分别对 x 和对 y 的偏导数存在，则称它们为函数 $z=f(x,y)$ 的**二阶偏导数**（second partial derivative），记作

$$\frac{\partial^2 z}{\partial x^2}=f''_{xx}(x,y),\ \frac{\partial^2 z}{\partial x\partial y}=f''_{xy}(x,y),\ \frac{\partial^2 z}{\partial y\partial x}=f''_{yx}(x,y),\ \frac{\partial^2 z}{\partial y^2}=f''_{yy}(x,y),$$

其中，$\dfrac{\partial^2 z}{\partial x\partial y}$、$\dfrac{\partial^2 z}{\partial y\partial x}$ 称为**二阶混合偏导数**（second mixed partial derivative）。二阶偏导数仍然是 x、y 的二元函数，同样可以定义三阶及三阶以上的偏导数。二阶及二阶以上的偏导数统称为**高阶偏导数**。

例 10　求函数 $z=xy+x^2\sin y$ 的所有二阶偏导数。

解　因为 $\dfrac{\partial z}{\partial x}=y+2x\sin y$，$\dfrac{\partial z}{\partial y}=x+x^2\cos y$，

所以　$\dfrac{\partial^2 z}{\partial x^2}=\dfrac{\partial}{\partial x}(y+2x\sin y)=2\sin y$，$\dfrac{\partial^2 z}{\partial x\partial y}=\dfrac{\partial}{\partial y}(y+2x\sin y)=1+2x\cos y$，

$\dfrac{\partial^2 z}{\partial y^2}=\dfrac{\partial}{\partial y}(x+x^2\cos y)=-x^2\sin y$，$\dfrac{\partial^2 z}{\partial y\partial x}=\dfrac{\partial}{\partial x}(x+x^2\cos y)=1+2x\cos y$。

定理 7.1　如果函数 $z=f(x,y)$ 在区域 D 上的两个二阶混合偏导数连续，则在区域 D 上有 $\dfrac{\partial^2 z}{\partial x\partial y}=\dfrac{\partial^2 z}{\partial y\partial x}$。即当二阶混合偏导数在区域 D 上连续时，求导结果与求导次序无关，证明略。

这个定理也适用于三元及三元以上的函数。

第四节　多元函数的全微分及其应用

PPT

一、全增量与全微分

在一元函数中，为了近似计算函数增量，引入了微分的概念。如果一元函数增量可以分为两部分之和，其中一部分是关于自变量增量的线性函数，另一部分是关于自变量增量的高阶无穷小（当自变量增

量趋于零时），那么线性部分便是该一元函数的微分。现在我们把一元函数推广到多元函数，就需要引入多元函数的全增量和全微分。下面以二元函数为例进行讲解。

1. 二元函数的全增量　如果在点 (x,y) 分别给 x、y 增量 Δx、Δy，则二元函数 $z = f(x,y)$ 有增量

$$f(x + \Delta x, y + \Delta y) - f(x,y)$$

称为 $z = f(x,y)$ 在点 (x,y) 的**全增量**，记为 Δz。

一般来说，计算全增量是比较复杂的，因此，希望找到一个关于自变量增量 Δx、Δy 的线性函数 $A\Delta x + B\Delta y (A、B$ 为常数$)$ 来近似代替全增量，使计算既简单又具有一定的精确度。

2. 二元函数的全微分

定义 7.5　如果 $z = f(x,y)$ 在点 (x,y) 的全增量 Δz 可表示为

$$\Delta z = A \cdot \Delta x + B \cdot \Delta y + \alpha \cdot \rho$$

其中，A、B 只与 x、y 有关，而与 Δx、Δy 无关。$\rho = \sqrt{(\Delta x)^2 + (\Delta y)^2}$，当 $\rho \to 0$ 时，$\alpha \to 0$，那么称函数 z 在点 (x,y) 可微，$A \cdot \Delta x + B \cdot \Delta y$ 称为函数 z 在点 (x,y) 处的**全微分**（total differentiation），记作

$$dz = A \cdot \Delta x + B \cdot \Delta y$$

3. 二元函数可微与可导的关系　若 $z = f(x,y)$ 在点 (x,y) 可微，则偏导数存在，且

$$dz = f_x'(x,y)\Delta x + f_y'(x,y)\Delta y$$

称 Δx、Δy 为**自变量的微分**，记为 dx、dy，即

$$dz = f_x'(x,y)dx + f_y'(x,y)dy \quad \text{或} \quad dz = \frac{\partial f}{\partial x}dx + \frac{\partial f}{\partial y}dy$$

可以证明，$z = f(x,y)$ 的两个偏导数连续时，z 可微，即 $dz = \frac{\partial f}{\partial x}dx + \frac{\partial f}{\partial y}dy$。这时 $\Delta z = \frac{\partial f}{\partial x}dx + \frac{\partial f}{\partial y}dy + \alpha \cdot \rho$，其中当 $\rho \to 0$ 时，$\alpha \to 0$。可微一定可偏导，可偏导不一定可微；可微一定连续，连续不一定可微。

例 11　求函数 $z = \frac{y}{x}$ 在点 $(2,1)$ 处当 $\Delta x = 0.1$、$\Delta y = -0.2$ 时的全增量与全微分。

解　全增量 $\Delta z = \frac{y + \Delta y}{x + \Delta x} - \frac{y}{x} = \frac{1 - 0.2}{2 + 0.1} - \frac{1}{2} \approx -0.119$。

因为　$\left.\frac{\partial z}{\partial x}\right|_{(2,1)} = \left.-\frac{y}{x^2}\right|_{(2,1)} = -\frac{1}{4} = -0.25$，$\left.\frac{\partial z}{\partial y}\right|_{(2,1)} = \left.\frac{1}{x}\right|_{(2,1)} = \frac{1}{2} = 0.5$

所以，全微分 $dz = \left.\frac{\partial z}{\partial x}\right|_{(2,1)} \cdot \Delta x + \left.\frac{\partial z}{\partial y}\right|_{(2,1)} \cdot \Delta y = -0.25 \times 0.1 + 0.5 \times (-0.2) = -0.125$。

例 12　求函数 $z = x^{2y}$ 的全微分 dz。

解　因为 $\frac{\partial z}{\partial x} = 2yx^{2y-1}$，$\frac{\partial z}{\partial y} = 2x^{2y}\ln x$，

所以　$dz = 2yx^{2y-1}dx + 2x^{2y}\ln x dy$。

例 13　求函数 $u = x^2 + \sin\frac{y}{2} + \arctan\frac{z}{y}$ 的全微分。

解　因为 $\frac{\partial u}{\partial x} = 2x$，$\frac{\partial u}{\partial y} = \frac{1}{2}\cos\frac{y}{2} - \frac{z}{y^2 + z^2}$，$\frac{\partial u}{\partial z} = \frac{y}{y^2 + z^2}$，

所以　$du = 2xdx + \left(\frac{1}{2}\cos\frac{y}{2} - \frac{z}{y^2 + z^2}\right)dy + \frac{y}{y^2 + z^2}dz$。

对于一元函数 $y = f(x)$，如果 $f(x)$ 在点 x_0 处可微，则 $f(x)$ 在该点处的微分 $dy = f'(x_0)dx$，曲线在点 x_0 处的切线方程为 $y_0 - y = f'(x_0)(x - x_0)$。类似地，如果二元函数 $z = f(x,y)$ 的两个偏导数连续，$z = f(x,y)$ 在点 (x_0,y_0) 处可微，全微分为 $dz = f_x'(x,y)dx + f_y'(x,y)dy$，曲面 $z = f(x,y)$ 在点 (x_0,y_0,z_0) 处

的切平面方程为 $z - z_0 = f'_x(x,y)(x - x_0) + f'_y(x,y)(y - y_0)$。曲面 $F(x,y,z)$ 上任意一条曲线在该点处的切线共面，这个平面称为**曲面在该点的切平面**。

二、全微分在近似计算中的应用

在实际问题中，若自变量的改变量 Δx、Δy 都很小，常用函数的全微分近似代替函数的全增量，即 $\Delta z \approx \mathrm{d}z = \dfrac{\partial z}{\partial x}\mathrm{d}x + \dfrac{\partial z}{\partial y}\mathrm{d}y$。可以写为

$$f(x + \Delta x, y + \Delta y) \approx f(x,y) + f'_x(x,y)\mathrm{d}x + f'_y(x,y)\mathrm{d}y$$

例 14　要造一个无盖的圆柱形水槽，其半径为 3m，高为 5m，厚度为 0.02m，求：需用材料多少立方米？

解　因为圆柱体的体积为 $V = \pi r^2 h$（其中 r、h 分别为底半径和高），而

$$\frac{\partial V}{\partial r} = 2\pi rh, \quad \frac{\partial V}{\partial h} = \pi r^2$$

所以　$\Delta V \approx \mathrm{d}V = \dfrac{\partial V}{\partial r}\mathrm{d}r + \dfrac{\partial V}{\partial h}\mathrm{d}h = 2\pi rh\mathrm{d}r + \pi r^2\mathrm{d}h$。

将 $r = 3$、$h = 5$、$\Delta r = \Delta h = 0.02$ 代入，有

$$\Delta V \approx 2\pi \times 3 \times 5 \times 0.02 + \pi \times 3^2 \times 0.02 = 0.78\pi(\mathrm{m}^3)$$

即需用材料约为 $0.78\pi\mathrm{m}^3$。

例 15　计算 $\sqrt[3]{2.02^2 + 1.97^2}$ 的近似值。

解　设 $f(x,y) = \sqrt[3]{x^2 + y^2}$，分别取 $\sqrt[3]{2.02^2 + 1.97^2}$ $x_0 = 2, \Delta x = 0.02$，

因为　$f'_x(x,y) = \dfrac{2}{3}x(x^2 + y^2)^{-\frac{2}{3}}, f'_y(x,y) = \dfrac{2}{3}y(x^2 + y^2)^{-\frac{2}{3}}$，所以

$$f(2,2) = \sqrt[3]{2^2 + 2^2} = 2, \quad f'_x(2,2) = \frac{1}{3}, \quad f'_y(2,2) = \frac{1}{3}$$

代入公式 $f(x + \Delta x, y + \Delta y) \approx f(x,y) + f'_x(x,y)\mathrm{d}x + f'_y(x,y)\mathrm{d}y$ 得

$$\sqrt[3]{2.02^2 + 1.97^2} \approx 2 + \frac{1}{3} \times 0.02 + \frac{1}{3} \times (-0.03) \approx 1.997$$

◈ 第五节　多元复合函数与隐函数的偏导数

PPT

一、多元复合函数的偏导数

1. 多元复合函数的偏导数　多元复合函数比一元复合函数复杂，难以用一个公式来表达，这里仅就几种特殊的多元复合函数的偏导数进行讨论，从中归纳出复合函数求偏导数的链式法则。

定理 7.2（复合函数的求导法则）　如果函数 $u = \varphi(x,y)$、$v = \psi(x,y)$ 在点 (x,y) 有连续偏导数，函数 $z = f(u,v)$ 在相应点 (u,v) 有连续的偏导数，则函数 $z = f[\varphi(x,y), \psi(x,y)]$ 在点 (x,y) 有连续的偏导数，且

$$\frac{\partial z}{\partial x} = \frac{\partial z}{\partial u} \cdot \frac{\partial u}{\partial x} + \frac{\partial z}{\partial v} \cdot \frac{\partial v}{\partial x}$$

$$\frac{\partial z}{\partial y} = \frac{\partial z}{\partial u} \cdot \frac{\partial u}{\partial y} + \frac{\partial z}{\partial v} \cdot \frac{\partial v}{\partial y}$$

证 根据偏导数的定义，固定 y，设 x 有增量 Δx，相应地，$u = \varphi(x, y)$、$v = \psi(x, y)$ 分别有增量 Δu、Δv，$z = f(u, v)$ 有增量 Δz。

因为函数 $z = f(u, v)$ 在相应点 (u, v) 有连续的偏导数，即

$$\Delta z = \frac{\partial z}{\partial u} \cdot \Delta u + \frac{\partial z}{\partial v} \cdot \Delta v + \alpha \cdot \rho$$

其中 $\rho = \sqrt{(\Delta u)^2 + (\Delta v)^2}$，且当 $\rho \to 0$ 时，$\alpha \to 0$，从而两边除以 $\Delta x \neq 0$，得

$$\frac{\Delta z}{\Delta x} = \frac{\partial z}{\partial u} \cdot \frac{\Delta u}{\Delta x} + \frac{\partial z}{\partial v} \cdot \frac{\Delta v}{\Delta x} + \frac{\alpha \cdot \rho}{\Delta x}$$

又因为 $\Delta y = 0$，u、v 在点 (x, y) 有连续偏导数，所以

$$\Delta u = \frac{\partial u}{\partial x} \cdot \Delta x + o(\Delta x), \quad \Delta v = \frac{\partial v}{\partial x} \cdot \Delta x + o(\Delta x)$$

当 $\Delta x \to 0$ 时，可得 $\dfrac{\alpha \cdot \rho}{\Delta x} \to 0$，于是

$$\lim_{\Delta x \to 0} \frac{\Delta z}{\Delta x} = \frac{\partial z}{\partial u} \cdot \lim_{\Delta x \to 0} \frac{\Delta u}{\Delta x} + \frac{\partial z}{\partial v} \cdot \lim_{\Delta x \to 0} \frac{\Delta v}{\Delta x}$$

因此，$\dfrac{\partial z}{\partial x} = \dfrac{\partial z}{\partial u} \cdot \dfrac{\partial u}{\partial x} + \dfrac{\partial z}{\partial v} \cdot \dfrac{\partial v}{\partial x}$。

同理可证，$\dfrac{\partial z}{\partial y} = \dfrac{\partial z}{\partial u} \cdot \dfrac{\partial u}{\partial y} + \dfrac{\partial z}{\partial v} \cdot \dfrac{\partial v}{\partial y}$。

此法则称为链式法则，当中间变量和自变量有有限多个时也适用。为了便于记忆，我们用连线表示各变量之间的关系，然后按"分线相加，连线相乘"的原则写出所求复合函数的偏导数，其规律是：公式中两两乘积项的个数与中间变量的个数相同，而公式的个数等于自变量的个数。如图 7 – 18 所示。

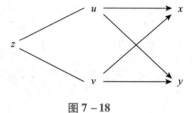

图 7 – 18

例 16 设 $z = e^u \cos v$，$u = xy$，$v = 2x - y$，求 $\dfrac{\partial z}{\partial x}, \dfrac{\partial z}{\partial y}$。

解 因为 $\dfrac{\partial z}{\partial u} = e^u \cos v$，$\dfrac{\partial z}{\partial v} = -e^u \sin v$，$\dfrac{\partial u}{\partial x} = y$，$\dfrac{\partial v}{\partial x} = 2$，$\dfrac{\partial u}{\partial y} = x$，$\dfrac{\partial v}{\partial y} = -1$，

所以

$$\begin{aligned}
\frac{\partial z}{\partial x} &= \frac{\partial z}{\partial u} \cdot \frac{\partial u}{\partial x} + \frac{\partial z}{\partial v} \cdot \frac{\partial v}{\partial x} \\
&= e^u \cos v \cdot y - e^u \sin v \cdot 2 \\
&= e^{xy}[y \cos(2x - y) - 2\sin(2x - y)] \\
\frac{\partial z}{\partial y} &= \frac{\partial z}{\partial u} \cdot \frac{\partial u}{\partial y} + \frac{\partial z}{\partial v} \cdot \frac{\partial v}{\partial y} \\
&= e^u \cos v \cdot x - e^u \sin v \cdot (-1) \\
&= e^{xy}[x \cos(2x - y) + \sin(2x - y)]
\end{aligned}$$

例 17 设函数 $z = f(x^2 + \sin y, e^{xy})$，其中 f 具有一阶连续偏导数，求 $\dfrac{\partial z}{\partial x}$、$\dfrac{\partial z}{\partial y}$。

解 因为 $z = f(x^2 + \sin y, e^{xy})$ 中，f 没有具体给出函数表达式，用偏导数的定义不能直接求出，可以先引入中间变量，再用链式法则来求。设 $u = x^2 + \sin y$，$v = e^{xy}$，则 $z = f(x^2 + \sin y, e^{xy})$ 由 $z = f(u, v)$、$u = x^2 + \sin y$、$v = e^{xy}$ 复合而成。

因为 $\dfrac{\partial z}{\partial u} = f_u'(u, v)$，$\dfrac{\partial z}{\partial v} = f_v'(u, v)$，$\dfrac{\partial u}{\partial x} = 2x$，$\dfrac{\partial u}{\partial y} = \cos y$，$\dfrac{\partial v}{\partial x} = y e^{xy}$，$\dfrac{\partial v}{\partial y} = x e^{xy}$，

代入公式，有 $\dfrac{\partial z}{\partial x} = \dfrac{\partial z}{\partial u} \cdot \dfrac{\partial u}{\partial x} + \dfrac{\partial z}{\partial v} \cdot \dfrac{\partial v}{\partial x} = 2xf_u'(u,v) + y\mathrm{e}^{xy}f_v'(u,v)$

$$\frac{\partial z}{\partial y} = \frac{\partial z}{\partial u} \cdot \frac{\partial u}{\partial y} + \frac{\partial z}{\partial v} \cdot \frac{\partial v}{\partial y} = \cos y f_u'(u,v) + x\mathrm{e}^{xy}f_v'(u,v)$$

注 这里，$f_u'(u,v) = f_u'(x^2 + \sin y, \mathrm{e}^{xy})$、$f_u'(u,v) = f_u'(x^2 + \sin y, \mathrm{e}^{xy})$ 仍然是复合函数。

例 18 设函数 $z = f(u,v) = u^v$，$u = \sin x, v = \dfrac{1}{x}$，求 $\dfrac{\mathrm{d}z}{\mathrm{d}x}$。

解 变量之间的关系如图 7 - 19 所示。

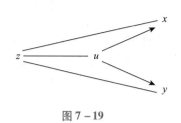

因为 $\dfrac{\partial z}{\partial u} = vu^{v-1}$，$\dfrac{\partial z}{\partial v} = u^v \ln u$，$\dfrac{\mathrm{d}u}{\mathrm{d}x} = \cos x$，$\dfrac{\mathrm{d}v}{\mathrm{d}x} = -\dfrac{1}{x^2}$，

所以 $\dfrac{\mathrm{d}z}{\mathrm{d}x} = \dfrac{\partial z}{\partial u} \cdot \dfrac{\mathrm{d}u}{\mathrm{d}x} + \dfrac{\partial z}{\partial v} \cdot \dfrac{\mathrm{d}v}{\mathrm{d}x}$

图 7 - 19

$$= vu^{v-1} \cdot \cos x + u^v \ln u \cdot \left(-\frac{1}{x^2}\right)$$

$$= \frac{(\sin x)^{\frac{1}{x}-1}\cos x}{x} - \frac{(\sin x)^{\frac{1}{x}}\ln\sin x}{x^2}$$

注 此例中，函数 $z = u^v$ 是变量 u、v 的二元函数，但 u、v 都是变量 x 的一元函数，因此，复合后 z 是变量 x 的一元函数，z 只存在对 x 的导数。一般地，若某个变量通过两个以上的中间变量复合成为只有一个自变量的复合函数，则将这个一元函数的导数称为全导数。

2. 全微分形式的不变性 设二元函数 $z = f(u,v)$ 在点 (u,v) 有连续的偏导数。

（1）若 u、v 是自变量，则由全微分的定义有 $\mathrm{d}z = \dfrac{\partial z}{\partial u}\mathrm{d}u + \dfrac{\partial z}{\partial v}\mathrm{d}v$；

（2）若 u、v 是中间变量，即 $u = \varphi(x,y)$，$v = \psi(x,y)$，且 $u = \varphi(x,y)$、$v = \psi(x,y)$ 在点 (x,y) 的偏导数存在，由全微分的定义有 $\mathrm{d}z = \dfrac{\partial z}{\partial u}\mathrm{d}x + \dfrac{\partial z}{\partial v}\mathrm{d}y$，应用二元复合函数的链式法则：

$$\frac{\partial z}{\partial x} = \frac{\partial z}{\partial u} \cdot \frac{\partial u}{\partial x} + \frac{\partial z}{\partial v} \cdot \frac{\partial v}{\partial x}, \quad \frac{\partial z}{\partial y} = \frac{\partial z}{\partial u} \cdot \frac{\partial u}{\partial y} + \frac{\partial z}{\partial v} \cdot \frac{\partial v}{\partial y}$$

因此

$$\mathrm{d}z = \frac{\partial z}{\partial u}\mathrm{d}x + \frac{\partial z}{\partial v}\mathrm{d}y = \left(\frac{\partial z}{\partial u} \cdot \frac{\partial u}{\partial x} + \frac{\partial z}{\partial v} \cdot \frac{\partial v}{\partial x}\right)\mathrm{d}x + \left(\frac{\partial z}{\partial u} \cdot \frac{\partial u}{\partial y} + \frac{\partial z}{\partial v} \cdot \frac{\partial v}{\partial y}\right)\mathrm{d}y$$

$$= \frac{\partial z}{\partial u}\left(\frac{\partial u}{\partial x}\mathrm{d}x + \frac{\partial u}{\partial y}\mathrm{d}y\right) + \frac{\partial z}{\partial v}\left(\frac{\partial v}{\partial x}\mathrm{d}x + \frac{\partial v}{\partial y}\mathrm{d}y\right) = \frac{\partial z}{\partial u}\mathrm{d}u + \frac{\partial z}{\partial v}\mathrm{d}v$$

以上讨论表明，无论 u、v 是自变量还是中间变量，表达式 $\mathrm{d}z = \dfrac{\partial z}{\partial u}\mathrm{d}u + \dfrac{\partial z}{\partial v}\mathrm{d}v$ 总成立。此性质称为二元函数的全微分形式的不变性。

利用全微分形式的不变性可以给求偏导数带来方便，也可以为积分学中的换元积分法提供理论依据。

二、多元隐函数的求导公式

1. 一元隐函数的求导公式 设方程 $F(x,y) = 0$ 确定了函数 $y = y(x)$，若 F_x'、F_y' 连续，两边对 x 求导，得 $F_x' + F_y' \cdot \dfrac{\mathrm{d}y}{\mathrm{d}x} = 0$。若 $F_y' \neq 0$，则 $\dfrac{\mathrm{d}y}{\mathrm{d}x} = -\dfrac{F_x'}{F_y'}$，这就是一元隐函数的求导公式。

例 19 设 $x^2 + y^2 = 2x$，求 $\dfrac{\mathrm{d}y}{\mathrm{d}x}$。

解 令 $F(x,y) = x^2 + y^2 - 2x$，则 $F'_x = 2x - 2$，$F'_y = 2y$，由公式得

$$\frac{dy}{dx} = -\frac{2x-2}{2y} = \frac{1-x}{y}$$

2. 二元隐函数的求导公式 设方程 $F(x,y,z) = 0$ 确定了隐函数 $z = z(x,y)$，若 F'_x、F'_y、F'_z 连续，且 $F'_z \neq 0$，两边分别对 x、y 求导，得 $F'_x + F'_z \cdot \frac{\partial z}{\partial x} = 0$，$F'_y + F'_z \cdot \frac{\partial z}{\partial y} = 0$，因为 $F'_z \neq 0$，所以

$$\frac{\partial z}{\partial x} = -\frac{F'_x}{F'_z}, \quad \frac{\partial z}{\partial y} = -\frac{F'_y}{F'_z}$$

这就是二元隐函数的求导公式。

例 20 设 $z^x = y^z$，求 dz。

解 令 $F(x,y,z) = z^x - y^z$。因为

$$F'_x = z^x \ln z, \quad F'_y = -zy^{z-1}, \quad F'_z = xz^{x-1} - y^z \ln y$$

所以，$\dfrac{\partial z}{\partial x} = \dfrac{z^x \ln z}{xz^{x-1} - y^z \ln y}$，$\dfrac{\partial z}{\partial y} = -\dfrac{-zy^{z-1}}{xz^{x-1} - y^z \ln y}$

故 $dz = \dfrac{z^x \ln z}{xz^{x-1} - y^z \ln y} dx + \dfrac{zy^{z-1}}{xz^{x-1} - y^z \ln y} dy$。

例 21 设 $x^2 + 2y^2 + 3z^2 = 4$，求 $\dfrac{\partial z}{\partial x}$、$\dfrac{\partial^2 z}{\partial x \partial y}$。

解 令 $F(x,y,z) = x^2 + 2y^2 + 3z^2 - 4$。因为 $F'_x = 2x$，$F'_y = 4y$，$F'_z = 6z$，所以

$$\frac{\partial z}{\partial x} = -\frac{2x}{6z} = -\frac{x}{3z}, \quad \frac{\partial z}{\partial y} = -\frac{4y}{6z} = -\frac{2y}{3z}$$

再求二阶导数，有

$$\frac{\partial^2 z}{\partial x \partial y} = \frac{\partial}{\partial y}\left(\frac{\partial z}{\partial x}\right) = -\frac{x}{3} \cdot \left(\frac{1}{z}\right)'_y = -\frac{x}{3} \cdot \left(-\frac{1}{z^2}\right) \cdot \frac{\partial z}{\partial y}$$

$$= \frac{x}{3z^2} \cdot \left(-\frac{2y}{3z}\right) = -\frac{2xy}{9z^3}$$

例 22 设 $\varphi(cx - az, cy - bz) = 0$，其中 a、b、c 为常数，函数 φ 可微且 $a\varphi'_1 + b\varphi'_2 \neq 0$，证明 $a\dfrac{\partial z}{\partial x} + b\dfrac{\partial z}{\partial y} = c$。

证 两边对 x 求导，$\varphi'_1 \cdot \left(c - a\dfrac{\partial z}{\partial x}\right) + \varphi'_2 \cdot \left(-b\dfrac{\partial z}{\partial y}\right) = 0$

两边对 y 求导，$\varphi'_1 \cdot \left(-a\dfrac{\partial z}{\partial y}\right) + \varphi'_2 \cdot \left(c - b\dfrac{\partial z}{\partial y}\right) = 0$

解得

$$\frac{\partial z}{\partial x} = \frac{c\varphi'_1}{a\varphi'_1 + b\varphi'_2}, \quad \frac{\partial z}{\partial y} = \frac{c\varphi'_2}{a\varphi'_1 + b\varphi'_2}$$

于是有

$$a\frac{\partial z}{\partial x} + b\frac{\partial z}{\partial y} = a\frac{c\varphi'_1}{a\varphi'_1 + b\varphi'_2} + b\frac{c\varphi'_2}{a\varphi'_1 + b\varphi'_2} = c$$

即为所证。

第六节　多元函数的极值及其求法

PPT

一、二元函数的极值

定义 7.6 设二元函数 $z = f(x,y)$ 在点 $M_0(x_0, y_0)$ 的某个邻域内有定义，如果对邻域内异于 M_0 的任

一点 $M(x,y)$ 都有

$$f(x,y)<f(x_0,y_0),(f(x,y)>f(x_0,y_0))$$

则称在点 $z=f(x,y)$ 在点 M_0 有**极大（小）值** $f(x_0,y_0)$，点 M_0 叫作函数 z 的**极大（小）值点**。

极大值和极小值统称为**极值**，使函数取得极值的点叫作**极值点**。

定理 7.3（极值存在的必要条件） 如果函数 $z=f(x,y)$ 在 $M_0(x_0,y_0)$ 的某邻域内有偏导数，且在 M_0 处取得极值，则

$$f'_x(x_0,y_0)=0, f'_y(x_0,y_0)=0$$

证 考虑一元函数 $\varphi(x)=f(x,y_0)$。既然 $f(x,y)$ 在 (x_0,y_0) 处有极值，$\varphi(x)$ 必然在 x_0 处有极值。根据一元函数取极值的必要条件知

$$\varphi'(x_0)=0 \quad 即 \quad f'_x(x_0,y_0)=0$$

同理 $f'_y(x_0,y_0)=0$。

使函数 $z=f(x,y)$ 的两个偏导数都等于零的点称为 z 的驻点。可导函数的极值点必是驻点。但是，驻点未必是极值点。

定理 7.4（极值存在的充分条件） 设 $z=f(x,y)$ 在点 $M_0(x_0,y_0)$ 的某邻域内有一阶、二阶连续偏导数，且 (x_0,y_0) 是其驻点。若记

$$A=f''_{xx}(x_0,y_0), B=f''_{xy}(x_0,y_0), C=f''_{yy}(x_0,y_0)$$

则 （1）当 $\Delta=B^2-AC<0$ 时，z 在 M_0 处有极值，且当 $A>0$ 时是极小值，$A<0$ 时是极大值；

（2）当 $\Delta=B^2-AC>0$ 时，z 在 M_0 处无极值；

（3）当 $\Delta=B^2-AC=0$ 时，不能确定。

以上两个定理明确给出了具有连续偏导数的二元函数的极值的求法。

例 23 求函数 $f(x,y)=x^3-4x^2+2xy-y^2+1$ 的极值。

解 求偏导数 $f'_x(x,y)=3x^2-8x+2y$，$f'_y(x,y)=2x-2y$，

$$f''_{xx}(x,y)=6x-8, f''_{xy}(x,y)=2, f''_{yy}(x,y)=-2$$

解方程组 $\begin{cases} f'_x(x,y)=3x^2-8x+2y, \\ f'_y(x,y)=2x-2y, \end{cases}$，得驻点 $(0,0)$ 及 $(2,2)$。

对于驻点 $(0,0)$，$A=-8$，$B=2$，$C=-2$，$\Delta=B^2-AC<0$，$f(0,0)=1$ 是极大值；

对于驻点 $(2,2)$，$A=4$，$B=2$，$C=-2$，$\Delta=B^2-AC>0$，$f(2,2)$ 不是极值。

二、二元函数的最值

函数的**最大值（最小值）**是指在所讨论的范围内最大的（最小的）函数值。显然，函数的最大值（最小值）是极大值（极小值）和边界极值（如果包括边界）中最大（最小）者。这里，边界极值是指函数在所讨论区域的边界的极值。

通常，在实际问题中，如果由其实际意义可知函数在某个区域 D 内必有最大（小）值，而在 D 内只有一个驻点，则这个驻点处的函数值为所求最大（小）值。

例 24 在 xOy 坐标面上找出一点 P，使它到三点 $P_1(0,0)$、$P_2(1,0)$、$P_3(0,1)$ 距离的平方和为最小。

解 设 $P(x,y)$ 为所求之点，l 为 P 到三点 $P_1(0,0)$、$P_2(1,0)$、$P_3(0,1)$ 距离的平方和，即 $l=|PP_1|^2+|PP_2|^2+|PP_3|^2$。

因为 $|PP_1|^2=x^2+y^2$，$|PP_2|^2=(x-1)^2+y^2$，$|PP_3|^2=x^2+(y-1)^2$，

所以 $\quad |PP_1|^2 = x^2 + y^2 + (x-1)^2 + y^2 + x^2 + (y-1)^2 = 3x^2 + 3y^2 - 2x - 2y + 2$。

对 x、y 求偏导数，有 $l'_x(x,y) = 6x - 2$，$l'_y(x,y) = 6y - 2$

$$\text{令} \begin{cases} l'_x = 0 \\ l'_y = 0 \end{cases} \quad \text{即} \quad \begin{cases} 6x - 2 = 0 \\ 6y - 2 = 0 \end{cases}$$

解方程组得驻点 $\left(\dfrac{1}{3}, \dfrac{1}{3} \right)$。

由问题的实际意义，到三点距离平方和最小的点一定存在，l 可微，又只有一个驻点，因此 $\left(\dfrac{1}{3}, \dfrac{1}{3} \right)$ 即为所求之点。

例 25 要制造一个无盖的长方体水槽，已知它的底部造价为每平方米 18 元，侧面造价为每平方米 6 元，设计的总造价为 216 元。问：如何选取它的尺寸，才能使水槽容积最大？

解 设水槽的长、宽、高分别为 x、y、z，则容积为
$$V = xyz, (x > 0, y > 0, z > 0)$$

由题设知 $18xy + 6(2xz + 2yz) = 216$，即 $3xy + 2z(x + y) = 36$，

解出 z，得

$$z = \frac{36 - 3xy}{2(x+y)} = \frac{3}{2} \cdot \frac{12 - xy}{x+y}$$

将该式代入 $V = xyz$，得二元函数 $V = \dfrac{3}{2} \cdot \dfrac{12xy - x^2y^2}{x+y}$，

求 V 对 x、y 的偏导数

$$\frac{\partial V}{\partial x} = \frac{3}{2} \cdot \frac{(12y - 2xy^2)(x+y) - (12xy - x^2y^2)}{(x+y)^2}$$

$$\frac{\partial V}{\partial y} = \frac{3}{2} \cdot \frac{(12x - 2x^2y)(x+y) - (12xy - x^2y^2)}{(x+y)^2}$$

令 $\dfrac{\partial V}{\partial x} = 0$，$\dfrac{\partial V}{\partial y} = 0$，得方程组

$$\begin{cases} (12y - 2xy^2)(x+y) - (12xy - x^2y^2) = 0 \\ (12x - 2x^2y)(x+y) - (12xy - x^2y^2) = 0 \end{cases}$$

解之，得 $x = 2$，$y = 2$。再代入得

$$z = 3$$

由问题的实际意义可知，函数 $V(x,y)$ 在 $x > 0$、$y > 0$ 时确有最大值，又因为 $V = V(x,y)$ 可微，且只有一个驻点，所以取长为 2m、宽为 2m、高为 3m 时，水槽的容积最大。

三、多元函数的条件极值

极值问题对一函数的自变量，除了限制在函数的定义域内以外，没有其他条件限制，所以有时也称为无条件极值。但在实际问题中，有时会遇到对函数的自变量还有附加条件的极值问题。

但在很多情形下，问题并不是将条件极值化为无条件极值这样简单。为此，要寻找一种直接求条件极值的方法，可以不必先把问题化为无条件极值的问题，这就是拉格朗日乘数法。

拉格朗日乘数法 要找函数 $z = f(x,y)$ 在条件 $\varphi(x,y) = 0$ 下的可能极值点，先构造**拉格朗日函数** $F(x,y) = f(x,y) + \lambda\varphi(x,y)$，其中 λ 为参数，求其对 x 与 y 的一阶偏导数，并使之为零，然后与方程联立起来

$$\begin{cases} f'_x(x,y) + \lambda\varphi'_x(x,y) = 0 \\ f'_y(x,y) + \lambda\varphi'_y(x,y) = 0 \\ \varphi(x,y) = 0 \end{cases}$$

由这一方程组解出 x、y 及 λ，则其中 x、y 就是可能极值点的坐标。称 λ 为**拉格朗日乘数**。

上述方法可以推广到自变量多于两个且约束条件多于一个（约束条件一般应少于未知量的个数）的条件极值问题。例如，求三元函数 $u = f(x,y,z)$ 在约束条件 $\varphi(x,y,z) = 0$、$\psi(x,y,z) = 0$ 下的极值。其方法是：构造函数

$$F(x,y,z) = f(x,y,z) + \lambda_1\varphi(x,y,z) + \lambda_2\psi(x,y,z)$$

其中，λ_1、λ_2 为拉格朗日乘数。解方程组

$$\begin{cases} f'_x(x,y,z) + \lambda_1\varphi'_x(x,y,z) + \lambda_2\psi'_x(x,y,z) = 0 \\ f'_y(x,y,z) + \lambda_1\varphi'_y(x,y,z) + \lambda_2\psi'_y(x,y,z) = 0 \\ f'_z(x,y,z) + \lambda_1\varphi'_z(x,y,z) + \lambda_2\psi'_z(x,y,z) = 0 \\ \varphi(x,y,z) = 0 \\ \psi(x,y,z) = 0 \end{cases}$$

消去 λ_1、λ_2，求出所有的驻点 (x_0,y_0,z_0)，最后判定点 (x_0,y_0,z_0) 是否为极值点。

例 26 经过点 $(1,1,1)$ 的所有平面中，哪一个平面在第一卦限与坐标面所围立体的体积最小，并求此最小体积。

解 设所求平面的方程为 $\dfrac{x}{a} + \dfrac{y}{b} + \dfrac{z}{c} = 1 (a>0, b>0, c>0)$，因为平面过点 $(1,1,1)$，所以该点坐标满足方程，即 $\dfrac{1}{a} + \dfrac{1}{b} + \dfrac{1}{c} = 1$。

又设所求平面与三个坐标面在第一卦限所围立体的体积为 V，所以

$$V = \frac{1}{6}abc$$

现在求函数 V 在条件 $\dfrac{1}{a} + \dfrac{1}{b} + \dfrac{1}{c} = 1 (a>0, b>0, c>0)$ 下的最小值。

构造辅助函数 $F(a,b,c) = \dfrac{1}{6}abc + \lambda\left(\dfrac{1}{a} + \dfrac{1}{b} + \dfrac{1}{c} - 1\right)$，

设 $\begin{cases} F'_a = 0 \\ F'_b = 0 \\ F'_c = 0 \\ \dfrac{1}{a} + \dfrac{1}{b} + \dfrac{1}{c} = 1 \end{cases}$ 即 $\begin{cases} \dfrac{1}{6}bc - \dfrac{\lambda}{a^2} = 0 \\ \dfrac{1}{6}ac - \dfrac{\lambda}{b^2} = 0 \\ \dfrac{1}{6}ab - \dfrac{\lambda}{c^2} = 0 \\ \dfrac{1}{a} + \dfrac{1}{b} + \dfrac{1}{c} - 1 = 0 \end{cases}$

解得 $a = b = c = 3$。

由问题的性质可知最小值必定存在，又因为可能的极值点唯一，所以当平面为 $x + y + z = 3$ 时，它在第一卦限中与三个坐标面所围立体的体积 V 最小。这时

$$V = \frac{1}{6} \cdot 3^3 = \frac{9}{2}$$

四、最小二乘法

在许多实际问题中，常常需要通过科学实验或者获得实验数据，对数据进行分析。为了便于分析，需要找寻变量之间的函数关系式，但在一般情况下，找不出精确的公式来表达，因此考虑建立两个变量之间函数关系的近似表达式。通常把这样得到的函数的近似表达式称为经验公式。建立经验公式最常用的方法就是**最小二乘法**。

观察变量 x、y，得到 n 对数据 (x_1, y_1)、(x_2, y_2)、$\cdots$、(x_n, y_n)。若在直角坐标系中，这 n 个点明显地呈直线趋势分布，则可以用直线型经验公式去拟合，故设方程为 $y = ax + b$，其中 a 和 b 是待定常数。由于同时过这些离散点的直线不存在，可以作多条与这些离散点都比较接近的直线，并从中找出总体上拟合最好的一条直线，记为 $y = ax + b$。通常将以偏差平方和

$$Q = \sum_{i=1}^{n} (y_i - \hat{y_i})^2 = \sum_{i=1}^{n} \left[y_i - (ax_i + b) \right]^2$$

为最小来确定经验公式的方法，称为最小二乘法。

由二元函数极值存在的必要条件，必须同时满足

$$\frac{\partial Q}{\partial a} = 0, \frac{\partial Q}{\partial b} = 0$$

由以上条件可求得

$$\begin{cases} a = \dfrac{\displaystyle\sum_{i=1}^{n} x_i y_i - \dfrac{1}{n}\left(\sum_{i=1}^{n} x_i \right)\left(\sum_{i=1}^{n} y_i \right)}{\displaystyle\sum_{i=1}^{n} x_i^2 - \dfrac{1}{n}\left(\sum_{i=1}^{n} x_i \right)^2} \\ b = \dfrac{1}{n}\left(\displaystyle\sum_{i=1}^{n} y_i - a \sum_{i=1}^{n} x_i \right) \end{cases}$$

即可得到直线型经验公式 $y = ax + b$。

例27 10 只大白鼠试验某种食品的营养价值，以 x 表示大白鼠的进食量，y 表示所增加的体重。其观察值见下表：

动物编号	1	2	3	4	5	6	7	8	9	10
进食量 $x(g)$	820	780	720	867	690	787	934	679	639	820
增加体重 $y(g)$	165	158	130	180	134	167	186	145	120	158

试求 y 对 x 的经验公式。

解 先作散点图，即在直角坐标系内描出 10 对观察值的散点图，如图 7-20 所示。结果表明，这些点大致呈直线分布。故设经验公式为线性型：$y = ax + b$。由表中数据，可计算有

$$\sum_{i=1}^{10} x_i = 7736, \sum_{i=1}^{10} y_i = 1543$$

$$\sum_{i=1}^{10} x_i^2 = 6060476, \sum_{i=1}^{10} x_i y_i = 1210508$$

代入公式有

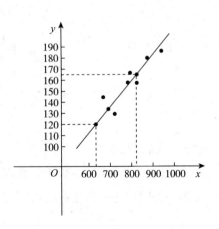

图 7-20

$$a = \frac{1210508 - \frac{1}{10}(7736 \times 1543)}{6060476 - \frac{1}{10}(7736)^2} = 0.2219$$

$$b = \frac{1}{10}(1543 - 0.2219 \times 7736) = -17.36$$

因此，所求的经验公式为 $y = 0.2219x - 17.36$。

习题七

答案解析

一、单项选择题

1. 已知 $z = x\ln(x + y)$，则 $\frac{\partial^2 z}{\partial x^2} =$ （　）。

   A. $\frac{x}{(x+y)^2}$ 　　　　 B. $\frac{-x}{(x+y)^2}$ 　　　　 C. $\frac{x+2y}{(x+y)^2}$ 　　　　 D. $\frac{2x+y}{(x+y)^2}$

2. 设 $z = \ln(e^x + e^y)$，则 $\frac{\partial^2 z}{\partial x \partial y} =$ （　）。

   A. $\frac{e^x}{(e^x+e^y)^2}$ 　　　 B. $\frac{-e^{x+y}}{(e^x+e^y)^2}$ 　　　 C. $\frac{e^{x+y}}{(e^x+e^y)^2}$ 　　　 D. $\frac{e^y}{(e^x+e^y)^2}$

3. 已知 $y(x, y) = e^{\sqrt{x^2 + y^4}}$，则（　）。

   A. $f_x(0,0)$、$f_y(0,0)$ 都存在　　　　　　　　B. $f_x(0,0)$ 不存在，$f_y(0,0)$ 存在

   C. $f_x(0,0)$ 存在，$f_y(0,0)$ 不存在　　　　　　D. $f_x(0,0)$、$f_y(0,0)$ 都不存在

4. 已知 $z = \begin{cases} \dfrac{xy}{x^2+y^2}, & x^2+y^2 \neq 0 \\ 0, & x^2+y^2 = 0 \end{cases}$，则 $z = z(x,y)$ 在点 $(0,0)$ 处（　）。

   A. 连续且偏导数存在　　　　　　　　　　　　　B. 连续但不可微

   C. 不连续且偏导数不存在　　　　　　　　　　　D. 不连续但偏导数存在

5. 设 $z = \sqrt{1 - x^2 - y^2}$，则 $\mathrm{d}z =$ （　）。

   A. $\frac{-x}{\sqrt{1-x^2-y^2}}$ 　　 B. $\frac{-y}{\sqrt{1-x^2-y^2}}$ 　　 C. $\frac{\mathrm{d}x + \mathrm{d}y}{\sqrt{1-x^2-y^2}}$ 　　 D. $\frac{-(x\mathrm{d}x + y\mathrm{d}y)}{\sqrt{1-x^2-y^2}}$

6. 若 $z = \ln(1 + x^2 + y^2)$，则 $\mathrm{d}z\big|_{(1,1)} =$ （　）。

   A. $\frac{2}{3}(\mathrm{d}x + \mathrm{d}y)$ 　　　 B. $\mathrm{d}x + \mathrm{d}y$ 　　　 C. $\sqrt{3}(\mathrm{d}x + \mathrm{d}y)$ 　　　 D. $\frac{1}{2}(\mathrm{d}x + \mathrm{d}y)$

7. 若由方程 $e^z - xz = 0$ 所确定的隐函数为 $z = f(x, y)$，则 $\frac{\partial z}{\partial x} =$ （　）。

   A. $\frac{z}{1+e^z}$ 　　　　 B. $\frac{z}{e^z - x}$ 　　　　 C. $\frac{z}{x(1+e^z)}$ 　　　　 D. $\frac{y}{1 - e^z}$

8. 设函数 $f(x, y)$ 的驻点为 (x_0, y_0)，$A = f''_{xx}(x_0, y_0)$，$B = f''_{xy}(x_0, y_0)$，$C = f''_{yy}(x_0, y_0)$。记 $\Delta = B^2 - AC$，则点为极小值点的充分条件是（　）。

   A. $\Delta < 0$，$A > 0$ 　　 B. $\Delta < 0$，$A < 0$ 　　 C. $\Delta > 0$，$A > 0$ 　　 D. $\Delta > 0$，$A < 0$

9. 可微函数 $z = f(x, y)$ 的微分为 $\mathrm{d}z = xy(8 - 3x - 2y)\mathrm{d}x + x^2(4 - x - 2y)\mathrm{d}y$，则（　）。

A. $f(2,1)$ 为极小值   B. $f(2,1)$ 为极大值

C. $f(2,1)$ 不是极值   D. 无法判断 $f(2,1)$ 是否为极值

10. 已知函数 $f(x+y,x-y)=x^2-y^2$，则 $\dfrac{\partial f(x,y)}{\partial x}+\dfrac{\partial f(x,y)}{\partial y}=$ （   ）。

    A. $2x-2y$ B. $x+y$ C. $2x+2y$ D. $x-y$

11. 函数 $f(x,y)$ 在点 (x_0,y_0) 存在偏导数是 $f(x,y)$ 在该点可微的 （   ）。

    A. 充分条件   B. 必要条件，而非充分条件

    C. 充分必要条件   D. 既不是必要条件，也不是充分条件

12. 已知 $z=f(x,y,z)$，则 $\dfrac{\partial z}{\partial x}=$ （   ）。

    A. $\dfrac{\partial f}{\partial x}$ B. $\dfrac{\frac{\partial f}{\partial y}}{\frac{\partial f}{\partial x}}$ C. $\dfrac{\frac{\partial f}{\partial x}}{1-\frac{\partial f}{\partial z}}$ D. $\dfrac{\frac{\partial f}{\partial x}+\frac{\partial f}{\partial y}\frac{\partial f}{\partial x}}{1-\frac{\partial f}{\partial z}}$

13. 设 $f(x,y)=x^3-4x^2+2xy-y^2$，则下面结论中正确的是 （   ）。

    A. 点 $(2,2)$ 是 $f(x,y)$ 的驻点，且为极大值点   B. 点 $(2,2)$ 是极小值点

    C. 点 $(0,0)$ 是 $f(x,y)$ 的驻点，但不是极值点   D. 点 $(0,0)$ 是极大值点

二、填空题

1. $z=\ln(y^2-4x+8)$ 的定义域为_____。

2. $\lim\limits_{\substack{x\to\infty\\y\to a}}\left(1+\dfrac{1}{x}\right)^{\frac{x^2}{x+y}}=$ _____。

3. 求极限：$\lim\limits_{\substack{x\to0\\y\to0}}\dfrac{\sin(xy)}{x}=$ _____。

4. 设 $z=\mathrm{e}^{xy}+yx^2$，则 $\dfrac{\partial z}{\partial y}=$ _____．

5. 设 $z=\sqrt{\dfrac{x}{y}}$，则 $\mathrm{d}z=$ _____。

6. 设 $u=f(x,y,z)=x^3y^2z^2$，其中 $z=z(x,y)$ 是由方程 $x^3+y^3+z^3-3xyz=0$ 所确定的函数，则 $\dfrac{\partial u}{\partial x}\Big|_{(-1,0,1)}=$ _____。

7. 若由方程 $\mathrm{e}^z-xz=0$ 所确定的隐函数 $z=f(x,y)$，则 $\dfrac{\partial z}{\partial x}=$ _____。

8. 已知函数 $z=\ln\sqrt{x^2+y^2}$，则 $\mathrm{d}z=$ _____。

9. $z=x^2-y^2+2x+y-7$ 的驻点是_____。

三、计算题

1. 设函数 $f(u,v)=u^v$，求 $f(3,2)$、$f(xy,x-y)$。

2. 设函数 $z=\sqrt{y}+f(\sqrt{x}-1)$，若当 $y=4$ 时，$z=2x$，求函数 $f(x)$ 和 z。

3. 确定并画出下列函数的定义域：

（1）$z=\sqrt{x-1}\ln(x+y-2)$

（2）$z=\ln(y-x^3)+\sqrt{9-x^2-y^2}$

（3）$z=\arcsin\dfrac{x^2+y^2+3}{4}$

（4） $u = \dfrac{1}{\sqrt{x-2}} + \dfrac{1}{\sqrt{y-2}} + \dfrac{1}{\sqrt{z-2}}$

4. 求下列各极限：

（1） $\lim\limits_{\substack{x \to 0 \\ y \to 1}} \dfrac{5 - x^2 y}{x^3 + y^4}$

（2） $\lim\limits_{\substack{x \to 0 \\ y \to 0}} \dfrac{e^{x-y} \cos xy}{1 + x + y}$

（3） $\lim\limits_{\substack{x \to 0 \\ y \to 0}} \dfrac{2x^2 y}{\sqrt{x^2 y + 1} - 1}$

（4） $\lim\limits_{\substack{x \to 0 \\ y \to 2}} \dfrac{\sin(xy^3)}{x(1 + y^2)}$

（5） $\lim\limits_{\substack{x \to \infty \\ y \to a}} \left(1 + \dfrac{1}{x}\right)^{\frac{x^2}{x + 2y}}$

（6） $\lim\limits_{\substack{x \to \infty \\ y \to \infty}} \dfrac{x^2 + y^2}{x^4 + y^4}$

（7） $\lim\limits_{\substack{x \to 0 \\ y \to 0}} xy \sin \dfrac{1}{x^3 + y^4}$

（8） $\lim\limits_{\substack{x \to 1 \\ y \to 0}} \dfrac{\ln(x^3 + e^y)}{\sqrt{x^3 - y^2}}$

5. 求下列函数的间断点：

（1） $z = \dfrac{1}{x^2 + y^2}$

（2） $z = \dfrac{2xy}{y - x^2}$

（3） $u = \dfrac{1}{xyz}$

6. 设函数 $f(x,y) = \begin{cases} \dfrac{xy^2}{x^2 + y^4}, & (x,y) \neq (0,0) \\ 0, & (x,y) = (0,0) \end{cases}$

（1） 证明函数 $f(x,y)$ 在点 $(0,0)$ 处不连续；

（2） 计算 $f'_x(0,0)$ 、 $f'_y(0,0)$ 。

7. 设 $u = x \sin y + y \cos x$ ， 求 u'_x 、 u'_y 。

8. 设函数 $z = x e^y + y e^{-x}$ ， 求 z'_x 、 z'_y 。

9. 设 $z = \ln(\sqrt{x} + \sqrt{y})$ ， 证明 $x \dfrac{\partial z}{\partial x} + y \dfrac{\partial z}{\partial y} = \dfrac{1}{2}$ 。

10. 设 $z = x^y$ ， 验证 $\dfrac{\partial^2 z}{\partial x \partial y} = \dfrac{\partial^2 z}{\partial y \partial x}$ 。

11. 求下列函数的二阶偏导数 $\dfrac{\partial^2 z}{\partial x^2}$ ：

（1） $z x \ln(xy)$

（2） $z = x^4 - 3x^2 y^2 + y^4$

（3） $z = \arctan \dfrac{y}{x}$

（4） $z = (1 + xy)^y$

12. 设 $f(x,y) = e^x \sin y$ ， 求 $f''_{xx}(0, \pi)$ 、 $f''_{xy}(0, \pi)$ 、 $f''_{yy}(0, \pi)$ 。

13. 用复合函数求导法则，求下列函数的偏导数（或导数）：

（1） 设 $u = e^x(y - z)$ ， $x = t$ ， $y = \sin t$ ， $z = \cos t$ ， 求 $\dfrac{du}{dt}$

（2） 设 $z = u^3 v - u v^3$ ， 且 $u = x + y$ ， $v = x - y$ ， 求 $\dfrac{\partial z}{\partial x}$ 、 $\dfrac{\partial z}{\partial y}$

（3） 设 $z = e^{x - 2y}$ ， $x = \ln t$ ， $y = t^2$ ， 求 $\dfrac{dz}{dt}$

（4） 设 $z = \arctan \dfrac{x}{y}$ ， $y = \sqrt{x^3 + 1}$ ， 求 $\dfrac{dz}{dx}$

（5） 设 $z = \cot(3t^2 + 2x - y^3)$ ， $x = \dfrac{1}{t}$ ， $y = \sin t$ ， 求 $\dfrac{dz}{dt}$

（6） 设 $z = f(axy, cx^2 - dy^2)$ ， a 、 b 、 c 、 d 为常数，求 $\dfrac{\partial z}{\partial x}$ 、 $\dfrac{\partial z}{\partial y}$

（7）设 $z = f(x^2 y^2, e^{2y})$，求 $\dfrac{\partial z}{\partial x}$、$\dfrac{\partial z}{\partial y}$。

（8）设 $w = f(u, v)$，$u = xyz$，$v = x^2 - y^2 - z^2$，求 $\dfrac{\partial w}{\partial x}$、$\dfrac{\partial w}{\partial y}$、$\dfrac{\partial w}{\partial z}$、$\dfrac{\partial^2 w}{\partial x \partial y}$。

（9）设 $z = x\sin y - xf(u)$，$u = \dfrac{\ln y}{x}$，f 是可微的，求 $x\dfrac{\partial z}{\partial x} + y\dfrac{\partial z}{\partial y}$。

14. 求由下列方程所确定函数的偏导数（或导数）：

（1）设由方程 $\tan y + (1 - x)e^y = 0$ 确定 $y = f(x)$，求 y'。

（2）设由方程 $\dfrac{y^2}{z} - \ln\dfrac{z}{x} = 0$ 确定 $z = f(x, y)$，求 z_x'、z_y'。

（3）设由方程 $x^2 z - xy^2 z + \ln(xyz) = 0$ 确定 $z = f(x, y)$，求 $\dfrac{\partial z}{\partial x}$、$\dfrac{\partial z}{\partial y}$。

（4）设 $z = f(x, y)$ 是由方程 $e^z - z + xy^3 = 0$ 确定的隐函数，求 $\dfrac{\partial z}{\partial x}$、$\dfrac{\partial z}{\partial y}$、$\dfrac{\partial^2 z}{\partial x \partial y}$。

15. 求函数 $z = 2x^2 + y^2$ 在 $x = 1$、$y = 1$、$\Delta x = 0.2$、$\Delta y = 0.1$ 时的全增量与全微分。

16. 计算函数 $z = ye^{x^2} + \cos y$ 的全微分。

17. 求函数 $z = \ln(2 + x^2 + y^2)$ 在点 $(1, 2)$ 的全微分。

18. 利用全微分求 $\sqrt{(2.98)^2 + (4.01)^2}$ 的近似值。

19. 已知 $\mathrm{d}f(x, y) = (2y^2 + xy + x^2)\mathrm{d}x + (3xy + x^2)\mathrm{d}y$，求 $f(x, y)$。

20. 求函数 $f(x, y) = 4(x - y) = x^2 - y^2$ 的极值。

21. 求函数 $f(x, y) = e^{2x}(x + y^2 + 2y)$ 的极值。

22. 甲、乙两种产品在销量为 x、y 时的销售价格分别为 $P_1 = 16 - x$、$P_2 = 22 - y$，两种产品的联合成本为 $C(x, y) = 2x^2 + 2xy + y^2 + 13$，求取得最大利润时两种产品的价格和销量。

23. 要建造一个容积为 $10\mathrm{m}^3$ 的无盖长方体贮水池，底面材料单价为每平方米 20 元，侧面材料单价为每平方米 8 元。问：应如何设计尺寸，可使材料造价最省？

书网融合……

思政导航   本章小结

第八章 多元函数积分学

⊙ **学习目标**

　　知识目标

　　1. 掌握　直角坐标系与极坐标系下二重积分的计算；曲线积分的计算；格林公式及其应用。

　　2. 熟悉　二重积分的概念、性质和应用。

　　3. 了解　二重积分的几何意义；第二型曲线积分与积分路径无关的条件。

　　能力目标　通过本章的学习，能够计算二重积分、曲线积分以及曲面面积、质心、转动惯量。

▷ 第一节 二重积分的概念与性质

PPT

　　在第五章中，我们已经熟悉了在给定区间上计算一元函数的定积分的过程。类似的过程可以推广至相应区域上的二元、三元及一般的多元函数。

一、二重积分的引入

　　我们由几何和物理背景来引入二重积分。首先考虑几何问题——曲顶柱体的体积。

　　1. 曲顶柱体的体积　设有界闭区域 $D \subset \mathbf{R}^2$，二元函数 $f(x,y)$ 在 D 上连续且在 D 上有 $f(x,y) \geq 0$，这样，$f(x,y)$ 构成区域 D 上方的一块曲面。以区域 D 为底面、区域 D 的边界为准线且母线平行于 z 轴的柱面为侧面、曲面 $f(x,y)$ 为顶所围成的立体称为曲顶柱体，可记为 $\{(x,y,z):0 \leq z \leq f(x,y);(x,y) \in D\}$（图 8-1）。我们的目的是计算该曲顶柱体的体积。

　　回顾第五章的内容，我们曾使用分割、近似、求和、取极限四个步骤来计算（定义）曲边梯形的面积。在本章中，我们将采用类似的方法来计算（定义）曲顶柱体的体积（图 8-2）。

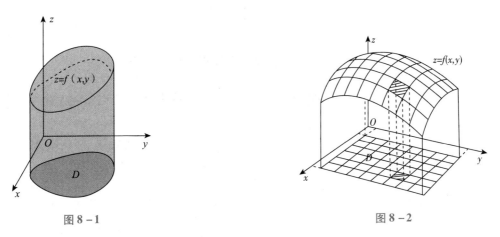

图 8-1　　　　　　　　　　　　　　　　　　图 8-2

　　分割　首先将区域 D 分割成 n 个小区域（如可用平行于 x 轴和 y 轴的直线网分割），小区域记为

$\Delta\sigma_1$、$\Delta\sigma_2$、$\cdots$、$\Delta\sigma_n$（为简单起见，用同样的符号表示小区域的面积）。分别以这些小区域的边界曲线为准线，作母线平行于 z 轴的柱面，这些柱面把原曲顶柱体分割成 n 个小曲顶柱体。

近似 用 d_i 表示小区域 $\Delta\sigma_i$ 内任意两点间距离的最大值，称为该区域的直径。当小区域的直径很小时，由于 $f(x,y)$ 在小区域上连续，函数在小区域上变化很小，可以近似认为该柱体是一个平顶柱体。在 $\Delta\sigma_i$ 内任取一点 (ξ_i,η_i)，以 $\Delta\sigma_i$ 为底、以 $f(\xi_i,\eta_i)$ 为高的平顶柱体的体积为 $f(\xi_i,\eta_i)\Delta\sigma_i$（图 8-3）。

求和 n 个平顶柱体的体积和为 $\sum_{i=1}^{n} f(\xi_i,\eta_i)\Delta\sigma_i$。

取极限 将分割无限加细加密，即令所有小区域的最大直径趋于 0，以上和式的极限如果存在，即为待求曲顶柱体的体积。令 $\lambda=\max\{d_i\,|\,i=1,2,\cdots,n\}$，曲顶柱体的体积 $V=\lim_{\lambda\to 0}\sum_{i=1}^{n} f(\xi_i,\eta_i)\Delta\sigma_i$。

2. 平面薄片的质量 平面区域 D 内有一薄片（不计厚度），它在点 (x,y) 处的面密度为 $\rho(x,y)$，这里，$\rho(x,y)>0$ 且在 D 上连续。面密度定义为包含点 (x,y) 的任何小区域内的薄片质量与小区域面积之比，在小区域的直径趋于 0 时的极限。我们的目的是在面密度已知的情形下计算薄片的质量。

如果薄片的质量是均匀的，那么很容易计算其质量。此时 $\rho(x,y)=C$（C 为常数），薄片质量等于面密度与区域 D 面积的乘积。但如果薄片的质量是非均匀的，它的密度函数 $\rho(x,y)$ 是 (x,y) 的连续函数，此时，计算薄片质量的方法与求曲顶柱体的体积相似。

将薄片分成 n 个小区域，把它们看成近似的均匀薄片。在每个小区域 $\Delta\sigma_i$ 上任取一点 (ξ_i,η_i)，用 $m_i\approx\rho(\xi_i,\eta_i)\cdot\Delta\sigma_i$ 近似表示小薄片的质量（图 8-4）。只要小区域 $\Delta\sigma_i$ 的直径足够小，通过求和可以得到整个薄片质量的近似值。而薄片的准确质量是这一和式当所有小区域 $\Delta\sigma_i(i=1,2,\cdots,n)$ 的最大直径趋于 0 时的极限，即 $M=\lim_{\lambda\to 0}\sum_{i=1}^{n}\rho(\xi_i,\eta_i)\Delta\sigma_i$，式中，$\lambda$ 为所有小区域直径的最大值。

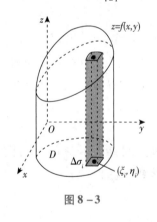

图 8-3

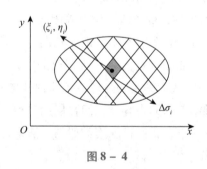

图 8-4

二、二重积分的定义

以上两个问题都归结为相同形式的极限。此外，还有许多实际问题可以归结为此类极限的求解，从而引出二重积分的一般概念。

定义 8.1 设函数 $f(x,y)$ 在有界闭区域 D 上有定义，将区域 D 分成任意 n 个小区域，并以 $\Delta\sigma_i$ 表示第 i 个小区域的面积，d_i 表示第 i 个小区域的直径。在每个小区域内任取一点 (ξ_i,η_i)，作乘积 $f(\xi_i,\eta_i)\cdot\Delta\sigma_i$，并求其和式 $\sum_{i=1}^{n} f(\xi_i,\eta_i)\cdot\Delta\sigma_i$。若各区域 $\Delta\sigma_i$ 直径的最大值 $\lambda=\max\{d_i\,|\,i=1,2,\cdots,n\}$ 趋于 0 时该和式的极限存在，则称此极限为函数 $f(x,y)$ 在区域 D 上的二重积分，记作 $\iint\limits_{D} f(x,y)\mathrm{d}\sigma$。即

$$\iint\limits_{D} f(x,y)\,\mathrm{d}\sigma = \lim_{\lambda \to 0} \sum_{i=1}^{n} f(\xi_i, \eta_i) \cdot \Delta\sigma_i$$

其中，$f(x,y)$ 称为被积函数，$f(x,y)\mathrm{d}\sigma$ 称为被积表达式，$\mathrm{d}\sigma$ 称为面积元，x 和 y 称为积分变量，D 称为积分区域，$\sum_{i=1}^{n} f(\xi_i, \eta_i)\Delta\sigma_i$ 称为积分和。

二重积分的定义中对区域 D 的划分是任意的，若采用平行于 x 轴和 y 轴的直线来划分，那么除了包含边界的小区域外，其他小区域都是小矩形。这些矩形 $\Delta\sigma_i$ 的边长为 Δx_i 和 Δy_i，于是 $\Delta\sigma_i = \Delta x_i \cdot \Delta y_i$。因此，也可以把积分式中的面积元 $\mathrm{d}\sigma$ 写成 $\mathrm{d}x\mathrm{d}y$，而把二重积分记为 $\iint\limits_{D} f(x,y)\mathrm{d}x\mathrm{d}y$。

可以证明，当二元函数 $f(x,y)$ 在有界闭区域上连续时，二重积分一定存在（连续必可积）。该结论对于一般的 n 重积分也成立。

二重积分的几何意义：当 $f(x,y) \geqslant 0$ 时，$\iint\limits_{D} f(x,y)\mathrm{d}x\mathrm{d}y$ 是曲顶柱体的体积；当 $f(x,y) < 0$ 时，曲顶柱体位于 xOy 平面下方，此时计算得到的二重积分值为负数，它是曲顶柱体体积的相反数；当 $f(x,y)$ 在区域 D 上有正有负时，二重积分的值为 xOy 平面上方与下方曲顶柱体体积的代数和。

三、二重积分的性质

二重积分的性质与定积分的性质类似。

设函数 $f(x,y)$、$g(x,y)$ 在有界闭区域 D 上连续，则二重积分有如下性质：

性质 1 设 α 和 β 为常数，则两个函数的线性组合的积分等于积分的线性组合（该结论可推广至任意有限个函数的线性组合）：

$$\iint\limits_{D} \alpha f(x,y) + \beta g(x,y)\,\mathrm{d}\sigma = \alpha \iint\limits_{D} f(x,y)\,\mathrm{d}\sigma + \beta \iint\limits_{D} g(x,y)\,\mathrm{d}\sigma$$

性质 2 若区域 D 可分成两个互不相交的区域 D_1 和 D_2，则函数 $f(x,y)$ 在 D 上的积分等于它在 D_1 和 D_2 上的积分之和（该结论可推广至任意有限个区域的和）。即

$$\iint\limits_{D} f(x,y)\,\mathrm{d}\sigma = \iint\limits_{D_1} f(x,y)\,\mathrm{d}\sigma + \iint\limits_{D_2} f(x,y)\,\mathrm{d}\sigma$$

性质 3 若在区域 D 上 $f(x,y) \equiv 1$，则它的二重积分等于区域 D 的面积 σ。即

$$\iint\limits_{D} f(x,y)\,\mathrm{d}\sigma = \iint\limits_{D} \mathrm{d}\sigma = \sigma$$

性质 4 若在区域 D 上满足 $f(x,y) \leqslant g(x,y)$，则成立

$$\iint\limits_{D} f(x,y)\,\mathrm{d}\sigma \leqslant \iint\limits_{D} g(x,y)\,\mathrm{d}\sigma$$

特别地，由于 $-|f(x,y)| \leqslant f(x,y) \leqslant |f(x,y)|$，则

$$\left| \iint\limits_{D} f(x,y)\,\mathrm{d}\sigma \right| \leqslant \iint\limits_{D} |f(x,y)|\,\mathrm{d}\sigma$$

性质 5 设 M 和 m 分别是 $f(x,y)$ 在区域 D 上的最大值和最小值，σ 是区域 D 的面积，则有

$$m\sigma \leqslant \iint\limits_{D} f(x,y)\,\mathrm{d}\sigma \leqslant M\sigma$$

性质 6（二重积分中值定理） 若函数 $f(x,y)$ 在区域 D 上连续，σ 是区域 D 的面积，则在区域 D 上至少存在一点 (ξ, η)，使得

$$\iint\limits_{D} f(x,y)\,\mathrm{d}\sigma = f(\xi, \eta) \cdot \sigma$$

证明 利用性质5，可得到

$$m \leqslant \frac{1}{\sigma} \iint\limits_{D} f(x,y)\,\mathrm{d}\sigma \leqslant M$$

根据闭区域上连续函数的介值定理，在 D 上至少存在一点 (ξ, η)，使得

$$\frac{1}{\sigma} \iint\limits_{D} f(x,y)\,\mathrm{d}\sigma = f(\xi, \eta)$$

上式两边同乘 σ，即得结论。

中值定理表明，区域 D 上曲顶柱体的体积，等于以区域 D 上某一点函数值为高的平顶柱体的体积。

▷ 第二节　二重积分的计算

PPT

一、直角坐标系下二重积分的计算

按照二重积分的定义计算二重积分，只有在被积函数和积分区域非常简单的情形下才可行；对于一般的情形，需要把二重积分化为二次定积分来计算才可以。我们由二重积分的几何背景即曲顶柱体的体积计算出发，来考虑这个问题。

假定柱体的顶面 $f(x,y)>0$，柱体所在的区域 D 由直线 $x=a$、$x=b$ 及曲线 $y=\varphi_1(x)$、$y=\varphi_2(x)$ 所围成（图 8-5、图 8-6）。我们采用定积分章节中的微元法来解决柱体体积计算的问题。

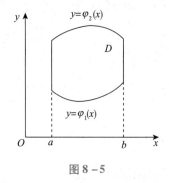

图 8-5

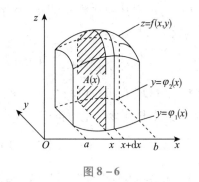

图 8-6

用过 x 点 $(a \leqslant x \leqslant b)$ 且平行于 yOz 平面的平面去截曲顶柱体，得到一个截面。该截面是以区间 $[\varphi_1(x), \varphi_2(x)]$ 为底边，以 $f(x,y)$ 为曲边的曲边梯形（注意：此时 x 固定，y 在区间 $[\varphi_1(x), \varphi_2(x)]$ 内变化）。因此该截面的面积是

$$A(x) = \int_{\varphi_1(x)}^{\varphi_2(x)} f(x,y)\,\mathrm{d}y$$

用平行于 yOz 平面的一族平面去截曲顶柱体，可以将曲顶柱体分成若干块薄片，同时也将 $[a,b]$ 分成了若干个小区间。考虑区间 $[x, x+\mathrm{d}x]$ 上的小薄片，其体积记为 ΔV。由于 $\mathrm{d}x$ 很小，该薄片可以近似看成以 $A(x)$ 为底面积、$\mathrm{d}x$ 为厚度的小柱体，由微元法可知，小薄片的体积微元为 $\mathrm{d}V = A(x)\mathrm{d}x$，它在区间 $[a,b]$ 上的定积分 $\int_a^b A(x)\,\mathrm{d}x$ 就是待求的曲顶柱体的体积（图 8-6）。即

$$V = \int_a^b A(x)\,\mathrm{d}x = \int_a^b \int_{\varphi_1(x)}^{\varphi_2(x)} f(x,y)\,\mathrm{d}y\mathrm{d}x$$

这就是我们要求的二重积分，从而有

$$\iint\limits_{D} f(x,y)\,\mathrm{d}\sigma = \int_a^b \int_{\varphi_1(x)}^{\varphi_2(x)} f(x,y)\,\mathrm{d}y\mathrm{d}x$$

可以看出，原来的二重积分已经转化为二次定积分来计算，我们也把它称为先对 y、后对 x 的二次积分。在对 y 积分时，把 x 视为常数来处理，把 $f(x,y)$ 视为关于 y 的一元函数，对 y 计算出从 $\varphi_1(x)$ 到 $\varphi_2(x)$ 的定积分，其结果是一个关于 x 的函数 $A(x)$，再对 x 计算从 a 到 b 的定积分，得到最后的结果，即二重积分的值。这个先对 y 后对 x 的二次积分常常也写成如下形式：

$$\iint\limits_{D} f(x,y)\,\mathrm{d}\sigma = \int_a^b \mathrm{d}x \int_{\varphi_1(x)}^{\varphi_2(x)} f(x,y)\,\mathrm{d}y$$

类似地，如果积分区域的形式由

$$c \leqslant y \leqslant d,\quad \psi_1(y) \leqslant x \leqslant \psi_2(y)$$

给出，其中 $\psi_1(y)$ 和 $\psi_2(y)$ 在区间 $[c,d]$ 上连续。此时可以用过 y 点且平行于 xOz 平面的平面截曲顶柱体，经过类似的步骤，可以得到二重积分的另一个计算公式：

$$\iint\limits_{D} f(x,y)\,\mathrm{d}\sigma = \int_c^d \int_{\psi_1(y)}^{\psi_2(y)} f(x,y)\,\mathrm{d}x\mathrm{d}y = \int_c^d \mathrm{d}y \int_{\psi_1(y)}^{\psi_2(y)} f(x,y)\,\mathrm{d}x$$

它是先对 x 积分，后对 y 积分（图 8-7）。

在计算一般的二重积分时，通常选择哪一种积分次序都是可以的，但也有一些问题，需要选择特定的积分次序。

二重积分计算的关键在于积分限的确定。只要得到四个积分限，就可以较轻松地完成二次定积分的计算。我们以先对 y 后对 x 的二次积分为例，来说明如何确定四个积分限。先对 x 后对 y 的二次积分定限问题留给读者完成。实际上，四个积分限的确定完全取决于积分区域 D。例如，对于如图 8-8 所示的积分区域 D，我们在 xOy 平面上把积分区域 D 投影到 x 轴上，就得到了区间 $[a,b]$，这里的 a 和 b 就是 x 的积分上、下限，然后沿着 y 轴的方向引一条直线穿过区域 D，直线最初与区域 D 相交的一侧边界就是 y 的下限 $\varphi_1(x)$，直线离开区域 D 时的一侧边界就是 y 的上限 $\varphi_2(x)$。当积分区域较为复杂时，如图 8-9 所示，可以适当对积分区域进行划分，以便确定积分限。

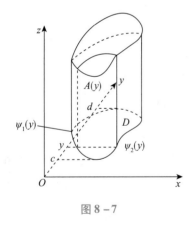

图 8-7

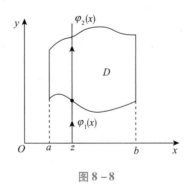

图 8-8

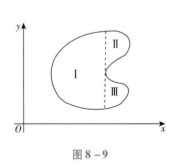

图 8-9

例1　计算 $\displaystyle\iint\limits_{D} xy\mathrm{d}\sigma$ ，其中 D 是 $y=x$ 与 $y=x^2$ 围成的区域。

解法一　求 $y=x$ 与 $y=x^2$ 的交点为 $(0,0)$ 和 $(1,1)$。

若先对 y 积分，后对 x 积分，区域 D 可写为：$0 \leqslant x \leqslant 1, x^2 \leqslant y \leqslant x$。于是

$$\iint\limits_{D} xy\mathrm{d}\sigma = \int_0^1 \mathrm{d}x \int_{x^2}^1 xy\mathrm{d}y = \int_0^1 x\left[\frac{y^2}{2}\right]_{x^2}^x \mathrm{d}x = \int_0^1 \frac{x^3}{2} - \frac{x^5}{2}\mathrm{d}x = \frac{1}{24}$$

解法二　若先对 x、后对 y 积分，区域 D 可写为：$0 \leqslant y \leqslant 1, y \leqslant x \leqslant \sqrt{y}$。于是

$$\iint\limits_{D} xy\mathrm{d}\sigma = \int_0^1 \mathrm{d}y \int_y^{\sqrt{y}} xy\mathrm{d}x = \int_0^1 y\left[\frac{x^2}{2}\right]_y^{\sqrt{y}} \mathrm{d}y = \int_0^1 \frac{y^2}{2} - \frac{y^3}{2}\mathrm{d}y = \frac{1}{24}$$

无论选择怎样的积分次序，结果是一样的。

例2 计算二重积分 $\iint\limits_{D}(2-y-x)\mathrm{d}\sigma$，其中区域 D 是由抛物线 $2y^2=x$ 和直线 $x+2y=4$ 围成的区域。

解法一 先求抛物线 $2y^2=x$ 和直线 $x+2y=4$ 的交点 $(2,1)$ 和 $(8,-2)$。选择先对 x 积分、后对 y 积分，区域 D 为 $-2\leqslant y\leqslant 1,2y^2\leqslant x\leqslant 4-2y$。于是

$$\iint\limits_{D}(2-y-x)\mathrm{d}\sigma=\int_{-2}^{1}\mathrm{d}y\int_{2y^2}^{4-2y}(2-y-x)\mathrm{d}x=\int_{-2}^{1}\left[2x-yx-\frac{x^2}{2}\right]_{2y^2}^{4-2y}\mathrm{d}y$$

$$=\int_{-2}^{1}-4y^2+2y^3+2y^4\mathrm{d}y=-6.3$$

解法二 选择先对 y 积分、后对 x 积分，区域 D 为：$0\leqslant x\leqslant 2,-\sqrt{\frac{x}{2}}\leqslant y\leqslant\sqrt{\frac{x}{2}}$；以及 $2\leqslant x\leqslant 8$，$-\sqrt{\frac{x}{2}}\leqslant y\leqslant 2-\frac{x}{2}$。注意这里的区域 D 分成了两部分，这是由于积分区域的一侧边界是一个分段函数。于是

$$\iint\limits_{D}(2-y-x)\mathrm{d}\sigma=\int_{0}^{2}\mathrm{d}x\int_{-\sqrt{\frac{x}{2}}}^{\sqrt{\frac{x}{2}}}2-y-x\mathrm{d}y+\int_{2}^{8}\mathrm{d}x\int_{-\sqrt{\frac{x}{2}}}^{2-\frac{x}{2}}2-y-x\mathrm{d}y$$

$$=\int_{0}^{2}2\sqrt{2}x^{\frac{1}{2}}-\sqrt{2}x^{\frac{3}{2}}\mathrm{d}x+\int_{2}^{8}2-\frac{7}{4}x+\frac{3}{8}x^2+\sqrt{2}x^{\frac{1}{2}}-\frac{\sqrt{2}}{2}x^{\frac{3}{2}}\mathrm{d}x$$

$$=\frac{32}{15}+22.5-\frac{464}{15}=-6.3$$

注意到解法二比解法一更复杂，计算起来更为困难，这说明适当选择积分次序有助于简化问题的计算，特别是尽量避免出现积分限是分段函数的情况。

例3 计算二重积分 $\iint\limits_{D}\frac{\sin x}{x}\mathrm{d}\sigma$，其中区域 D 是 $y=x^2$、$y=4x^2$、$x=1$ 所围成的区域。

解 注意到此二重积分的被积函数为 $\frac{\sin x}{x}$，由第四章我们知道，该函数在初等函数范围内没有原函数，所以我们只能选择先对 y 积分、后对 x 积分。此时，区域 D 为 $0\leqslant x\leqslant 1,x^2\leqslant y\leqslant 4x^2$。于是

$$\iint\limits_{D}\frac{\sin x}{x}\mathrm{d}\sigma=\int_{0}^{1}\mathrm{d}x\int_{x^2}^{4x^2}\frac{\sin x}{x}\mathrm{d}y=\int_{0}^{1}3x\sin x\mathrm{d}x=3(\sin 1-\cos 1)$$

例4 计算由两个圆柱体 $x^2+y^2\leqslant a^2$ 和 $x^2+z^2\leqslant a^2$ 所围成立体的体积。

解 注意到由两个圆柱体围成的立体在空间坐标系的每个象限内的体积是一样的，所以只需计算第一象限内的体积即可。在本题中，两种积分次序均可，我们采用先对 y 积分、后对 x 积分。积分区域 D 是半径为 a 的四分之一圆：$0\leqslant x\leqslant a$，$0\leqslant y\leqslant\sqrt{a^2-x^2}$；被积函数为 $z=\sqrt{a^2-x^2}$。于是

$$V=8\iint\limits_{D}\sqrt{a^2-x^2}\mathrm{d}\sigma=8\int_{0}^{a}\mathrm{d}x\int_{0}^{\sqrt{a^2-x^2}}\sqrt{a^2-x^2}\mathrm{d}y=8\int_{0}^{a}a^2-x^2\mathrm{d}x=\frac{16}{3}a^3$$

例5 交换二次积分的积分次序：$\int_{1}^{2}\mathrm{d}x\int_{2-x}^{\sqrt{2x-x^2}}f(x,y)\mathrm{d}y$。

解 交换二次积分的积分次序，即把题目中先对 y、后对 x 的二次积分改为先对 x、后对 y 的二次积分。

解决此类问题，首先要根据原二次积分的四个积分限给出积分区域 D。如在本例中，x 的积分限是 $[1,2]$，说明积分区域的范围在 $x=1$ 和 $x=2$ 两条直线之间；y 的积分限是 $[2-x,\sqrt{2x-x^2}]$，说明积分区域在 y 方向上的下限是 $y=2-x$，上限为 $y=\sqrt{2x-x^2}$。得到的积分域如图 8-10 所示。

下面只需要根据积分区域的形状，选择先对 x、后对 y 积分即可。此时的积分域为：$0 \leqslant y \leqslant 1$，$2 - y$ $\leqslant x \leqslant 1 + \sqrt{1 - y^2}$。于是

$$\int_1^2 \mathrm{d}x \int_{2-x}^{\sqrt{2x-x^2}} f(x,y)\mathrm{d}y = \int_0^1 \mathrm{d}y \int_{2-y}^{1+\sqrt{1-y^2}} f(x,y)\mathrm{d}x$$

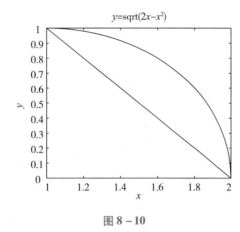

图 8 – 10

二、极坐标系下二重积分的计算

有时，当积分区域是圆形、环形、扇形等形状时，或者被积函数的形式比较特别，如 $f(x^2 + y^2)$ 等，比较适宜采用极坐标来进行二重积分的计算。

极坐标系 (r,θ) 与直角坐标系 (x,y) 有关系式：$x = r\cos\theta$，$y = r\sin\theta$；被积函数可以写为 $f(x,y) = f(r\cos\theta, r\sin\theta)$。我们根据二重积分的定义来推导极坐标系下二重积分的计算公式，即 $\iint\limits_D f(x,y)\mathrm{d}\sigma = \lim\limits_{\lambda \to 0} \sum\limits_{i=1}^n f(\xi_i, \eta_i) \cdot \Delta\sigma_i$。我们将通过分割、近似、求和、取极限的步骤来确定和式极限中的每一项。

首先，对积分区域 D 进行分割。为简单起见，假设从极点（原点）出发的射线与积分区域 D 的边界至多有两个交点。我们以极点为中心作一组同心圆 $(r = C$，C 为常数)，再做一组射线 $(\theta = C$，C 为常数)，圆与射线把积分区域分割成若干小区域，除边界处外，小区域的面积可计算如下（两个扇形的面积之差，图 8 – 11）：

$$\Delta\sigma_i = \pi r_i^2 \cdot \frac{\Delta\theta_i}{2\pi} - \pi r_{i-1}^2 \frac{\Delta\theta_i}{2\pi} = \frac{1}{2}(r_i + r_{i-1})\Delta r_i \Delta\theta_i \approx r_i \Delta r_i \Delta\theta_i$$

取 $\xi_i = r_i\cos\theta_i$，$\eta_i = r_i\sin\theta_i$，于是极坐标下小区域上的小曲顶柱体的体积可近似为 $f(r_i\cos\theta_i, r_i\sin\theta_i)r_i\Delta r_i\Delta\theta_i$，经过求和取极限可以得到

$$\iint\limits_D f(x,y)\mathrm{d}x\mathrm{d}y = \lim\limits_{\lambda \to 0} \sum\limits_{i=1}^n f(r_i\cos\theta_i, r_i\sin\theta_i)r_i\Delta r_i\Delta\theta_i = \iint\limits_D f(r\cos\theta, r\sin\theta)r\mathrm{d}r\mathrm{d}\theta$$

其中，λ 表示小区域直径的最大值。以上便是二重积分在极坐标系下的计算公式，式中，$r\mathrm{d}r\mathrm{d}\theta$ 称为面积元。

极坐标系下二重积分的计算同样需要化为二次定积分来计算。在这个过程中，确定积分限同样是关键的一步。下面分三种情况来讨论确定积分限和计算二重积分的问题。

1. 极点（原点）在区域 D 的外面　设积分区域 D 落在两条射线 $\theta = \alpha$ 和 $\theta = \beta$ 之间 $(\alpha < \beta$，$-\pi \leqslant \alpha$，$\beta < \pi)$，射线与区域边界曲线的交点把区域边界曲线分成两部分：$r = r_1(\theta)$ 和 $r = r_2(\theta)$，$(r_1(\theta) \leqslant r_2(\theta)$，

$0 \leqslant r < +\infty$)。其中，$r_1(\theta)$、$r_2(\theta)$ 在 $[\alpha, \beta]$ 上连续（图 8 – 12），则有

$$\iint\limits_{D} f(r\cos\theta, r\sin\theta) r\mathrm{d}r\mathrm{d}\theta = \int_{\alpha}^{\beta} \mathrm{d}\theta \int_{r_1(\theta)}^{r_2(\theta)} f(r\cos\theta, r\sin\theta) r\mathrm{d}r$$

例6 计算二重积分 $\iint\limits_{D} \sqrt{x^2 + y^2}\,\mathrm{d}\sigma$，其中积分区域 D 由 $x \geqslant 0$、$y \geqslant 0$ 以及 $a^2 \leqslant x^2 + y^2 \leqslant b^2$ 所交成。

解 将 $x = r\cos\theta$、$y = r\sin\theta$ 分别代入 $x \geqslant 0$、$y \geqslant 0$ 以及 $a^2 \leqslant x^2 + y^2 \leqslant b^2$，可知积分区域 D 为：$0 \leqslant \theta \leqslant \dfrac{\pi}{2}$，$a \leqslant r \leqslant b$。于是

$$\iint\limits_{D} \sqrt{x^2 + y^2}\,\mathrm{d}\sigma = \iint\limits_{D} \sqrt{r^2\cos^2\theta + r^2\sin^2\theta}\, r\mathrm{d}r\mathrm{d}\theta = \int_{0}^{\frac{\pi}{2}} \mathrm{d}\theta \int_{a}^{b} r^2\mathrm{d}r = \pi\,\frac{b^3 - a^3}{6}$$

2. 极点（原点）在区域 D 的边界上 设积分区域的边界曲线为 $r = r(\theta)$，$\alpha \leqslant \theta \leqslant \beta$（$-\pi \leqslant \alpha$，$\beta < \pi, 0 \leqslant r < +\infty$）。则积分区域可以写成：$\alpha \leqslant \theta \leqslant \beta$，$0 \leqslant r \leqslant r(\theta)$（图 8 – 13）。则有

$$\iint\limits_{D} f(r\cos\theta, r\sin\theta) r\mathrm{d}r\mathrm{d}\theta = \int_{\alpha}^{\beta} \mathrm{d}\theta \int_{0}^{r(\theta)} f(r\cos\theta, r\sin\theta) r\mathrm{d}r$$

例7 计算二重积分 $\iint\limits_{D} \sqrt{4 - x^2 - y^2}\,\mathrm{d}\sigma$，其中积分区域 D 由区域 $y \leqslant x$、$x^2 + y^2 \leqslant 2x$ 所交成。

解 将 $x = r\cos\theta$、$y = r\sin\theta$ 分别代入 $y \leqslant x$、$x^2 + y^2 \leqslant 2x$，可得到积分区域 D 为：$-\dfrac{\pi}{2} \leqslant \theta \leqslant \dfrac{\pi}{4}$，$0 \leqslant r \leqslant 2\cos\theta$。则

$$\iint\limits_{D} \sqrt{4 - x^2 - y^2}\,\mathrm{d}\sigma = \int_{-\frac{\pi}{2}}^{\frac{\pi}{4}} \mathrm{d}\theta \int_{0}^{2\cos\theta} \sqrt{4 - r^2}\, r\mathrm{d}r$$

$$= -\frac{1}{3} \int_{-\frac{\pi}{2}}^{\frac{\pi}{4}} \left[(4 - 4\cos^2\theta)^{\frac{3}{2}} - 8 \right] \mathrm{d}\theta = -\frac{8}{3} \int_{-\frac{\pi}{2}}^{\frac{\pi}{4}} (\,|\sin^3\theta| - 1\,) \mathrm{d}\theta$$

根据分部积分法知 $\int \sin^3\theta\mathrm{d}\theta = -\dfrac{1}{3}\sin^2\theta\cos\theta - \dfrac{2}{3}\cos\theta + C$，于是有

$$\iint\limits_{D} \sqrt{4 - x^2 - y^2}\,\mathrm{d}\sigma = \frac{8}{3} \int_{-\frac{\pi}{2}}^{0} \sin^3\theta\mathrm{d}\theta - \frac{8}{3} \int_{0}^{\frac{\pi}{4}} \sin^3\theta\mathrm{d}\theta + 2\pi = 2\pi - \frac{32}{9} + \frac{10}{9}\sqrt{2}$$

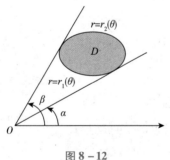

图 8 – 12

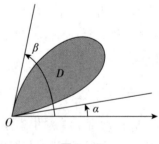

图 8 – 13

例8 螺线 $r = 2\theta$ 与直线 $\theta = \dfrac{\pi}{2}$ 围成一块平面薄板，平面薄板的面密度为 $\rho(x, y) = x^2 + y^2$，求薄板的质量。

解 积分区域 D 为 $0 \leqslant \theta \leqslant \dfrac{\pi}{2}$，$0 \leqslant r \leqslant 2\theta$。于是薄板的质量为

$$m = \iint\limits_{D} x^2 + y^2\,\mathrm{d}\sigma = \int_{0}^{\frac{\pi}{2}} \mathrm{d}\theta \int_{0}^{2\theta} r^2 r\mathrm{d}r = 4 \int_{0}^{\frac{\pi}{2}} \theta^4 \mathrm{d}\theta = \frac{\pi^5}{40}$$

3. 极点（原点）在区域 D 的边界内 设积分区域的边界曲线为 $r = r(\theta)$，此时积分区域 D 可以表

示为：$0 \le \theta \le 2\pi$，$0 \le r \le r(\theta)$（图 8 – 14）。则有

$$\iint\limits_D f(r\cos\theta, r\sin\theta)\,r\mathrm{d}r\mathrm{d}\theta = \int_0^{2\pi} \mathrm{d}\theta \int_0^{r(\theta)} f(r\cos\theta, r\sin\theta)\,r\mathrm{d}r$$

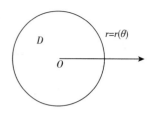

例 9　计算二重积分 $\iint\limits_D \mathrm{e}^{x^2+y^2}\mathrm{d}\sigma$，其中积分区域 D 是圆周 $x^2 + y^2 = 9$ 所围区域。

解　将 $x = r\cos\theta$、$y = r\sin\theta$ 代入 $x^2 + y^2 \le 9$，可得积分区域为：$0 \le \theta \le 2\pi$，$0 \le r \le 3$。则

图 8 – 14

$$\iint\limits_D \mathrm{e}^{x^2+y^2}\mathrm{d}\sigma = \int_0^{2\pi} \mathrm{d}\theta \int_0^3 \mathrm{e}^{r^2} r\mathrm{d}r = \pi(\mathrm{e}^9 - 1)$$

◈ 第三节　二重积分的应用

PPT

在前两节的讨论中，我们已经看到曲顶柱体的体积、平面薄片的质量都可以用二重积分来计算。本节中我们来讨论二重积分在几何、物理上的一些其他应用。

一、曲面的面积

设曲面由二元函数 $z = f(x, y)$ 给出，记为 S。区域 D 是 S 在 xOy 平面上的投影。二元函数 $z = f(x, y)$ 在区域 D 上有连续的偏导数 $f_x'(x, y)$ 和 $f_y'(x, y)$，我们的目的是计算 S 的面积。

首先，我们来定义曲面的面积，采用的方法仍然是分割、近似、求和、取极限的过程。把区域 D 分割成 n 个小区域 $\Delta\sigma_i$（小区域的面积也记为 $\Delta\sigma_i$），以小区域为底的小曲顶柱体在曲面 S 上切割出一块小曲面 ΔS_i（小曲面的面积也记为 ΔS_i，其投影为 $\Delta\sigma_i$），显然小曲面的面积和即为 S 的面积。在小区域 $\Delta\sigma_i$ 上任取一点 (ξ_i, η_i)，小曲面 ΔS_i 上有对应的一点 $M_i(\xi_i, \eta_i, f(\xi_i, \eta_i))$，过点 M_i 作小曲面 ΔS_i 的切平面，并在切平面上截下一小块，使得这一小块切平面在 xOy 平面上的投影也是 $\Delta\sigma_i$，记这一小块切平面为 ΔA_i（小切平面的面积也记为 ΔA_i，图 8 – 15）。我们用这一小块切平面的面积近似取代小曲面的面积并对其求和，当 $\Delta\sigma_i$ 的直径很小时，有

$$S = \sum_{i=1}^n \Delta S_i \approx \sum_{i=1}^n \Delta A_i$$

当 $\Delta\sigma_i$ 的最大直径 λ 趋于 0 时，上式中和式的极限即为曲面的面积，也就是

$$S = \lim_{\lambda \to 0} \sum_{i=1}^n \Delta A_i$$

我们来考察小切平面 ΔA_i 的面积。由于小切平面过点 $M_i(\xi_i, \eta_i, f(\xi_i, \eta_i))$，其平面方程为 $f_x'(\xi_i, \eta_i)(x - \xi_i) + f_y'(\xi_i, \eta_i)(y - \eta_i) - (z - f(\xi_i, \eta_i)) = 0$。该平面的法向向量为 $\vec{n} = (-f_x'(\xi_i, \eta_i), -f_y'(\xi_i, \eta_i), 1)$（设法向向量的方向与 z 轴正向的夹角不超过 $\dfrac{\pi}{2}$），坐标平面 xOy 平面的法向向量为 $(0, 0, 1)$，两平面之间的夹角余弦为

$$\cos\gamma = \frac{1}{\sqrt{1 + f_x'(\xi_i, \eta_i)^2 + f_y'(\xi_i, \eta_i)^2}}$$

于是，小切平面 ΔA_i 与小区域 $\Delta\sigma_i$ 之间的夹角余弦为 $\cos\gamma$，它们的面积有如下关系（图 8 – 16）：

$$\Delta A_i = \frac{\Delta\sigma_i}{\cos\gamma}$$

因此 $\Delta A_i = \sqrt{1 + f'_x (\xi_i, \eta_i)^2 + f'_y (\xi_i, \eta_i)^2} \Delta \sigma_i$，于是曲面 S 的面积公式为：

$$S = \lim_{\lambda \to 0} \sum_{i=1}^{n} \sqrt{1 + f'_x(\xi_i, \eta_i)^2 + f'_y(\xi_i, \eta_i)^2} \Delta \sigma_i = \iint\limits_{D} \sqrt{1 + f'_x(x, y)^2 + f'_y(x, y)^2} \, \mathrm{d}\sigma$$

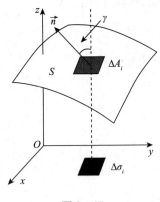

图 8-15

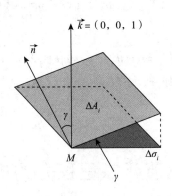

图 8-16

例 10 计算半径为 R 的球体的表面积。

解 我们先计算上半球面的面积。上半球面的球面方程为 $z = \sqrt{R^2 - x^2 - y^2}$，它在 xOy 平面上的投影区域为 $\{(x, y) \mid x^2 + y^2 \leqslant R^2\}$。

由于

$$f'_x(x, y) = \frac{-x}{\sqrt{R^2 - x^2 - y^2}}, \quad f'_y(x, y) = \frac{-y}{\sqrt{R^2 - x^2 - y^2}}$$

则

$$\sqrt{1 + f'_x(x, y)^2 + f'_y(x, y)^2} = \frac{R}{\sqrt{R^2 - x^2 - y^2}}$$

利用极坐标变换，其积分区域可以写成：$0 \leqslant \theta \leqslant 2\pi$，$0 \leqslant r \leqslant R$。于是

$$\iint\limits_{D} \sqrt{1 + f'_x(x, y)^2 + f'_y(x, y)^2} \, \mathrm{d}\sigma = \int_0^{2\pi} \mathrm{d}\theta \int_0^R \frac{R}{\sqrt{R^2 - r^2}} r \mathrm{d}r = 2\pi R^2$$

从而整个球面的面积为 $4\pi R^2$。

二、平面薄片的质心

设有一平面薄片，占有 xOy 平面内的一块区域 D，在点 (x, y) 处的面密度为 $\rho(x, y)$，且密度函数在区域 D 上连续，我们的目的是计算其质心坐标。

求质心的基本方法仍然是分割、近似、求和、取极限的过程。首先对薄片所在的区域 D 做分割，在每一个小区域 $\Delta \sigma_i$（同样也记作小区域的面积）上任取一点 (ξ_i, η_i)，小区域上的薄片质量可近似被 $\rho(\xi_i, \eta_i) \Delta \sigma_i$ 代替。若把小区域上的薄片看成质量集中于 (ξ_i, η_i) 的质点，整个薄片可以视为由 n 个质点构成的质点系组成，而质点系的质心的坐标公式为

$$\bar{x}_n = \frac{\sum\limits_{i=1}^{n} \xi_i \rho(\xi_i, \eta_i) \Delta \sigma_i}{\sum\limits_{i=1}^{n} \rho(\xi_i, \eta_i) \Delta \sigma_i}, \quad \bar{y}_n = \frac{\sum\limits_{i=1}^{n} \eta_i \rho(\xi_i, \eta_i) \Delta \sigma_i}{\sum\limits_{i=1}^{n} \rho(\xi_i, \eta_i) \Delta \sigma_i}$$

当小区域的最大直径 $\lambda \to 0$ 时，$\bar{x}_n$、$\bar{y}_n$ 的极限 $\bar{x}$、$\bar{y}$ 即是质心的坐标

$$\bar{x} = \lim_{\lambda \to 0}\bar{x}_n = \frac{\lim\limits_{\lambda \to 0}\sum\limits_{i=1}^{n}\xi_i\rho(\xi_i,\eta_i)\Delta\sigma_i}{\lim\limits_{\lambda \to 0}\sum\limits_{i=1}^{n}\rho(\xi_i,\eta_i)\Delta\sigma_i} = \frac{\iint\limits_{D}x\rho(x,y)\mathrm{d}\sigma}{\iint\limits_{D}\rho(x,y)\mathrm{d}\sigma}$$

$$\bar{y} = \lim_{\lambda \to 0}\bar{y}_n = \frac{\lim\limits_{\lambda \to 0}\sum\limits_{i=1}^{n}\eta_i\rho(\xi_i,\eta_i)\Delta\sigma_i}{\lim\limits_{\lambda \to 0}\sum\limits_{i=1}^{n}\rho(\xi_i,\eta_i)\Delta\sigma_i} = \frac{\iint\limits_{D}y\rho(x,y)\mathrm{d}\sigma}{\iint\limits_{D}\rho(x,y)\mathrm{d}\sigma}$$

例 11　求密度为 ρ（ρ 为常数）的均匀圆盘（半径为 R）在第一象限内的质心。

解　所考虑的圆盘所在区域 D 为：$x^2 + y^2 = R^2$，$x \geq 0$，$y \geq 0$。利用极坐标计算，其区域 D 为：$0 \leq \theta \leq \dfrac{\pi}{2}$，$0 \leq r \leq R$。于是

$$\bar{x} = \frac{\int_0^{\frac{\pi}{2}}\mathrm{d}\theta\int_0^R\rho r^2\cos\theta\mathrm{d}r}{\int_0^{\frac{\pi}{2}}\mathrm{d}\theta\int_0^R\rho r\mathrm{d}r} = \frac{\dfrac{\rho R^3}{3}}{\dfrac{\pi\rho R^2}{4}} = \frac{4R}{3\pi},\quad \bar{y} = \frac{\int_0^{\frac{\pi}{2}}\mathrm{d}\theta\int_0^R\rho r^2\sin\theta\mathrm{d}r}{\int_0^{\frac{\pi}{2}}\mathrm{d}\theta\int_0^R\rho r\mathrm{d}r} = \frac{\dfrac{\rho R^3}{3}}{\dfrac{\pi\rho R^2}{4}} = \frac{4R}{3\pi}$$

三、平面薄片的转动惯量

由力学知识可知，质点的转动惯量为质点质量 m 与质点到转动轴的距离 r 的平方的乘积，即 $I = mr^2$。

设有一平面薄片，占有 xOy 平面内的一块区域 D，在点 (x,y) 处的面密度为 $\rho(x,y)$，且密度函数在区域 D 上连续。我们的目的是计算其绕 x 轴转动的转动惯量 I_x 及其绕 y 轴转动的转动惯量 I_y。

求转动惯量的过程类似于求质心的过程。首先对薄片所在的区域 D 做分割，在每一个小区域 $\Delta\sigma_i$（同样也记作小区域的面积）上任取一点 (ξ_i,η_i)，小区域上的薄片质量可近似被 $\rho(\xi_i,\eta_i)\Delta\sigma_i$ 代替。若把小区域上的薄片看成质量集中于 (ξ_i,η_i) 的质点，整个薄片可以视为由 n 个质点构成的质点系组成，该质点系对于 x 轴的转动惯量为

$$I_{x_n} = \sum_{i=1}^{n}\eta_i^2\rho(\xi_i,\eta_i)\Delta\sigma_i$$

当小区域直径的最大值 λ 趋于 0 时，以上和式的极限就是薄片绕 x 轴转动的转动惯量。即

$$I_x = \lim_{\lambda \to 0}\sum_{i=1}^{n}\eta_i^2\rho(\xi_i,\eta_i)\Delta\sigma_i = \iint\limits_{D}y^2\rho(x,y)\mathrm{d}\sigma$$

类似地，薄片绕 y 轴转动的转动惯量为

$$I_y = \lim_{\lambda \to 0}\sum_{i=1}^{n}\xi_i^2\rho(\xi_i,\eta_i)\Delta\sigma_i = \iint\limits_{D}x^2\rho(x,y)\mathrm{d}\sigma$$

以及薄片绕任意轴（直线 l）的转动惯量为

$$I_l = \iint\limits_{D}r(x,y)^2\rho(x,y)\mathrm{d}\sigma$$

这里的 $r(x,y)$ 为区域 D 内点 (x,y) 到直线 l 的距离。

例 12　求密度为 ρ（ρ 为常数）的均匀圆盘（圆心在原点，半径为 R）绕坐标轴旋转的转动惯量。

解　所考虑的圆盘所在区域 D 为 $x^2 + y^2 = R^2$。利用极坐标计算，其区域 D 为：$0 \leq \theta \leq 2\pi$，$0 \leq r \leq R$。于是

$$I_x = \iint\limits_{D}y^2\rho(x,y)\mathrm{d}\sigma = \int_0^{2\pi}\mathrm{d}\theta\int_0^R\rho r^3\sin^2\theta\mathrm{d}r = \pi\rho\,\frac{R^4}{4}$$

$$I_y = \iint\limits_{D}x^2\rho(x,y)\mathrm{d}\sigma = \int_0^{2\pi}\mathrm{d}\theta\int_0^R\rho r^3\cos^2\theta\mathrm{d}r = \pi\rho\,\frac{R^4}{4}$$

PPT

◈ 第四节　曲线积分

本节将讨论平面内曲线段上的积分。

一、第一型曲线积分（对弧长的曲线积分）

1. 第一型曲线积分的概念　设 xOy 平面内的曲线 L 是一条光滑曲线，即它的切线处处存在，并且当切点连续变化时，切线也连续变化。L 上分布着某种物质，其质量分布是非均匀的，已知 L 上任一点 (x,y) 处的线密度是 $\rho(x,y)$，我们希望可以计算出该曲线段的质量。如图 8-17 所示。

我们仍然采用熟知的分割、近似、求和、取极限四个步骤来处理。首先，在曲线段上（L 的两个端点记为 A 和 B，若 $A=B$，则 L 为闭合曲线）取分点 $M_0=A, M_1, M_2, \cdots, M_{n-1}, M_n=B$，将曲线段分成 n 个小段。取其中一小段 $M_{i-1}M_i$，记其弧长为 Δs_i。当 Δs_i 很小时，其小段上的线密度可近似视为常数，在小段上任取一点 (ξ_i, η_i)，其质量为 $\Delta m_i \approx \rho(\xi_i, \eta_i)\Delta s_i$。整个曲线段的质量 $m \approx \sum_{i=1}^{n} \rho(\xi_i, \eta_i)\Delta s_i$。记 λ 为小段曲线弧长度的最大值，当 λ 趋于 0 时，该和式的极限即为整个曲线段的质量。即

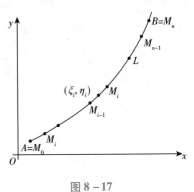
图 8-17

$$m = \lim_{\lambda \to 0} \sum_{i=1}^{n} \rho(\xi_i, \eta_i)\Delta s_i$$

此类极限在一些其他问题中也会出现，我们给出它的定义：

定义 8.2　设 L 是 xOy 平面内的一条光滑曲线（端点为 A 和 B），$z=f(x,y)$ 在曲线上连续，用分点 $\{M_i | i=0,1,2,\cdots,n\}$ $(M_0=A, M_n=B)$ 对曲线进行分割，得到 n 个小曲线段 $L_i(i=1,2,\cdots,n)$，记小曲线段的长度为 Δs_i，令 $\lambda = \max_{1 \leq i \leq n}\{\Delta s_i\}$，在 L_i 上任取一点 (ξ_i, η_i)，作和式 $\sum_{i=1}^{n} f(\xi_i, \eta_i)\Delta s_i$。若极限 $\lim_{\lambda \to 0} \sum_{i=1}^{n} f(\xi_i, \eta_i)\Delta s_i$ 存在，则称该极限值为函数 $f(x,y)$ 在曲线 L 上的第一型曲线积分（也称为对弧长的曲线积分），记作

$$\int_L f(x,y)\,\mathrm{d}s = \lim_{\lambda \to 0} \sum_{i=1}^{n} f(\xi_i, \eta_i)\Delta s_i$$

其中，$f(x,y)$ 称为被积函数，L 称为积分弧段，$\mathrm{d}s$ 称为弧长微元。

根据以上定义，平面上曲线的质量 m 即是线密度函数 $f(x,y)$ 在曲线 L 上的第一型曲线积分：

$$m = \int_L f(x,y)\,\mathrm{d}s$$

若曲线 L 是闭合曲线，记 $f(x,y)$ 在曲线 L 上的第一型曲线积分为

$$\oint_L f(x,y)\,\mathrm{d}s$$

2. 第一型曲线积分的性质　设函数 $f(x,y)$、$g(x,y)$ 在曲线 L 上连续，曲线积分有如下性质：

性质 1　设 α 和 β 为常数，则两个函数的线性组合的积分等于积分的线性组合（该结论可推广至任意有限个函数的线性组合）：

$$\int_L \alpha f(x,y) + \beta g(x,y)\,\mathrm{d}s = \alpha \int_L f(x,y)\,\mathrm{d}s + \beta \int_L g(x,y)\,\mathrm{d}s$$

性质 2　若曲线 L 可分成两段互不相交的曲线 L_1 和 L_2，则函数 $f(x,y)$ 在 L 上的积分等于它在 L_1 和 L_2 上的积分之和（该结论可推广至任意有限段曲线弧上的积分和）。即

$$\int_L f(x,y)\,\mathrm{d}s = \int_{L_1} f(x,y)\,\mathrm{d}s + \int_{L_2} f(x,y)\,\mathrm{d}s$$

性质 3　设在曲线 L 上有 $f(x,y) \leq g(x,y)$，则

$$\int_L f(x,y)\,\mathrm{d}s \leq \int_L g(x,y)\,\mathrm{d}s$$

特别地，有

$$\left| \int_L f(x,y)\,\mathrm{d}s \right| \leq \int_L |f(x,y)|\,\mathrm{d}s$$

性质 4　若 $f(x,y)$ 在曲线 L 上恒为 1，s 为曲线 L 的长度，则有

$$\int_L f(x,y)\,\mathrm{d}s = s$$

3. 第一型曲线积分的计算　对于第一型曲线积分 $\displaystyle\int_L f(x,y)\,\mathrm{d}s$，虽然 $f(x,y)$ 是二元函数，但是 $f(x,y)$ 的自变量始终是在曲线 L 上取值的，这意味着 x 和 y 只有一个是独立变量。因此，只要消去一个变量，第一型曲线积分就可以化为一个简单的定积分来计算。下面分两种情况来讨论：

（1）设曲线 L 由函数 $y = y(x)\,(a \leq x \leq b)$ 给出，则曲线积分的弧长微元（图 8–18）为

$$\mathrm{d}s = \sqrt{(\mathrm{d}x)^2 + (\mathrm{d}y)^2} = \sqrt{1 + (f'(x))^2}\,\mathrm{d}x$$

于是有

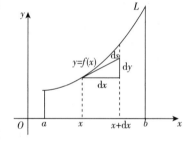

图 8–18

$$\int_L f(x,y)\,\mathrm{d}s = \int_a^b f(x,y(x))\sqrt{1 + (f'(x))^2}\,\mathrm{d}x$$

（2）设曲线 L 由参数方程 $x = \varphi(t)$、$y = \psi(t)\,(\alpha \leq t \leq \beta)$ 给出，并设 $\varphi(t)$、$\psi(t)$ 及其导数在区间 $[\alpha, \beta]$ 上连续。当 $t = \alpha$、$t = \beta$ 时，分别对应着曲线 L 的端点 A、B，则曲线积分的弧长微元为

$$\mathrm{d}s = \sqrt{(\mathrm{d}x)^2 + (\mathrm{d}y)^2} = \sqrt{[\varphi'(t)]^2 + [\psi'(t)]^2}\,\mathrm{d}t$$

于是有

$$\int_L f(x,y)\,\mathrm{d}s = \int_\alpha^\beta f(\varphi(t),\psi(t))\sqrt{[\varphi'(t)]^2 + [\psi'(t)]^2}\,\mathrm{d}t$$

注意，弧长微元 $\mathrm{d}s$ 总是正的，因此要求 $\alpha < \beta$。

例 13　计算 $\displaystyle\int_L (x + y^2)\,\mathrm{d}s$，其中 L 为点 $(1,0)$ 到 $(0,1)$ 的直线段。

解　据题意，曲线 L 由函数 $y(x) = -x + 1$ 给出，$\sqrt{1 + y'^2} = \sqrt{2}$，于是

$$\int_L (x + y^2)\,\mathrm{d}s = \sqrt{2}\int_0^1 1 - x + x^2\,\mathrm{d}x = \frac{5\sqrt{2}}{6}$$

例 14　计算 $\displaystyle\oint_L x\,\mathrm{d}s$，其中 L 为 $y = x$ 与 $y = x^2$ 所围成区域的边界。

解　据题意，曲线 L 分两段，一部分是 $y(x) = x$，$\sqrt{1 + y'^2} = \sqrt{2}$，另一部分是 $y(x) = x^2$，$\sqrt{1 + y'^2} = \sqrt{1 + 4x^2}$，范围都是 $0 \leq x \leq 1$。则有

$$\oint_L x\,\mathrm{d}s = \sqrt{2}\int_0^1 x\,\mathrm{d}x + \int_0^1 x\sqrt{1 + 4x^2}\,\mathrm{d}x = \frac{\sqrt{2}}{2} + \frac{1}{12}(1 + 4x^2)^{\frac{3}{2}}\Big|_0^1 = \frac{\sqrt{2}}{2} + \frac{5\sqrt{5}}{12} - \frac{1}{12}$$

例 15 计算 $\int_L (x^2 + y^2)^{\frac{1}{2}} \mathrm{d}s$，其中 L 的参数方程为 $x = a\cos t, y = a\sin t (a > 0, 0 \leqslant t \leqslant \pi)$。

解 据题意，$(x^2 + y^2)^{\frac{1}{2}} = a$，则有 $\int_L (x^2 + y^2)^{\frac{1}{2}} \mathrm{d}s = \int_0^\pi a \cdot a \mathrm{d}t = a^2 \pi$。

二、第二型曲线积分（对坐标的曲线积分）

1. 第二型曲线积分的概念 设平面内有一质点 M，受到一个变力的作用，在 $\vec{F}(x,y) = P(x,y)\vec{i} + Q(x,y)\vec{j}$ 的作用下沿着光滑曲线段 L 从 A 点运动到 B 点（$\vec{i}$ 表示 x 方向上的单位向量，$\vec{j}$ 表示 y 方向上的单位向量），我们希望计算变力 $\vec{F}$ 做的功。如图 8 – 19 所示。

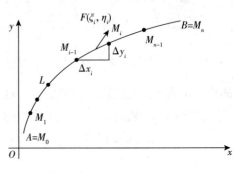

图 8 – 19

该问题仍然采用分割、求和、近似、取极限的方法来解决。将曲线段 L 分成 n 个小曲线段 ΔL_1、ΔL_2、$\cdots$、ΔL_n（小曲线段的弧长也记为 ΔL_i）。同时，每个小曲线段构成一条有向小曲线段 $\vec{\Delta L_i} = \Delta x \vec{i} + \Delta y_i \vec{j}$。

在 ΔL_i 上任取一点 (ξ_i, η_i)，当 ΔL_i 比较小时，我们认为力的变化不大，用 $\vec{F}(\xi_i, \eta_i) = P(\xi_i, \eta_i)\vec{i} + Q(\xi_i, \eta_i)\vec{j}$ 近似表示小曲线段上任意点处的力，则力沿着小曲线段所做的功为（"·"表示内积运算）：

$$\Delta W_i \approx \vec{F}(\xi_i, \eta_i) \cdot \vec{\Delta L_i} = P(\xi_i, \eta_i)\Delta x_i + Q(\xi_i, \eta_i)\Delta y_i$$

接着对 n 个小曲线段上做的功求和：

$$W = \sum_{i=1}^{n} \Delta W_i \approx \sum_{i=1}^{n} \vec{F}(\xi_i, \eta_i) \cdot \vec{\Delta L_i} = \sum_{i=1}^{n} \left[P(\xi_i, \eta_i)\Delta x_i + Q(\xi_i, \eta_i)\Delta y_i \right]$$

令 $\lambda = \max\{\Delta L_i | i = 1, 2, \cdots, n\}$，当 $\lambda \to 0$ 时，如果以上和式的极限存在，则该极限即为变力 F 沿曲线 L 所做的功：

$$W = \lim_{\lambda \to 0} \sum_{i=1}^{n} \left[P(\xi_i, \eta_i)\Delta x_i + Q(\xi_i, \eta_i)\Delta y_i \right]$$

这种类型的和式极限就是我们要讨论的第二型曲线积分。

定义 8.3 设 L 是 xOy 平面内从 A 点到 B 点的一段光滑曲线，$P(x,y)$、$Q(x,y)$ 是定义在曲线 L 上的连续函数。将 L 任意分成 n 个小曲线段，在第 i 个小曲线段上任取一点 (ξ_i, η_i)，作和式 $\sum_{i=1}^{n} \left[P(\xi_i, \eta_i)\Delta x_i + Q(\xi_i, \eta_i)\Delta y_i \right]$，若当小曲线段长度的最大值 $\lambda = \max\{\Delta L_i | i = 1, 2, \cdots, n\}$ 趋于 0 时，和式的极限

$$\lim_{\lambda \to 0} \sum_{i=1}^{n} \left[P(\xi_i, \eta_i)\Delta x_i + Q(\xi_i, \eta_i)\Delta y_i \right]$$

存在，则称该极限值为函数 $P(x,y)$、$Q(x,y)$ 沿曲线 L 从 A 点到 B 点的第二型曲线积分（也称为对坐标的曲线积分），记作

$$\int_L P(x,y)\mathrm{d}x + Q(x,y)\mathrm{d}y \quad \text{或} \quad \int_L P(x,y)\mathrm{d}x + \int_L Q(x,y)\mathrm{d}y$$

其中

$$\int_L P(x,y)\mathrm{d}x = \lim_{\lambda \to 0} \sum_{i=1}^{n} P(\xi_i, \eta_i)\Delta x_i$$

也称为对坐标 x 的曲线积分；

$$\int_L Q(x,y)\,\mathrm{d}y = \lim_{\lambda \to 0} \sum_{i=1}^{n} Q(\xi_i, \eta_i) \Delta y_i$$

也称为对坐标 y 的曲线积分。

2. 第二型曲线积分的性质　设函数 $P(x,y)$、$Q(x,y)$ 在光滑曲线 L 上连续，则有：

性质 1　设 $\vec{F_1}(x,y) = P_1(x,y)\vec{i} + Q_1(x,y)\vec{j}$，$\vec{F_2}(x,y) = P_2(x,y)\vec{i} + Q_2(x,y)\vec{j}$，并设 α 和 β 为常数，则有（对任意有限个变力函数的线性组合也成立）

$$\int_L (\alpha P_1 + \beta P_2)\,\mathrm{d}x + (\alpha Q_1 + \beta Q_2)\,\mathrm{d}y = \alpha \int_L P_1\,\mathrm{d}x + Q_1\,\mathrm{d}y + \beta \int_L P_2\,\mathrm{d}x + Q_2\,\mathrm{d}y$$

性质 2　设光滑曲线 L（方向为由 A 到 B）由两段互不相交的有向曲线段 L_1 和 L_2 首尾相接而成（方向均与从 A 到 B 一致），则

$$\int_L P\mathrm{d}x + Q\mathrm{d}y = \int_{L_1} P\mathrm{d}x + Q\mathrm{d}y + \int_{L_2} P\mathrm{d}x + Q\mathrm{d}y$$

性质 3　若改变积分路径的方向，则积分反号。设 L 是积分曲线（方向从 A 到 B），L^- 为反向积分曲线（方向从 B 到 A），则

$$\int_{L^-} P\mathrm{d}x + Q\mathrm{d}y = -\int_L P\mathrm{d}x + Q\mathrm{d}y$$

3. 第二型曲线积分的计算　同样可以化为定积分来计算。下面分三种情况进行讨论。

（1）设平面曲线 L 由参数方程 $x = \varphi(t)$、$y = \psi(t)$ 给出，$\varphi(t)$ 和 $\psi(t)$ 在区间 $[\alpha, \beta]$ 上有连续的一阶导数，且起点 A 和终点 B 的坐标分别为 $[\varphi(\alpha), \psi(\alpha)]$ 和 $[\varphi(\beta), \psi(\beta)]$。函数 $P(x,y)$、$Q(x,y)$ 在曲线 L 上连续，下面我们来分别计算 $\int_L P(x,y)\,\mathrm{d}x$ 和 $\int_L Q(x,y)\,\mathrm{d}y$。

曲线 L 上沿着从 A 到 B 的方向依次取 ΔL_1、ΔL_2、$\cdots$、ΔL_n n 个小曲线段，根据第二型曲线积分的定义，有

$$\int_L P(x,y)\,\mathrm{d}x = \lim_{\lambda \to 0} \sum_{i=1}^{n} P(\xi_i, \eta_i) \Delta x_i$$

ξ_i、η_i 对应于参数 $t = \tau_i$，即 $\xi_i = \varphi(\tau_i)$，$\eta_i = \psi(\tau_i)$，$(t_{i-1} \leqslant \tau_i \leqslant t_i)$。根据拉格朗日中值定理

$$\Delta x_i = x_i - x_{i-1} = \varphi(t_i) - \varphi(t_{i-1}) = \varphi'(t_i')\Delta t_i, \ t_{i-1} \leqslant \tau_i' \leqslant t_i$$

于是有

$$\int_L P(x,y)\,\mathrm{d}x = \lim_{\lambda \to 0} \sum_{i=1}^{n} P(\xi_i, \eta_i) \Delta x_i = \lim_{\lambda \to 0} \sum_{i=1}^{n} P(\varphi(\tau_i), \psi(\tau_i)) \varphi'(\tau_i') \Delta t_i$$

$$= \lim_{\lambda \to 0} \sum_{i=1}^{n} P(\varphi(\tau_i), \psi(\tau_i)) \varphi'(\tau_i) \Delta t_i = \int_\alpha^\beta P[\varphi(t), \psi(t)] \varphi'(t)\,\mathrm{d}t$$

上式中，倒数第二个等式利用了一致连续性，从略。

类似地，可以得到

$$\int_L Q(x,y)\,\mathrm{d}y = \int_\alpha^\beta Q[\varphi(t), \psi(t)] \psi'(t)\,\mathrm{d}t$$

最后得到

$$\int_L P(x,y)\,\mathrm{d}x + Q(x,y)\,\mathrm{d}y = \int_\alpha^\beta P[\varphi(t), \psi(t)] \varphi'(t) + Q[\varphi(t), \psi(t)] \psi'(t)\,\mathrm{d}t$$

（2）若曲线 L 的方程由 $y = f(x)$ $(a \leqslant x \leqslant b)$ 给出，$f(x)$ 是 $[a, b]$ 上的单值可导函数，起点 A 和终点 B 对应的坐标分别为 $(a, f(a))$ 和 $(b, f(b))$，则这种情形可以视为以上参数方程的特殊形式。以 x 为参数，曲线积分即可化为关于 x 的定积分：

$$\int_L P(x,y)\,\mathrm{d}x + Q(x,y)\,\mathrm{d}y = \int_a^b \{P[x, f(x)] + Q[x, f(x)] f'(x)\}\,\mathrm{d}x$$

（3）类似于前一种情形，若曲线 L 的方程由 $x = g(y)$ $(c \leqslant y \leqslant d)$ 给出，$g(y)$ 是 $[c, d]$ 上的单值可导函数，起点 A 和终点 B 对应的坐标分别为 $(g(c), c)$ 和 $(g(d), d)$，则曲线积分可化为关于 y 的定积分：

$$\int_L P(x, y)\mathrm{d}x + Q(x, y)\mathrm{d}y = \int_c^d \{ P[g(y), y]g'(y) + Q[g(y), y] \}\mathrm{d}y$$

例 16 计算 $\int_L (x + y)\mathrm{d}x + (x - y)\mathrm{d}y$，其中 L 是抛物线 $y = x^2$ 上从点 $(-1, 1)$ 到点 $(1, 1)$ 的弧段（图 8 – 20）。

解法一 将积分化为关于 x 的定积分，即 $y = x^2$，$-1 \leqslant x \leqslant 1$。于是

$$\int_L (x + y)\mathrm{d}x + (x - y)\mathrm{d}y = \int_{-1}^1 x + x^2 + (x - x^2)2x\mathrm{d}x = \int_{-1}^1 x + 3x^2 - 2x^3 \mathrm{d}x = 2$$

解法二 将积分化为关于 y 的定积分，设 $A = (-1, 1)$，$B = (1, 1)$，$O = (0, 0)$，此时在曲线 L 的弧段上，$x = \pm\sqrt{y}$ 非单值函数，需要分成两个弧段来考虑：首先是从 A 到 O，此时 $x = -\sqrt{y}$，y 从 1 变化到 0；其次是从 O 到 B，$x = \sqrt{y}$，y 从 0 变化到 1。于是

$$\int_L (x + y)\mathrm{d}x + (x - y)\mathrm{d}y = \int_{AO} (x + y)\mathrm{d}x + (x - y)\mathrm{d}y + \int_{OB} (x + y)\mathrm{d}x + (x - y)\mathrm{d}y$$

$$= \int_1^0 (-\sqrt{y} + y)\left(-\frac{1}{2}y^{-\frac{1}{2}}\right) + (-\sqrt{y} - y)\mathrm{d}y + \int_0^1 (\sqrt{y} + y)\left(\frac{1}{2}y^{-\frac{1}{2}}\right) + (\sqrt{y} - y)\mathrm{d}y$$

$$= 1 + 1 = 2$$

例 17 计算 $\int_L x^2 \mathrm{d}y$ $(P(x, y) = 0)$，其中 L（图 8 – 21）为

（1）右半圆周 $(x^2 + y^2 = a^2, x \geqslant 0)$ 沿逆时针方向；

（2）从 $(0, -a)$ 出发沿 y 轴前进至 $(0, a)$ 的线段。

解 （1）曲线 L 可以写成参数方程的形式：$x = a\cos t$，$y = a\sin t$；参数的范围是 $-\frac{\pi}{2} \leqslant t \leqslant \frac{\pi}{2}$。于是有

$$\int_L x^2 \mathrm{d}y = \int_{-\frac{\pi}{2}}^{\frac{\pi}{2}} a^2(1 - \sin^2 t)\mathrm{d}(a\sin t) = a^3\sin t - \frac{a^3 \sin^3 t}{3}\bigg|_{-\frac{\pi}{2}}^{\frac{\pi}{2}} = \frac{4}{3}a^3$$

（2）在这种情况下，$\int_L x^2 \mathrm{d}y = \int_{-a}^a 0 \mathrm{d}y = 0$。

在本例中，被积函数以及积分的起始点、终点一致，但积分路径不一致，最终的积分值不相等。

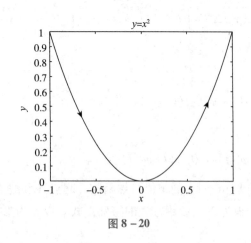

图 8 – 20

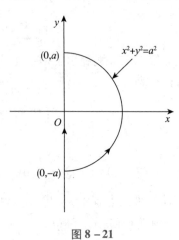

图 8 – 21

例 18 计算 $\int_L x\mathrm{d}x - y\mathrm{d}y$，其中 L 为

（1）沿 $y = x$ 从 $(0,0)$ 到 $(1,1)$；

（2）沿 $y = x^2$ 从 $(0,0)$ 到 $(1,1)$。

解　（1）$\int_L x\mathrm{d}x - y\mathrm{d}y = \int_0^1 (x-x)\,\mathrm{d}x = 0$；

（2）$\int_L x\mathrm{d}x - y\mathrm{d}y = \int_0^1 x - 2x^3\,\mathrm{d}x = 0$。

在本例中，被积函数以及积分的起始点、终点一致，但路径不一致，最终的积分值相等。

例 19　计算 $\oint_L \dfrac{x\mathrm{d}y - y\mathrm{d}x}{x^2 + y^2}$，其中 L 为圆周 $x^2 + y^2 = 1$，逆时针方向。

解　将封闭曲线 L 写成参数形式：$x = \cos t$，$y = \sin t$，$0 \leqslant t \leqslant 2\pi$，这里 $t = 0$ 为起点。于是

$$\oint_L \frac{x\mathrm{d}y - y\mathrm{d}x}{x^2 + y^2} = \int_0^{2\pi}\mathrm{d}t = 2\pi$$

三、格林公式及其应用

1. 格林公式　本节将介绍区域上的二重积分与该区域边界上的第二型曲线积分之间的联系。

图 8 – 22

首先需要明确区域 D 的边界曲线 L 的方向。我们规定曲线 L 的正向如下：当一名观察者沿着曲线 L 行走时，区域 D 恰在他的左方；反之，曲线的方向为负向（图 8 – 22，边界曲线上的箭头代表曲线正向）。

定理 8.1　设函数 $P(x,y)$、$Q(x,y)$ 在以 L 为边界的简单闭区域 D 上有连续的一阶偏导数，则

$$\oint_L P(x,y)\mathrm{d}x + Q(x,y)\mathrm{d}y = \iint_D \left(\frac{\partial Q}{\partial x} - \frac{\partial P}{\partial y}\right)\mathrm{d}\sigma$$

其中，L 取正向。此积分公式即为格林公式。

证明　对区域 D（图 8 – 23）计算如下二重积分

$$\iint_D \frac{\partial P}{\partial y}\mathrm{d}\sigma = \int_a^b \mathrm{d}x \int_{\varphi_1(x)}^{\varphi_2(x)} \frac{\partial P}{\partial y}\mathrm{d}y = \int_a^b \left[P(x,y)\right]_{\varphi_1(x)}^{\varphi_2(x)}\mathrm{d}x$$

$$= \int_a^b P(x,\varphi_2(x)) - P(x,\varphi_1(x))\,\mathrm{d}x$$

计算曲线积分

$$\oint_L P(x,y)\mathrm{d}x = \int_{L_1} P(x,y)\mathrm{d}x + \int_{L_2} P(x,y)\mathrm{d}x$$

$$= \int_a^b P(x,\varphi_1(x))\,\mathrm{d}x + \int_b^a P(x,\varphi_2(x))\,\mathrm{d}x$$

$$= \int_a^b P(x,\varphi_1(x)) - P(x,\varphi_2(x))\,\mathrm{d}x$$

比较两式的结果不难发现

$$\iint_D \frac{\partial P}{\partial y}\mathrm{d}\sigma = -\oint_L P(x,y)\mathrm{d}x$$

同理可以得到

$$\iint_D \frac{\partial Q}{\partial x}\mathrm{d}\sigma = \oint_L Q(x,y)\mathrm{d}y$$

两式相减，即得到格林公式。

若区域不是简单区域，如图 8 – 24 所示，可采用一条或多条辅助曲线，将区域分割成两个或多个简

单区域，使得每个区域上都可利用以上推导得到证明，同时，分割小区域的辅助曲线由于一来一回的曲线积分方向不同而相互抵消，从而定理中的结论对于一般区域也成立。

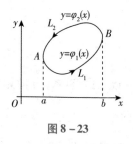

图 8 – 23

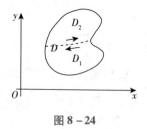

图 8 – 24

格林公式还可以用于计算平面图形的面积。

在格林公式中，如果令 $P(x,y) = y$、$Q(x,y) = 0$，可以得到区域 D 的面积 σ

$$\sigma = \iint\limits_{D} d\sigma = -\oint_{L} y dx$$

如果令 $P(x,y) = 0$、$Q(x,y) = x$，可以得到区域 D 的面积 σ 的另一形式

$$\sigma = \iint\limits_{D} d\sigma = \oint_{L} x dy$$

两式相加后除以 2，可以得到区域 D 的面积 σ 的第三种形式

$$\sigma = \frac{1}{2}\oint_{L} x dy - y dx$$

例 20 计算 $\oint_{L} xy^2 dx - x^2 y dy$，其中 L 是圆周 $x^2 + y^2 = a^2$ 的正向边界曲线。

解 据题意 $\dfrac{\partial P}{\partial y} = 2xy$，$\dfrac{\partial Q}{\partial x} = -2xy$，利用格林公式

$$\oint_{L} xy^2 dx - x^2 y dy = \iint\limits_{D} -4xy d\sigma$$

利用极坐标计算此二重积分，得到

$$\iint\limits_{D} -4xy d\sigma = \int_{0}^{2\pi}\int_{0}^{a} -4r^3 \cos\theta \sin\theta dr d\theta = 0$$

例 21 计算 $\int_{L} (e^x \sin y - 3y) dx + (e^x \cos y + x) dy$，其中 L 是从点 $(0,0)$ 到点 $(0,2)$ 的右半圆周 $x^2 + y^2 = 2y$ 的正向边界曲线。

解 我们可以直接按照计算第二型曲线积分的方法计算本题，但是在这里还可以采用另一种方法，当原来的积分曲线较为复杂时，这种方法更为合适（图 8 – 25）。

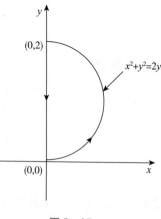

图 8 – 25

取直线段 L_1 为从点 $(0,2)$ 沿 y 轴到点 $(0,0)$，则 L 和 L_1 围成了区域 D：以 $(0,1)$ 为圆心、1 为半径的右半圆 $(x^2 + y^2 \leqslant 2y, x \geqslant 0)$，且 L 和 L_1 均方向为正。据题意 $\dfrac{\partial Q}{\partial x} = e^x \cos y + 1$，$\dfrac{\partial P}{\partial y} = e^x \cos y - 3$；曲线 L_1：$x = 0$，$0 \leqslant y \leqslant 2$。于是有（注意，由于在曲线 L_1 上，坐标 $x = 0$ 为常数，此时关于坐标 x 的积分就消失了）：

$$\int_{L} (e^x \sin y - 3y) dx + (e^x \cos y + x) dy = \iint\limits_{D} 4 d\sigma - \int_{L_1} (e^x \sin y - 3y) dx + (e^x \cos y + x) dy$$

$$= 4 \cdot \frac{\pi}{2} - \int_{2}^{0} \cos y dy = 2\pi + \sin 2$$

2. 曲线积分与路径无关的条件 在上一小节的例 17 和例 18 中，我们已经发现部分第二型曲线积分

似乎和积分路径无关，只取决于积分的起点和终点。在本小节中，我们给出第二型曲线积分和积分路径无关的两个充要条件。

定理 8.2 设 $P(x,y)$、$Q(x,y)$ 在闭区域 D 内有连续的一阶偏导数，则在该区域内曲线积分与积分路径无关的充要条件是沿闭区域内任意闭合曲线的曲线积分均为 0，即 $\oint_L P\mathrm{d}x + Q\mathrm{d}y = 0$。

证明 先证必要性。设曲线积分在区域 D 内和积分路径无关，在区域 D 内任意闭合曲线 L 上任取两点 A、B（L 围成了小区域 D'），用 AB 表示曲线上从 A 出发到 B 的正向路径（行进时 D' 在左侧），BA 表示曲线上从 B 出发到 A 的正向路径，则有

$$\int_{AB} P\mathrm{d}x + Q\mathrm{d}y = \int_{BA^-} P\mathrm{d}x + Q\mathrm{d}y$$

于是有

$$\oint_L P\mathrm{d}x + Q\mathrm{d}y = \int_{AB} P\mathrm{d}x + Q\mathrm{d}y + \int_{BA} P\mathrm{d}x + Q\mathrm{d}y = \int_{AB} P\mathrm{d}x + Q\mathrm{d}y - \int_{BA^-} P\mathrm{d}x + Q\mathrm{d}y = 0$$

再证充分性。设对于区域 D 内任意闭曲线 L，$\oint_L P\mathrm{d}x + Q\mathrm{d}y = 0$。在 L 上任取两点 A、B，同必要性，则 $L = AB + BA$。于是有

$$0 = \int_{AB} P\mathrm{d}x + Q\mathrm{d}y + \int_{BA} P\mathrm{d}x + Q\mathrm{d}y = \int_{AB} P\mathrm{d}x + Q\mathrm{d}y - \int_{BA^-} P\mathrm{d}x + Q\mathrm{d}y$$

注意到 AB 和 BA^- 是起点和终点一致的不同路径，又由 A 和 B 的任意性知曲线积分与路径无关。

下面先介绍单连通区域的概念。设 D 是平面区域，若 D 内任意闭合曲线所围的部分均属于 D，则称 D 为单连通区域；否则称为复连通区域。直观地说，单连通区域就是没有"洞"的区域，这里的"洞"也包括"点洞"；而复连通区域就是有一个或多个"洞"的区域（图 8-20）。如 $\{(x,y) \mid x^2+y^2<1\}$、$\{(x,y) \mid x+y>1\}$ 即为单连通区域，而 $\{(x,y) \mid 0<x^2+y^2<1\}$ 就是复连通区域。

定理 8.3 设区域 D 是单连通闭区域。$P(x,y)$、$Q(x,y)$ 在 D 内有连续的一阶偏导数，L 为区域 D 内任一光滑曲线，则曲线积分 $\int_L P\mathrm{d}x + Q\mathrm{d}y$ 与积分路径无关而只与起点和终点有关的充要条件是在区域 D 内任一点均有

$$\frac{\partial P}{\partial y} = \frac{\partial Q}{\partial x}$$

证明 先证充分性。若 $\frac{\partial P}{\partial y} = \frac{\partial Q}{\partial x}$，根据格林公式，有

$$\oint_L P\mathrm{d}x + Q\mathrm{d}y = \iint_D \left(\frac{\partial Q}{\partial x} - \frac{\partial P}{\partial y} \right) \mathrm{d}\sigma = 0$$

由定理 8.2 知，曲线积分与积分路径无关。

再证必要性。若曲线积分与积分路径无关，则对区域 D 内任何一条闭合曲线，有 $\oint_L P\mathrm{d}x + Q\mathrm{d}y = 0$。下面我们采用反证法，假设结论不成立，则可以找到一条闭合曲线，使得在这条曲线上，$\oint_L P\mathrm{d}x + Q\mathrm{d}y$ 的积分不为 0。

设区域 D 内至少存在一点，使得 $\frac{\partial P}{\partial y} \neq \frac{\partial Q}{\partial x}$。设该点为 $M_0(x_0, y_0)$，不妨设在这一点处有 $\frac{\partial P}{\partial y} < \frac{\partial Q}{\partial x}$。由于 $\frac{\partial Q}{\partial x}$ 和 $\frac{\partial P}{\partial y}$ 在区域 D 内连续，根据连续函数的保号性可知，在 M_0 附近存在一个以 $M_0(x_0, y_0)$ 为圆心、半径足够小的圆形闭区域 K，使得在 K 内总有 $\frac{\partial P}{\partial y} < \frac{\partial Q}{\partial x}$。于是在 K 内任取一条闭合曲线 L'（取正向，D' 是

该曲线所围的区域），由格林公式可知

$$\oint_{L'} P\mathrm{d}x + Q\mathrm{d}y = \iint_D \left(\frac{\partial Q}{\partial x} - \frac{\partial P}{\partial y}\right)\mathrm{d}\sigma > 0$$

这与已知矛盾。故结论成立。

利用曲线积分与积分路径的无关性，我们可以简化某些第二型曲线积分的计算，如原有积分路径计算困难时，可选用更为简单便捷的路径，通常是直线段。当然，这必须要求满足积分与路径无关的条件。

例 22 计算 $\int_L (x^2 - y)\mathrm{d}x - (x + \sin^2 y)\mathrm{d}y$，其中 L 是在圆周 $y =$

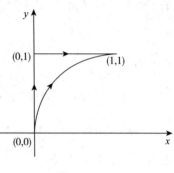

图 8 – 26

$\sqrt{2x - x^2}$ 上从点 $(0,0)$ 出发到点 $(1,1)$ 的一段弧。

解 注意到在 xOy 平面内均有 $\frac{\partial Q}{\partial x} = \frac{\partial P}{\partial y} = -1$，故该积分只与起始点和终点有关，与积分路径无关。取积分路径为从 $(0,0)$ 出发到 $(0,1)$ 的直线段以及再从 $(0,1)$ 出发到 $(1,1)$ 的直线段（整体为一折线，图 8 – 26），当积分路径从 $(0,0)$ 出发到 $(0,1)$ 时，$x = 0$，$\mathrm{d}x = 0$，此时关于 x 坐标的积分就消失了；而当积分路径从 $(0,1)$ 出发到 $(1,1)$ 时，$y = 1$，$\mathrm{d}y = 0$，关于坐标 y 的积分消失了。于是有

$$\int_L (x^2 - y)\mathrm{d}x - (x + \sin^2 y)\mathrm{d}y = \int_0^1 -\sin^2 y\,\mathrm{d}y + \int_0^1 (x^2 - 1)\mathrm{d}x = \frac{\sin 2}{4} - \frac{7}{6}$$

例 23 计算 $\int_{\left(\frac{\pi}{2},1\right)}^{(\pi,2)} \frac{\cos x}{y}\mathrm{d}x - \frac{\sin x}{y^2}\mathrm{d}y$，其中积分曲线 L 不经过 x 轴。

解 注意到当 $y \neq 0$ 时始终有 $\frac{\partial Q}{\partial x} = \frac{\partial P}{\partial y} = -\frac{\cos x}{y^2}$，即在不包含 x 轴的区域内，积分只与起点和终点有关，与路径无关。于是在 $y > 0$ 的平面内取积分路径为从 $\left(\frac{\pi}{2},1\right)$ 到 $(\pi,1)$，再从 $(\pi,1)$ 到 $(\pi,2)$。于是有

$$\int_{\left(\frac{\pi}{2},1\right)}^{(\pi,2)} \frac{\cos x}{y}\mathrm{d}x - \frac{\sin x}{y^2}\mathrm{d}y = \int_{\frac{\pi}{2}}^{\pi} \frac{\cos x}{1}\mathrm{d}x + \int_1^2 -\frac{\sin \pi}{y^2}\mathrm{d}y = -1$$

例 24 计算曲线积分 $\oint_L (3x^2 + 6xy)\mathrm{d}x + (3x^2 - y^2)\mathrm{d}y$，其中 L 是 $x^2 + y^2 = 1$ 的正向圆周曲线。

解 由于在 xOy 平面内有 $\frac{\partial Q}{\partial x} = \frac{\partial P}{\partial y} = 6x$，据定理 8.2、定理 8.3 知

$$\oint_L (3x^2 + 6xy)\mathrm{d}x + (3x^2 - y^2)\mathrm{d}y = 0$$

习题八

答案解析

一、单项选择题

1. $\int_1^2 \mathrm{d}x \int_{\frac{1}{x}}^x f(x,y)\mathrm{d}y = (\quad)$。

A. $\int_1^2 \mathrm{d}y \int_{\frac{1}{x}}^x f(x,y)\mathrm{d}x$

B. $\int_1^2 \mathrm{d}y \int_{\frac{1}{y}}^y f(x,y)\mathrm{d}x$

C. $\int_{\frac{1}{2}}^1 \mathrm{d}y \int_{\frac{1}{y}}^2 f(x,y)\mathrm{d}x + \int_1^2 \mathrm{d}y \int_y^2 f(x,y)\mathrm{d}x$

D. $\int_1^2 \mathrm{d}y \int_{\frac{1}{y}}^y f(x,y)\mathrm{d}x$

2. 设 $f(x,y)$ 为连续函数，则 $\int_0^{\frac{\pi}{4}} d\theta \int_0^1 f(r\cos\theta, r\sin\theta) r dr = $（　　）。

A. $\int_0^{\frac{\sqrt{2}}{2}} dx \int_x^{\sqrt{1-x^2}} f(x,y) dy$

B. $\int_0^{\frac{\sqrt{2}}{2}} dx \int_0^{\sqrt{1-x^2}} f(x,y) dy$

C. $\int_0^{\frac{\sqrt{2}}{2}} dy \int_y^{\sqrt{1-y^2}} f(x,y) dx$

D. $\int_0^{\frac{\sqrt{2}}{2}} dy \int_0^{\sqrt{1-y^2}} f(x,y) dx$

3. 设 $J_i = \iint\limits_{D_i} \sqrt[3]{x-y} d\sigma (i = 1,2,3)$，其中

$$D_1 = \{(x,y) | 0 \leqslant x \leqslant 1, 0 \leqslant y \leqslant 1\}, D_2 = \{(x,y) | 0 \leqslant x \leqslant 1, 0 \leqslant y \leqslant \sqrt{x}\},$$
$$D_3 = \{(x,y) | 0 \leqslant x \leqslant 1, x^2 \leqslant y \leqslant 1\}$$

则有（　　）。

A. $J_1 < J_2 < J_3$

B. $J_3 < J_1 < J_2$

C. $J_2 < J_3 < J_1$

D. $J_2 < J_1 < J_3$

4. 设区域 $D = \{(x,y) | x^2 + y^2 \leqslant 2x, x^2 + y^2 \leqslant 2y\}$，函数 $f(x,y)$ 在 D 上连续，则二重积分 $\iint\limits_{D} f(x,y) d\sigma = $

（　　）。

A. $\int_0^{\frac{\pi}{4}} d\theta \int_0^{2\cos\theta} f(r\cos\theta, r\sin\theta) r dr + \int_{\frac{\pi}{4}}^{\frac{\pi}{2}} d\theta \int_0^{2\sin\theta} f(r\cos\theta, r\sin\theta) r dr$

B. $\int_0^{\frac{\pi}{4}} d\theta \int_0^{2\sin\theta} f(r\cos\theta, r\sin\theta) r dr + \int_{\frac{\pi}{4}}^{\frac{\pi}{2}} d\theta \int_0^{2\cos\theta} f(r\cos\theta, r\sin\theta) r dr$

C. $2\int_0^1 dx \int_{1-\sqrt{1-x^2}}^x f(x,y) dy$

D. $2\int_0^1 dx \int_x^{\sqrt{2x-x^2}} f(x,y) dy$

5. $\int_0^4 dx \int_x^{2\sqrt{x}} f(x,y) dy$ 交换积分次序后，得到（　　）。

A. $\int_4^0 dy \int_{\frac{y^2}{4}}^y f(x,y) dx$

B. $\int_0^4 dy \int_{-y}^{\frac{y^2}{4}} f(x,y) dx$

C. $\int_0^4 dy \int_{\frac{1}{4}}^1 f(x,y) dx$

D. $\int_0^4 dy \int_{\frac{y^2}{4}}^y f(x,y) dx$

6. 二重积分 $\int_0^1 dy \int_y^1 e^{x^2} dx = $（　　）。

A. $\int_0^1 dy \int_x^0 e^{x^2} dx$

B. $\frac{1}{2}(e-1)$

C. $\int_0^1 dx \int_x^0 e^{x^2} dy$

D. 无法计算

7. 当区域 D 是（　　）围成的区域时，有 $\iint\limits_{D} d\sigma = 1$。

A. x 轴、y 轴及 $2x+y-2=0$

B. $x=1$、$x=2$ 及 $y=0$、$y=2$

C. $|x| \leqslant \frac{1}{2}$、$|y| \leqslant \frac{1}{3}$

D. $|x+y|=1$、$|x-y|=1$

8. $\int_{-1}^{0} dx \int_{-x}^{2-x^2} (1-xy) dy + \int_{0}^{1} dx \int_{x}^{2-x^2} (1-xy) dy = ($)。

   A. $\dfrac{5}{3}$ B. $\dfrac{5}{6}$

   C. $\dfrac{7}{3}$ D. $\dfrac{7}{6}$

9. 设函数 $Q(x,y) = \dfrac{x}{y^2}$，如果对上半平面 $(y>0)$ 内的任意有向光滑封闭曲线 C 都有 $\oint_{C} P(x,y) dx + Q(x,y) dy = 0$，则 $P(x,y)$ 可取为（   ）。

   A. $y - \dfrac{x^2}{y^3}$ B. $\dfrac{1}{y} - \dfrac{x^2}{y^3}$

   C. $\dfrac{1}{x} - \dfrac{1}{y}$ D. $x - \dfrac{1}{y}$

10. 设 L 为沿 $x^2 + y^2 = R^2$ 逆时针方向一周，则 $\oint_{L} xy^2 dy - x^2 y dx$ 用格林公式计算得（   ）。

   A. $\int_{0}^{2\pi} d\theta \int_{0}^{R} r^3 dr$ B. $\int_{0}^{2\pi} d\theta \int_{0}^{R} r^2 dr$

   C. $\int_{0}^{2\pi} d\theta \int_{0}^{R} 4r^3 \sin\theta dr$ D. $\int_{0}^{2\pi} d\theta \int_{0}^{R} 4r^3 \cos\theta dr$

11. 用格林公式计算平面曲线 L 所围区域 D 的面积得（   ）。

   A. $\oint_{L} x dy - y dx$ B. $\dfrac{1}{2} \oint_{L} y dx - x dy$

   C. $\oint_{L} y dx - x dy$ D. $\dfrac{1}{2} \oint_{L} x dy - y dx$

二、填空题

1. 设 $D = \{(x,y) \mid |x| \leqslant y \leqslant 1, -1 \leqslant x \leqslant 1\}$，则 $\iint_{D} x^2 e^{-y^2} d\sigma = $ _____。

2. 二次积分 $\int_{0}^{1} dy \int_{y}^{1} \left(\dfrac{e^{x^2}}{x} - e^{y^2} \right) dx = $ _____。

3. 交换积分次序，整理为一个二次积分：$\int_{1}^{2} dx \int_{x}^{2} f(x,y) dy + \int_{1}^{2} dy \int_{y}^{4-y} f(x,y) dx = $ _____。

4. 设平面区域 D 由直线 $y = x$、圆 $x^2 + y^2 = 2y$ 及 y 轴所围成，则 $\iint_{D} xy d\sigma = $ _____。

5*. 设平面区域由直线 $x = 1$、$x = 2$、$y = x$ 及 x 轴围成，则 $\iint_{D} \dfrac{\sqrt{x^2 + y^2}}{x} d\sigma = $ _____。

6. 设 L 为正向圆周 $x^2 + y^2 = 2$ 在第一象限中的部分，则曲线积分 $\int_{L} x dy - 2y dx$ 的值为 _____。

7. 已知曲线 L 为 $y = x^2 (0 \leqslant x \leqslant \sqrt{2})$，则 $\int_{L} x ds = $ _____。

8. 若曲线积分 $\int_{L} \dfrac{x dx - ay dy}{x^2 + y^2 - 1}$ 在区域 $D = \{(x,y) \mid x^2 + y^2 < 1\}$ 内与积分路径无关，则 $a = $ _____。

9*. $\int_{0}^{2a} dx \int_{0}^{\sqrt{2ax - x^2}} (x^2 + y^2) dy = $ _____。

10*. 设 L 为摆线的一拱，$x = a(t - \sin t)$，$y = a(1 - \cos t)$，$(0 \leqslant t \leqslant 2\pi)$，则 $\int_{L} y^2 ds = $ _____。

三、计算题

1. 计算 $\iint\limits_{D} xy^2 \mathrm{d}\sigma$，其中 D 是抛物线 $y^2 = 2px$ 与直线 $x = \dfrac{p}{2}(p > 0)$ 所围区域。

2. 计算 $\iint\limits_{D} x^2 \mathrm{d}\sigma$，其中 D 由椭圆 $x^2 + \dfrac{y^2}{3} = 1$ 与直线 $y = \sqrt{3}x$ 及 y 轴在第一象限围成。

3. 计算 $\iint\limits_{D} \mathrm{e}^{x+y} \mathrm{d}\sigma$，其中 $D = \{(x,y) \mid |x| + |y| \leqslant 1\}$。

4. 计算 $\iint\limits_{D} (x + y)^3 \mathrm{d}\sigma$，其中 D 由曲线 $x = \sqrt{1 + y^2}$ 与直线 $x + \sqrt{2}y = 0$ 及 $x - \sqrt{2}y = 0$ 所围成。

5. 计算 $\iint\limits_{D} \dfrac{\mathrm{d}\sigma}{\sqrt{2a - x}} \ (a > 0)$，其中 D 为 $(x - a)^2 + (y - a)^2 = a^2$、$x = 0$、$y = 0$ 所围区域。

6. 计算 $\iint\limits_{D} x^2 \mathrm{d}\sigma$，其中区域 D 由 $x = 3y$、$y = 3x$、$x + y = 8$ 所围成。

7. 求由坐标平面及 $x = 2$、$y = 3$、$x + y + z = 4$ 所围成的角柱体的体积。

8. 计算四个平面 $x = 0$、$y = 0$、$x = 1$、$y = 1$ 所围成的立体被平面 $z = 0$、$2x + 3y + z = 6$ 所截得的立体的体积。

9. 计算三个平面 $x = 0$、$y = 0$、$x + y = 1$ 所围成的立体被平面 $z = 0$ 以及抛物面 $z = 6 - x^2 - y^2$ 所截得的立体的体积。

10. 设一平面薄片占据的闭区域 D 由 $x + y = 2$，$y = x$ 及 x 轴所围成，它的面密度为 $\rho(x,y) = x^2 + y^2$，求薄片的质量。

11. 计算 $\iint\limits_{D} x(x + y) \mathrm{d}\sigma$，其中 $D = \{(x,y) \mid x^2 + y^2 \leqslant 2, y \geqslant x^2\}$。

12. 更换下列积分的积分次序：

(1) $\displaystyle\int_0^1 \mathrm{d}y \int_y^{\sqrt{y}} f(x,y)\,\mathrm{d}x$

(2) $\displaystyle\int_{-1}^1 \mathrm{d}x \int_0^{\sqrt{1-x^2}} f(x,y)\,\mathrm{d}y$

(3) $\displaystyle\int_1^2 \mathrm{d}y \int_{2-y}^{\sqrt{2y-y^2}} f(x,y)\,\mathrm{d}x$

(4) $\displaystyle\int_0^\pi \mathrm{d}y \int_{-\sin\frac{y}{2}}^{\sin y} f(x,y)\,\mathrm{d}x$

(5) $\displaystyle\int_1^e \mathrm{d}x \int_0^{\ln x} f(x,y)\,\mathrm{d}y$

(6) $\displaystyle\int_0^1 \mathrm{d}x \int_{-\sqrt{x}}^{\sqrt{x}} f(x,y)\,\mathrm{d}y + \int_1^4 \mathrm{d}x \int_{x-2}^{\sqrt{x}} f(x,y)\,\mathrm{d}y$

以下 13 ~ 16 皆为利用极坐标计算二重积分：

13. 计算 $\iint\limits_{D} \sin\sqrt{x^2 + y^2}\,\mathrm{d}\sigma$，其中 $D = \{(x,y) \mid \pi^2 \leqslant x^2 + y^2 \leqslant 4\pi^2\}$。

14. 计算 $\iint\limits_{D} |xy|\,\mathrm{d}\sigma$，其中 $D = \{(x,y) \mid x^2 + y^2 \leqslant R^2\}$。

15. 计算 $\iint\limits_{D} \ln(1 + x^2 + y^2)\,\mathrm{d}\sigma$，其中 $D = \{(x,y) \mid x^2 + y^2 \leqslant 1, x \geqslant 0, y \geqslant 0\}$。

16. 计算 $\iint\limits_{D} \arctan\dfrac{y}{x}\,\mathrm{d}\sigma$，其中 $D = \{(x,y) \mid 1 \leqslant x^2 + y^2 \leqslant 4, x \geqslant 0, y \geqslant 0\}$。

17. 求 $z = xy$ 在圆柱 $x^2 + y^2 = 2$ 内的部分的面积。

18. 求锥面 $z = \sqrt{x^2 + y^2}$ 被柱面 $z^2 = 2y$ 所截部分的面积。

19. 求均匀密度（密度为 A）的半椭圆 $\dfrac{x^2}{a^2} + \dfrac{y^2}{b^2} = 1$，$y \geq 0$ 薄片的质心。

20. 有一腰长为 a 的等腰直角三角形薄片，各点的面密度等于该点到直角顶点距离的平方，求其质心。

21. 求半径为 R 的均匀密度的圆关于其切线的转动惯量。

22. 求边长分别为 a 和 b 的均匀平行四边形（夹角为 φ）对其两边的转动惯量。

以下 23 ~ 26 皆为计算第一型曲线积分：

23. 计算 $\displaystyle\int_L (x + y)\mathrm{d}s$，其中 L 是以 $(0,0)$、$(1,0)$、$(0,1)$ 为顶点的三角形。

24. 计算 $\displaystyle\int_L |y|\mathrm{d}s$，其中 L 是圆周 $x^2 + y^2 = 2$。

25. 计算 $\displaystyle\int_L \sqrt{x^2 + y^2}\,\mathrm{d}s$，其中 L 是圆周 $x^2 + y^2 = ax(a > 0)$。

26. 计算 $\displaystyle\int_L xy\mathrm{d}s$，其中 L 是抛物线 $y^2 = x$ 上从点 $(0,0)$ 到点 $(1,1)$ 的弧段。

以下 27 ~ 29 皆为计算第二型曲线积分：

27. 计算曲线积分 $\displaystyle\int_L \sin 2x\mathrm{d}x + 2(x^2 - 1)y\mathrm{d}y$，其中 L 是曲线 $y = \sin x$ 上从点 $(0,0)$ 到点 $(\pi,0)$ 的一段。

28. 计算 $\displaystyle\oint_L xy\mathrm{d}x$，其中 L 是圆周 $(x - a)^2 + y^2 = a^2(a > 0)$ 与 x 轴所围成的第一象限内的区域的边界，方向按逆时针计。

29. 计算 $\displaystyle\int_L (x^2 - 2xy)\mathrm{d}x + (y^2 - 2xy)\mathrm{d}y$，其中 L 是抛物线 $y = x^2$ 上从点 $(-2,4)$ 到点 $(1,1)$ 的弧段。

以下 30 ~ 32 皆为利用格林公式计算第二型曲线积分：

30. 计算 $\displaystyle\oint_L (x^2 - xy^3)\mathrm{d}x + (y^2 - 2xy)\mathrm{d}y$，其中 L 是顶点为 $(-1, -1)$、$(1, -1)$、$(1,1)$、$(-1,1)$ 的正方形的正向边界。

31. 已知 L 是第一象限中从点 $(0,0)$ 出发沿圆周 $x^2 + y^2 = 2x$ 到点 $(2,0)$、再沿圆周 $x^2 + y^2 = 4$ 到点 $(0,2)$ 的曲线段，计算曲线积分 $\displaystyle\int_L 3x^2 y\mathrm{d}x + (x^3 + x - 2y)\mathrm{d}y$。

32. 计算 $\displaystyle\oint_L x^2 y\mathrm{d}x + y^3\mathrm{d}y$，其中 L 为 $y^3 = x^2$ 与 $y = x$ 所围成的正向边界曲线。

以下 33 ~ 35 皆为利用曲线积分与路径的无关性计算第二型曲线积分：

33. 计算 $\displaystyle\int_{(0,1)}^{(2,3)} (x + y)\mathrm{d}x + (x - y)\mathrm{d}y$。

34. 计算 $\displaystyle\int_{(1,0)}^{(6,8)} \dfrac{x\mathrm{d}x + y\mathrm{d}y}{\sqrt{x^2 + y^2}}$，路径不经过原点。

35. 计算 $\displaystyle\int_{(3,2)}^{(2,3)} f(x)\mathrm{d}x + g(y)\mathrm{d}y$，其中 f、g 为连续函数。

36*. 设函数 $f(x)$ 在 $(-\infty, +\infty)$ 内具有一阶连续导函数，L 是上半平面内 $(y > 0)$ 的有向光滑曲线，其起点为 (a,b)，终点为 (c,d)。记

$$I = \int_L \frac{1}{y}\left[1 + y^2 f(xy)\right]\mathrm{d}x + \frac{x}{y^2}\left[y^2 f(xy) - 1\right]\mathrm{d}y$$

（1）证明：曲线积分 I 与积分路径 L 无关；

（2）当 $ab = cd$ 时，求 I 的值。

注 标星号"*"的题目为选做题。

书网融合……

思政导航　　　　本章小结

第九章 无穷级数

○ 学习目标

知识目标

1. 掌握 无穷级数的概念与性质；无穷级数收敛的必要条件；正项级数敛散性判别法（比较判别法、比值判别法和根值判别法）；任意项级数绝对收敛和条件收敛的概念与判别；幂级数和函数及其收敛域的概念；简单的幂级数和函数的求法。

2. 熟悉 交错级数的莱布尼茨定理；幂级数的收敛半径、收敛区间及收敛域；利用几个常见函数的麦克劳林展开式将一些函数展开成幂级数的方法。

3. 了解 几何级数与 p 级数的敛散性；无穷级数在近似值计算中的应用。

能力目标 通过本章的学习，能够判别正项级数、任意项级数的敛散性，会求幂级数的收敛半径、收敛区间和收敛域，会利用"逐项求导""逐项求积"等性质求幂级数的和函数。

≫ 第一节 无穷级数的概念与性质

PPT

无穷级数与微分、积分一样，是一个重要的数学工具，它可以表示函数、研究函数的性质、解微分方程以及进行近似计算等。

一、无穷级数的概念

我们先观察一个实际例子。

例如，某位慢性病人需要每天服用某种药物，按医嘱每天服用药物 0.05mg，假设体内的药物每天有 20% 通过各种渠道排出体外，问长期服药后体内药量维持在怎样的水平？

显然，第 1 天体内所含药物即初始剂量为 0.05mg；第 2 天末，0.05mg 药物的 20% 被排出体外，又服下药物 0.05mg，体内含有药量是 $(0.05 + 0.05 \times 0.8)$mg；第 3 天末，体内含有药量是 $(0.05 + 0.05 \times 0.8 + 0.05 \times 0.8^2)$mg；如此下去，第 n 天末，体内含有药量是 $(0.05 + 0.05 \times 0.8 + 0.05 \times 0.8^2 + \cdots + 0.05 \times 0.8^{n-1})$mg，这是一个公比为 0.8 的等比数列求和。如果长期服药，就会出现无穷多个数量依次相加的数学式子

$$0.05 + 0.05 \times 0.8 + 0.05 \times 0.8^2 + \cdots + 0.05 \times 0.8^{n-1} + \cdots$$

这就是一个无穷级数。

定义 9.1 设给定数列 $\{u_n\}$，则表达式 $u_1 + u_2 + u_3 + \cdots + u_n + \cdots$ 叫作**无穷级数**，简称**级数**（series），记为 $\sum\limits_{n=1}^{\infty} u_n$，其中第 n 项 u_n 称为级数的**一般项**或**通项**。

级数 $\sum\limits_{n=1}^{\infty} u_n$ 的前 n 项和，称为级数的前 n 项部分和，简称**部分和**（partial sum），记为 S_n。即

$$S_n = u_1 + u_2 + \cdots + u_n$$

级数 $\displaystyle\sum_{n=1}^{\infty} u_n$ 去掉前 n 项的和 S_n，余下的项称为**余项**（remainder term），记为 r_n。即 $r_n = u_{n+1} + \cdots$，故

$$\sum_{n=1}^{\infty} u_n = u_1 + u_2 + u_3 + \cdots + u_n + \cdots = S_n + r_n。$$

无穷级数的定义只是形式上表达了无穷多个数相加的"和"，怎样理解这个"和"呢？联系前面的体内药量问题，我们可以从有限项的和出发，观察它们的变化趋势，由此来理解无穷多个数相加的"和"的含义。

定义 9.2 如果级数 $\displaystyle\sum_{n=1}^{\infty} u_n$ 的部分和数列 $\{S_n\}$ 极限存在，其极限值为 S，即

$$\lim_{n\to\infty} S_n = S$$

则称级数 $\displaystyle\sum_{n=1}^{\infty} u_n$ 收敛，且称 S 为它的和，记作 $\displaystyle\sum_{n=1}^{\infty} u_n = S$。

当级数 $\displaystyle\sum_{n=1}^{\infty} u_n$ 收敛时，余项 r_n 的极限为零，即 $\displaystyle\lim_{n\to\infty} r_n = 0$。

如果部分和数列 $\{S_n\}$ 的极限不存在，则称级数 $\displaystyle\sum_{n=1}^{\infty} u_n$ 发散。

例1 判别级数 $\displaystyle\sum_{n=1}^{\infty} \frac{1}{n(n-1)}$ 的敛散性。

解 因为 $u_n = \dfrac{1}{n(n-1)}$，所以部分和

$$\begin{aligned}
S_n &= \frac{1}{1\cdot 2} + \frac{1}{2\cdot 3} + \frac{1}{3\cdot 4} + \cdots + \frac{1}{n(n-1)} \\
&= \left(1 - \frac{1}{2}\right) + \left(\frac{1}{2} - \frac{1}{3}\right) + \left(\frac{1}{3} - \frac{1}{4}\right) + \cdots + \left(\frac{1}{n} - \frac{1}{n-1}\right) \\
&= 1 - \frac{1}{n-1}
\end{aligned}$$

于是 $\displaystyle\lim_{n\to\infty} S_n = \lim_{n\to\infty}\left(1 - \frac{1}{1+n}\right) = 1$，所以级数 $\displaystyle\sum_{n=1}^{\infty} \frac{1}{n(n-1)}$ 收敛，且其和为 1，即

$$\sum_{n=1}^{\infty} \frac{1}{n(n-1)} = 1$$

例2 讨论**几何级数**（geometric series，等比级数）$\displaystyle\sum_{n=1}^{\infty} aq^{n-1}$（$a\neq 0$）的敛散性。

解 如果公比 $q\neq 1$，那么部分和

$$S_n = \sum_{k=1}^{n} aq^{k-1} = a + aq + aq^2 + \cdots + aq^{n-1} = \frac{a(1-q^n)}{1-q}$$

（1）当 $|q| < 1$ 时，因为 $\displaystyle\lim_{n\to\infty} q^n = 0$，所以 $\displaystyle\lim_{n\to\infty} S_n = \frac{a}{1-q}$，从而该级数收敛，其和为 $\dfrac{a}{1-q}$。

（2）当 $|q| > 1$ 时，因为 $\displaystyle\lim_{n\to\infty} q^n = \infty$，所以 $\displaystyle\lim_{n\to\infty} S_n = \infty$，从而该级数发散。

（3）当 $|q| = 1$ 时，分为如下两种情况：

①若 $q = 1$，则 $S_n = na \to \infty$（$n\to\infty$），该级数发散；

②若 $q = -1$，则部分和

$$S_n = \begin{cases} a, & n = 2k+1 \\ 0, & n = 2k \end{cases}, k \in N$$

因此 $\lim\limits_{n\to\infty} S_n$ 不存在，故该级数发散。

综上所述，当 $|q|<1$ 时，原级数收敛且其和为 $\dfrac{a}{1-q}$；当 $|q|\geqslant 1$ 时，原级数发散。

例3 证明**调和级数**（harmonic series）$\sum\limits_{n=1}^{\infty}\dfrac{1}{n}=1+\dfrac{1}{2}+\dfrac{1}{3}+\cdots+\dfrac{1}{n}+\cdots$ 发散。

证明 由不等式 $\ln(1+x)<x\,(x>0)$ 得，调和级数部分和

$$
\begin{aligned}
S_n=\sum_{n=1}^{n}\frac{1}{n} &=1+\frac{1}{2}+\frac{1}{3}+\cdots+\frac{1}{n}\\
&>\ln(1+1)+\ln\left(1+\frac{1}{2}\right)+\ln\left(1+\frac{1}{3}\right)+\cdots+\ln\left(1+\frac{1}{n}\right)\\
&=\ln 2+\ln\frac{3}{2}+\ln\frac{4}{3}+\cdots+\ln\frac{n+1}{n}=\ln\left(2\cdot\frac{3}{2}\cdot\frac{4}{3}\cdots\frac{n+1}{n}\right)\\
&=\ln(1+n)
\end{aligned}
$$

即 $S_n>\ln(1+n)$，显然 $\lim\limits_{n\to\infty} S_n$ 不存在，故调和级数发散。

二、收敛级数的性质

由于级数和数列有着密切的关系，利用数列极限的性质，容易证明收敛级数具备以下性质。

性质9.1 如果级数 $\sum\limits_{n=1}^{\infty} u_n$ 与级数 $\sum\limits_{n=1}^{\infty} v_n$ 都收敛，其和分别为 s 和 σ，则级数 $\sum\limits_{n=1}^{\infty}(u_n\pm v_n)$ 也收敛，且

$$
\sum_{n=1}^{\infty}(u_n\pm v_n)=s\pm\sigma=\sum_{n=1}^{\infty}u_n\pm\sum_{n=1}^{\infty}v_n
$$

证明 设级数 $\sum\limits_{n=1}^{\infty} u_n$ 与级数 $\sum\limits_{n=1}^{\infty} v_n$ 的部分和分别为 s_n 和 σ_n，则级数 $\sum\limits_{n=1}^{\infty}(u_n\pm v_n)$ 的部分和

$$
\begin{aligned}
w_n&=(u_1\pm v_1)+(u_2\pm v_2)+\cdots+(u_n\pm v_n)\\
&=(u_1+u_2+\cdots+u_n)\pm(v_1+v_2+\cdots+v_n)=s_n\pm\sigma_n
\end{aligned}
$$

于是

$$
\lim_{n\to\infty} w_n=\lim_{n\to\infty}(s_n\pm\sigma_n)=s\pm\sigma
$$

这就表明级数 $\sum\limits_{n=1}^{\infty}(u_n\pm v_n)$ 收敛，且收敛的和为 $s\pm\sigma$。即两个收敛级数可以逐项相加或逐项相减，其收敛性不变。

性质9.2 如果级数 $\sum\limits_{n=1}^{\infty} u_n$ 收敛（发散），k 为非零常数，则级数 $\sum\limits_{n=1}^{\infty} ku_n$ 也收敛（发散），且收敛时有

$$
\sum_{n=1}^{\infty} ku_n=k\sum_{n=1}^{\infty} u_n
$$

（读者自证。）

例4 判别级数 $\sum\limits_{n=1}^{\infty}\dfrac{4^{n+1}-3\cdot 2^n}{5^n}$ 的敛散性。

解 因为 $\sum\limits_{n=1}^{\infty}\dfrac{4^{n+1}-3\cdot 2^n}{5^n}=\sum\limits_{n=1}^{\infty}\left[4\left(\dfrac{4}{5}\right)^n-3\left(\dfrac{2}{5}\right)^n\right]$，而级数 $\sum\limits_{n=1}^{\infty}\left(\dfrac{4}{5}\right)^n$ 和 $\sum\limits_{n=1}^{\infty}\left(\dfrac{2}{5}\right)^n$ 都收敛，由性质 9.1 和性质 9.2，可知级数 $\sum\limits_{n=1}^{\infty}\dfrac{4^{n+1}-3\cdot 2^n}{5^n}$ 收敛。

性质 9.3　在级数的前面加上或去掉有限项，得到的新级数与原级数具有相同的敛散性。

证明　设将级数 $\sum\limits_{n=1}^{\infty} u_n$ 的前 N 项去掉，得级数 $\sum\limits_{n=N+1}^{\infty} u_n$，于是新级数的部分和为

$$S'_n = u_{N+1} + u_{N+2} + \cdots + u_{N+n} = S_{N+n} - S_N$$

其中，S_{N+n} 为原级数的前 $N+n$ 项和，S_N 为原级数的前 N 项和。因为 S_N 是常数，所以 S_{N+n} 和 S'_n 同时收敛或同时发散。

性质 9.4　如果级数 $\sum\limits_{n=1}^{\infty} u_n$ 收敛，则在不改变其各项次序的情况下，对该级数的项任意加括号后，所成的级数仍收敛，且其和不变。

证明　对级数 $\sum\limits_{n=1}^{\infty} u_n$ 任意加括号

$$(u_1 + u_2 + \cdots + u_{n_1}) + (u_{n_1+1} + u_{n_1+2} + \cdots + u_{n_2}) + \cdots + (u_{n_{k-1}+1} + u_{n_{k-1}+2} + \cdots + u_{n_k}) + \cdots$$

它的前 k 项部分和为 U_k，则

$$U_1 = u_1 + u_2 + \cdots + u_{n_1} = S_{n_1}$$
$$U_2 = u_1 + u_2 + \cdots + u_{n_1} + u_{n_1+1} + u_{n_1+2} + \cdots + u_{n_2} = S_{n_2}$$
$$\cdots\cdots$$
$$U_k = u_1 + u_2 + \cdots + u_{n_1} + u_{n_1+1} + u_{n_1+2} + \cdots + u_{n_2} + \cdots + u_{n_{k-1}+1} + u_{n_{k-1}+2} + \cdots + u_{n_k} = S_{n_k}$$

可见，数列 $\{U_k\}$ 是数列 $\{S_n\}$ 的一个子列。由于收敛数列的子列必收敛，当 $\{S_n\}$ 收敛时，$\{U_k\}$ 也收敛，且有 $\lim\limits_{k\to\infty} U_k = \lim\limits_{n\to\infty} S_n$，即加括号后所成的级数仍收敛，且其和不变。

注意　如果加括号后所成的级数收敛，不能断定去括号后原来的级数也收敛。例如，级数

$$(1-1) + (1-1) + \cdots$$

收敛于零，但级数

$$1 - 1 + 1 - 1 + \cdots$$

却是发散的。

根据性质 9.4 可得如下推论：如果加括号后所成的级数发散，那么原来的级数也发散。事实上，倘若原来的级数收敛，则根据性质 9.4 知，加括号后的级数就应该收敛了。

性质 9.5（级数收敛的必要条件）　如果级数 $\sum\limits_{n=1}^{\infty} u_n$ 收敛，则 $\lim\limits_{n\to\infty} u_n = 0$。

证明　因为级数 $\sum\limits_{n=1}^{\infty} u_n$ 收敛，所以 $\lim\limits_{n\to\infty} S_n = S$，而

$$u_n = S_n - S_{n-1}$$

故

$$\lim\limits_{n\to\infty} u_n = \lim\limits_{n\to\infty} (S_n - S_{n-1}) = S - S = 0$$

注意　一般项趋于零的级数不一定收敛。

例如，级数 $\sum\limits_{n=1}^{\infty} \dfrac{1}{n}$ 满足 $\lim\limits_{n\to\infty} u_n = \lim\limits_{n\to\infty} \dfrac{1}{n} = 0$，但由例 3 知，它却是发散的。

根据性质 9.5 可得如下推论：如果 $\lim\limits_{n\to\infty} u_n \neq 0$，则级数 $\sum\limits_{n=1}^{\infty} u_n$ 发散。我们经常用这个推论来判定某些级数是发散的。

例 5　判别级数 $\sum\limits_{n=1}^{\infty} \dfrac{n}{2n+1}$ 的敛散性。

解　因为 $\lim\limits_{n\to\infty}u_n=\lim\limits_{n\to\infty}\dfrac{n}{2n+1}=\dfrac{1}{2}\neq 0$，所以级数 $\sum\limits_{n=1}^{\infty}\dfrac{n}{2n+1}$ 发散。

◇ 第二节　正项级数及其敛散性判别法

PPT

一、正项级数的概念

定义 9.3　如果级数 $\sum\limits_{n=1}^{\infty}u_n$ 满足 $u_n\geqslant 0\,(n=1,2,\cdots)$，则称级数 $\sum\limits_{n=1}^{\infty}u_n$ 为**正项级数**（series with positive terms）。

如果级数 $\sum\limits_{n=1}^{\infty}u_n$ 满足 $u_n\leqslant 0\,(n=1,2,\cdots)$（负向级数），则级数 $\sum\limits_{n=1}^{\infty}(-u_n)$ 为正项级数。由性质 9.2 可知，正项级数的敛散性判别法适用于负向级数。

二、正项级数敛散性判别法

定理 9.1　正项级数 $\sum\limits_{n=1}^{\infty}u_n$ 收敛的充分必要条件是它的部分和数列 $\{S_n\}$ 有界。

证明　对于正项级数 $\sum\limits_{n=1}^{\infty}u_n$，显然有

$$S_1\leqslant S_2\leqslant\cdots\leqslant S_{n-1}\leqslant S_n\leqslant\cdots$$

即它的部分和数列 $\{S_n\}$ 是单调递增数列，由数列极限的单调有界存在准则可知，如果数列 $\{S_n\}$ 有界，则 $\lim\limits_{n\to\infty}S_n$ 存在，此时级数收敛；否则 $\lim\limits_{n\to\infty}S_n=\infty$，级数发散。

反之，如果正项级数 $\sum\limits_{n=1}^{\infty}u_n$ 收敛于和 S，即 $\lim\limits_{n\to\infty}S_n=S$，根据有极限的数列是有界数列这一性质可知，数列 $\{S_n\}$ 有界。

根据定理 9.1，在只考虑正项级数通项的基础上，可得关于正项级数的一个基本的判别法。

定理 9.2（比较判别法）　设 $\sum\limits_{n=1}^{\infty}u_n$ 和 $\sum\limits_{n=1}^{\infty}v_n$ 都是正项级数，且 $u_n\leqslant v_n\,(n=1,2,\cdots)$。若级数 $\sum\limits_{n=1}^{\infty}v_n$ 收敛，则级数 $\sum\limits_{n=1}^{\infty}u_n$ 收敛；若级数 $\sum\limits_{n=1}^{\infty}u_n$ 发散，则级数 $\sum\limits_{n=1}^{\infty}v_n$ 发散。

证明　设 $U_n=u_1+u_2+\cdots+u_n$，$V_n=v_1+v_2+\cdots+v_n$。因为 $u_n\leqslant v_n\,(n=1,2,\cdots)$，由定理 9.1 可知，如果级数 $\sum\limits_{n=1}^{\infty}v_n$ 收敛，则数列 $\{V_n\}$ 有界，因此 $\{U_n\}$ 也有界，所以级数 $\sum\limits_{n=1}^{\infty}v_n$ 收敛；另一方面，利用反证法，假设级数 $\sum\limits_{n=1}^{\infty}v_n$ 收敛，由条件 $u_n\leqslant v_n$，由前面结论可知级数 $\sum\limits_{n=1}^{\infty}u_n$ 也收敛，这与已知条件 $\sum\limits_{n=1}^{\infty}u_n$ 发散矛盾，所以级数 $\sum\limits_{n=1}^{\infty}v_n$ 发散。

例 6　讨论 p 级数

$$1+\frac{1}{2^p}+\frac{1}{3^p}+\cdots+\frac{1}{n^p}+\cdots$$

的敛散性，其中常数 $p>0$。

解 当 $p \le 1$ 时，$\dfrac{1}{n^p} \ge \dfrac{1}{n}$，由于调和级数发散，根据比较判别法可知，此时 p 级数发散。

当 $p > 1$ 时，因为当 $k-1 \le x \le k$ 时，有 $\dfrac{1}{k^p} \le \dfrac{1}{x^p}$，所以

$$\frac{1}{k^p} = \int_{k-1}^{k} \frac{1}{k^p} \mathrm{d}x \le \int_{k-1}^{k} \frac{1}{x^p} \mathrm{d}x, \quad (k = 2,3,4,\cdots)$$

从而 p 级数的部分和

$$S_n = 1 + \sum_{k=2}^{n} \frac{1}{k^p} \le 1 + \sum_{k=2}^{n} \int_{k-1}^{k} \frac{1}{x^p} \mathrm{d}x = 1 + \int_{1}^{n} \frac{1}{x^p} \mathrm{d}x$$

$$= 1 + \frac{1}{p-1}\left(1 - \frac{1}{n^{p-1}}\right) < 1 + \frac{1}{p-1}, \quad (n = 2,3,4,\cdots)$$

这表明数列 $\{S_n\}$ 有界，因此 p 级数收敛。

综上所述，当 $p > 1$ 时，p 级数收敛；当 $p \le 1$ 时，p 级数发散。

注意 用比较判别法判别一个正项级数的敛散性时，我们经常将需要判定的级数的一般项与几何级数或 p 级数的一般项进行比较，然后确定该级数的敛散性。

例7 判定级数 $\displaystyle\sum_{n=1}^{\infty} \frac{1}{n(n+1)}$ 的敛散性。

解 级数 $\displaystyle\sum_{n=1}^{\infty} \frac{1}{n(n+1)}$ 的一般项 $u_n = \dfrac{1}{n(n+1)}$，且 $0 < \dfrac{1}{n(n+1)} < \dfrac{1}{n^2}$，而级数 $\displaystyle\sum_{n=1}^{\infty} \frac{1}{n^2}$ 是 $p = 2$ 的 p 级数，它是收敛的，因此级数 $\displaystyle\sum_{n=1}^{\infty} \frac{1}{n(n+1)}$ 收敛。

为了应用上的方便，我们不加证明地给出以下几种正项级数敛散性的判别法。

定理9.3（比较判别法的极限形式） 设 $\displaystyle\sum_{n=1}^{\infty} u_n$ 和 $\displaystyle\sum_{n=1}^{\infty} v_n$ 都是正项级数，且 $\displaystyle\lim_{n\to\infty} \frac{u_n}{v_n} = l$。

（1）如果 $0 < l < +\infty$，则 $\displaystyle\sum_{n=1}^{\infty} u_n$ 和 $\displaystyle\sum_{n=1}^{\infty} v_n$ 同时收敛或同时发散；

（2）如果 $l = 0$，若 $\displaystyle\sum_{n=1}^{\infty} v_n$ 收敛，则 $\displaystyle\sum_{n=1}^{\infty} u_n$ 收敛；若 $\displaystyle\sum_{n=1}^{\infty} u_n$ 发散，则 $\displaystyle\sum_{n=1}^{\infty} v_n$ 发散；

（3）如果 $l = +\infty$，若 $\displaystyle\sum_{n=1}^{\infty} u_n$ 收敛，则 $\displaystyle\sum_{n=1}^{\infty} v_n$ 收敛；若 $\displaystyle\sum_{n=1}^{\infty} v_n$ 发散，则 $\displaystyle\sum_{n=1}^{\infty} u_n$ 发散。

例8 判别级数 $\displaystyle\sum_{n=1}^{\infty} \sin\frac{1}{n}$ 的敛散性。

解 因为 $\displaystyle\lim_{n\to\infty} \frac{\sin\dfrac{1}{n}}{\dfrac{1}{n}} = 1$，而级数 $\displaystyle\sum_{n=1}^{\infty} \frac{1}{n}$ 发散，根据定理9.3，级数 $\displaystyle\sum_{n=1}^{\infty} \sin\frac{1}{n}$ 发散。

例9 判别级数 $\displaystyle\sum_{n=1}^{\infty} \ln\left(1 + \frac{1}{n^2}\right)$ 的敛散性。

解 因为 $\displaystyle\lim_{n\to\infty} \frac{\ln\left(1+\dfrac{1}{n^2}\right)}{\dfrac{1}{n^2}} = 1$，而级数 $\displaystyle\sum_{n=1}^{\infty} \frac{1}{n^2}$ 收敛，根据定理9.3，级数 $\displaystyle\sum_{n=1}^{\infty} \ln\left(1 + \frac{1}{n^2}\right)$ 收敛。

无论用比较判别法还是其极限形式，都需要找到一个已知的参考级数做比较。下面介绍的判别法，可以利用级数自身的特点来判别级数的敛散性。

定理9.4（比值判别法，达朗贝尔判别法） 设 $\displaystyle\sum_{n=1}^{\infty} u_n$ 是正项级数，$\displaystyle\lim_{n\to\infty} \frac{u_{n+1}}{u_n} = \rho$，则

(1) 当 $\rho < 1$ 时，级数 $\sum\limits_{n=1}^{\infty} u_n$ 收敛；

(2) 当 $\rho > 1$ 时，级数 $\sum\limits_{n=1}^{\infty} u_n$ 发散；

(3) 当 $\rho = 1$ 时，级数 $\sum\limits_{n=1}^{\infty} u_n$ 可能收敛，也可能发散。

例 10　判别级数 $\sum\limits_{n=1}^{\infty} \dfrac{n^n}{n!}$ 的敛散性。

解　因为 $\lim\limits_{n\to\infty}\dfrac{u_{n+1}}{u_n} = \lim\limits_{n\to\infty}\dfrac{\dfrac{(n+1)^{n+1}}{(n+1)!}}{\dfrac{n^n}{n!}} = \lim\limits_{n\to\infty}\left(\dfrac{n+1}{n}\right)^n = \lim\limits_{n\to\infty}\left(1+\dfrac{1}{n}\right)^n = e > 1$

根据定理 9.4 知，级数 $\sum\limits_{n=1}^{\infty} \dfrac{n^n}{n!}$ 发散。

定理 9.5（根值判别法，柯西判别法）　设 $\sum\limits_{n=1}^{\infty} u_n$ 是正项级数，$\lim\limits_{n\to\infty}\sqrt[n]{u_n} = \rho$，则

(1) 当 $\rho < 1$ 时，级数 $\sum\limits_{n=1}^{\infty} u_n$ 收敛；

(2) 当 $\rho > 1$ 时，级数 $\sum\limits_{n=1}^{\infty} u_n$ 发散；

(3) 当 $\rho = 1$ 时，级数 $\sum\limits_{n=1}^{\infty} u_n$ 可能收敛，也可能发散。

例 11　判别级数 $\sum\limits_{n=1}^{\infty} \dfrac{2+(-1)^n}{2^n}$ 的敛散性。

解　由于 $\lim\limits_{n\to\infty}\sqrt[n]{u_n} = \lim\limits_{n\to\infty}\dfrac{1}{2}\sqrt[n]{2+(-1)^n} = \dfrac{1}{2} < 1$，根据定理 9.5 知，原级数收敛。

注意　判别一个正项级数的敛散性，一般来说可按以下程序进行考虑。

(1) 检查一般项，若 $\lim\limits_{n\to\infty} u_n \neq 0$，可判定级数发散；若 $\lim\limits_{n\to\infty} u_n = 0$，先试用比值判别法。如果比值判别法失效，则用比较判别法或根值判别法。

(2) 用比值（根值）判别法时，若比值（根值）等于 1，改用其他的判别方法。

(3) 检查正项级数的部分和是否有界或判别部分和是否有极限。

例 12　判别级数 $\sum\limits_{n=1}^{\infty} \dfrac{1}{(2n-1)\cdot 2n}$ 的敛散性。

解　由于 $\lim\limits_{n\to\infty}\dfrac{u_{n+1}}{u_n} = \lim\limits_{n\to\infty}\dfrac{(2n-1)\cdot 2n}{(2n+1)\cdot(2n+2)} = 1$，这时 $\rho = 1$，因此比值判别法失效，改用其他方法判别该级数的敛散性。

因为 $\dfrac{1}{(2n-1)\cdot 2n} < \dfrac{1}{n^2}$，而级数 $\sum\limits_{n=1}^{\infty} \dfrac{1}{n^2}$ 收敛，所以由比较判别法可知原级数收敛。

◇⊙ 第三节　任意项级数及其敛散性判别法

PPT

一、交错级数及莱布尼茨判别法

定义 9.4　如果级数 $\sum\limits_{n=1}^{\infty} (-1)^{n-1} u_n$ 满足 $u_n > 0 (n=1,2,\cdots)$，则称级数 $\sum\limits_{n=1}^{\infty} (-1)^{n-1} u_n$ 为**交错级数**

（alternation series）。

关于交错级数敛散性的判别，有以下定理。

定理 9.6[莱布尼茨(Leibniz)定理] 如果交错级数 $\sum\limits_{n=1}^{\infty}(-1)^{n-1}u_n$ 满足

（1）$u_n \geq u_{n+1} > 0, (n=1,2,\cdots)$;

（2）$\lim\limits_{n\to\infty}u_n = 0$;

则级数 $\sum\limits_{n=1}^{\infty}(-1)^{n-1}u_n$ 收敛，且其和 $S \leq u_1$，其余项的绝对值 $|r_n| \leq u_{n+1}$。

证明 先证明前 $2n$ 项的和 S_{2n} 的极限存在。为此，把 S_{2n} 写成两种形式：

$$S_{2n} = (u_1 - u_2) + (u_3 - u_4) + \cdots + (u_{2n-1} - u_{2n})$$

以及

$$S_{2n} = u_1 - (u_2 - u_3) - (u_4 - u_5) - \cdots - (u_{2n-2} - u_{2n-1}) - u_{2n}$$

根据条件（1）可知，所有括号中的差都是非负的。由第一种形式可见数列 $\{S_{2n}\}$ 是单调增加的，由第二种形式可见 $S_{2n} < u_1$，根据单调有界必有极限可知，

$$\lim\limits_{n\to\infty}S_{2n} = S \leq u_1$$

又因为

$$S_{2n+1} = S_{2n} + u_{2n+1}$$

由条件（2）知 $\lim\limits_{n\to\infty}u_{2n+1} = 0$，因此 $\lim\limits_{n\to\infty}S_{2n+1} = \lim\limits_{n\to\infty}(S_{2n} + u_{2n+1}) = S$。

故 $\lim\limits_{n\to\infty}S_n = S$。从而级数 $\sum\limits_{n=1}^{\infty}(-1)^{n-1}u_n$ 收敛于和 S，且 $S \leq u_1$。

此外，余项 $|r_n| = u_{n+1} - u_{n+2} + \cdots$，该式中，右端也是交错级数，并且满足收敛的两个条件，所以其和小于级数的第一项，也就是说 $|r_n| \leq u_{n+1}$。

例 13 判别级数 $\sum\limits_{n=1}^{\infty}(-1)^{n-1}\dfrac{1}{n}$ 的敛散性。

解 级数 $\sum\limits_{n=1}^{\infty}(-1)^{n-1}\dfrac{1}{n}$ 为交错级数，满足条件

（1）$u_{n+1} = \dfrac{1}{n+1} < \dfrac{1}{n} = u_n, \ (n=1,2,\cdots)$;

（2）$\lim\limits_{n\to\infty}u_n = \lim\limits_{n\to\infty}\dfrac{1}{n} = 0$;

根据莱布尼茨判定定理得，级数 $\sum\limits_{n=1}^{\infty}(-1)^{n-1}\dfrac{1}{n}$ 收敛。

例 14 判别级数 $\sum\limits_{n=1}^{\infty}(-1)^{n-1}\dfrac{n}{2^n}$ 的敛散性。

解 因为 $u_n = \dfrac{n}{2^n}$，$u_{n+1} = \dfrac{n+1}{2^{n+1}}$，所以 $u_n - u_{n+1} = \dfrac{n}{2^n} - \dfrac{n+1}{2^{n+1}} = \dfrac{n-1}{2^{n+1}} \geq 0$，从而 $u_n \geq u_{n+1} \geq 0$，并且 $\lim\limits_{n\to\infty}u_n = \lim\limits_{n\to\infty}\dfrac{n}{2^n} = 0$，所以级数 $\sum\limits_{n=1}^{\infty}(-1)^{n-1}\dfrac{n}{2^n}$ 收敛。

下面讨论任意项级数 $\sum\limits_{n=1}^{\infty}u_n$ 的敛散性，其中 $u_n(n=1,2,\cdots)$ 是任意实数。

二、绝对收敛与条件收敛

定义 9.5 如果级数 $\sum\limits_{n=1}^{\infty}u_n$ 各项的绝对值所构成的正向级数 $\sum\limits_{n=1}^{\infty}|u_n|$ 收敛，则称级数 $\sum\limits_{n=1}^{\infty}u_n$ **绝对收敛**

（absolute convergence）；如果级数 $\sum\limits_{n=1}^{\infty} u_n$ 收敛，而级数 $\sum\limits_{n=1}^{\infty} |u_n|$ 发散，则称级数 $\sum\limits_{n=1}^{\infty} u_n$ **条件收敛**（conditional convergence）。

例如，级数 $\sum\limits_{n=1}^{\infty} (-1)^{n-1} \dfrac{1}{n^2}$ 和级数 $\sum\limits_{n=1}^{\infty} (-1)^{n-1} \dfrac{1}{n}$，由莱布尼茨判别法易知这两个级数是收敛的，它们的绝对值级数分别是 $\sum\limits_{n=1}^{\infty} \dfrac{1}{n^2}$ 和 $\sum\limits_{n=1}^{\infty} \dfrac{1}{n}$，而级数 $\sum\limits_{n=1}^{\infty} \dfrac{1}{n^2}$ 收敛，$\sum\limits_{n=1}^{\infty} \dfrac{1}{n}$ 发散，所以级数 $\sum\limits_{n=1}^{\infty} (-1)^{n-1} \dfrac{1}{n^2}$ 绝对收敛，$\sum\limits_{n=1}^{\infty} (-1)^{n-1} \dfrac{1}{n}$ 条件收敛。绝对收敛和条件收敛是任意项级数收敛的两种不同方式，级数绝对收敛与级数收敛具有以下重要关系。

定理9.7 如果任意项级数 $\sum\limits_{n=1}^{\infty} u_n$ 绝对收敛，则级数 $\sum\limits_{n=1}^{\infty} u_n$ 必收敛。

证明 令 $v_n = \dfrac{1}{2}(u_n + |u_n|)$，$(n = 1, 2, \cdots)$

显然 $v_n \geq 0$ 且 $v_n \leq |u_n|$，$n = 1, 2, \cdots$，因级数 $\sum\limits_{n=1}^{\infty} |u_n|$ 收敛，故由比较判别法可知，级数 $\sum\limits_{n=1}^{\infty} v_n$ 收敛，从而级数 $\sum\limits_{n=1}^{\infty} 2v_n$ 也收敛。而 $u_n = 2v_v - |u_n|$，由收敛级数的基本性质可知 $\sum\limits_{n=1}^{\infty} u_n = \sum\limits_{n=1}^{\infty} 2v_n - \sum\limits_{n=1}^{\infty} |u_n|$，所以级数 $\sum\limits_{n=1}^{\infty} u_n$ 收敛。

例15 判别下列级数的敛散性，若收敛，指出其是绝对收敛还是条件收敛。

(1) $\sum\limits_{n=1}^{\infty} \dfrac{\cos\alpha}{n^2}$ (2) $\sum\limits_{n=1}^{\infty} (-1)^n (\sqrt{n+1} - \sqrt{n})$

解 (1) 因为 $\left| \dfrac{\cos\alpha}{n^2} \right| \leq \dfrac{1}{n^2}$，而级数 $\sum\limits_{n=1}^{\infty} \dfrac{1}{n^2}$ 收敛，根据比较判别法可得 $\sum\limits_{n=1}^{\infty} \left| \dfrac{\cos\alpha}{n^2} \right|$ 收敛，所以级数 $\sum\limits_{n=1}^{\infty} \dfrac{\cos\alpha}{n^2}$ 绝对收敛。

(2) 因为 $\left| (-1)^n (\sqrt{n+1} - \sqrt{n}) \right| = \dfrac{1}{\sqrt{n+1} + \sqrt{n}}$ 且 $\lim\limits_{n \to \infty} \dfrac{\frac{1}{\sqrt{n+1} + \sqrt{n}}}{\frac{1}{\sqrt{n}}} = \dfrac{1}{2}$，

根据比较判别法的极限形式得，级数 $\sum\limits_{n=1}^{\infty} \left| (-1)^n (\sqrt{n+1} - \sqrt{n}) \right|$ 与级数 $\sum\limits_{n=1}^{\infty} \dfrac{1}{\sqrt{n}}$ 同敛散，而级数 $\sum\limits_{n=1}^{\infty} \dfrac{1}{\sqrt{n}}$ 发散，故级数 $\sum\limits_{n=1}^{\infty} \left| (-1)^n (\sqrt{n+1} - \sqrt{n}) \right|$ 发散。

而对于交错级数 $\sum\limits_{n=1}^{\infty} (-1)^n (\sqrt{n+1} - \sqrt{n})$，因为 $\lim\limits_{n \to \infty} u_n = \lim\limits_{n \to \infty} \dfrac{1}{\sqrt{n+1} + \sqrt{n}} = 0$，又

$$u_{n+1} = \frac{1}{\sqrt{n+2} + \sqrt{n+1}} < \frac{1}{\sqrt{n+1} + \sqrt{n}} = u_n$$

根据莱布尼茨判别法可得，$\sum\limits_{n=1}^{\infty} (-1)^n (\sqrt{n+1} - \sqrt{n})$ 收敛。

因此，原级数 $\sum\limits_{n=1}^{\infty} (-1)^n (\sqrt{n+1} - \sqrt{n})$ 条件收敛。

注意 对于任意项级数 $\sum\limits_{n=1}^{\infty} u_n$，如果我们用正项级数审敛法判定 $\sum\limits_{n=1}^{\infty} |u_n|$ 收敛，那么此级数一定收

敛，这就将任意项级数的敛散性判定问题转化成正项级数的敛散性判定问题。一般来说，如果级数 $\sum\limits_{n=1}^{\infty}|u_n|$ 发散，我们不能断定级数 $\sum\limits_{n=1}^{\infty}u_n$ 也发散，但是如果此时 $\lim\limits_{n\to\infty}|u_n|\neq 0$，则必有 $\sum\limits_{n=1}^{\infty}u_n$ 发散。

第四节 幂级数

PPT

一、幂级数的概念

定义 9.6 形如
$$a_0 + a_1(x-x_0) + a_2(x-x_0)^2 + \cdots + a_n(x-x_0)^n + \cdots$$

的级数称为 $x - x_0$ 的**幂级数**（power series），记作 $\sum\limits_{n=0}^{\infty}a_n(x-x_0)^n$，其中 a_0、a_1、$\cdots$、a_n、$\cdots$ 均为常数，称为幂级数的**系数**（coefficient）。

当 $a_0 = 0$ 时，上式变为
$$\sum\limits_{n=0}^{\infty}a_n x^n = a_0 + a_1 x + a_2 x^2 + \cdots + a_n x^n + \cdots$$

称为 x 的幂级数。

特别地，对幂级数 $\sum\limits_{n=0}^{\infty}a_n(x-x_0)^n$ 的讨论，只要令 $x - x_0 = t$，就可以转化为对幂级数 $\sum\limits_{n=0}^{\infty}a_n t^n$ 的讨论。

二、幂级数的收敛域

当 x 取某个确定值 x_0 时，幂级数 $\sum\limits_{n=0}^{\infty}a_n x^n$ 就转化为常数项级数 $\sum\limits_{n=0}^{\infty}a_n x_0^n$，可以用常数项级数的敛散性判别法确定其敛散性。

当 $x = x_0$ 时，若幂级数 $\sum\limits_{n=0}^{\infty}a_n x^n$ 收敛，则称点 x_0 为幂级数的**收敛点**（convergent point）；当 $x = x_0$ 时，若幂级数 $\sum\limits_{n=0}^{\infty}a_n x^n$ 发散，则称点 x_0 为幂级数的**发散点**（divergent point）。幂级数 $\sum\limits_{n=0}^{\infty}a_n x^n$ 所有收敛点的集合，称为幂级数 $\sum\limits_{n=0}^{\infty}a_n x^n$ 的**收敛域**（convergence domain），记为 I。

在收敛域 I 上，幂级数 $\sum\limits_{n=0}^{\infty}a_n x^n$ 的和是 x 的函数，称为幂级数 $\sum\limits_{n=0}^{\infty}a_n x^n$ 的**和函数**，记为 $S(x)$，即 $S(x) = \sum\limits_{n=0}^{\infty}a_n x^n$，$x \in I$。

我们知道，幂级数 $\sum\limits_{n=0}^{\infty}x^n$，当 $|x| < 1$ 时，该级数收敛于 $\dfrac{1}{1-x}$；当 $|x| > 1$ 时，该级数发散。因此，收敛域为 $(-1, 1)$，并且当 $x \in (-1, 1)$ 时，有 $\sum\limits_{n=0}^{\infty}x^n = \dfrac{1}{1-x}$。

对于一般幂级数 $\sum\limits_{n=0}^{\infty}a_n x^n$，显然 $x = 0$ 点是其一个收敛点。为判别其他点处的敛散性，我们给出下列定理。

定理 9.8（阿贝尔定理） 如果幂级数 $\sum\limits_{n=0}^{\infty} a_n x^n$ 在 $x = x_0 (x_0 \neq 0)$ 处收敛，则对所有满足不等式 $|x| < |x_0|$ 的 x，幂级数 $\sum\limits_{n=0}^{\infty} a_n x^n$ 绝对收敛；如果幂级数 $\sum\limits_{n=0}^{\infty} a_n x^n$ 在 $x = x_0$ 处发散，则对所有满足不等式 $|x| > |x_0|$ 的 x，幂级数 $\sum\limits_{n=0}^{\infty} a_n x^n$ 发散。

证明 （1）若 x_0 是幂级数 $\sum\limits_{n=0}^{\infty} a_n x^n$ 的收敛点，即级数

$$a_0 + a_1 x + a_2 x^2 + \cdots + a_n x^n + \cdots$$

收敛。根据收敛级数的必要条件，可得 $\lim\limits_{n \to \infty} a_n x_0^n = 0$，则数列 $\{a_n x_0^n\}$ 收敛，其必有界，即存在一个常数 M，使得

$$|a_n x_0^n| \leqslant M, (n = 0, 1, 2, \cdots)$$

于是，幂级数 $\sum\limits_{n=0}^{\infty} a_n x^n$ 的一般项的绝对值

$$|a_n x^n| = \left| a_n x_0^n \cdot \frac{x^n}{x_0^n} \right| = |a_n x_0^n| \cdot \left| \frac{x}{x_0} \right|^n \leqslant M \left| \frac{x}{x_0} \right|^n$$

因为当 $|x| < |x_0|$ 时 $\left| \frac{x}{x_0} \right| < 1$，所以等比级数 $\sum\limits_{n=0}^{\infty} M \left| \frac{x}{x_0} \right|^n$ 收敛，由比较判别法知级数 $\sum\limits_{n=0}^{\infty} |a_n x^n|$ 收敛，即级数 $\sum\limits_{n=0}^{\infty} a_n x^n$ 收敛。

（2）若幂级数当 $x = x_0$ 时发散，用反证法证明。设有一点 x_1 满足 $|x_1| > |x_0|$ 时级数收敛，根据（1）的结论，级数当 $x = x_0$ 时应收敛，这与假设矛盾，定理得证。

由此可见，幂级数 $\sum\limits_{n=0}^{\infty} a_n x^n$ 的收敛域是关于原点对称的一个区间。关于幂级数 $\sum\limits_{n=0}^{\infty} a_n x^n$ 的收敛半径 R，有下面定义：

定义 9.7 如果幂级数 $\sum\limits_{n=0}^{\infty} a_n x^n$ 不是仅在一点 $x = 0$ 处收敛，也不是在整个实数轴上都收敛，则必有一个确定的正数 R 存在，使得当 $|x| < R$ 时幂级数 $\sum\limits_{n=0}^{\infty} a_n x^n$ 绝对收敛，当 $|x| > R$ 时幂级数 $\sum\limits_{n=0}^{\infty} a_n x^n$ 发散，当 $|x| = R$ 时幂级数 $\sum\limits_{n=0}^{\infty} a_n x^n$ 可能收敛，也可能发散，则称正数 R 为幂级数 $\sum\limits_{n=0}^{\infty} a_n x^n$ 的**收敛半径**（radius of convergence），称区间 $(-R, R)$ 为幂级数 $\sum\limits_{n=0}^{\infty} a_n x^n$ 的**收敛区间**（interval of convergence），由 $x = \pm R$ 处幂级数 $\sum\limits_{n=0}^{\infty} a_n x^n$ 的敛散性可以确定，幂级数 $\sum\limits_{n=0}^{\infty} a_n x^n$ 的收敛域是 $(-R, R)$ 或 $[-R, R)$ 或 $(-R, R]$ 或 $[-R, R]$。

如果幂级数 $\sum\limits_{n=0}^{\infty} a_n x^n$ 只在 $x = 0$ 处收敛，则规定收敛半径 $R = 0$，此时收敛域只有一个点 $x = 0$；如果幂级数 $\sum\limits_{n=0}^{\infty} a_n x^n$ 在整个实数轴上都收敛，则规定收敛半径 $R = \infty$，此时收敛域为 $(-\infty, +\infty)$。

关于幂级数的收敛半径的求法，有下面定理。

定理 9.9 设幂级数 $\sum\limits_{n=0}^{\infty} a_n x^n$ 的系数全不为零，若 $\lim\limits_{n \to \infty} \left| \dfrac{a_{n+1}}{a_n} \right| = \rho$ 或 $\lim\limits_{n \to \infty} \sqrt[n]{|a_n|} = \rho$，则幂级数 $\sum\limits_{n=0}^{\infty} a_n x^n$ 的收敛半径为：当 $0 < \rho < \infty$ 时，收敛半径 $R = \dfrac{1}{\rho}$；当 $\rho = 0$ 时，收敛半径 $R = +\infty$；当 $\rho = +\infty$ 时，收敛半径 $R = 0$。

例16　求下列幂级数的收敛域。

$(1)\ \sum_{n=0}^{\infty}\dfrac{x^n}{n!}$　　　　$(2)\ \sum_{n=0}^{\infty}\dfrac{x^n}{n\cdot 2^n}$　　　$(3)\ \sum_{n=0}^{\infty}\dfrac{x^{2n}}{2^n}$　　　$(4)\ \sum_{n=0}^{\infty}\dfrac{(x-1)^n}{\sqrt{n}}$

解　(1) 幂级数 $\sum_{n=0}^{\infty}\dfrac{x^n}{n!}$ 的系数是 $a_n=\dfrac{1}{n!}$，因为

$$\lim_{n\to\infty}\left|\frac{a_{n+1}}{a_n}\right|=\lim_{n\to\infty}\frac{\frac{1}{(n+1)!}}{\frac{1}{n!}}=\lim_{n\to\infty}\frac{1}{n+1}=0$$

故收敛半径 $R=+\infty$。所以，幂级数 $\sum_{n=0}^{\infty}\dfrac{x^n}{n!}$ 的收敛域是 $(-\infty,+\infty)$。

(2) 幂级数 $\sum_{n=0}^{\infty}\dfrac{x^n}{n\cdot 2^n}$ 的系数是 $a_n=\dfrac{1}{n\cdot 2^n}$，因为

$$\lim_{n\to\infty}\sqrt[n]{|a_n|}=\lim_{n\to\infty}\sqrt[n]{\frac{1}{n\cdot 2^n}}=\lim_{n\to\infty}\frac{1}{2\sqrt[n]{n}}=\frac{1}{2}$$

故收敛半径 $R=2$，收敛区间为 $(-2,2)$。

当 $x=-2$ 时，幂级数 $\sum_{n=0}^{\infty}\dfrac{x^n}{n\cdot 2^n}$ 为交错级数 $\sum_{n=0}^{\infty}\dfrac{(-1)^n}{n}$，此级数收敛；当 $x=2$ 时，幂级数 $\sum_{n=0}^{\infty}\dfrac{x^n}{n\cdot 2^n}$

为调和级数 $\sum_{n=0}^{\infty}\dfrac{1}{n}$，此级数发散。

因此，幂级数 $\sum_{n=0}^{\infty}\dfrac{x^n}{n\cdot 2^n}$ 的收敛域是 $(-2,2]$。

(3) 令 $t=x^2$，则幂级数 $\sum_{n=0}^{\infty}\dfrac{x^{2n}}{2^n}$ 变为 $\sum_{n=0}^{\infty}\dfrac{t^n}{2^n}$，其系数 $a_n=\dfrac{1}{2^n}$，因为

$$\lim_{n\to\infty}\sqrt[n]{|a_n|}=\lim_{n\to\infty}\sqrt[n]{\frac{1}{2^n}}=\lim_{n\to\infty}\sqrt[n]{\frac{1}{2^n}}=\frac{1}{2}$$

故幂级数 $\sum_{n=0}^{\infty}\dfrac{t^n}{2^n}$ 的收敛半径 $R=2$，收敛区间 $t\in(-2,2)$，即 $x\in(-\sqrt{2},\sqrt{2})$。

当 $x=\pm\sqrt{2}$ 时，级数 $\sum_{n=0}^{\infty}\dfrac{x^{2n}}{2^n}=\sum_{n=0}^{\infty}\dfrac{(\pm\sqrt{2})^{2n}}{2^n}=\sum_{n=0}^{\infty}1$ 发散，故幂级数 $\sum_{n=0}^{\infty}\dfrac{x^{2n}}{2^n}$ 的收敛域为 $(-\sqrt{2},\sqrt{2})$。

另解　由于这个幂级数的奇次项系数为零，故不能根据定理 9.9 直接求收敛半径。可利用比值判别

法或根值判别法来处理，考虑级数 $\sum_{n=0}^{\infty}\left|\dfrac{x^{2n}}{2^n}\right|$，令 $u_n=\dfrac{x^{2n}}{2^n}$，因为 $\lim_{n\to\infty}\left|\dfrac{a_{n+1}}{a_n}\right|=\lim_{n\to\infty}\dfrac{\left|\frac{1}{2^{n+1}}x^{2n+2}\right|}{\left|\frac{1}{2^n}x^{2n}\right|}=\dfrac{1}{2}x^2$，当

$\dfrac{1}{2}x^2<1$ 即 $|x|<\sqrt{2}$ 时幂级数 $\sum_{n=0}^{\infty}\dfrac{x^{2n}}{2^n}$ 绝对收敛，当 $\dfrac{1}{2}x^2>1$ 即 $|x|>\sqrt{2}$ 时幂级数 $\sum_{n=0}^{\infty}\dfrac{x^{2n}}{2^n}$ 发散，所以收敛半径

$R=\sqrt{2}$。当 $x=\pm\sqrt{2}$ 时，级数 $\sum_{n=0}^{\infty}\dfrac{x^{2n}}{2^n}=\sum_{n=0}^{\infty}\dfrac{(\pm\sqrt{2})^{2n}}{2^n}=\sum_{n=0}^{\infty}1$ 发散，故幂级数 $\sum_{n=0}^{\infty}\dfrac{x^{2n}}{2^n}$ 的收敛域为 $(-\sqrt{2},\sqrt{2})$。

(4) 令 $t=x-1$，则幂级数 $\sum_{n=0}^{\infty}\dfrac{(x-1)^n}{\sqrt{n}}$ 变换为 $\sum_{n=0}^{\infty}\dfrac{t^n}{\sqrt{n}}$，其系数 $a_n=\dfrac{1}{\sqrt{n}}$，因为 $\lim_{n\to\infty}\left|\dfrac{a_{n+1}}{a_n}\right|=\lim_{n\to\infty}\dfrac{\frac{1}{\sqrt{n+1}}}{\frac{1}{\sqrt{n}}}=1$，

所以幂级数 $\sum\limits_{n=0}^{\infty}\dfrac{t^n}{\sqrt{n}}$ 的收敛半径 $R=1$，收敛区间 $t\in(-1,1)$，即 $x\in(0,2)$。

当 $x=0$ 时，幂级数 $\sum\limits_{n=0}^{\infty}\dfrac{(x-1)^n}{\sqrt{n}}=\sum\limits_{n=0}^{\infty}\dfrac{(-1)^n}{\sqrt{n}}$，此级数条件收敛；当 $x=2$ 时，幂级数 $\sum\limits_{n=0}^{\infty}\dfrac{(x-1)^n}{\sqrt{n}}=$ $\sum\limits_{n=0}^{\infty}\dfrac{1}{\sqrt{n}}$，此级数发散。

所以，幂级数 $\sum\limits_{n=0}^{\infty}\dfrac{(x-1)^n}{\sqrt{n}}$ 的收敛域为 $[0,2)$。

三、幂级数的运算

1. 代数运算

定理 9.10 设 $S(x)=\sum\limits_{n=0}^{\infty}a_nx^n$，$T(x)=\sum\limits_{n=0}^{\infty}b_nx^n$，它们的收敛半径分别是 R_1 和 R_2，记 $R=\min\{R_1,R_2\}$，则

$$S(x)+T(x)=\sum_{n=0}^{\infty}a_nx^n+\sum_{n=0}^{\infty}b_nx^n=\sum_{n=0}^{\infty}(a_n+b_n)x^n，\ (|x|<R)$$

$$S(x)-T(x)=\sum_{n=0}^{\infty}a_nx^n-\sum_{n=0}^{\infty}b_nx^n=\sum_{n=0}^{\infty}(a_n-b_n)x^n，\ (|x|<R)$$

$$S(x)\cdot T(x)=\sum_{n=0}^{\infty}a_nx^n\cdot\sum_{n=0}^{\infty}b_nx^n=\sum_{n=0}^{\infty}c_nx^n，\ (|x|<R)$$

其中，$c_n=a_0b_n+a_1b_{n-1}+\cdots+a_nb_0=\sum\limits_{k=0}^{n}a_kb_{n-k}$。

一般情况下，幂级数的和函数是 x 的函数，依据下列定理，其仍然具备连续性、可微性和可积性等分析性质。

2. 分析性质

性质 9.6（连续性） 设幂级数 $\sum\limits_{n=0}^{\infty}a_nx^n$ 的收敛半径为 R，则其和函数 $S(x)$ 在收敛区间 $(-R,R)$ 内连续，即

$$\lim_{x\to x_0}S(x)=S(x_0)=\sum_{n=0}^{\infty}a_nx_0^n，\ (x\in(-R,R))$$

性质 9.7（逐项可积性） 幂级数 $\sum\limits_{n=0}^{\infty}a_nx^n$ 的和函数 $S(x)$ 在其收敛区间 $(-R,R)$ 内可积，并有逐项积分公式

$$\int_0^x S(t)\,\mathrm{d}t=\int_0^x\Big[\sum_{n=0}^{\infty}a_nx^n\Big]\mathrm{d}t=\sum_{n=0}^{\infty}\int_0^x a_nt^n\mathrm{d}t=\sum_{n=0}^{\infty}\dfrac{a_n}{n+1}x^{n+1}，\ (|x|<R)$$

逐项积分后所得的幂级数和原幂级数有相同的收敛半径。

性质 9.8（逐项可导性） 幂级数 $\sum\limits_{n=0}^{\infty}a_nx^n$ 的和函数 $S(x)$ 在其收敛区间 $(-R,R)$ 内可导，并有逐项求导公式

$$S'(x)=\Big(\sum_{n=0}^{\infty}a_nx^n\Big)'=\sum_{n=0}^{\infty}(a_nx^n)'=\sum_{n=1}^{\infty}na_nx^{n-1}，\ (|x|<R)$$

逐项求导后所得的幂级数和原幂级数有相同的收敛半径。

注意 幂级数 $\sum\limits_{n=0}^{\infty} a_n x^n$ 与其逐项求导、逐项求积后得到的幂级数 $\sum\limits_{n=1}^{\infty} n a_n x^{n-1}$ 和 $\sum\limits_{n=0}^{\infty} \dfrac{a_n}{n+1} x^{n+1}$ 尽管具有相同的收敛半径,但在收敛区间端点的收敛性未必相同,因此,它们的收敛域未必相同。比如,$\sum\limits_{n=0}^{\infty} x^n$ 的收敛域为 $(-1,1)$,逐项积分后幂级数 $\sum\limits_{n=0}^{\infty} \dfrac{x^{n+1}}{n+1}$ 的收敛域为 $[-1,1)$。

例 17 求幂级数 $1 + x + x^2 + \cdots + x^n + \cdots$ 的和函数。

解 这是公比 $q = x$ 的等比级数,在 $(-1,1)$ 内收敛,前 n 项的部分和 $S(x) = \dfrac{1-x^n}{1-x}$,因此,和函数

$$S(x) = \lim_{n \to \infty} S_n(x) = \lim_{n \to \infty} \frac{1-x^n}{1-x} = \frac{1}{1-x}$$

即

$$1 + x + x^2 + \cdots + x^n + \cdots = \frac{1}{1-x}, \quad (x \in (-1,1))$$

下面几例都是利用例 17 逐项求导或逐项求积的方法求幂级数的和函数。

例 18 求幂级数 $\sum\limits_{n=0}^{\infty} (-1)^n \dfrac{1}{n+1} x^{n+1}$ 的和函数。

解 因为 $\rho = \lim\limits_{n \to \infty} \left| \dfrac{a_{n+1}}{a_n} \right| = \lim\limits_{n \to \infty} \dfrac{\dfrac{1}{n+2}}{\dfrac{1}{n+1}} = \lim\limits_{n \to \infty} \dfrac{n+1}{n+2} = 1$,故收敛半径 $R = 1$,收敛区间为 $(-1,1)$。

当 $x = -1$ 时,幂级数 $\sum\limits_{n=0}^{\infty} (-1)^n \dfrac{1}{n+1} x^{n+1}$ 成为级数 $\sum\limits_{n=0}^{\infty} \dfrac{-1}{n+1}$,此级数发散;当 $x = 1$ 时,幂级数 $\sum\limits_{n=0}^{\infty} (-1)^n \dfrac{1}{n+1} x^{n+1}$ 成为交错级数 $\sum\limits_{n=0}^{\infty} \dfrac{(-1)^n}{n+1}$,此级数(条件)收敛。

所以,幂级数 $\sum\limits_{n=0}^{\infty} (-1)^n \dfrac{1}{n+1} x^{n+1}$ 的收敛域为 $(-1,1]$。

设 $S(x) = \sum\limits_{n=0}^{\infty} (-1)^n \dfrac{1}{n+1} x^{n+1}$,$x \in (-1,1]$,在收敛区间 $(-1,1)$ 两边求导可得

$$S'(x) = \sum_{n=0}^{\infty} (-1)^n x^n = \frac{1}{1-(-x)} = \frac{1}{1+x}$$

两边积分可得

$$\int_0^x S'(t)\,\mathrm{d}t = \int_0^x \frac{1}{1+t}\,\mathrm{d}t \quad 即 \quad S(x) - S(0) = \ln(1+x)$$

由于 $S(0) = 0$,故原级数的和函数

$$S(x) = \sum_{n=0}^{\infty} (-1)^n \frac{1}{n+1} x^{n+1} = \ln(1+x), \quad (x \in (-1,1])$$

例 19 求幂级数 $\sum\limits_{n=1}^{\infty} \dfrac{x^{4n+1}}{4n+1}$ 的和函数。

解 这是缺项幂级数,由于

$$\lim_{n \to \infty} \left| \frac{a_{n+1}(x)}{a_n(x)} \right| = \lim_{n \to \infty} \frac{4n+1}{4n+5} |x|^4 = |x|^4$$

当 $|x| > 1$ 时,级数发散;当 $|x| < 1$ 时,级数收敛;当 $x = \pm 1$ 时,级数发散。故级数的收敛域为 $(-1,1)$。

设 $S(x) = \sum_{n=1}^{\infty} \frac{x^{4n+1}}{4n+1}$, $S(0) = 0$, 又 $S'(x) = \sum_{n=1}^{\infty} x^{4n} = \frac{x^4}{1-x^4} = -1 + \frac{1}{1-x^4}$,

所以

$$S(x) = S(x) - S(0) = \int_0^x S'(t)\,dt = -x + \frac{1}{4}\ln\frac{1+x}{1-x} + \frac{1}{2}\arctan x, \quad (x \in (-1,1))$$

◈ 第五节　函数的幂级数展开式

PPT

　　上一节讨论了幂级数的收敛域及其和函数的性质，但是在许多应用中，我们常常会遇到相反的问题：给定函数 $f(x)$，要考虑它是否能在某个区间内"展开成幂级数"，如果可以的话，我们就可以把函数 $f(x)$ 转化为幂级数来研究，这在理论上和计算上都有十分重要的意义。

　　假设函数 $f(x)$ 在点 x_0 的某邻域 $U(x_0)$ 内能展开成幂级数，即有

$$f(x) = a_0 + a_1(x-x_0) + a_2 f(x-x_0)^2 + \cdots + a_n(x-x_0)^n + \cdots, \quad (x \in U(x_0)) \tag{9-1}$$

根据和函数的性质，可知 $f(x)$ 在 $U(x_0)$ 内具有任意阶导数，且

$$f^{(n)}(x) = n!\,a_n + (n+1)!\,a_{n+1}(x-x_0) + \frac{(n+2)!}{2!}a_{n+2}(x-x_0)^2 + \cdots$$

由此可得　$f^{(n)}(x_0) = n!\,a_n$，于是

$$a_n = \frac{f^{(n)}(x_0)}{n!}, \quad (n = 0,1,2,\cdots) \tag{9-2}$$

　　这就表明，如果函数 $f(x)$ 有幂级数展开式 (9-1)，那么该幂级数的系数 a_n 由公式 (9-2) 确定，即该幂级数必为

$$f(x_0) + f'(x_0)(x-x_0) + \cdots + \frac{f^{(n)}(x_0)}{n!}(x-x_0)^n + \cdots = \sum_{n=0}^{\infty} \frac{1}{n!} f^{(n)}(x_0)(x-x_0)^n \tag{9-3}$$

而展开式必为

$$f(x) = \sum_{n=0}^{\infty} \frac{1}{n!} f^{(n)}(x_0)(x-x_0)^n, \quad (x \in U(x_0)) \tag{9-4}$$

　　幂级数 (9-3) 称为函数 $f(x)$ 在点 x_0 处的**泰勒级数**，展开式 (9-4) 称为函数 $f(x)$ 在点 x_0 处的**泰勒展开式**。

　　下面给出函数 $f(x)$ 在 $U(x_0)$ 内能展开成幂级数的条件。

　　定理 9.11　　如果函数 $f(x)$ 在点 x_0 的某邻域 $U(x_0)$ 内具有任意阶导数，则函数 $f(x)$ 的泰勒级数 $\sum_{n=0}^{\infty} \frac{1}{n!} f^{(n)}(x_0)(x-x_0)^n$ 在 $U(x_0)$ 内收敛于 $f(x)$ 的充分必要条件是：泰勒公式中的余项 $R_n(x)$ 满足 $\lim_{n\to\infty} R_n(x) = 0$。

　　证明　由 $f(x)$ 的 n 阶泰勒公式

$$f(x) = p_n(x) + R_n(x)$$

其中

$$p_n(x) = f(x_0) + f'(x_0)(x-x_0) + \cdots + \frac{1}{n!} f^{(n)}(x_0)(x-x_0)^n$$

称为 n 次泰勒多项式，余项 $R_n(x) = f(x) - p_n(x)$。

　　由于 n 次泰勒多项式 $p_n(x)$ 就是泰勒级数 (9-3) 的前 $n+1$ 项部分和，根据级数收敛的定义，即有

$$\sum_{n=0}^{\infty}\frac{1}{n!}f^{(n)}(x_0)(x-x_0)^n=f(x),\ (x\in U(x_0))$$

$$\Leftrightarrow\lim_{n\to\infty}p_n(x)=f(x),\ (x\in U(x_0))$$

$$\Leftrightarrow\lim_{n\to\infty}[p_n(x)-f(x)]=0,\ (x\in U(x_0))$$

$$\Leftrightarrow\lim_{n\to\infty}R_n(x)=0,\ (x\in U(x_0))$$

特别地，将 $x_0=0$ 代入泰勒级数（9-3）可得幂级数

$$f(0)+f'(0)(x)+\cdots+\frac{f^{(n)}(0)}{n!}x^n+\cdots=\sum_{n=0}^{\infty}\frac{f^{(n)}(0)}{n!}x^n \qquad (9-5)$$

称为函数 $f(x)$ 的**麦克劳林级数**，即函数 $f(x)$ 在 $x_0=0$ 处的泰勒级数称为麦克劳林级数。同理，若函数 $f(x)$ 在 $x_0=0$ 的某邻域 $x\in U(x_0)$ 内能展开成 x 的幂级数，则称

$$f(x)=\sum_{n=0}^{\infty}\frac{f^{(n)}(0)}{n!}x^n,(x\in U(x_0)) \qquad (9-6)$$

为函数 $f(x)$ 的麦克劳林展开式。

要把函数 $f(x)$ 展开成 x 的幂级数（**直接展开法**），可以按照以下步骤进行。

（1）求出函数 $f(x)$ 的各阶导数 $f'(x)$、$f''(x)$、$\cdots$、$f^{(n)}(x)$、$\cdots$。如果在 $x=0$ 处某阶导数不存在，则停止运算，此时函数 $f(x)$ 不能展开成 x 的幂级数。

（2）求出函数 $f(x)$ 各阶导数在 $x=0$ 处的值 $f'(0)$、$f''(0)$、$\cdots$、$f^{(n)}(0)$、$\cdots$。

（3）写出 $f(x)$ 的麦克劳林级数

$$f(0)+f'(0)(x)+\cdots+\frac{f^{(n)}(0)}{n!}x^n+\cdots$$

并求出收敛半径 R。

（4）在 $(-R,R)$ 内考查，当 $n\to\infty$ 时，余项 $R_n(x)=\dfrac{f^{(n+1)}(\xi)}{(n+1)!}(x-x_0)^{n+1}$（$\xi$ 介于 x_0 与 x 之间）是否趋于零。若是，则函数 $f(x)$ 的麦克劳林级数收敛于 $f(x)$，麦克劳林级数即为函数 $f(x)$ 的幂级数展开式，即

$$f(x)=f(0)+f'(0)(x)+\cdots+\frac{f^{(n)}(0)}{n!}x^n+\cdots,\ (-R<x<R)$$

例20　将函数 $f(x)=e^x$ 展开成 x 的幂级数。

解　因为 $f^{(n)}(x)=e^x(n=1,2,\cdots)$，所以 $f(0)=f^{(n)}(0)=1(n=1,2,\cdots)$。可得麦克劳林级数为

$$f(x)=1+x+\frac{x^2}{2!}\cdots+\frac{1}{n!}x^n+\cdots$$

易得其收敛半径 $R=+\infty$，因此，此幂级数处处收敛。

对于任何有限数 x 与 ξ（ξ 介于 0 与 x 之间），余项的绝对值为

$$|R_n(x)|=\left|\frac{f^{(n+1)}(\xi)}{(n+1)!}x^{n+1}\right|<e^{|x|}\cdot\frac{|x|^{n+1}}{(n+1)!},\ (\xi\text{ 介于 }0\text{ 与 }x\text{ 之间})$$

因为 $e^{|x|}$ 有限，而 $\dfrac{|x|^{n+1}}{(n+1)!}$ 是收敛级数 $\displaystyle\sum_{n=0}^{\infty}\frac{|x|^{n+1}}{(n+1)!}$ 的一般项，所以 $\displaystyle\lim_{n\to\infty}\frac{|x|^{n+1}}{(n+1)!}=0$，从而余项满足 $\displaystyle\lim_{n\to\infty}R_n(x)=0$。于是得到函数 $f^{(n)}(x)=e^x$ 的幂级数展开式

$$e^x=1+x+\frac{x^2}{2!}\cdots+\frac{1}{n!}x^n+\cdots,\ (x\in(-\infty,+\infty))$$

例21　将函数 $f(x)=\sin x$ 展开成 x 的幂级数。

解　函数 $f(x)=\sin x$ 的各阶导数为

$$f^{(n)}(x) = \sin\left(x + n \cdot \frac{\pi}{2}\right), (n = 1, 2, \cdots)$$

$f^{(n)}(0)$顺序循环地取 0、1、0、−1、⋯($n = 1, 2, \cdots$)，于是得到麦克劳林级数

$$x - \frac{1}{3!}x^3 + \frac{1}{5!}x^5 - \cdots + (-1)^n \frac{1}{(2n+1)!}x^{2n+1} + \cdots$$

它的收敛半径 $R = +\infty$，因此，此幂级数处处收敛。

对于任何有限数 x 与 ξ（ξ 介于 0 与 x 之间），余项的绝对值为

$$|R_n(x)| = \left| \frac{f^{(n+1)}(\xi)}{(n+1)!}x^{n+1} \right| = \left| \frac{\sin\left[\xi + (n+1)\frac{\pi}{2}\right]}{(n+1)!}x^{n+1} \right| < \frac{|x|^{n+1}}{(n+1)!}, (\xi 介于 0 与 x 之间)$$

易得$\lim\limits_{n \to \infty} R_n(x) = 0$。因此，正弦函数的幂级数展开式为

$$\sin x = x - \frac{1}{3!}x^3 + \frac{1}{5!}x^5 - \cdots + (-1)^n \frac{1}{(2n+1)!}x^{2n+1} + \cdots, \ (x \in (-\infty, +\infty))$$

同理，利用上面的方法还可以得到函数 $(1+x)^m (x \in R)$ 的幂级数展开式

$$(1+x)^m = 1 + mx + \frac{m(m-1)}{2!}x^2 + \cdots + \frac{m(m-1)(m-2)\cdots(m-n+1)}{n!}x^n + \cdots, \ (x \in (-1, 1))$$

$$(9-7)$$

公式（9−7）称为**二项展开式**。当 m 为正整数时，级数为 x 的 m 次多项式，这就是代数学中的二项式定理。特别地，有以下结论：

当 $m = -1$ 时，$\dfrac{1}{1+x} = 1 - x + x^2 - x^3 + \cdots, \ (x \in (-1, 1))$；

当 $m = \dfrac{1}{2}$时，$\sqrt{1+x} = 1 + \dfrac{1}{2}x - \dfrac{1}{2 \cdot 4}x^2 + \dfrac{1 \cdot 3}{2 \cdot 4 \cdot 6}x^3 - \dfrac{1 \cdot 3 \cdot 5}{2 \cdot 4 \cdot 6 \cdot 8}x^4 + \cdots, \ (x \in [-1, 1])$；

当 $m = -\dfrac{1}{2}$时，$\dfrac{1}{\sqrt{1+x}} = 1 - \dfrac{1}{2}x + \dfrac{1 \cdot 3}{2 \cdot 4}x^2 - \dfrac{1 \cdot 3 \cdot 5}{2 \cdot 4 \cdot 6}x^3 + \dfrac{1 \cdot 3 \cdot 5 \cdot 7}{2 \cdot 4 \cdot 6 \cdot 8}x^4 - \cdots, \ (x \in (-1, 1])$。

下面我们学习如何利用已知函数的幂级数展开式，通过幂级数运算（如四则运算、逐项求导、逐项积分等）及变量替换等，得到所求函数的幂级数展开式（**间接展开法**）。这种方法不但计算简便，而且可以避免研究余项。

我们已经求得的幂级数展开式有

$$e^x = \sum_{n=0}^{\infty} \frac{1}{n!}x^n, \ (x \in (-\infty, +\infty)) \tag{9-8}$$

$$\sin x = \sum_{n=0}^{\infty} \frac{(-1)^n}{(2n+1)!}x^{2n+1}, \ (x \in (-\infty, +\infty)) \tag{9-9}$$

$$\frac{1}{1+x} = \sum_{n=0}^{\infty} (-1)^n x^n, \ (x \in (-1, 1)) \tag{9-10}$$

利用以上 3 个展开式，可以求得许多函数的幂级数展开式。例如对式（9−10）两边从 0 到 x 积分，可得

$$\ln(1+x) = \sum_{n=0}^{\infty} \frac{(-1)^n}{n+1}x^{n+1} = \sum_{n=1}^{\infty} \frac{(-1)^{n-1}}{n}x^n, \ (x \in (-1, 1]) \tag{9-11}$$

对式（9−9）两边求导，可得

$$\cos x = \sum_{n=0}^{\infty} \frac{(-1)^n}{(2n)!}x^{2n}, \ (x \in (-\infty, +\infty)) \tag{9-12}$$

把式（9−10）中的 x 换成 x^2，可得

$$\frac{1}{1+x^2}=\sum_{n=0}^{\infty}(-1)^n x^{2n},\ (x\in(-1,1))$$

对上式两边从 0 到 x 积分，可得

$$\arctan x=\sum_{n=0}^{\infty}\frac{(-1)^n}{2n+1}x^{2n+1},\ (x\in[-1,1])$$

式（9-8）、式（9-9）、式（9-10）、式（9-11）、式（9-12）这五个幂级数展开式经常会用到，应熟记。

例 22　将函数 $f(x)=x\cos^2 x$ 展开成 x 的幂级数。

解　因为 $\cos^2 x=\dfrac{1}{2}(1+\cos 2x)$，又因为 $\cos x=\sum_{n=0}^{\infty}\dfrac{(-1)^n}{(2n)!}x^{2n},\ (x\in(-\infty,+\infty))$

将上式中的 x 换成 $2x$，可得

$$\cos 2x=\sum_{n=0}^{\infty}\frac{(-1)^n}{(2n)!}(2x)^{2n}=\sum_{n=0}^{\infty}(-1)^n\frac{2^{2n}}{(2n)!}x^{2n},\ (x\in(-\infty,+\infty))$$

于是

$$f(x)=x\cos^2 x=\frac{x}{2}(1+\cos 2x)=\frac{x}{2}+\sum_{n=0}^{\infty}(-1)^n\frac{2^{2n-1}}{(2n)!}x^{2n+1},\ (x\in(-\infty,+\infty))$$

例 23　将函数 $f(x)=\ln\dfrac{1+x}{1-x}$ 展开成 x 的幂级数。

解　显然，函数的定义域 $x\in(-1,1)$，又因为 $\ln\dfrac{1+x}{1-x}=\ln(1+x)-\ln(1-x)$，由（9-11）可知，

$$\ln(1+x)=\sum_{n=0}^{\infty}\frac{(-1)^n}{n+1}x^{n+1}=\sum_{n=1}^{\infty}\frac{(-1)^{n-1}}{n}x^n,\ (x\in(-1,1])$$

将上式 x 换成 $-x$，可得 $\ln(1-x)=\sum_{n=0}^{\infty}\dfrac{(-1)^n}{n+1}(-x)^{n+1}=-\sum_{n=1}^{\infty}\dfrac{1}{n}x^n,\ (x\in[-1,1))$

所以

$$f(x)=\ln\frac{1+x}{1-x}=\ln(1+x)-\ln(1-x)=\sum_{n=1}^{\infty}\frac{(-1)^{n-1}}{n}x^n+\sum_{n=1}^{\infty}\frac{1}{n}x^n=2\sum_{n=1}^{\infty}\frac{1}{2n-1}x^{2n-1},\ (x\in(-1,1))$$

例 24　计算 $\ln 2$ 的近似值，要求误差不超过 10^{-4}。

解　利用 $\ln(1+x)=\sum_{n=1}^{\infty}\dfrac{(-1)^{n-1}}{n}x^n$，当 $x=1$ 时，即

$$\ln 2=1-\frac{1}{2}+\frac{1}{3}-\frac{1}{4}+\cdots+(-1)^{n-1}\frac{1}{n}+\cdots$$

该级数是交错级数，误差 $|R_n(x)|<\dfrac{1}{n+1}$，为保证 $|R_n(x)|<10^{-4}$，需取 $n=10000$ 项进行计算，这样计算量太大，因此，需要一个收敛速度更快的级数代替它。由例 23 知

$$f(x)=\ln\frac{1+x}{1-x}=2\sum_{n=1}^{\infty}\frac{1}{2n-1}x^{2n-1}=2\left(x+\frac{x^3}{3}+\cdots+\frac{x^{2n-1}}{2n-1}+\cdots\right),\ (x\in(-1,1))$$

令 $\dfrac{1+x}{1-x}=2$，得 $x=\dfrac{1}{3}$，所以

$$\ln 2=2\left(\frac{1}{3}+\frac{1}{3}\cdot\frac{1}{3^3}+\frac{1}{5}\cdot\frac{1}{3^5}+\frac{1}{7}\cdot\frac{1}{3^7}+\cdots\right)$$

取前 4 项作为 $\ln 2$ 的近似值，其误差为

$$|R_4|=2\left(\frac{1}{9}\cdot\frac{1}{3^9}+\frac{1}{11}\cdot\frac{1}{3^{11}}+\frac{1}{13}\cdot\frac{1}{3^{13}}+\cdots\right)\leq\frac{2}{3^{11}}\left(1+\frac{1}{9}+\frac{1}{9^2}+\cdots\right)=\frac{1}{4\cdot 3^9}<10^{-4}$$

所以，取 $\ln 2 \approx 2\left(\dfrac{1}{3} + \dfrac{1}{3} \cdot \dfrac{1}{3^3} + \dfrac{1}{5} \cdot \dfrac{1}{3^5} + \dfrac{1}{7} \cdot \dfrac{1}{3^7}\right)$。

上式中，考虑四舍五入引起误差，计算时应取五位小数

$$\frac{1}{3} \approx 0.33333, \quad \frac{1}{3} \cdot \frac{1}{3^3} \approx 0.01235, \quad \frac{1}{5} \cdot \frac{1}{3^5} \approx 0.00082, \quad \frac{1}{7} \cdot \frac{1}{3^7} \approx 0.00007$$

因此，得 $\ln 2 \approx 0.6931$。

以上例子说明，有了函数的幂级数展开式，函数值就可以近似地利用幂级数，依据精确度的要求计算出来。

习题九

答案解析

一、单项选择题

1. 当（   ）成立时，级数 $\displaystyle\sum_{n=1}^{\infty} u_n$ 收敛。

    A. $\displaystyle\lim_{n \to \infty} \frac{u_{n+1}}{u_n} < 1$

    B. 部分和数列 $\{S_n\}$ 有界

    C. $\displaystyle\lim_{n \to \infty}(u_1 + u_2 + \cdots + u_n)$ 存在

    D. $\displaystyle\lim_{n \to \infty} u_n = 0$

2. 设 $\displaystyle\lim_{n \to \infty} a_n = 0$，$a_n > 0$，则 $\displaystyle\sum_{n=1}^{\infty}(-1)^n a_n$（   ）。

    A. 发散　　　　　B. 条件收敛　　　　　C. 绝对收敛　　　　　D. 敛散性不确定

3. 若 $\displaystyle\sum_{n=1}^{\infty} a_n^2$ 与 $\displaystyle\sum_{n=1}^{\infty} b_n^2$ 收敛，则 $\displaystyle\sum_{n=1}^{\infty}(a_n + b_n)^2$（   ）。

    A. 一定发散　　　　B. 一定条件收敛　　　　C. 一定绝对收敛　　　　D. 敛散性不确定

4. 正项级数 $\displaystyle\sum_{n=1}^{\infty} u_n$ 的前 n 项部分和数列 $\{S_n\}$ 有界是它收敛的（   ）。

    A. 必要条件　　　　B. 充分条件　　　　C. 充要条件　　　　D. 无关条件

5. 下列级数中，收敛的是（   ）。

    A. $\displaystyle\sum_{n=1}^{\infty}\left(-\frac{1}{2n}\right)$　　　B. $\displaystyle\sum_{n=1}^{\infty}\frac{2n^2+1}{3n^2-2}$　　　C. $\displaystyle\sum_{n=1}^{\infty}\left(\frac{n+1}{n}\right)^n$　　　D. $\displaystyle\sum_{n=1}^{\infty}\frac{1}{n\sqrt{n}}$

6. 下列级数中，条件收敛的是（   ）。

    A. $\displaystyle\sum_{n=1}^{\infty}(-1)^n \frac{1}{\sqrt{n}}$

    B. $\displaystyle\sum_{n=1}^{\infty}(-1)^n \frac{n-1}{n+2}$

    C. $\displaystyle\sum_{n=1}^{\infty}(-1)^n \frac{1}{\sqrt[n]{n}}$

    D. $\displaystyle\sum_{n=1}^{\infty}(-1)^n \frac{1}{\sqrt{2^n+1}}$

7. 若级数 $\displaystyle\sum_{n=1}^{\infty} a_n(x-3)^n$ 在 $x=-3$ 处收敛，则此级数在 $x=8$ 处（   ）。

    A. 发散　　　　　B. 绝对收敛　　　　　C. 条件收敛　　　　　D. 敛散性不确定

8. 幂级数 $\displaystyle\sum_{n=1}^{\infty}\frac{3^n}{n+3}x^{2n}$ 的收敛半径为（   ）。

    A. $\dfrac{\sqrt{3}}{3}$　　　　　B. $\dfrac{1}{3}$　　　　　C. 1　　　　　D. $\sqrt{3}$

9. 幂级数 $\displaystyle\sum_{n=0}^{\infty} \dfrac{x^{2n+2}}{n+1}$（$|x|<1$）的和函数为（　　）。

　　A. $-\ln(1-x^2)$　　　　　B. $\ln(1+x^2)$　　　　　C. $\ln(1-x^2)$　　　　　D. $\sin x^2$

10. 函数 $f(x)=x\ln(1+x)$ 的麦克劳林级数中，x^{10} 的系数为（　　）。

　　A. 9　　　　　　　　　B. $\dfrac{1}{9}$　　　　　　　　　C. 9!　　　　　　　　　D. $\dfrac{1}{9!}$

二、填空题

1. 当_____时，几何级数 $\displaystyle\sum_{n=1}^{\infty} aq^{n-1}$（$a\neq 0$）收敛，和为_____。

2. 设 C 为常数，若级数 $\displaystyle\sum_{n=1}^{\infty}(C-a_n)$ 收敛，则 $\displaystyle\lim_{n\to\infty}a_n=$_____；若 $\displaystyle\lim_{n\to\infty}u_n\neq 0$，则级数 $\displaystyle\sum_{n=1}^{\infty}u_n$ 必_____。

3. 设级数 $\displaystyle\sum_{n=1}^{\infty}(-1)^{n-1}\dfrac{1}{n^{2p}}$，当_____时绝对收敛，当_____时条件收敛。

4. 设级数 $\displaystyle\sum_{n=1}^{\infty}u_n$ 收敛于 S，则 $\displaystyle\sum_{n=1}^{\infty}(u_{n+1}-u_n)$ 收敛于_____。

5. 设 $u_1+(u_1+u_2)+(u_3+u_4+u_6)+\cdots$ 为发散的常数项级数，则 $\displaystyle\sum_{n=1}^{\infty}u_n$ 必_____（填"收敛"或"发散"）。

6. 级数 $\displaystyle\sum_{n=1}^{\infty}\left(n^{\frac{1}{n}}-1\right)$ _____（填"收敛"或"发散"）。

7. $\displaystyle\lim_{n\to\infty}\sum_{k=1}^{n}\dfrac{1}{1+2+3+\cdots+k}=$_____。

8. 设级数 $\displaystyle\sum_{n=1}^{\infty}\dfrac{(-1)^n+a}{\sqrt{n(n+2)}}$ 收敛，则 $a=$_____。

9. 级数 $\displaystyle\sum_{n=0}^{\infty}\dfrac{(x-3)^n}{n-3^n}$ 的收敛域为_____。

10. 幂级数 $\displaystyle\sum_{n=0}^{\infty}\dfrac{x^{2n+1}}{2n+1}$（$|x|<1$）的和函数 $S(x)=$_____。

三、计算题

1. 求幂级数 $\displaystyle\sum_{n=1}^{\infty}\dfrac{(x-1)^n}{2^n\cdot n}$ 的收敛域。

2. 求幂级数 $\displaystyle\sum_{n=1}^{\infty}n(n+1)x^n$ 的和函数。

书网融合……

思政导航

本章小结

参考文献

[1] 同济大学数学系. 高等数学 [M]. 7版. 北京：高等教育出版社, 2014.

[2] 华东师范大学数学科学学院. 数学分析 [M]. 4版. 北京：高等教育出版社, 2010.

[3] 常庚哲, 史济怀. 数学分析教程 [M]. 北京：高等教育出版社, 2003.

[4] 陈瑞祥. 微积分讲义 [M]. 2版. 北京：中国统计出版社, 1988.

[5] 乐精良, 祝国强. 医用高等数学 [M]. 2版. 北京：高等教育出版社, 2008.

[6] 周永志, 严云良. 医药高等数学 [M]. 3版. 北京：科学出版社, 2009.

[7] 李秀昌, 邵建华. 高等数学 [M]. 4版. 北京：中国中医药出版社, 2016.

[8] 杨洁. 高等数学 [M]. 2版. 北京：人民卫生出版社, 2018.

[9] 艾国平, 张喜红. 高等数学 [M]. 2版. 北京：中国医药科技出版社, 2021.